SCHÄFFER
POESCHEL

Handelsblatt

Mittelstands-Bibliothek – Band 12

Reiner Deussen/Thomas Ewerdwalbesloh

# Unternehmenssteuern

2007
Schäffer-Poeschel Verlag Stuttgart

## Handelsblatt Mittelstands-Bibliothek

**Bearbeiterübersicht**

| | | |
|---|---|---|
| A. Verfahrensrecht | Deussen/Worm | |
| B. Einkommensteuer | T. Ewerdwalbesloh | (Kap.1-4.1, 4.3, 4.5) |
| | D. Ewerdwalbesloh | (Kap. 4.2) |
| | Deussen | (Kap. 4.4) |
| | Schewe | (Kap. 4.6) |
| | Stork/ Breilmann | (Kap. 4.7) |
| C. Körperschaftsteuer | Käseberg/Schmidt | |
| D. Gewerbesteuer | Heilmann | |
| E. Umsatzsteuer | Stork | |
| F. Erbschaftsteuer | Potthoff/Schewe | |
| G. Grunderwerbsteuer | Raue/Tölpe | |
| H. Unternehmensteuerreform 2008 | Deussen | |


Bibliografische Information der Deutschen Nationalbibliothek
Die Deutsche Nationalbibliothek verzeichnet diese Publikation in der Deutschen Nationalbibliografie; detaillierte bibliografische Daten sind im Internet über http://dnb.d-nb.de abrufbar.

Gedruckt auf chlorfrei gebleichtem, säurefreiem und alterungsbeständigem Papier

Band 12: ISBN 978-3-7910-2722-7
Gesamtwerk: ISBN 978-3-7910-2710-4



www.schaeffer-poeschel.de
info@schaeffer-poeschel.de

Einbandgestaltung: Willy Löffelhardt
Satz: pws Print und Werbeservice Stuttgart GmbH
Druck und Bindung: Ebner & Spiegel GmbH, Ulm

Printed in Germany
November 2007

Schäffer-Poeschel Verlag Stuttgart
Ein Tochterunternehmen der Verlagsgruppe Handelsblatt

# Vorwort

In der Reihe »Handelsblatt Mittelstandbibliothek« liegt das Buch »Unternehmenssteuern« vor Ihnen. Es bedarf keiner besonderen Diskussionen um die Frage, ob in eine solche »Mittelstands-Bibliothek« auch ein Buch über die Unternehmenssteuern gehört. Die Unternehmenssteuern sind wesentlicher Bestandteil der betrieblichen Aufwendungen. Die Ertragsteuern knüpfen an den Unternehmenserfolg an. Trotzdem begleiten die Autoren eines Buchtitels »Unternehmenssteuern« durchaus Zweifel, wenn sie ein solches Projekt angehen. Die Zielgruppe für das vorliegende Buch sind Unternehmer und andere Akteure des Wirtschaftslebens, die Entscheidungen unter Berücksichtigung von steuerlichen Sachverhalten zu treffen haben, die aber keine ausgewiesenen Steuerexperten sind oder sein wollen. Die Zielsetzung des vorliegenden Titels muss also darin bestehen, die teilweise schwierige Materie des Unternehmenssteuerrechts in einer verständlichen Form zum geneigten Leser zu transportieren. Störend bei einem solchen Projekt ist allerdings die Tatsache, dass man allein mit den steuerrechtlichen Änderungen eines Jahres ein Buch in dem Ihnen vorliegenden Umfang verfassen könnte.

Die Autoren haben sich daher bemüht, das Unternehmenssteuerrecht in verständlichen Grundzügen so darzustellen, dass zumindest ein großer Teil dessen, was gedruckt vor Ihnen liegt, auch noch in den nächsten Jahren Gültigkeit haben wird. Aktuelle steuerrechtliche Fragen haben wir selbstverständlich aufgeworfen.

Wie immer, wenn man ein Buch über das Steuerrecht schreibt, stehen größere Änderungen (wie derzeit durch die Unternehmenssteuerreform 2008) an. Die Unternehmenssteuerreform wird nicht dazu führen, dass das bisherige Steuerrecht seine Gültigkeit verliert. Das bisherige Steuerrecht bleibt in seinen wesentlichen Zügen selbstverständlich erhalten. Es erfährt jedoch durch die Unternehmensbesteuerung im Bereich der Einkommensteuer und der Körperschaftsteuer systematische Änderungen, die wir in einem gesonderten Kapitel dargestellt haben.

Dieses Buch wäre durch seine Herausgeber allein in der zur Verfügung stehenden Zeit nicht zu realisieren gewesen. Allen mitwirkenden Autoren gebührt daher unser Dank.

Hagen, im August 2007

Dr. Reiner Deussen
Dipl.-Kfm. Thomas Ewerdwalbesloh

# Die Herausgeber/Autoren

## Die Herausgeber

**Dr. Reiner Deussen**
Wirtschaftsprüfer, Steuerberater
Jahrgang 1958, Partner bei DHE Revision, Partnerschaftsgesellschaft, Hagen

**Dipl.-Kfm. Thomas Ewerdwalbesloh**
Steuerberater
Jahrgang 1965, Partner bei DHE Revision

## Die Autoren

**Dipl.-Volkswirt Udo Breilmann**
Steuerberater
Jahrgang 1968, Mitarbeiter bei DHE Revision

**Betriebswirt VWA Dietmar Ewerdwalbesloh**
Steuerberater
Jahrgang 1939, Mitarbeiter bei DHE Revision

**Dipl.-Ök. Roland Heilmann**
Jahrgang 1974, Mitarbeiter bei DHE Revision

**Dipl.-Ök. Oliver Käseberg**
Steuerberater
Jahrgang 1967, Mitarbeiter bei DHE Revision

**Dipl.-Kfm. Peter Potthoff**
Steuerberater
Jahrgang 1971, Mitarbeiter bei DHE Revision

**Dipl.-Kfm. Rüdiger Raue**
Jahrgang 1958, Mitarbeiter bei DHE Revision

**Dipl.-Ök. Wilfried Schewe**
Steuerberater
Jahrgang 1945, Mitarbeiter bei DHE Revision

**Dipl.-Kfm. Michael Schmidt**
Jahrgang 1956, Mitarbeiter bei DHE Revision

**Dipl.- Kff. Corina Stork**
Steuerberaterin
Jahrgang 1969, Mitarbeiterin bei DHE Revision

**Dipl.-Kfm. Lars Tölpe**
Jahrgang 1969, Hagen

**Dipl.- Finanzw. Antje Worm**
Steuerberaterin
Jahrgang 1967, Mitarbeiterin bei DHE Revision

# Inhaltsverzeichnis

# A Verfahrensrecht

## 1 Systematik

### 1.1 Das Grundgesetz des Steuerrechts

Die Abgabenordnung (AO) wird häufig als das Grundgesetz des Steuerrechts oder als Mantelgesetz bezeichnet. Sie enthält grundlegende Rechtsnormen für die Besteuerung. Für die Regelungen bezüglich der einzelnen Steuerarten sind die Einzelgesetze, z. B. das Einkommensteuergesetz (EStG) und das Umsatzsteuergesetz (UStG) maßgebend.

**Beispiel:**
*Das EStG regelt die Ermittlung der Einkommensteuer. Wer eine Einkommensteuererklärung abzugeben hat, ergibt sich ebenfalls aus dem EStG. Das Verfahren, wie im Veranlagungsverfahren ein Steuerbescheid zu erlassen ist und welche Rechtsmittel und Änderungsmöglichkeiten bestehen, regelt hingegen die AO für alle Steuerarten gleichermaßen.*

Die AO wird also sozusagen vor die Klammer gezogen und regelt alle wesentlichen Rechtsverhältnisse zwischen Steuerschuldner und dem Fiskus. Auf diese Weise wird verhindert, dass diese Regelungen in den einzelnen Gesetzen wiederholt werden müssen.

### 1.2 Der Aufbau der Abgabenordnung

Anwendungsbereich der AO

Der Aufbau der Abgabenordnung soll an dieser Stelle durch ein Schaubild erläutert werden, um dem Leser einen Überblick über den Regelungsinhalt des Gesetzes zu vermitteln.

| 1. Teil | 2. Teil | 3. Teil | 4. Teil | 5. Teil | 6. Teil | 7. Teil | 8. Teil | 9. Teil |
|---|---|---|---|---|---|---|---|---|
| Einleitende Vorschriften | Steuerschuldrecht | Allgemeine Verfahrensvorschriften | Durchführung der Besteuerung | Erhebungsverfahren | Vollstreckung | Außergerichtliches Rechtsbehelfsverfahren | Straf- und Bußgeld-Vorschriften/ Verfahren | Schlussvorschriften |
| §§ 1 bis 32 | §§ 33 bis 77 | §§ 78 bis 133 | §§ 134 bis 217 | §§ 218 bis 248 | §§ 249 bis 346 | §§ 347 bis 368 | §§ 369 bis 412 | §§ 413 bis 415 |
| Anwendungsbereich | Steuerpflichtiger | Verfahrensgrundsätze | Erfassung der Steuerpflichtigen | Verwirklichung, Fälligkeit und Erlöschen von Ansprüchen aus dem Steuerschuldverhältnis | Allgemeine Vorschriften | Zulässigkeit | Strafvorschriften | |
| Steuerliche Begriffsbestimmungen | Steuerschuldverhältnis | Verwaltungsakte | Mitwirkungspflichten | Verzinsung, Säumniszuschläge | Vollstreckung wegen Geldforderungen | Verfahrensvorschriften | Bußgeldvorschriften | |
| Zuständigkeit der Finanzbehörden | Steuerbegünstigte Zwecke | | Festsetzungs- und Feststellungsverfahren | Sicherheitsleistung | Vollstreckung wegen anderer Leistungen | | Strafverfahren | |
| Steuergeheimnis | Haftung | | Außenprüfung | | Kosten | | Bußgeldverfahren | |
| Haftungsbeschränkung der Amtsträger | | | Steuerfahndung (Zollfahndung) | | | | | |
| | | | Steueraufsicht in Besonderen Fällen | | | | | |

Steuerliche Begriffsbestimmungen

Der **Erste Teil** der AO (Einleitende Vorschriften) regelt zunächst den Anwendungsbereich. Danach gilt die AO für alle Steuern und Steuervergütungen, die durch Bundesrecht oder Recht der Europäischen Gemeinschaften geregelt sind, soweit sie durch Bundesfinanzbehörden oder Landesfinanzbehörden verwaltet werden (vgl. § 1 AO). Die Feststellung, dass die AO nur für Bundes- und Landessteuern gilt, hat verfahrensrechtlich große Bedeutung.

Für die sogenannten Realsteuern (Grundsteuer und Gewerbesteuer) gilt ein zweistufiges Verfahren. Zunächst werden die Besteuerungsgrundlagen seitens der Finanzbehörden festgestellt, diese Feststellungen sind wiederum Grundlage für die Festsetzung der entsprechenden Steuern.

Das bedeutet, dass für das Verfahren der Grundlagenfeststellung die AO Gültigkeit hat, man sich jedoch bei der Festsetzung und Erhebung der Steuern auf der Ebene der öffentlich-rechtlichen Verfahrensvorschriften befindet.

Für ein Rechtsbehelfsverfahren muss daher genau unterschieden werden, auf welcher Ebene der Rechtsbehelf angebracht werden muss.

Weiterhin werden im ersten Teil der AO steuerliche Begriffsbestimmungen vorgenommen, z. B. »Wohnsitz«, »gewöhnlicher Aufenthaltsort«, »Betriebsstätte« oder »Angehörige«. Diese Begriffsdefinitionen sind notwendig, um grundsätzliche Entscheidungen die Besteuerung treffen zu können.

**Beispiel:**
*Gemäß § 1 Abs. 1 Satz 1 EStG sind natürliche Personen, die im Inland einen Wohnsitz oder ihren gewöhnlichen Aufenthalt haben, unbeschränkt einkommensteuerpflichtig.*
*Was eine natürliche Person ist, ist bekannt. Auch der Begriff des Inlands erschließt sich uns schnell, nämlich unser Staatsgebiet. Der Begriff des Wohnsitzes wird in § 8 AO und der gewöhnliche Aufenthalt in § 9 AO geregelt.*

Zuständigkeit der Finanzbehörden

Einen Wohnsitz hat jemand dort, wo er eine Wohnung unter Umständen innehat, die darauf schließen lassen, dass er die Wohnung beibehalten und benutzen wird. Der gewöhnliche Aufenthaltsort ist dort, wo sich jemand in zeitlichem Zusammenhang länger als sechs Monate aufhält. Kurze Unterbrechungen bleiben unberücksichtigt.

Steuergeheimnis

In den §§ 30 ff. AO ist das Steuergeheimnis geregelt. Diese Vorschriften verpflichten den Finanzbeamten zur Verschwiegenheit (§ 30 AO) hinsichtlich aller Kenntnisse, die der Amtsträger durch seine Tätigkeit erwirbt.

Zulässige Offenbarungen

Ausnahmen hiervon bilden die zulässigen Offenbarungen, wie z. B.

- Mitteilung von Verhältnissen des Steuerpflichtigen an die gesetzlichen Sozialversicherungen oder an die Bundsagentur für Arbeit, soweit dies für die Festsetzung von Beiträgen oder die Feststellung der Versicherungspflicht maßgebend ist (§ 31 Abs. 2 AO),
- Weitergabe von Verhältnissen zur Bekämpfung der illegalen Beschäftigung und des Leistungsmissbrauchs (§ 31a AO),
- Zur Bekämpfung der Geldwäsche (§ 31b AO),
- Offenbarung bei Zustimmung des Betroffen (§ 30 Abs. 4 Nr. 3 AO),
- Verwendung von Kenntnissen über nicht steuerliche Straftaten (z. B. Diebstahl, Betrug, Erpressung) zur Verfolgung der Straftat, jedoch nur, wenn diese Kenntnisse nicht im Rahmen der Mitwirkungspflichten des Steuerpflichtigen erlangt worden sind (insoweit unterliegt der Steuerpflichtige dem besonderen Schutz des § 30 AO),
- Auswertung von steuerlichen Verhältnissen, die im Rahmen einer steuerlichen Außenprüfung erlangt worden sind (Kontrollmitteilungen; § 194 Abs. 3 AO).

Wenn wir aufgrund des zuletzt aufgeführten Punktes nun einen Schritt weiter denken, sind wir bei dem sogenannten Bankgeheimnis angekommen. Kreditinstitute unterliegen selbstverständlich auch der Besteuerungskontrolle durch eine steuerliche Außenprüfung. Der Bankkunde unterliegt bezüglich der Ausschreibung von Kontrollmitteilungen über die ordnungsgemäße Besteuerung seiner Konten bzw. seiner Depots eines besonderen Schutzes. Gemäß § 30a AO haben die Finanzbehörden auf das besondere Vertrauensverhältnis zwischen den Kreditinstituten und deren Kunden besondere Rücksicht zu nehmen und sollen die Ausschreibung von Kontrollmitteilungen insoweit unterlassen. Der im § 30a AO suggerierte Schutz des Bankkunden wird jedoch an mehreren Stellen durchbrochen. So kann das Finanzamt in begründeten Fällen an die Kreditinstitute ein Auskunftsersuchen richten, in dem einzelne Daten des Steuerpflichtigen überprüft bzw. abgerufen werden können. Des Weiteren muss die Bank gewährleisten, dass niemand unter falschem oder erfundenen Namen ein Konto eröffnet, Wertsachen in Verwahrung gibt oder ein Schließfach einrichtet. Die Bank muss sicherstellen, dass sie jederzeit Auskunft darüber geben kann, über welche Konten oder Schließfächer eine Person verfügungsberechtigt ist.

Steuerschuldrecht

Der **Zweite Teil** der AO befasst sich mit dem Steuerschuldrecht. Hier ist geregelt, wer Steuerpflichtiger und wer Steuerschuldner ist, aber auch, welche Pflichten die gesetzlichen Vertreter bzw. Verfügungsberechtigten haben. Das Kernstück diese Abschnitts bilden die allgemeinen Vorschriften über die Entstehung von Steueransprüchen und deren Erlöschen. Weiterhin wird in den §§ 51 bis 68 AO festgelegt, was steuerbegünstigte Zwecke sind. Dieser Bereich ist für die Fragen der Spendenbescheinigungen (Förderungswürdigkeit) und der Steuerpflicht von Vereinen von maßgeblicher Bedeutung. Im Steuerschuldrecht ist darüber hinaus noch geregelt, wer für wen wofür haftet (§§ 69–77 AO).

Im **Dritten Teil** geht es um allgemeine Verfahrensvorschriften. Wer muss wem Auskunft erteilen? Was ist ein Verwaltungsakt? »Ein Verwaltungsakt ist jede Verfügung, Entscheidung oder andere hoheitliche Maßnahme, die eine Behörde zur Regelung des Einzelfalls auf dem Gebiet des öffentlichen Rechts trifft und die auf unmittelbare Rechtswirkung nach außen gerichtet ist« (§ 118 AO).

Beispiele für einen Verwaltungsakt:

- Das Finanzamt erlässt einen Steuerbescheid.
- Das Finanzamt gibt eine Einspruchentscheidung bekannt.
- Das Finanzamt lehnt eine Herabsetzung der Vorauszahlungen ab.

Außerdem sind hier die Vorschriften zu Fristen, Terminen und Wiedereinsetzung zu finden.

Durchführung der Besteuerung

Der **Vierte Teil** der AO befasst sich mit der Durchführung der Besteuerung. Es geht um die Mitwirkungspflichten des Steuerpflichtigen, insbesondere um die Führung der Bücher, die Abgabe der Steuererklärungen, um das Festsetzungsverfahren und um die Festsetzungsverjährung. Zum Besteuerungsverfahren gehören natürlich auch die steuerliche Außenprüfung (Betriebsprüfung) und die Steuerfahndung (Fahndungsprüfung). Auch der Vierte Teil wird uns später noch intensiv beschäftigen.

Erhebungsverfahren

Im **Fünften Teil** geht es um das Erhebungsverfahren oder simpel ausgedrückt, ums Geld. Es geht um Dinge wie die Zahlungsaufforderung, Fälligkeit, Aufrechnung, Erlass, Zahlungsverjährung, Verzinsung, Säumniszuschläge und Sicherheitsleistung.

Vollstreckung

Der **Sechste Teil** ist bestimmt für alle Steuerpflichtigen, die trotz der Vorschriften im Fünften Teil der Abgabenordnung ihren steuerlichen Pflichten, sei es die Abgabe von Steuererklärungen oder die Entrichtung der Steuer, nicht ordnungsgemäß nach kommen. Die Bestimmungen im sechsten Teil ermöglichen es der Finanzverwaltung diese Ansprüche zwangsweise durchzusetzen.

Einspruch

Im **Siebten Teil** der AO geht es um das Rechtsbehelfsverfahren. Der Rechtsbehelf (Einspruch) dient dazu, vom Finanzamt erlassene Verwaltungsakte auf ihre Rechtmäßigkeit überprüfen zu lassen, und zwar beim Finanzamt; weshalb man auch von einem außergerichtlichen Rechtsbehelfsverfahren spricht.

Steuerstrafrecht

Im **Achten Teil** geht es um das Steuerstrafrecht. Kleine Steuersünden, die früher im Rahmen einer steuerlichen Außenprüfung »ausgebügelt« wurden, landen heute auf dem Tisch der Steuerstrafsachenstelle. Die Amtsträger dieser Behörde gelten als hochmotiviert. Der Schwerpunkt ergibt sich schon aus dem Gesetz. Während das Rechtsbehelfsverfahren (also das Verfahren, in dem der Steuerpflichtige etwas zu meckern hat) 20 Paragraphen umfasst, ist man den Steuerstraftätern mit über 40 Paragraphen auf den Fersen.

Der **Neunte Teil** regelt die Schlussvorschriften.

### 1.3 Zusammenfassung

Die Abgabenordnung ist das Grundgesetz des Steuerrechts. Das Gesetz setzt sich aus neun Teilen zusammen. Geregelt werden die Sachverhalte, die für alle Steuerarten des Bundes und der Länder gleichermaßen gelten.

## 2 Das Besteuerungsverfahren

### 2.1 Einleitung

Das Besteuerungsverfahren wird im Vierten Teil der Abgabenordnung geregelt. Es geht darum, welche Rechte und Pflichten der Steuerpflichtige hat, und darum, welche Maßnahmen er seitens der Finanzbehörden zu dulden hat.

### 2.2 Der Steuerpflichtige

Steuerpflichtiger ist, wer eine Steuer schuldet, für eine Steuer haftet, eine Steuer für Rechnung eines Dritten einzubehalten und abzuführen hat, wer eine Steuererklärung abzugeben, Sicherheit zu leisten, Bücher und Aufzeichnungen zu führen oder andere ihm durch die Steuergesetze auferlegte Pflichten zu erfüllen hat (§ 33 AO).

### 2.3 Mitwirkungs- und Auskunftspflichten

#### 2.3.1 Allgemeine Mitwirkungs- und Auskunftspflichten

Mitwirkungspflichten

Die an einem Besteuerungsverfahren Beteiligten sind gemäß § 90 AO zur Mitwirkung an der Ermittlung der Sachverhalte verpflichtet. Hierzu müssen sie alle erheblichen Tatsachen vollständig und wahrheitsgemäß offen legen und die ihnen bekannten Beweismittel angeben. Der Steuerpflichtige kann sich dabei nicht auf den Untersuchungsgrundsatz (§ 88 AO), wonach das Finanzamt eigenständig Sachverhalte zu ermitteln hat, berufen.

**Beispiel:**
*Wilhelm Brause (B) hat in seiner Steuererklärung Aufwendungen für ein häusliches Arbeitszimmer geltend gemacht, was unter bestimmten Umständen auch heute noch grundsätzlich möglich ist. Als das Finanzamt nach vorheriger schriftlicher Ankündigung das Zimmer besichtigen will, lehnt B, der dort vielleicht doch eine Hausbar eingerichtet hat, dies mit Berufung auf Art. 13 des Grundgesetzes (Unverletzlichkeit der Wohnung) ab.*

**Lösung:**
*Das Finanzamt wird die Aufwendungen für das häusliche Arbeitszimmer nicht steuermindernd berücksichtigen, da B seiner Verpflichtung zur Mitwirkung nicht nachgekommen ist. Da nützt es auch nichts, dass B vorträgt, er habe die Richtigkeit seiner Angaben in der Steuererklärung durch seine Unterschrift bestätigt.*

Etwas anderes gilt natürlich, wenn es darum geht, ob ein Dritter als Empfänger einer Zahlung diese als Einnahme versteuert hat. Hierzu braucht der Steuerpflichtige keine Auskunft geben. Davon abgesehen hat das Finanzamt ja auch die Möglichkeit, eine Kontrollmitteilung an das zuständige Finanzamt zu schicken.

Erhöhte Mitwirkungspflicht

Diese Ermittlungsmöglichkeiten hat das Finanzamt im Ausland allerdings in der Regel nicht. Wenn der Steuerpflichtige eine Zahlung in das Ausland an eine nicht bekannte Gesellschaft steuermindernd geltend machen will, trifft ihn eine erhöhte Mitwirkungspflicht. Der Steuerpflichtige hat eine Beweispflicht, wenn es um Auslandssachverhalte geht (§ 90 Abs. 2 AO). Bestehen Vorgänge mit Auslandsbezug zwischen dem Steuerpflichtigen und nahestehenden Personen, so hat der Steuerpflichtige über die Art und den Inhalt der Geschäftsbeziehungen Aufzeichnungen zu erstellen (§ 90 Abs. 3 AO). Entsprechendes gilt für ausländische Betriebsstätten und Tochtergesellschaften eines inländischen Unternehmens sowie für inländische Betriebsstätten und Tochterunternehmen ausländischer Gesellschaften. Die Einzelheiten hierzu sind in der Gewinnabgrenzungsaufzeichnungsverordnung (GAufzV)geregelt. Danach hat ein Steuerpflichtiger (also auch ein Unternehmen) die gesellschaftsrechtlichen Beziehungen zu ausländischen Unternehmen in der sogenannten Verrechnungspreisdokumentation und die Grundlagen der Ermittlung der Verrechnungspreise, die bei diesen Unternehmen zum Tragen kommen, darzustellen. Die mit den nahestehenden Personen oder gesellschaftsrechtlich verbundenen Unternehmen getätigten außergewöhnlichen Geschäfte (die nicht den Grundsätzen der Verrechnungspreisdokumentation entsprechen), sind zeitnah gesondert aufzuzeichnen. Das Finanzamt kann die Vorlage dieser

Unterlagen mit einer Frist von 60 Tagen verlangen. Bei wesentlichen Verstößen gegen diese Vorschriften (fehlerhafte oder nicht vorhandene Verrechnungspreisdokumentation oder verspätete Vorlage) ist bei der Steuerveranlagung ein Zuschlag von mindestens 5.000 € oder, wenn dies zu einem höheren Betrag führt, mindestens 5 % und höchstens 10 % des Mehrbetrags der Einkünfte, der sich nach Ermittlung der Finanzbehörden ergibt, festzusetzen. Wird die Verrechnungspreisdokumentation verspätet vorgelegt, darf die Strafsteuer höchstens 1 Mio. €, mindestens jedoch 100 € für jeden vollen Tag der Verspätung betragen.

**Auskunftspflicht**

Der Steuerpflichtige hat nicht nur Mitwirkungspflichten. Er muss dem Finanzamt auch Auskünfte erteilen (§ 93 AO). Die Auskunftspflicht besteht nicht nur hinsichtlich der eigenen steuerlichen Angelegenheiten, sondern auch hinsichtlich Personen, die nicht am Besteuerungsverfahren beteiligt sind. Solche Personen sollen aber nur befragt werden, wenn die Sachverhaltsaufklärung durch die Beteiligten nicht zum Ziel führt oder keinen Erfolg verspricht.

**Tipp**

**Lassen Sie sich das Auskunftsbegehren des Finanzamts schriftlich geben!**

Wenn das Finanzamt an Sie herantritt, um von Ihnen eine Auskunft zu erhalten, so können Sie diese Auskunft mündlich, telefonisch oder schriftlich geben. Wenn jedoch das Auskunftsbegehren des Finanzamtes erkennen lässt, dass Ihre Antwort steuerlich von erheblicher Bedeutung sein kann oder Sie nicht erkennen können, warum und wofür das Finanzamt die Auskunft verwenden will, so bitten Sie das Finanzamt darum, Ihnen das Auskunftsbegehren gemäß § 93 Abs. 2 Satz 2 AO schriftlich zukommen zu lassen. So gewinnen Sie Zeit und können die Fragen sorgfältig beantworten.

Prüfen Sie dann an Hand nachfolgender Checkliste die inhaltliche Vollständigkeit des Auskunftsbegehrens.

**Checkliste**

**So prüfen Sie die formelle Ordnungsmäßigkeit eines Auskunftsersuchens des Finanzamts:**

- ✔ Ist angegeben, ob das Finanzamt in Ihrer steuerlichen Angelegenheit oder in Sachen eines anderen Steuerpflichtigen ermittelt?
- ✔ Worüber soll Auskunft erteilt werden?
- ✔ Wenn es um Auskünfte betreffend eines anderen Steuerpflichtigen geht: Hat das Finanzamt darauf hingewiesen, dass die Ermittlungen beim Steuerpflichtigen nicht zum Ziel geführt haben oder keinen Erfolg versprechen?

Die Auskunft kann für den Steuerpflichtigen erhebliche Konsequenzen haben, wie an folgendem Beispiel gezeigt werden soll:

Mögliche Konsequenzen der Auskünfte

**Beispiel zum Auskunftsersuchen des Finanzamts:**

1. *Das Finanzamt ruft bei B an und trägt vor, gehört zu haben, dass B in seinem häuslichen Arbeitszimmer, welches in den vergangenen Jahren stets steuerlich anerkannt wurde und hohe Aufwendungen verursacht hat, in Wirklichkeit eine Hausbar untergebracht habe. B behält, wie immer in schwierigen Situationen, die Nerven, und bittet das Finanzamt darum, diesen Sachverhalt doch einmal schriftlich vorzutragen. Er werde dann antworten.*
2. *Das Finanzamt schreibt daraufhin an B und fragt an, ob das Zimmer, welches in den Einkommensteuererklärungen 2000 bis 2004 deklariert worden sei und sich im Untergeschoss seines Hauses befinde, tatsächlich als Arbeitszimmer genutzt werde. Das Auskunftsersuchen beziehe sich auf seine steuerliche Veranlagung für die Jahre 2000 bis 2004.*
3. *Nachdem B erkannt hat, dass er die Theke mit fließendem Wasser, Flaschenkühlfach, Zapfanlage und elektrischem Eiswürfelspender nicht aus dem besagten Zimmer entfernen kann, entschließt er sich, lieber nicht schriftlich zu antworten. Er ruft beim Finanzamt an und trägt in blumigen Sätzen vor, dass das Zimmer wohl zu Arbeitszwecken genutzt werde, er aber auch schon einmal ein Glas Sekt mit Geschäftsfreunden dort trinke.*
4. *Diese Auskunft stellt das Finanzamt natürlich nicht zufrieden. Das Finanzamt schreibt erneut an B und bittet ihn nunmehr um schriftliche Stellungnahme innerhalb von vier Wochen. B reagiert nicht. Er steht auf dem Standpunkt, alle erforderlichen Auskünfte erteilt zu haben.*
5. *Nachdem B auch eine Nachfrist des Finanzamtes verstreichen ließ, wurde er vom Finanzamt schriftlich aufgefordert, an Amtsstelle zu erscheinen, um die Auskünfte zu erteilen und zur Niederschrift zu geben.*

**Lösung:**

- *Das Finanzamt ist gemäß § 93 Abs. 1 AO befugt, ein Auskunftsersuchen an den Steuerpflichtigen zu richten. Wenn dies fernmündlich geschieht, versäumt das Finanzamt es bisweilen, anzugeben, für welche Besteuerung die Angaben benötigt werden. Der Steuerpflichtige hat das Recht, das Auskunftsersuchen schriftlich zu erhalten.*
- *Das Finanzamt schreibt an B vorschriftsmäßig unter Angabe der betroffenen Steuerfälle.*
- *B antwortet zunächst fernmündlich. Dies ist, wenn das Finanzamt nicht ausdrücklich dazu auffordert, schriftlich zu antworten (§ 93 Abs. 4 Satz 2 AO), in Ordnung.*

- *Da die Auskünfte von B mehrdeutig waren und nicht zur Klärung des Sachverhalts geführt hatten, war es sachdienlich, B zu einer schriftlichen Stellungnahme aufzufordern.*
- *Das Finanzamt darf B gemäß § 93 Abs. 5 AO dazu auffordern, an Amtsstelle Auskunft zu erteilen, wenn eine schriftliche Auskunft trotz Aufforderung nicht erteilt wurde.*
- *B wird also beim Finanzamt erscheinen müssen. Andernfalls würde das Finanzamt Zwangsmittel androhen (§ 332 AO), festsetzen (§ 333 AO) und bei Uneinbringlichkeit des Zwangsgeldes Ersatzzwanghaft anordnen.*

### 2.3.2 Buchführungs- und Aufzeichnungspflichten

Wer nach anderen Gesetzen als nach den Steuergesetzen (also in der Regel nach § 238 HGB) zur Führung von Büchern und Aufzeichnungen verpflichtet ist, die für die Besteuerung von Bedeutung sind, muss die Verpflichtungen, die ihm nach den anderen Gesetzen auferlegt sind, auch für die Besteuerung erfüllen.

**Buchführungspflicht**

Soweit sich die Buchführungspflicht nicht aus anderen Gesetzen ergibt, kann sich die Buchführungspflicht aus § 141 AO ergeben. Danach sind gewerbliche Unternehmer, die mehr als 350.000 € Umsatz erzielen oder einen Gewinn aus Gewerbebetrieb von mehr als 30.000 € im Kalenderjahr machen, verpflichtet, Bücher und Aufzeichnungen zu führen. Die Pflicht besteht erstmalig für das Wirtschaftsjahr, welches auf die Bekanntgabe der Mitteilung des Finanzamtes, durch welche der Steuerpflichtige auf die Buchführungspflicht hingewiesen wird, folgt.

Gewerbliche Unternehmer müssen den Wareneingang (§ 143 AO) und den Warenausgang (§ 144 AO) gesondert aufzeichnen.

**Checkliste**

**Die Aufzeichnungen des Wareneingangs und des Warenausgangs müssen enthalten**

- ✔ Tag des Wareneingangs/Warenausgangs oder das Datum auf der Rechnung,
- ✔ Name oder Firma und die Anschrift des Lieferanten/Abnehmers,
- ✔ die handelsübliche Bezeichnung der Ware,
- ✔ den Preis der Ware,
- ✔ einen Hinweis auf den Beleg.

Liefert der Unternehmer auf Rechnung, durch Tausch oder unentgeltlich, so muss er dies ebenfalls aufzeichnen. Ebenfalls aufzuzeichnen sind Verkäufe gegen Barzahlung, wenn die Ware wegen der abgenommenen Menge zu einem Preis veräußert wird, der niedriger ist als der übliche Preis für Verbraucher. Dies gilt nicht, wenn die Ware erkennbar nicht zur gewerblichen Weiterverwendung bestimmt ist. Die letztgenannten Vorschriften dienen der Bekämpfung des Schwarzeinkaufs.

Die Buchführung muss so beschaffen sein, dass sich ein sachverständiger Dritter innerhalb angemessener Zeit einen Überblick über die Geschäftsvorfälle und die Lage des Unternehmens verschaffen kann (§ 145 AO).

Checkliste

**Weitere Ordnungsvorschriften für die Buchführung**

- ✔ Es ist der Grundsatz der Vollständigkeit der Buchungen und Aufzeichnungen zu beachten.
- ✔ Zu beachten ist auch der Grundsatz der zeitnahen und geordneten Erfassung der Buchungen und Aufzeichnungen.
- ✔ Kasseneinnahmen und Kassenausgaben sind täglich zu erfassen.
- ✔ Bücher sind in der Bundesrepublik Deutschland zu führen und aufzubewahren, soweit es sich nicht um ausländische Betriebsstätten handelt, für die eine Buchführungspflicht im dortigen Land besteht und erfüllt wird.
- ✔ Es ist eine lebende Sprache zu verwenden. Wird nicht die deutsche Sprache verwendet, kann das Finanzamt eine Übersetzung verlangen.
- ✔ Werden Abkürzungen verwendet, muss deren Bedeutung eindeutig festgelegt sein.
- ✔ Veränderungen sind nicht zulässig, wenn die Veränderung nicht erkennbar ist.
- ✔ Bei Veränderungen muss feststellbar sein, wann sie vorgenommen wurden.
- ✔ Die Buchführung muss einem anerkannten Verfahren entsprechen. Sie kann aus einem System geordneter Ablagen bestehen.
- ✔ Die Buchführung darf auch auf Datenträgern vorgenommen werden, wenn sichergestellt ist, dass alle Daten in angemessener Zeit reproduzierbar sind.
- ✔ Die Unterlagen sind im Wesentlichen zehn Jahre aufzubewahren.

### 2.3.3 Steuererklärungen

Pflicht zur Abgabe einer Steuererklärung

Die gesetzliche Verpflichtung zur Abgabe einer Steuererklärung ergibt sich aus den Einzelgesetzen. Zur Abgabe einer Steuererklärung ist auch verpflichtet, wer dazu aufgefordert wird. Die Aufforderung kann auch durch öffentliche Bekanntmachung erfolgen (§ 149 AO).

**Abgabefrist**

Die Steuererklärung, die sich auf ein Kalenderjahr oder einen gesetzlich bestimmzen Zeitpunkt bezieht, ist spätestens fünf Monate danach abzugeben, soweit die jeweiligen Einzelsteuergesetze nichts anderes vorschreiben. Sofern die Steuererklärungen von einer zur Steuerberatung befugten Person oder Gesellschaft erstellt werden, verlängert sich die Abgabepflicht bis zum 31. Dezember des Folgejahres. Aufgrund begründeter Einzelanträge kann vom Finanzamt eine Fristverlängerung bis zum 28. Februar des übernächsten Jahres eingeräumt werden. Das Finanzamt kann jedoch abweichend von diesen Grundsätzen Steuererklärungen vorweg anfordern.

**Schätzungsbescheid**

Ein Schätzungsbescheid befreit nicht von der Pflicht zur Abgabe einer Steuererklärung.

**Beispiel:**

*B hat wieder einmal seine Einkommensteuererklärung nicht abgegeben. Nachdem die Mahnungen des Finanzamts ohne Wirkung blieben, entschied sich der Finanzbeamte F zum Erlass eines Schätzungsbescheids (§ 162 AO). F setzt die Einkünfte relativ hoch an, um B dazu zu bewegen, die tatsächlichen Verhältnisse in der Einkommensteuererklärung anzugeben. B jedoch greift in den Kühlschrank zu einer Flasche Sekt. Sein tatsächlich zu versteuerndes Einkommen war nämlich noch deutlich höher als die Schätzung. Der § 149 Abs. 1 Satz 4 AO, auf den ihn Steuerberater S hingewiesen hatte, stieß B mächtig auf.*

**Lösung:**

*Ein Schätzungsbescheid befreit nicht von der (verspäteten) Abgabe einer Steuererklärung. Wenn B die Abgabe der Steuererklärung unterlässt, weil er mit dem Schätzungsbescheid »besser fährt«, erfüllt er den Straftatbestand der Steuerhinterziehung (§ 370 Abs. 1 Nr. 2 AO), was bei einer Verurteilung zu einer Haftstrafe die Möglichkeiten seines Sektkonsums spürbar beeinträchtigen würde.*

Die Steuererklärung muss auf amtlichen Vordrucken erfolgen. Es ist auch zulässig, EDV-produzierte Formulare zu verwenden, wenn auf diesen Formularen durch Unterschrift des Steuerpflichtigen bestätigt wird, dass das Formular mit den amtlichen Vordrucken übereinstimmt. Lediglich die Bearbeitungsfelder, die im Original grün sind, dürfen in den Formularen auch einfarbig sein. In § 87a AO ist die elektronische Kommunikation zwischen Steuerpflichtigen und Finanzämtern geregelt. Der Steuerpflichtige kann Steuererklärungen auch elektronisch übermitteln. Die Umsatzsteuervoranmeldungen und die Lohnsteueranmeldungen müssen grundsätzlich elektronisch übermittelt werden. Auf Antrag kann auf die elektronische Anmeldung verzichtet werden, wenn dies eine unbillige Härte darstellen würde.

**Beispiel:**

*Die wohlhabende Unternehmerwitwe W beschäftigt in ihrem Haushalt mehrere Angestellte (Butler, Köchin, Hausdame), deren Besteuerung (Lohnsteuer) von W sorgfältig durchgeführt wird. Mit der Verpflichtung, die Lohnanmeldungen zukünftig mit einem Computer vornehmen zu sollen, waren die Grenzen der Staatsbürgertreue der alten Dame jedoch überschritten.*

**Lösung:**

*Es würde eine unbillige Härte darstellen, wenn man der W abverlangen wollte, die Hilfe eines Steuerberaters in Anspruch nehmen, nur weil sie die Anwendung eines Computers nicht beherrscht. Auf die unbillige Härte für das Finanzamt, wenn dieses ansonsten von W keine Lohnsteueranmeldung mehr erhalten würde, wollen wir an dieser Stelle lieber nicht eingehen.*

Verspätungszuschlag

Wenn die Steuererklärung nicht fristgerecht eingereicht wird, kann das Finanzamt einen Verspätungszuschlag festsetzen (§ 152 AO). Dieser darf 10 % der festgesetzten Steuer und 25.000 € nicht übersteigen. Gegen die Festsetzung eines Verspätungszuschlags ist grundsätzlich mit dem Rechtsmittel des Einspruchs, nicht jedoch mit dem Antrag auf Erlass aus Billigkeitsgründen, vorzugehen. Letzterer wird von den Finanzämtern zunehmend mit der Begründung abgelehnt, dass ein Erlass nur in Betracht kommt, wenn die Einziehung unbillig ist. Unbilligkeit setzt jedoch Erlasswürdigkeit und Erlassbedürftigkeit des Steuerpflichtigen voraus. Letztere Voraussetzung liegt bei geordneten wirtschaftlichen Verhältnissen jedoch regelmäßig nicht vor (§ 227 AO).

# 3 Festsetzungsverfahren und Anfechtung

## 3.1 Steuerfestsetzung

### 3.1.1 Allgemeine Vorschriften

Steuerbescheid

Die Steuern werden, soweit nichts anderes vorgeschrieben ist, von der Finanzbehörde festgesetzt (§ 155 Abs. 1 AO). Steuerbescheide sind schriftlich zu erteilen, soweit nicht ein Gesetz etwas anderes vorschreibt. Der Steuerbescheid muss die festgesetzte Steuer nach Art und Betrag angeben und darauf hinweisen, wer die Steuer schuldet. Der Steuerbescheid muss eine Rechtsbehelfsbelehrung beinhalten, aus der hervorgeht, welcher Rechtsbehelf zulässig ist und binnen welcher Frist ein solcher Rechtsbehelf bei welcher Behörde eingelegt werden kann. Enthält ein Verwaltungsakt keine oder eine unrichtige Rechtsbehelfsbelehrung, hat dies zur Folge, dass der

Rechtsbehelf innerhalb eines Jahres nach Bekanntgabe angefochten werden kann (§ 356 Abs. 2 AO).

Grundsätzlich muss das Finanzamt die Steuer entsprechend den tatsächlichen Verhältnissen (wie sie sich aus der Steuererklärung ergeben sollen) nach den jeweils gültigen Gesetzen festsetzen.

### 3.1.2 Bestandskraft

Bestandskraft

Grundsätzlich wird ein Steuerbescheid mit Erlass durch die zuständige Behörde bestandskräftig. Sie mögen jetzt vielleicht im Ersten Teil der AO nach der Begriffsbestimmung der »Bestandskraft« suchen. Der Begriff wird in der Abgabenordnung weder definiert noch verwendet.

Man unterscheidet zwischen materieller und formeller Bestandskraft eines Verwaltungsaktes.

Nach Erlass eines Verwaltungsaktes wird dieser in der Regel nach Ablauf eines Monats formell bestandskräftig, wenn er nicht angefochten wird. Der Verwaltungsakt wird formell unanfechtbar.

Mit Eintritt der Unanfechtbarkeit des Verwaltungsaktes tritt die materielle Bestandskraft ein. Ein materiell bestandskräftiger Bescheid muss nicht richtig sein. Er ist jedenfalls nicht mehr (durch Einspruch) anfechtbar. Er kann nur noch nach bestimmten Vorschriften geändert werden. Diese Änderungsvorschriften sind jedoch sehr eng und restriktiv.

### 3.1.3 Festsetzungsfrist

Eine Steuerfestsetzung sowie ihre Aufhebung oder Änderung sind nicht mehr zulässig, wenn die Festsetzungsfrist abgelaufen ist (§ 169 Abs. 1 AO).

Normale Festsetzungsfrist

Die Festsetzungsfrist beträgt für Zölle, Verbrauchsteuern, Zollvergütungen und Verbrauchsteuervergütungen ein Jahr, für alle anderen Steuern und Steuervergütungen vier Jahre.

Verlängerte Festsetzungsfrist

Liegt eine leichtfertige Steuerverkürzung vor, verlängert sich die Festsetzungsfrist auf fünf Jahre, in Fällen der Steuerhinterziehung sogar auf zehn Jahre.

Beginn der Festsetzungsfrist

Wichtig für die Beurteilung der Festsetzungsverjährung ist der Beginn der Festsetzungsfrist. Diese richtet sich grundsätzlich nach der Entstehung der jeweiligen Steuer (§ 170 Abs. 1 AO). Sind Steuererklärungen oder Steueranmeldungen abzugeben, so beginnt die Festsetzungsfrist mit Ablauf des Jahres, in welchem der Steuerpflichtige seine Steuererklärung bzw. -anmeldung abgegeben hat. Die Festsetzungsverjährung beginnt jedoch spätestens drei Jahre nach Ablauf des Kalenderjahres, in welchem die Steuer entstanden ist.

**Beispiel 1 für die Berechnung der Festsetzungsfrist:**
*Erich Ehrlich (E) hat seine Einkommensteuererklärung für 2002 am 30.9.2003 beim Finanzamt eingereicht. Der Finanzbeamte F versäumt es, den Fall zeitnah zu bearbeiten und erlässt den Steuerbescheid erst im Januar 2008. Das Finanzamt fordert eine hohe Abschlusszahlung.*

**Lösung:**
*Die Festsetzungsfrist beginnt mit Ablauf des Jahres zu laufen, in welchem E die Steuererklärung beim zuständigen Finanzamt eingereicht hat (also mit Ablauf des 31.12.2003). Die Verjährung (Festsetzungsfrist) tritt vier Jahre später ein, also mit Ablauf des 31.12.2007. E muss nicht zahlen. F dürfte einigen Ärger bekommen.*

**Beispiel 2 für die Berechnung der Festsetzungsfrist:**
*Wilhelm Brause war in den Jahren 2003 und 2004 sehr beschäftigt. Er hat es übersehen, eine Einkommensteuererklärung für das Jahr 2002 abzugeben. Er kommt seinen Pflichten erst auf großen Druck der Finanzverwaltung im Dezember 2007 nach. Der Finanzbeamte F arbeitet schnell. Der Bescheid wird B am 4.1.2008 bekannt gegeben. Eine hohe Nachzahlung führt bei B erwartungsgemäß zu Verärgerung.*

**Lösung:**
*Anders als E muss B zahlen. Die Festsetzungsfrist beginnt nicht mit Ablauf des Jahres 2007, da sie spätestens drei Jahre nach Ablauf des Jahres zu laufen beginnt, in welchem die Steuer entstanden ist (also mit Ablauf des 31.12.2005). Die Festsetzungsverjährung tritt erst mit Ablauf des 31.12.2009 ein.*

Fristbeginn

Die Frist für Verbrauchsteuern und Zölle beginnt jedoch mit Ablauf des Kalenderjahres zu laufen, in welchem die Steuer oder der Zoll entstanden ist.

Tipp

Achten Sie bei der Abgabe einer Steuererklärung darauf, dass der Zeitpunkt des Zugangs der Steuererklärung beim zuständigen Finanzamt von großer Bedeutung sein kann. Wenn Sie beabsichtigen, eine Steuererklärung im Januar 02 einzureichen, sollten Sie prüfen, ob es nicht sinnvoller ist, die Erklärung bereits am 31.12.01 beim Finanzamt einzureichen. Dadurch verkürzt sich die Verjährungsfrist um ein Jahr. Das kann insbesondere bei Anordnung einer steuerlichen Außenprüfung (Betriebsprüfung) von großer Bedeutung sein, weil der Betriebsprüfer nach Eintritt der Festsetzungsverjährung an das entsprechende Veranlagungsjahr nicht mehr herankommt.

### 3.1.4 Gesonderte Feststellung von Besteuerungsgrundlagen

Grundlagenbescheid

Eine besondere Bedeutung spielt im Veranlagungsverfahren die gesonderte Feststellung von Besteuerungsgrundlagen (§ 180 AO). Die Ermittlung solcher gesonderten Feststellungen erfolgt durch eigenständige Steuererklärungen und muss immer dann durchgeführt werden, wenn bestimmte Einkünfte mehreren Beteiligten zuzuordnen sind oder wenn ein Steuerpflichtiger Haupteinkunftsarten an einem anderen Ort als seinem Wohnsitz erzielt und daher für diese Einkunftsermittlung ein anderes Finanzamt zuständig ist (Grundlagenbescheid).

**Beispiel 1 zur gesonderten Feststellung von Besteuerungsgrundlagen:**
*Brause und Ehrlich betreiben gemeinsam ein Bauunternehmen als B & E OHG. Der einkommensteuerliche Gewinn der OHG beläuft sich im Veranlagungsjahr 01 auf 150.000 €. Die Vorwegvergütung für die Geschäftsführung beläuft sich bei E auf 50.000 €, bei B, welcher noch viele andere Interessen verfolgt und daher nur sporadisch dem Unternehmen zur Verfügung steht, auf 20.000 €.*

**Lösung:**
*Die gesonderte und einheitliche Feststellung der Einkünfte hat (verkürzt) folgenden Inhalt:*

| | *Brause* | *Ehrlich* | *Gesamt* |
|---|---|---|---|
| *Steuerlicher Gewinn* | | | *150.000 €* |
| *Vorwegvergütungen* | *20.000 €* | *50.000 €* | *./. 70.000 €* |
| *Verteilung des Restgewinns* | *40.000 €* | *40.000 €* | *80.000 €* |
| *Anteil am steuerlichen Gewinn* | *60.000 €* | *90.000 €* | |

Der Anteil am steuerlichen Ergebnis wird durch das Betriebsstättenfinanzamt, welches für die einkommensteuerlichen Angelegenheiten der OHG zuständig ist, durch Steuerbescheid festgestellt und den Wohnsitzfinanzämtern der Feststellungsbeteiligten mitgeteilt.

**Beispiel 2 zur gesonderten Feststellung von Besteuerungsgrundlagen:**
*B ist nebenbei auch als Unternehmensberater tätig. Seinen Wohnsitz hat er in einem Winzerdorf nahe Koblenz. Sein Unternehmensberatungsbüro befindet sich im Bankenviertel von Frankfurt am Main.*

**Lösung:**
*B muss beim zuständigen Finanzamt Frankfurt eine (Steuer-)Erklärung über die gesonderte Feststellung von Einkünften abgeben. Das Finanz-*

*amt prüft diese Erklärung und führt die Veranlagung durch. Es stellt einen Gewinn von 20.000 € fest und erlässt den Feststellungsbescheid. Dieser Feststellungsbescheid beinhaltet keine Steuerfestsetzung. Das festgestellte steuerliche Ergebnis meldet das Finanzamt Frankfurt an das Wohnsitzfinanzamt in Koblenz. Dort fließt das Ergebnis in die persönliche Steuererklärung von B ein. Im Rahmen der Veranlagung von B zur Einkommensteuer beim Finanzamt Koblenz wird die Steuer unter Berücksichtigung der Ergebnisse der gesonderten Feststellung festgesetzt.*

## 3.2 Konflikte im Steuerfestsetzungsverfahren

### 3.2.1 Vorbemerkung

Änderung von Steuerbescheiden

Nachdem in Kap. 3.1 die Zeitspanne von Beginn der Festsetzungsfrist bis zum Ablauf der Festsetzungsfrist (Verjährung) beschrieben wurde, werden hier die gesetzlich vorgesehenen Änderungsmöglichkeiten des Steuerpflichtigen und der Finanzverwaltung erörtert.

Das Erfordernis von Änderungen von Steuerfestsetzungen ergibt sich in der Regel dadurch, dass im Veranlagungsverfahren Fehler geschehen sind oder der Steuerpflichtige aus Gestaltungsgründen eine Änderung begehrt.

Der Steuerpflichtige kann innerhalb der Einspruchsfrist einen Bescheid anfechten. In allen Fällen, in denen ein Einspruch nicht möglich ist, weil die Rechtsbehelfsfrist abgelaufen oder eine Beschwer nicht gegeben ist, ist der Steuerpflichtige auf die übrigen Änderungsvorschriften angewiesen, für die aber besondere Gründe vorliegen müssen.

### 3.2.2 Änderungsmöglichkeiten

#### 3.2.2.1 Einspruch

Gegen einen Verwaltungsakt kann der Rechtsbehelf des Einspruchs erhoben werden, wenn der Verwaltungsakt eine Abgabenangelegenheit der Abgabenordnung betrifft. Dies ist klassischerweise der Steuerbescheid (§ 347 Abs. 1 Nr. 1 AO), aber auch Verfahren zur Vollstreckung von Verwaltungsakten (§ 347 Abs. 1 Nr. 2 AO). Die Finanzbehörde sollte dem Verwaltungsakt immer eine Rechtsbehelfsbelehrung anfügen. Dies kann in Zweifelsfällen ein Hinweis sein, ob tatsächlich ein rechtsbehelfsfähiger Verwaltungsakt vorliegt. Ein Fehler der Finanzverwaltung diesbezüglich ist jedoch auch nicht auszuschließen. Ein Einspruch ist nicht statthaft gegen Einspruchsentscheidungen und bei Nichtentscheidung über einen Einspruch (§ 348 AO). In diesen Fällen ist Klage beim Finanzgericht (§ 40 FGO) zu erheben.

Beschwer

Einen Einspruch einlegen darf nur derjenige, der geltend macht, durch einen Verwaltungsakt beschwert zu sein (§ 350 AO).

Beschwert ist ein Steuerpflichtiger, der vorträgt, durch einen Verwaltungsakt Nachteile zu erleiden.

**Beispiel:**
*B erhält seinen Einkommensteuerbescheid für das Jahr 2006. Das Finanzamt hat die Abschreibung seines Vermietungsobjektes steuerlich nicht berücksichtigt. Hierdurch fällt die Steuerfestsetzung um 5.000 € höher aus.*

**Lösung:**
*B ist beschwert und kann daher Einspruch einlegen.*

Zulässiger Einspruch

*Die Steuerjuristen unterscheiden zwischen Zulässigkeit und der Begründetheit eines Einspruches.*
*Die wichtigsten Zulässigkeitsvoraussetzungen sind:*

- *Statthaftigkeit des Einspruchs, d.h. der Einspruch muss gegen die Entscheidung der Verwaltung zugelassen sein;*
- *Form (§ 357 Abs. 1 AO), d.h. der Rechtsbehelf muss schriftlich oder zur Niederschrift vorgebracht werden, Einspruch per Telefax ist zulässig,*
- *Beschwer (§ 350 AO).*

*Frist (§ 355 Abs. 1 AO) bedeutet, dass der Einspruch innerhalb eines Monats nach Bekanntgabe einzulegen ist.*

Fristberechnung

Die Einspruchsfrist (§ 355 AO) beträgt einen Monat. Die Frist beginnt nach Bekanntgabe des Verwaltungsaktes oder mit Eingang einer Steueranmeldung (z.B. die Umsatzsteuer wird angemeldet) bei der zuständigen Finanzbehörde. Die Bekanntgabe ist teilweise gesetzlich fingiert. Die Bekanntgabe eines Verwaltungsaktes durch normalen Brief gilt am dritten Tag nach Aufgabe zur Post als bekanntgegeben, und zwar unabhängig davon, ob es sich bei dem dritten Tag um einen Werktag oder einen Sonn- oder Feiertag handelt. Der Tag der Aufgabe zur Post wird nicht mitgerechnet. Dasselbe gilt bei Zustellung durch die Post mittels eingeschriebenen Briefs. Wird der Verwaltungsakt gegen Empfangsbekenntnis oder mit Postzustellungsurkunde überbracht, gilt der Tag der Zustellung als Bekanntgabetag.

Die Frist endet bei Steuerbescheiden nach Ablauf eines Monats nach Bekanntgabe des Bescheids. Liegt der Ablauftag auf einem Sonnabend, Sonntag oder Feiertag, so endet die Einspruchspflicht mit Ablauf des folgenden Werktags.

**Beispiel 1 für die Fristberechnung:**
*B erhält vom Finanzamt seinen Einkommensteuerbescheid 2006 am 26.7.2007 durch normale Post. Der Bescheid trägt das Datum vom 25.7.2007.*

**Lösung:**
*Die für die Fristberechnung geltende fiktive Bekanntgabe erfolgte nicht am 26.7.2007, sondern am 28.7.2007. Der Frist beginnt somit am 29.7.2007 und endet mit Ablauf des 28.8.2007, also einen Monat später.*

**Beispiel 2 für die Fristberechnung:**
*Wie Beispiel 1. Der Bescheid trägt aber das Aufgabedatum vom 24.7.2007.*

**Lösung:**
*Der Bescheid gilt als am 27.7.2007 bekannt gegeben. Die Frist läuft einen Monat nach Bekanntgabe ab. Da dies Sonntag, der 27.8.2007 ist, verschiebt sich der Fristablauf auf Montag, den 28.8.2007.*

**Beispiel 3 für die Fristberechnung:**
*Wie Beispiel 1. Der Bescheid wird jedoch durch Empfangsbekenntnis am 26.7.2007 zugestellt.*

**Lösung:**
*Die Frist beginnt mit Ablauf dieses Tages. Da der 26.8.2007 ein Samstag ist, verlängert sich diese Frist bis zum Ablauf des nächsten Werktages, also Montag, den 28.8.2007.*

Im Rahmen eines Einspruchs kann der Verwaltungsakt vollumfänglich geprüft werden, das heißt, dass nicht nur der vom Steuerpflichtigen begehrte Punkt geändert werden kann, sondern, dass der gesamte Fall noch einmal einer Prüfung unterworfen werden kann. Im schlechtesten Fall kann eine »Verböserung« drohen. Diese Schlechterstellung muss jedoch dem Steuerpflichtigen mitgeteilt werden. Dieser hat dann noch die Möglichkeit, den Einspruch zurück zu nehmen und somit eine ungünstigere Steuerfestsetzung zu vermeiden.

#### 3.2.2.2 Antrag auf Änderung der Steuerfestsetzung nach § 164 Abs. 2 Satz 2 AO

Die sicherlich unproblematischste Änderungsvorschrift ist die Aufhebung oder Änderung der Steuerfestsetzung nach § 164 Abs. 2 Satz 2 AO.

Änderung bei Vorbehalt der Nachprüfung

Die Finanzverwaltung hat die Steuererklärungen, welche ein Steuerpflichtiger abgibt, zu prüfen und die Sachverhalte zu untersuchen (Untersuchungsgrundsatz nach § 88 AO). Häufig handelt es sich aber um komplexe Sachverhalte, deren Prüfung sich einige Zeit hinziehen wird oder an Amtsstelle gar nicht möglich ist. In solchen Fällen erlässt das Finanzamt einen Steuerbescheid nach § 164 Abs. 1 AO unter dem Vorbehalt der Nachprüfung, um zu einem späteren Zeitpunkt eine genauere Prüfung durchzuführen oder aber den Fall durch die steuerliche Außenprüfung abschließend klären zu lassen.

Solange ein Bescheid unter dem Vorbehalt der Nachprüfung steht, kann sowohl die Finanzverwaltung den Bescheid ändern als auch der Steuerpflichtige eine Änderung oder Aufhebung nach § 164 Abs. 2 AO beantragen.

Eintritt der steuerlichen Folgen erst nach Berücksichtigung der Änderung

Das Finanzamt ist dann verpflichtet, den Sachverhalt hinsichtlich der begehrten Änderung zu prüfen. Dies kann jedoch im Rahmen der endgültigen Sachverhaltsprüfung erfolgen, so dass der Steuerpflichtige die gewünschte Änderung möglicherweise erst sehr spät berücksichtigt bekommt. Das ist besonders deshalb von Bedeutung, da die steuerlichen Folgen erst nach Berücksichtigung der Änderung eintreten.

Tipp

> Es ist grundsätzlich ratsam, nicht auf den Änderungsantrag zu vertrauen, sondern rechtzeitig Einspruch zu erheben, da nur in Zusammenhang mit einem Einspruch auch die Aussetzung der Vollziehung beantragt werden kann (§ 361 AO).

**Beispiel:**
*B erhält einen Einkommensteuerbescheid, der zu Unrecht eine um 10.000 € zu hohe Steuer festsetzt. Der Bescheid wurde gemäß § 164 Abs. 1 AO unter dem Vorbehalt der Nachprüfung erlassen. B übergibt diesen Fall rechtzeitig seinem Steuerberater S, der Einspruch einlegt und die Aussetzung der Vollziehung in Höhe von 10.000 € beantragt.*

**Lösung:**
*Das Finanzamt muss über den Einspruch und den Antrag auf Aussetzung der Vollziehung entscheiden. So lange das Finanzamt nicht über den Aussetzungsantrag entschieden hat, braucht B nicht zu zahlen. Das Finanzamt muss dem Antrag auf Aussetzung der Vollziehung stattgeben, wenn ernsthafte Zweifel an der Rechtmäßigkeit des Steuerbescheids bestehen. B braucht die überhöhte Steuerforderung nicht zu begleichen.*

**Beispiel:**
*Derselbe Sachverhalt. B versäumt es aber, Einspruch einzulegen.*

**Lösung:**
*Der Steuerberater kann nunmehr Antrag auf Änderung nach § 164 Abs. 2 AO stellen. Ein Antrag auf Aussetzung der Vollziehung ist nicht mehr möglich, da dieser nur gestellt werden kann, wenn auch ein Einspruch eingelegt wurde. B muss die überhöhte Steuerschuld zahlen. S kann zwar ersatzweise einen Antrag auf Stundung stellen; aber hier sind die Ansprüche an den Steuerpflichtigen hinsichtlich der Begründung deutlich höher.*

Tipp

> Verzichten Sie grundsätzlich nicht auf den Einspruch. Er sichert Ihre Rechtsansprüche besser als der Änderungsantrag nach § 164 Abs. 2 AO. Diese Vorschrift ist nur anzuwenden, wenn ein unter Vorbehalt der Nachprüfung stehender Steuerbescheid nach Ablauf der Einspruchsfrist geändert werden soll.

Ein durch § 164 AO geänderter Bescheid kann wiederum mit dem Einspruch angefochten werden.

### 3.2.2.3 Aufhebung oder Änderung einer vorläufigen Festsetzung nach § 165 AO

Es gibt Sachverhalte, deren steuerliche Klärung im Veranlagungsverfahren nicht lösbar ist, weil entsprechende Erkenntnisse fehlen. Dabei kann einerseits ein Sachverhalt nicht endgültig klar sein, andererseits kann es Zweifel an der Rechtmäßigkeit eines Steuergesetzes geben.

Vorläufiger Steuerbescheid

In diesen Fällen wird ein Steuerbescheid nach § 165 AO als vorläufig erlassen. Die Vorläufigkeit muss aber im Bescheid begründet sein, dass heißt, dass das Finanzamt angeben muss, worauf sich die Vorläufigkeit bezieht (Grund und Umfang).

Soweit Grund und Umfang der Vorläufigkeit reichen, kann der Bescheid jederzeit und zu allen Seiten berichtigt werden. Auch diese Berichtigung kann sowohl seitens der Finanzbehörde als auch seitens des Steuerpflichtigen herbeigeführt werden.

Ein Vorläufigkeitsvermerk kann für den Steuerpflichtigen von erheblichem Vorteil sein. Denken Sie an die vielen Prozesse beim Bundesverfassungsgericht, bei denen es darum geht, ob Steuervorschriften verfassungskonform sind. Könnte eine Veranlagung erst erfolgen, wenn alle unklaren Rechtslagen geklärt sind, würde eine Steuererstattung Jahre auf sich warten lassen.

Sobald der Sachverhalt geklärt ist, muss das Finanzamt den Bescheid ändern und die Vorläufigkeit bezüglich des geklärten Sachverhalts aufheben.

Gegen den geänderten Bescheid kann seitens des Steuerpflichtigen wiederum Einspruch eingelegt werden.

### 3.2.2.4 Aufhebung oder Änderung von Steuerbescheiden nach § 172 AO

Bescheidänderung mit Zustimmung des Steuerpflichtigen

Ein Bescheid, der nicht unter Vorbehalt der Nachprüfung steht, darf aufgehoben oder geändert werden, soweit er Zölle oder Verbrauchsteuern betrifft.

Andere Steuerbescheide, die weder vorläufig noch unter Vorbehalt der Nachprüfung ergangen sind, dürfen nur geändert oder aufge-

hoben werden, soweit der Steuerpflichtige zustimmt oder seinem Antrag entsprochen wird. Zustimmen wird der Steuerpflichtige in der Praxis nur, wenn er dadurch steuerlich entlastet wird.
Wird einem Antrag des Steuerpflichtigen entsprochen, ist die Änderung nach § 172 Abs. 1 Nr. 2 Buchst. a AO möglich.

**Beispiel für eine Bescheidänderung dem Antrag des Steuerpflichtigen entsprechend:**
*Der Steuerpflichtige hat gegen einen Steuerbescheid Einspruch eingelegt. Das Finanzamt stellt fest, dass der Steuerpflichtige Recht hat.*

**Lösung:**
*Das Finanzamt wird in einem solchen Fall keine Einspruchsentscheidung zu Gunsten des Steuerpflichtigen erlassen, sondern den Bescheid antragsgemäß nach § 172 Abs. 1 Nr. 2 AO ändern.*

Im Übrigen ist eine Änderung oder Aufhebung von Steuerbescheiden nach § 172 Abs. 1 Nr. 2 AO möglich, wenn die falsche Behörde den Bescheid erlassen hat oder der Bescheid mit unlauteren Mitteln wie arglistiger Täuschung, Drohung oder Bestechung erwirkt worden ist.

**Beispiel für eine Änderung des Steuerbescheids nach § 172 Abs. 1 Nr. 2 AO:**
*Brause hat für seinen Thüringer Betrieb einen Antrag auf Investitionszulage gestellt. Der Betrieb erfüllt die Voraussetzungen für die Investitionszulage nur, wenn nicht mehr als 50 Mitarbeiter beschäftigt werden. B beschäftigt aber 60 Leute. Das Finanzamt schreibt im Rahmen der Prüfung des Antrags B an und bittet um Übersendung einer Personalliste, aus der zu erkennen ist, dass nur die 45 angegebenen Personen beschäftigt werden. Um die Investitionszulage nicht zu gefährden, begibt sich B mit einer Kiste Champagner (und mit überarbeiteter Personalliste) zum Finanzamt ...*

**Lösung:**
*Neben den hier nicht zu behandelnden strafrechtlichen Aspekten sind die Voraussetzungen für die Aufhebung des Investitionszulagenbescheids wegen Täuschung und Bestechung erfüllt.*

### 3.2.2.5 Aufhebung oder Änderung von Steuerbescheiden wegen neuer Tatsachen oder Beweismittel nach § 173 Abs. 1 Nr. 2 AO

Neue Tatsachen

In der Vorschrift wird zwischen zwei voneinander unabhängigen Korrekturvorschriften unterschieden:

1. Der Steuerbescheid ist zum Nachteil des Steuerpflichtigen aufzuheben oder zu ändern, soweit Tatsachen oder Beweismittel nachträglich bekannt werden, die zu einer höheren Steuer führen (§ 173 Abs. 1 Nr. 1 AO).
2. Der Steuerbescheid ist zum Vorteil des Steuerpflichtigen aufzuheben oder zu ändern, soweit Tatsachen oder Beweismittel nachträglich bekannt werden, die zu einer niedrigeren Steuer führen und an deren nachträglichem Bekanntwerden der Steuerpflichtige kein grobes Verschulden trifft (§ 173 Abs. 1 Nr. 2 AO).

Tatsache ist jeder Lebenssachverhalt, der den steuerlichen Tatbestand im Sinne von § 38 AO erfüllt und sich damit auf die Steuerhöhe auswirkt.

**Beispiel für Tatsache:**
*B hat wieder einmal im letzten Moment seine Einkommensteuererklärung erstellt und beim Finanzamt eingereicht. Im Eifer des Gefechts hat er übersehen, die Hausverwaltungskosten für sein Mietshaus als Werbungskosten anzusetzen. Hierdurch wird die Steuer um 5.000 € zu hoch angesetzt. Der Steuerbescheid wurde weder angefochten noch stand er unter dem Vorbehalt der Nachprüfung (§ 164 AO).*

**Lösung:**
*Tatsache ist jeder Lebenssachverhalt. Lebenssachverhalt ist, dass B die Ausgaben für die Hausverwaltung getätigt hat. Die Tatsache ist aber nicht neu.*

Schlussfolgerungen sind keine Tatsachen und können daher nicht vorgetragen werden. Für die Korrektur nach § 173 AO ist entscheidend, dass sich ein Lebenssachverhalt ändert, eine anderer rechtliche Würdigung eines gleichbleibenden Lebenssachverhaltes ist hingegen nicht zu berücksichtigen. Auch darf das Finanzamt nicht ändern, wenn es ohne Änderung des Sachverhalts seine Rechtsansicht ändert.

Nachträgliches Bekanntwerden

Die Tatsache oder das Beweismittel wird nachträglich bekannt, wenn sie der Finanzbehörde bei abschließender Zeichnung des Steuerfalls nicht bekannt war, obwohl sie vorhanden war. Das bedeutet, die Tatsache muss im Grunde »alt«, die Kenntnis darüber jedoch »neu« sein.

Zu Ungunsten des Steuerpflichtigen

Führt die Änderung zu einer Schlechterstellung des Steuerpflichtigen sind die oben genannten Voraussetzungen zu überprüfen. Das zusätzliche Tatbestandsmerkmal des groben Verschuldens ist hierbei nicht zu überprüfen. Dennoch muss sich die Finanzbehörde Ermittlungsfehler zurechnen lassen.

Änderungssperre

Die Änderung ist jedoch nur noch in Ausnahmefällen (Steuerhinterziehung oder leichtfertige Steuerverkürzung) möglich, wenn eine steuerliche Außenprüfung stattgefunden hat. In der Betriebsprüfung hätte das Finanzamt nämlich intensiv prüfen können. Der Rechtsfriede hat Vorrang (§ 173 Abs. 2 AO)

#### 3.2.2.6 Aufhebung oder Änderung von Steuerbescheiden wegen widerstreitender Steuerfestsetzungen nach § 174 AO

Widerstreitende Steuerfestsetzung

Eine widerstreitende Steuerfestsetzung liegt vor, wenn bestimmte Sachverhalte ungerechtfertigterweise mehrfach oder gar nicht berücksichtigt wurden.

Man unterscheidet bei der Mehrfachberücksichtigung (positiver Widerstreit) verschiedene Arten:

- **Personenkollision**
  Zinseinnahmen werden sowohl A als auch B zugerechnet
- **Objektkollision**
  A bekommt von seinem Vater 100.000 €. Da A in dem Betrieb seines Vaters angestellt ist, setzt das Finanzamt sowohl Einkommensteuer als auch Schenkungssteuer für diesen Betrag fest
- **Periodenkollision**
  Das Finanzamt setzt die Auszahlung einer Abfindungszahlung an einen Arbeitnehmer sowohl im Jahr 01 als auch im Jahr 02 in der Einkommensteuerveranlagung an
- **Ämterkollision**
  Mieteinnahmen des A werden sowohl bei Finanzamt A als auch bei Finanzamt B zur Einkommensteuer

Ist dagegen ein Sachverhalt in einem Steuerbescheid mehrfach berücksichtigt, so gilt § 174 AO nicht.

Änderungen sind sogar noch möglich, wenn hinsichtlich des Steuerbescheids schon die Festsetzungsverjährung eingetreten ist. Selbst wenn der eine Bescheid festsetzungsverjährt ist, ist eine Änderung noch bis Ablauf eines Jahres nach Eintritt der Festsetzungsverjährung des letzten betroffenen Bescheids möglich.

Negativer Widerstreit

Der negative Widerstreit liegt vor, wenn ein bestimmter Sachverhalt nicht berücksichtigt wurde. Hier sind beispielsweise folgende Fälle denkbar:

- Zinseinnahmen des Jahres 2005 werden seitens des Finanzamtes nicht in der Veranlagung 2005 angesetzt mit der Annahme, dass sie in 2006 Berücksichtigung finden müssen. Das Finanzamt teilt dies dem Steuerpflichtigen mit. Nach der Veranlagung der Einkommensteuererklärung 2006 erkennt das Finanzamt, dass die Einnahmen doch in 2005 berücksichtigt werden müssen. Noch bis zum Ende der Festsetzungsfrist der Veranlagung 2006 kann der Bescheid 2005 geändert werden (§ 174 Abs. 3 AO)
- Wie oben, das Finanzamt setzt jedoch fälschlicherweise die Zinseinnahmen in 2006 an. Der Steuerpflichtige erhebt Rechtsbehelf gegen den Bescheid 2006. Nach der Änderung des Bescheides 2006 kann das Finanzamt den Bescheid 2005 gemäß § 174 Abs. 4 AO ändern, da ansonsten Der Sachverhalt keine Berücksichtigung gefunden hätte.

Ist eine durch Änderung nach § 174 Abs. 4 AO eine dritte Person betroffen, kann der entsprechende Bescheid ihr gegenüber nur geändert werden, wenn sie vorher dem Änderungs- bzw. Aufhebungsverfahren hinzugezogen war (§ 360 oder § 174 Abs. 5 AO).

### 3.2.2.7 Änderung von Steuerbescheiden wegen offensichtlicher Unrichtigkeit nach § 129 AO

Versagen alle zuvor genannten Rechtsmittel, bleibt nur noch der Antrag auf Änderung eines Bescheids wegen offenbarer Unrichtigkeit nach § 129 AO. Dort heißt es: »Die Finanzbehörde kann Schreibfehler, Rechenfehler und ähnliche offenbare Unrichtigkeiten, die beim Erlass eines Verwaltungsaktes unterlaufen sind, jederzeit berichtigen. Bei berechtigtem Interesse des Beteiligten ist zu berichtigen.«

Offenbare Unrichtigkeit

Zunächst einmal handelt es sich dem Wortlaut nach um eine Vorschrift, die das Finanzamt begünstigt. Offenbare Unrichtigkeiten, die ihre Ursache beim Steuerpflichtigen haben, finden aber gleichfalls Berücksichtigung, nämlich deshalb, weil der Finanzbeamte einen Fehler, den der Steuerpflichtige gemacht hat, übernommen hat und ihn damit zum eigenen Fehler gemacht hat. Da der Steuerpflichtige dann ein berechtigtes Interesse an einer Korrektur des Fehlers hat, darf die Finanzverwaltung nicht nur verbessern, sie muss es auch.

Zu verbessern sind jedoch nur Schreib-, Rechen- oder ähnliche Fehler. Dazu gehören nicht Fehler, die auf einer unzutreffenden rechtlichen oder wirtschaftlichen Beurteilung beruhen.

### 3.2.2.8 Rücknahme und Widerruf eines Verwaltungsaktes

Beseitigung eines rechtswidrigen Verwaltungsaktes

Die Rücknahme und der Widerruf von Verwaltungsakten gemäß §§ 130, 131 AO gilt nur für Verwaltungsakt, die nicht Steuerbescheide sind (§ 172 Abs. 1 Nr. 2d AO). Alle sonstigen rechtswidrigen Verwaltungsakte kann die Finanzverwaltung nach § 130 AO ganz oder teilweise zurücknehmen. Soweit es sich um einen für den Steuerpflichtigen begünstigenden Verwaltungsakt handelt, darf das Finanzamt diesen nur dann zurücknehmen, wenn er durch die falsche Behörde erlassen wurde, er durch unlautere Mittel wie arglistige Täuschung, Drohung oder Bestechung erwirkt worden ist, oder weil der Begünstigte den Verwaltungsakt durch Angaben erwirkt hat, die in wesentlicher Beziehung unrichtig oder unvollständig waren.

**Beispiel zur Rücknahme eines rechtswidrigen Verwaltungsaktes:**
*B hat einen Antrag auf Steuerstundung gestellt. Diesem Antrag wurde stattgegeben. Nun stellt das Finanzamt fest, dass B bei der Auflistung ein Geldkonto nicht angegeben hat, auf welchem ein hoher Geldbetrag angelegt war.*

**Lösung:**
*B hatte genügend Geld, die fälligen Steuern zu bezahlen. Er war daher gar nicht stundungsbedürftig. Die Stundungsbedürftigkeit ist jedoch Voraussetzung für die Stundung von Steuern. Der Stundungsbescheid war daher rechtswidrig. Das Finanzamt kann den Stundungsbescheid daher zurücknehmen. B muss zahlen.*

Die Rücknahme eines rechtswidrigen Verwaltungsakts ist mit Wirkung für die Zukunft oder die Vergangenheit möglich.

Ein rechtmäßiger Verwaltungsakt (§ 131 AO) darf nur mit Wirkung für die Zukunft widerrufen werden.

Der Widerruf eines rechtmäßigen Verwaltungsaktes ist z.B. möglich, wenn B. nach Stundungsbescheid durch Erbschaft zu Geld kommt. Die Stundungsbedürftigkeit entfällt. Die Stundung kann mit Wirkung für die Zukunft widerrufen werden.

### 3.2.2.9 Berichtigung von Fehlern, soweit die Änderung reicht (§ 177 AO)

Berichtigung, soweit die Änderung reicht (Aufrechnung von Fehlern)

Ein Bescheid, der nach anderen Vorschriften geändert wird, eröffnet es der Partei, die durch die Änderung Nachteile erleidet, die Änderung anderer materieller Fehler zu berücksichtigen, und zwar soweit die Änderung reicht. Dies gilt vor allen Dingen auch dann, wenn eine Änderung des materiellen Fehlers normaler Weise nicht mehr möglich wäre.

**Beispiel für eine Berichtigung eines materiellen Fehlers, soweit die Änderung reicht:**

*Das Finanzamt ändert den bestandskräftigen Einkommensteuerbescheid zu Recht nach § 173 Abs. 1 AO (oder einer anderen Vorschrift). Das zu versteuernde Einkommen erhöht sich dadurch um 1.000 €. B stellt fest, dass er vergessen hatte, Werbungskosten in Höhe von 3.000 € zu erklären, was zu einem um 3.000 € niedrigeren zu versteuernden Einkommen führen würde. Er beantragt nunmehr, diese Werbungskosten zu berücksichtigen.*

**Lösung:**

*Das Finanzamt muss 1.000 € Werbungskosten berücksichtigen. Soweit reicht nämlich die Änderung des ursprünglichen Steuerbescheids. Den Rest bekommt B nicht mehr durchgesetzt.*

Vereinfacht ausgedrückt ist § 177 AO eine Vorschrift, nach der man Änderungen im Steuerbescheid aufrechnen kann. Das gilt übrigens auch für das Finanzamt. Beantragt der Steuerpflichtige die Änderung des bestandskräftigen Steuerbescheids, so kann das Finanzamt seinerseits materielle Fehler korrigieren, soweit die Änderung reicht.

Korrektur materieller Fehler

Zu beachten ist aber, dass diese Vorschrift nicht angewendet zu werden braucht, wenn der Bescheid noch nicht bestandskräftig ist. Dann nämlich kann der Steuerpflichtige die uneingeschränkte Änderung zu seinen Gunsten verlangen.

## 3.3 Zusammenfassung

Nach Erlass eines den Steuerpflichtigen belastenden Bescheids hat dieser die Möglichkeit, gegen diesen Bescheid innerhalb einer bestimmten Frist (in der Regel innerhalb eines Monats) Einspruch zu erheben. Der Einspruch führt dazu, dass der gesamte Sachverhalt noch einmal geprüft wird. Wurde die Rechtsbehelfsfrist versäumt, kommen eventuell Änderungen nach anderen Rechtsvorschriften in Betracht, deren Anwendbarkeit von Fall zu Fall zu prüfen ist. Solche Änderungsmöglichkeiten ergeben sich bei offenbaren Unrichtigkeiten, bei Bescheiden, die vorläufig sind oder unter dem Vorbehalt der Nachprüfung stehen, oder bei neuen Tatsachen. Die Änderungsmöglichkeiten sind jedoch bei Eintritt der Festsetzungsverjährung endgültig verwirkt.

# 4 Steuerliche Außenprüfung

## 4.1 Wer ist durch eine steuerliche Außenprüfung betroffen?

Steuerliche Außenprüfung

Zunächst einmal muss man sich verdeutlichen, dass die Zuständigkeiten hinsichtlich der steuerlichen Außenprüfung geteilt sind. Zu unterscheiden sind die Großbetriebe von den Mittelbetrieben, den Kleinbetrieben und den Kleinstbetrieben. So steht es in § 3 BPO. Welches Unternehmen zu welcher Kategorie gehört, wird von den jeweiligen obersten Finanzbehörden der Bundesländer im Einvernehmen mit dem Bundesminister der Finanzen festgelegt.

Seit dem 1.1.2007 sind die Größenklassen wie folgt festgelegt:

| Betriebsart | Betriebs-merkmale | Großbetriebe | Mittelbetriebe | Kleinbetriebe |
|---|---|---|---|---|
| Handelsbetriebe | Umsatzerlöse oder steuerlicher Gewinn | über 6,5 Mio. €<br>über 244.000 € | über 800.000 €<br>über 50.000 € | über 155.000 €<br>über 32.000 € |
| Fertigungsbetriebe | Umsatzerlöse oder steuerlicher Gewinn | über 3,7 Mio. €<br>über 220.000 € | über 450.000 €<br>über 50.000 € | über 155.000 €<br>über 32.000 € |
| Freie Berufe | Umsatzerlöse oder steuerlicher Gewinn | über 3,9 Mio. €<br>über 500.000 € | über 735.000 €<br>über 115.000 € | über 155.000 €<br>über 32.000 € |
| Andere Leistungsbetriebe | Umsatzerlöse oder steuerlicher Gewinn | über 4,9 Mio. €<br>über 280.000 € | über 660.000 €<br>über 55.000 € | über 155.000 €<br>über 32.000 € |
| Fälle mit bedeutenden Einkünften | Summe der positiven Einkünfte (ohne Saldierung mit Verlusten) | über 500.000 € | | |

Quelle: BMF- Schreiben vom 21.9.2006, BStBl I S. 530

Prüfungszeitraum

Die Kriterien sind auch festgelegt für Verlustzuweisungsgesellschaften, Bauherrengemeinschaften, für Betriebe der Land- und Forstwirtschaft, für Kreditinstitute und Versicherungsgesellschaften.

Bei Großbetrieben soll der Prüfungszeitraum an den vorhergehenden Prüfungszeitraum anschließen (sog. Anschlussprüfung). Bei der Erstprüfung eines Großbetriebs bestimmt die Finanzbehörde den Prüfungszeitraum.

Bei anderen Betrieben soll der zu überprüfende Zeitraum drei Jahre nicht überschreiten, wenn nicht besondere Gründe vorliegen. Solche Gründe sind gegeben, wenn sich aus der Prüfung ergibt, dass Sachverhalte anders nicht zu ermitteln sind, sich Nachzahlungen oder Erstattungen ergeben können oder der Verdacht einer Steuerstraftat vorliegt.

Mittel- und Kleinbetriebe sind nur in größeren Abständen (teilweise alle acht bis zehn Jahre) von einer steuerlichen Außenprüfung betroffen. Bei Kleinstbetrieben ist eine steuerliche Außenprüfung der Ausnahmefall.

## 4.2 Der Ablauf einer steuerlichen Außenprüfung

Phasen einer Betriebsprüfung

Eine Betriebsprüfung wird durch die Anordnung einer Betriebsprüfung eingeleitet. Die Betriebsprüfungsanordnung ist ein Verwaltungsakt und kann durch Einspruch angefochten werden. Die Prüfungsanordnung ist dem Steuerpflichtigen bekannt zu machen. Aus der Prüfungsanordnung ist der voraussichtliche Beginn der Prüfung zu entnehmen. Die Außenprüfung beginnt mit Erscheinen des Betriebsprüfers beim Steuerpflichtigen. Der Betriebsprüfer muss sich ausweisen. Er hat den Steuerpflichtigen über die von ihm festgestellten Sachverhalte und die möglichen steuerlichen Auswirkungen zu unterrichten, wenn dadurch Zweck und Ablauf der Prüfung nicht beeinträchtigt werden. Der Steuerpflichtige hat bei der Feststellung der Sachverhalte, die für die Besteuerung erheblich sein können, mitzuwirken. Die Prüfung endet regelmäßig mit einer Schlussbesprechung. Hier wird dem Steuerpflichtigen die Möglichkeit gegeben, sich noch einmal zu den aufgeworfenen Sachverhalten zu äußern. Nach Abschluss der Außenprüfung erstellt der Betriebsprüfer einen schriftlichen Prüfungsbericht. Im Prüfungsbericht sind die für die Besteuerung erheblichen Prüfungsfeststellungen in tatsächlicher und rechtlicher Hinsicht sowie die Änderungen der Besteuerungsgrundlagen darzustellen. Auf Antrag wird der Prüfer dem Steuerpflichtigen den Prüfungsbericht zur Stellungnahme zur Verfügung stellen. Erst danach erfolgt die Auswertung, das heißt, die geänderten Steuerbescheide werden vorbereitet und bekanntgegeben.

## 4.3 Zulässigkeit der steuerlichen Außenprüfung

Eine steuerliche Außenprüfung ist zulässig bei Steuerpflichtigen, die einen gewerblichen oder land- und forstwirtschaftlichen Betrieb unterhalten oder freiberuflich tätig sind (§ 193 AO). Das sind diejenigen, die eine Haupteinkunftsart im Sinne von § 2 EStG haben (Ausnahme: Einkünfte aus nichtselbständiger Tätigkeit).

Im Übrigen ist eine Außenprüfung nur zulässig, soweit der Steuerpflichtige für Rechnung eines anderen Steuern zu entrichten oder

Haupteinkunftsart nach § 2 EStG

Steuern einzubehalten hat (also in der Regel die Fälle der Umsatzsteuer-Sonderprüfung und die Lohnsteuerprüfung), oder wenn die für die Besteuerung erheblichen Verhältnisse der Aufklärung bedürfen und eine Prüfung an Amtsstelle nach Art und Umfang des zu prüfenden Sachverhalts nicht zweckmäßig ist (z.B. bei den sogenannten Einkommensmillionären).

## 4.4 Prüfungsanordnung und Erscheinen des Prüfers

Erscheinen eines Prüfers

Das Finanzamt kann grundsätzlich nicht ohne Erlass einer Prüfungsanordnung zu einer Betriebsprüfung erscheinen. Etwas anderes gilt in den Fällen einer Fahndungsprüfung oder einer Umsatzsteuer-Nachschau (§ 27b UStG) Die Umsatzsteuer-Nachschau wurde mit Wirkung zum 1.1.2002 in das Umsatzsteuergesetz aufgenommen. Die Steuerfahndung besitzt eine Doppelfunktion: sie ist für die Steuerermittlung und für die steuerstrafrechtliche Verfolgung zuständig. In letzterer Funktion sind die Beamten der Steuerfahndung als Hilfsbeamte der Staatsanwaltschaft tätig (§ 404 AO). Das Tätigwerden der Steuerfahnder bei einer Hausdurchsuchung richtet sich nach den Vorschriften der Strafprozessordnung. Die Umsatzsteuer-Nachschau obliegt dagegen dem Veranlagungsfinanzamt, welches ohne vorherige Bekanntgabe einer Prüfungsanordnung die Geschäftsräume des Steuerpflichtigen betreten und die Geschäftsbücher einsehen darf. Die Vorschrift soll dazu dienen, gegen die sogenannten Umsatzsteuer-Karussellgeschäfte durch razziaartige Überraschungsprüfungen vorzugehen. Praktisch handelt es sich um eine beim Finanzamt angesiedelte Umsatzsteuerfahndung, was verfassungsrechtlich nicht unbedenklich ist.

Das Finanzamt bestimmt den Umfang der Außenprüfung in einer schriftlichen Prüfungsanordnung mit Rechtsbehelfsbelehrung.
Das Erscheinen des Prüfers hat eine besondere rechtliche Konsequenz: Der Steuerpflichtige kann, sobald der Prüfer »auf der Matte steht«, keine strafbefreiende Selbstanzeige mehr erstatten.

**Tipp**

- Sollten Sie Ihre steuerlichen Dinge in der Vergangenheit nicht im Sinne des Gesetzes geregelt haben, so ist es im Falle der Anordnung einer Betriebsprüfung dringend anzuraten, eine strafbefreiende Selbstanzeige zu erstatten.
- Eine strafbefreiende Selbstanzeige ist ein »riskantes Manöver«. Nehmen Sie daher unbedingt rechtlichen Rat in Anspruch (Wirtschaftsprüfer, Steuerberater, Rechtsanwalt).

Im Einzelnen wird auf die Ausführungen zum Steuerstrafrecht verwiesen (vgl. Kap. 6).

## 4.5 Mitwirkungs- und Auskunftspflichten

Mitwirkungs- und Auskunftspflichten

Der Steuerpflichtige (bei Gesellschaften sind dies die gesetzlichen Vertreter) hat bei der Feststellung der Sachverhalte, die für die Besteuerung von Bedeutung sind, mitzuwirken. Er hat Auskünfte zu erteilen, Aufzeichnungen, Buchhaltungsunterlagen, Geschäftspapiere und andere Urkunden zur Einsicht und Prüfung vorzulegen und zum besseren Verständnis Erläuterungen zu geben. Es besteht die Möglichkeit, eine oder mehrere Auskunftspersonen zu benennen. In welchem Umfang davon Gebrauch gemacht werden sollte, ist vom Einzelfall abhängig. Stehen qualifizierte Personen (z.B. ein Finanzprokurist) zur Verfügung, sollten diese als Auskunftsperson benannt werden, um die Geschäftsleitung zu entlasten. Wird die Buchhaltung in einem kleineren Unternehmen durch eine Teilzeitkraft in Heimarbeit erledigt, die in die Unternehmensprozesse im Übrigen nicht involviert ist, ist bei Benennung dieser Person als Auskunftsperson eine entsprechend höhere Präsenz des Unternehmers bzw. des Geschäftsführers anzuraten.

**Beispiel zur Mitwirkungspflicht des Steuerpflichtigen:**
*Das Finanzamt erlässt eine Prüfungsanordnung korrekt mit allen erheblichen Angaben und gibt dem B die Prüfungsanordnung bekannt. B ahnt nichts Gutes und bucht sofort eine Urlaubsreise und benennt die Jurastudentin S, die Tochter eines Stammtischfreundes als Auskunftsperson, um jede Berührung mit dem Betriebsprüfer zu vermeiden.*

**Lösung:**
*An diesem Verhalten werden weder B noch der Betriebsprüfer Gefallen finden. B ist in einem solchen Fall verpflichtet, eine Auskunftsperson zu benennen, die auch in der Lage ist, die sachdienlichen Auskünfte zu erteilen.*

Auskunftsperson

Besser ist es, wenn der Steuerpflichtige oder eine andere kompetente Person den Betriebsprüfer in Empfang nimmt. Die Auskunftsperson muss nicht während der gesamten Prüfungsdauer zur Verfügung stehen. Es kann vom Betriebsprüfer erwartet werden, dass dieser seine Fragen sammelt und zu vereinbarten Zeiten mit dem Steuerpflichtigen bespricht. Es muss allerdings sichergestellt werden, dass dem Betriebsprüfer die gewünschten Unterlagen zeitnah zur Verfügung gestellt werden.

Die Betriebsprüfung hat das Recht, auf die elektronischen Buchführungsdaten des Steuerpflichtigen zuzugreifen, um diese auszuwerten. Dazu muss der Steuerpflichtige seit dem 1.1.2002 Datenverarbeitungsprogramme einsetzen, die eine sogenannte GDPdU-Schnittstelle haben. Die Finanzverwaltung kann unmittelbaren Zugriff auf den Datenbestand (allerdings nur mit Lese-Funktion), die Auswertung der Daten nach bestimmten Kriterien (mittelbarer Zugriff), oder die Überlassung auf Datenträger verlangen. Die elektronisch gespeicherten Daten werden dann mit dem Programm »IDEA« ausgewertet, welches mit hoher Geschwindigkeit ungewöhnliche oder möglicherweise fehlerbehaftete Buchungen oder Kalendertage mit negativem Kassenbestand auflistet.

Das Programm »IDEA« muss zunächst mit den gewünschten Suchroutinen »gefüttert« werden, damit es weiß, was es suchen soll. Das eigentliche Know-how steckt in diesen Suchroutinen, die von Spezialisten exklusiv für die Finanzverwaltung nach deren Vorgaben entwickelt wurden und geheim gehalten werden. Eine konkrete Betriebsprüfungssimulation, wie sie vereinzelt durch Dienstleistungsunternehmen angeboten wird, ist in praxi daher nicht möglich (darüber hinaus ist der Beratungsansatz »mal schauen, ob die Betriebsprüfung die versteckten Steuersachverhalte der Buchhaltung findet« recht fragwürdig). Sie wird nicht zwangsläufig die selben Fehler aufdecken wie die Betriebsprüfung.

Mitwirkungspflicht

Die Mitwirkungspflicht erstreckt sich auch darauf, dass der Steuerpflichtige dem Prüfer zur Durchführung der Prüfung einen geeigneten Raum in den Geschäftsräumen zur Verfügung stellt. Der Außenprüfer hat Anspruch auf einen Schreibtisch und einen Stuhl. Er muss die Möglichkeit haben, seine Tätigkeit auszuüben.

Kleiner »Knigge« für den Umgang mit Betriebsprüfern

**Beispiele für den angemessenen Arbeitsplatz des Betriebsprüfers:**

- *Der Arbeitsplatz muss zum Aufenthalt geeignet sein.*
- *Es darf keine unzumutbare Lärmbelästigung eintreten.*
- *Der Stuhl und der Schreibtisch müssen es ermöglichen, der Arbeit nachzukommen. Gehobene Ansprüche an Komfort brauchen nicht erfüllt zu werden.*
- *Der Raum muss gegebenenfalls beheizt werden.*

Diese Ansprüche sollten vom Steuerpflichtigen tunlichst erfüllt werden. Wer das Arbeitsklima unnötig belastet, wird eine Unvoreingenommenheit des Prüfers nicht erwarten können.

Steht in den Geschäftsräumen kein ausreichender Platz zur Verfügung, so muss der Steuerpflichtige dem Betriebsprüfer einen Platz in seiner Wohnung anbieten oder zustimmen, dass die Prüfung im Finanzamt durchgeführt wird. Eine Prüfung an einem anderen Ort (i.d.R. beim Steuerberater) kommt gemäß § 6 BpO nur in Ausnahmefällen in Betracht, ist aber in Fällen, in denen der Steuerberater die Buchführung erledigt, angemessen und die Regel.

Checkliste

- ✔ Wenn Sie in Ihrem Unternehmen keinen Platz für den Betriebsprüfer haben, bieten Sie ihm an, die Prüfung in den Geschäftsräumen des Steuerberaters durchzuführen. Dieses Angebot wird in der Regel gerne angenommen, wenn die Buchhaltung durch den Steuerberater erledigt wird.
- ✔ Vermeiden Sie es auf jeden Fall, den Betriebsprüfer in Ihrer Wohnung unterzubringen. Der Betriebsprüfer kann nämlich aus seinen Beobachtungen Rückschlüsse ziehen, die mit der eigentlichen Betriebsprüfung nichts zu tun haben. (Wird eigentlich die Haushaltshilfe lohnsteuerlich korrekt abgewickelt? Was hat B. schöne Teppiche, obwohl sein Einkommen so gering ist! Manchmal kommt es auch vor, dass die mit steuerlichen Dingen wenig beschlagene Frau Gemahlin die Vorzüge eines Unternehmerlebens etwas stark herausarbeitet.)
- ✔ Lassen Sie es auf keinen Fall zu, dass der Betriebsprüfer die Prüfung im Amt durchführt. Er hat dann die Möglichkeit, sich unter Vorlage entsprechender Unterlagen mit Kollegen zu beraten.
- ✔ Behandeln Sie den Betriebsprüfer freundlich und halten Sie Kaffee und kalte Getränke für ihn bereit.
- ✔ Die Darreichung eines kleinen Imbiss im Prüferzimmer ist nicht zu beanstanden. Bringen Sie den Prüfer aber nicht mit Geschenken in Verlegenheit. Er darf sie nicht annehmen.
- ✔ Unpassend ist es, nach erfolgreicher Beendigung der Schlussbesprechung Champagner anzubieten, wie der Autor es als Berater selbst schon erleben musste. Überschwängliche Freude des Steuerpflichtigen hinterlässt beim Betriebsprüfer kein gutes Gefühl. Denken Sie daran: Der Prüfer oder ein Kollege wird irgendwann wieder kommen.

Der Prüfer muss sich nach den üblichen Geschäftszeiten richten.

Grenzen der Mitwirkungspflicht

Die Mitwirkungspflichten des Steuerpflichtigen enden dort, wo er Gefahr läuft, sich durch seine Mitwirkung in strafrechtlicher Sicht selbst zu belasten. Hierzu ist niemand verpflichtet. Gerät der Steuerpflichtige in eine solche Situation, sollte er unbedingt rechtlichen Rat in Anspruch nehmen. Der Betriebsprüfer ist verpflichtet, bei Vorliegen konkreter Anhaltspunkte für eine Steuerstraftat die zuständige Strafsachenstelle des Finanzamts zu unterrichten. Richtet sich die Einleitung eines Strafverfahrens gegen den Steuerpflichtigen, ist dieser darüber zu unterrichten, bevor die Ermittlungen fortgesetzt werden. Dann nämlich darf der Steuerpflichtige die Aussage verweigern. Da dies den Betriebsprüfer nicht viel weiter bringt, wird er eine strafrechtliche Relevanz seiner Ermittlungen innerlich so lang wie möglich verdrängen. Wenn der Steuerpflichtige das Gefühl hat, dass ein Sachverhalt von strafrechtlicher Relevanz ist, sollte Rechtsrat hinzugezogen werden.

Aussageverweigerung

## 4.6 Prüfungsfeststellungen und Kontrollmitteilungen

Schluss-besprechung

Der Prüfer wird einzelne Sachverhalte prüfen und steuerliche Rückschlüsse ziehen. Der Steuerpflichtige soll laufend unterrichtet werden. Viele Punkte werden auf diesem Wege Erledigung finden. Strittige Punkte werden in der Schlussbesprechung zu erörtern sein. Der Betriebsprüfer kann über Sachverhalte, die für die Besteuerung eines anderen Steuerpflichtigen erheblich sind, Kontrollmitteilungen machen. Hierüber muss er den geprüften Steuerpflichtigen nicht informieren.

Üblicherweise stellt der Prüfer eine Liste mit Sachverhalten zusammen, die in der Schlussbesprechung erörtert werden sollen. Diese Liste wird dem Steuerpflichtigen rechtzeitig zur Verfügung gestellt. Damit der Betriebsprüfer nicht erst in der Schlussbesprechung mit den Gegenargumenten konfrontiert wird, bittet er darum, diese Punkte - soweit möglich - schon vor der Schlussbesprechung gemeinsam zu klären.

**Checkliste**

- ✔ Geben Sie nicht alle Verhandlungspunkte vor der Schlussbesprechung aus der Hand. In einer Schlussbesprechung werden häufig Kompromisse geschlossen. Wenn Sie schon vorher auf alles verzichtet haben, können Sie nichts mehr gewinnen.
- ✔ Sind steuerliche Sachverhalte eindeutig, so sollten Sie nicht auf Ihrem Standpunkt beharren.

## 4.7 Schlussbesprechung

Teilnehmer an der Schluss-besprechung

Der Schlussbesprechungstermin wird im Einvernehmen zwischen Prüfer und Steuerpflichtigem festgelegt. Der Steuerpflichtige kann auf eine Schlussbesprechung verzichten. Das sollte der Steuerpflichtige jedoch nur tun, wenn der Betriebsprüfer keine nachteiligen Feststellungen getroffen hat, oder wenn diese Feststellungen von steuerlich untergeordneter Bedeutung sind.

An der Schlussbesprechung nehmen neben dem Steuerpflichtigen und seinem Berater der Prüfer und (häufig) der zuständige Sachgebietsleiter des Betriebsprüfungsfinanzamtes teil. Es kann ratsam sein, darauf zu bestehen, dass ein Vertreter des Veranlagungsfinanzamtes an der Schlussbesprechung teilnimmt, da das Veranlagungsfinanzamt nicht verpflichtet ist, die Ergebnisse der steuerlichen Außenprüfung zu übernehmen. Das ist zwar in der Praxis selten der Fall, kommt aber dann vor, wenn schwierige Sachverhalte verhandelt wurden, deren rechtliche Einordnung Probleme bereitet haben. Sind alle Punkte ausgehandelt, so wird festgestellt, ob zwischen Finanzamt und Steuerpflichtigem Einvernehmen erzielt wurde. Hieran hat auch der Betriebsprüfer ein Interesse, damit er sich nicht später mit Rechtsbehelfen des Steuerpflichtigen befassen muss.

## 4.8 Prüfungsbericht und Auswertung

Nach Abschluss der eigentlichen Prüfung fasst der Betriebsprüfer einen Prüfungsbericht ab. Der Prüfer hat dem Steuerpflichtigen diesen Bericht auf Antrag vor der Auswertung durch das Veranlagungsfinanzamt zur Stellungnahme zur Verfügung zu stellen. Der Steuerpflichtige kann Einwendungen gegen den Inhalt des Berichts erheben.

Sofern der Steuerpflichtige keine Einwendungen erhoben hat, wird der Prüfungsbericht an das Veranlagungsfinanzamt zur Auswertung weitergeleitet.

Grünbericht

Der Betriebsprüfer schreibt darüber hinaus einen sogenannten »Grünbericht«, in welchem er Bericht über die Prüfung erstattet. Dort wird er Eindrücke und Beobachtungen schildern. Der Grünbericht wird dem Steuerpflichtigen nicht bekannt gegeben. Der nächste Betriebsprüfer wird ihn aber lesen und auch Hinweise darin finden, worauf er bei der Folgeprüfung achten sollte.

Rotbericht

In einem »Rotbericht« gibt der Prüfer Einschätzungen über etwaige strafrechtlich relevante Angelegenheiten. Der Rotbericht geht mit einem Exemplar des Prüfungsberichts zur routinemäßigen Auswertung an die zuständige Strafsachenstelle des Finanzamtes.

## 4.9 Folgewirkungen

Zu beachten ist, dass die Ergebnisse einer Betriebsprüfung Folgewirkungen haben. Eine Verlängerung der Abschreibungsdauer wirkt sich nicht nur auf den Betriebsprüfungszeitraum, sondern auch auf die Folgejahre aus.

Tipp

> Prüfen Sie nach einer steuerlichen Außenprüfung diese Folgewirkungen. Vorgezogene Gewinnerhöhungen wirken sich in Zukunft zwingend gewinnmindernd aus. Die sogenannte BP-Anpassung ist insbesondere für die Folge-Jahresabschlüsse, die schon erstellt, aber nicht Gegenstand der Außenprüfung waren, von Bedeutung.

Grundsätzlich gilt im Steuerrecht die sogenannte Abschnittbesteuerung. Dieser Grundsatz besagt, dass der Sachverhalt, welcher sich auf mehrere Jahre bezieht, jedes Jahr durch das Finanzamt neu gewürdigt werden kann.

**Beispiel:**
*Der Steuerpflichtige hat im Jahr 01 ein altes Haus grundlegend renoviert und vertritt die Auffassung, dass ein neues Gebäude vorliegt. Das Finanzamt übernimmt im Jahr der Anschaffung die vom Steuerpflichtigen beantragte erhöhte Abschreibung für Gebäude nach § 7 Abs. 5 EStG. Die Veranlagung wird rechtskräftig. Im Folgejahr kommt das Finanzamt zu dem Ergebnis, dass die Voraussetzungen für die erhöhte Abschreibung nicht gegeben sind. Es ändert von da an die Abschreibung auf 2 % (für nicht neu hergestellte Gebäude).*

**Lösung:**
*Die Vorgehensweise des Finanzamtes ist zulässig. Es ist an seine Feststellungen aus dem Vorjahr nicht gebunden und kann die Voraussetzungen für die erhöhte Abschreibung jährlich neu prüfen. Eine Änderung des Vorjahres ist aber nur möglich, wenn die Änderungsvoraussetzungen (vgl. Kap. 3.2.3) gegeben sind.*

Nach Abschluss einer Betriebsprüfung kann der Steuerpflichtige für einen Sachverhalt eine verbindliche Auskunft beantragen.

Sachverhaltsfeststellungen

Der Steuerpflichtige ist aber grundsätzlich verpflichtet, Sachverhaltsfeststellungen für die Zukunft zu übernehmen, auch wenn dies nachteilig ist (z. B. Nutzungsentnahmen). Ein Abweichen von Feststellungen der Betriebsprüfung ist nur in begründeten Fällen zulässig, also dann, wenn der Steuerpflichtige die Feststellung der Betriebsprüfung angefochten hat oder wenn sich der Sachverhalt später geändert hat.

## 4.10 Zusammenfassung

Bei einer steuerlichen Außenprüfung (Betriebsprüfung) hat der Steuerpflichtige eine erhöhte Mitwirkungspflicht. Er muss dem Betriebsprüfer alle Unterlagen, die zur Prüfung eines steuerlichen Sachverhalts erforderlich sind, vorlegen. Die Mitwirkungspflicht endet, wenn der Betriebsprüfer in strafrechtlicher Hinsicht prüft. Dann hat der Steuerpflichtige ein Aussageverweigerungsrecht.

Eine steuerliche Außenprüfung wird dem Steuerpflichtigen durch Erlass einer Betriebsprüfungsanordnung bekanntgegeben. Für den Steuerpflichtigen ist es wichtig zu wissen, dass eine strafbefreiende Selbstanzeige nur möglich ist, so lange die Betriebsprüfung nicht begonnen hat. Das ist erst dann der Fall, wenn der Prüfer zum festgelegten Termin erscheint und seine Arbeit aufnimmt.

Der Betriebsprüfer wird in einer Schlussbesprechung dem Steuerpflichtigen die Möglichkeit geben, zu den Feststellungen Stellung zu nehmen. Nach Beendigung der Außenprüfung wird ein Betriebsprüfungsbericht abgefasst, auf dessen Grundlagen die Veranlagungsstelle die geänderten Bescheide erlässt.

# 5 Stundung, Erlass und Vollstreckung

## 5.1 Einleitung

Die Stundung und der Erlass von Steuerschulden knüpfen im Steuerrecht teilweise an die selben formalen Voraussetzungen an. Die Stundung führt zu einer Änderung des Fälligkeitszeitpunkt einer Steuerzahlung. Der Erlass stellt den Verzicht auf eine rechtlich unstreitige Steuerforderung dar. Bei der Vollstreckung geht es um die zwangsweise Eintreibung rückständiger Steuern.

## 5.2 Stundung (§ 222 AO)

Voraussetzung für die Stundung von Steuerschulden

Eine Stundung von Steuerzahlungen wird vom Finanzamt auf Antrag des Steuerpflichtigen in bestimmten Fällen gewährt. Es handelt sich um eine Billigkeitsmaßnahme. Die Stundung soll in der Regel von einer Sicherheitsleistung des Steuerpflichtigen abhängig gemacht werden.

Härtefall

Voraussetzung ist, dass Stundungsgründe vorliegen. Die liegen nur dann vor, wenn die Einziehung der Steuer zum Fälligkeitszeitpunkt eine Härte darstellen würde, die sachliche oder persönliche Gründe hat.

Sachliche Gründe

Sachliche Gründe liegen vor, wenn die Steuerzahlung erheblich ist und der Steuerpflichtige auf die Erstattung einer anderen Steuer wartet. Dann wäre es unbillig, wenn das Finanzamt auf die Zahlung bestehen würde. Es liegen sachliche Gründe für eine Verrechnungsstundung (technische Stundung) vor.

Persönliche Gründe

Persönliche Gründe liegen vor, wenn der Steuerpflichtige nicht über die erforderlichen Mittel verfügt. Voraussetzung für die Stundung aus persönlichen Gründen ist das Vorliegen der Stundungsbedürftigkeit und der Stundungswürdigkeit.

Stundungsbedürftigkeit

Stundungsbedürftigkeit liegt vor, wenn der Vollzug der Steuerforderung die wirtschaftliche Existenz des Steuerpflichtigen gefährdet.

Bei der Stundungswürdigkeit kommt es darauf an, ob der Steuerpflichtige die Zahlungsschwierigkeiten selbst verschuldet hat oder ob er unverschuldet in diese Situation geraten ist.

Der Steueranspruch darf durch die Stundung nicht gefährdet werden.

**Beispiel für die Stundungsvoraussetzungen:**
*Wilhelm B. hat ein wirtschaftlich gutes Jahr hinter sich gebracht. Die Liquidität hat sich auf Grund des überraschend guten Betriebsergebnisses und der viel zu geringen Einkommensteuer-Vorauszahlungen prächtig entwickelt. B, der in den vorangegangenen Jahren sehr unter der wirtschaftlichen Mittelmäßigkeit seines Unternehmens gelitten hat, belohnt sich mit dem Erwerb eines Ferraris und einer burgähnlichen Villa an der Côte d'Azur. Erwartungsgemäß beruhigt sich durch seine ständige Ab-*

*wesenheit (so ein Haus will bewohnt werden) das Geschäft. Unerwartet wird B durch eine heftige Einkommensteuer-Nachzahlung überrascht. Er beantragt eine großzügige Steuerstundung, da er andernfalls wirtschaftlich hart getroffen und seine Existenz sogar gefährdet wäre. B erwartet keine Steuererstattungen aus anderen Steuerarten oder Veranlagungsjahren.*

**Lösung:**
*Das Finanzamt lehnt eine Stundung ab. Sachliche Gründe liegen nicht vor. Die Möglichkeit einer technischen Stundung besteht nicht. Hierfür müsste zumindest eine andere Steuererklärung abgegeben worden sein, aus der sich Erstattungsansprüche erwarten ließen.*
*Die Stundungsbedürftigkeit ist zumindest zweifelhaft. B hat alles zu unternehmen, um seine Steuerschuld zu begleichen, z. B. seinen Ferrari verkaufen. Der Verkauf seines Ferienanwesens wird dagegen nicht erwartetet werden können, da sich der Verkauf einer Immobilie erfahrungsgemäß nicht kurzfristig realisieren lässt.*
*Die Stundungswürdigkeit ist bei B nicht gegeben. Der finanzielle Notstand ist selbst verschuldet, da B keine Rücklagen für die Steuern gebildet und sein Unternehmen, wenngleich dies in der Praxis für die Finanzverwaltung schwer nachzuweisen ist, vernachlässigt hat. Allerdings wird B Probleme haben, das Gegenteil zu beweisen, wozu er wegen seiner Mitwirkungspflicht verpflichtet ist.*

Ein Stundungsantrag kann bereits vor Erlass des Steuerbescheids beantragt werden. Er kann aber auch gestellt werden, wenn der Steuerbescheid bekannt gegeben worden ist. Säumniszuschläge entstehen bis zur Entscheidung über den Stundungsantrag nicht. Selbst wenn die Finanzverwaltung dem Steuerpflichtigen bei Ablehnung des Stundungsantrags eine Nachfrist einräumt, entstehen keine Säumniszuschläge.

Stundungszinsen

Wird eine Steuerzahlung gestundet, entstehen Stundungszinsen. Diese betragen gemäß § 234 AO in Verbindung mit § 238 Abs. 1 AO 0,5 % je angefangenen Monat.

Finanzämter dürfen Beträge bis zu 100.000 € ohne zeitliche Begrenzung stunden. Höhere Beträge darf das Finanzamt nur für maximal sechs Monate stunden.

Bei darüber hinausgehenden Stundungsanträgen bis zu einem Betrag von 250.000 € und über mehr als sechs Monate muss die zuständige OFD zustimmen. Bei höheren Beträgen reicht die Kompetenz der OFD nur für einen Stundungszeitraum von maximal zwölf Monaten.

Für höhere Beträge oder längere Stundungsfristen muss die Landesfinanzbehörde (Finanzministerium bzw. Finanzsenator) zustimmen.

Bei Stundungen von Einkommensteuer, Körperschaftsteuer und Umsatzsteuer von mehr als 500.000 € und einem Stundungszeitraum von mehr als zwölf Monaten muss das Bundesministerium der Finanzen zustimmen.

Die Kriterien gelten für jede Steuerart und jeden Veranlagungszeitraum gesondert.

**Welche Behörde entscheidet über die Stundung?**

Tipp

- Bei der Formulierung des Stundungsantrags sollte sehr sorgfältig abgewogen werden, ob ein Teilbetrag getilgt wird, um die Zustimmung einer übergeordneten Behörde zu vermeiden.
- Je mehr Behörden zustimmen müssen, je länger wird sich das Stundungsverfahren hinziehen. Das kann zwar aus taktischen Gründen vorteilhaft sein (wenn ein positiver Entscheid eher unwahrscheinlich ist), verursacht aber eine längere Phase der Rechts- und Planungsunsicherheit.
- Je weiter die Steuerbehörde vom Steuerpflichtigen entfernt ist, je schwieriger wird es häufig, sich argumentativ durchzusetzen. Das Veranlagungsfinanzamt kennt den Steuerpflichtigen noch am besten.

**Beispiel 1:**
*Ehrlich muss 90.000 € Einkommensteuer für das Veranlagungsjahr 2005 und 80.000 € für das Jahr 2006 nachzahlen, also insgesamt 170.000 €. Er möchte die Beträge für ein Jahr gestundet haben.*

**Lösung:**
*Das Veranlagungsfinanzamt benötigt nicht die Zustimmung der OFD, da die einzelnen Steuerbeträge zwar aus der gleichen Steuerart, nicht aber aus dem selben Veranlagungszeitraum stammen und isoliert betrachtet die Grenze von 100.000 € nicht überschreiten.*

**Beispiel 2:**
*Ehrlich muss 160.000 € an Einkommensteuer für 2006 nachzahlen. Er will diesen Betrag für ein Jahr gestundet haben.*

**Lösung:**
*Wenn das Finanzamt positiv bescheiden will, muss die OFD dem Antrag zustimmen. Beantragt E aber, 70.000 € für sechs und weitere 90.000 € für zwölf Monate zu stunden, braucht das Finanzamt die Zustimmung der OFD nicht.*

Die Zustimmung der höheren Behörden ist nur einzuholen, wenn die entscheidende Behörde positiv entscheiden will. Lehnt bereits das Finanzamt den Antrag ab, wird die OFD erst gar nicht gehört. Bei Beträgen für ESt, KSt und USt von mehr als 500.000 € und für mehr als zwölf Monate müssen der positiven Entscheidung des Finanzamts die OFD, das Landesfinanzministerium und das Bundesfinanzministerium zustimmen. In der Praxis ist das ein fast aussichtsloses Unterfangen!

## 5.3 Erlass

Gemäß § 227 AO können Ansprüche aus dem Steuerschuldverhältnis ganz oder zum Teil erlassen werden, wenn deren Einziehung nach Lage des einzelnen Falles unbillig wäre; unter den gleichen Voraussetzungen können bereits entrichtete Beträge erstattet oder angerechnet werden. Durch einen Erlass geht der Steueranspruch unter.

Unbilligkeit der Steuerfestsetzung

Das Gesetz fordert zunächst einmal das Vorliegen einer Unbilligkeit. Die Unbilligkeit kann in einer objektiv falschen Steuerfestsetzung liegen, sie kann aber auch subjektive Gründe haben, die in der Person des Steuerpflichtigen bestehen.

Eine objektiv unzutreffende Steuerfestsetzung liegt vor, wenn die Veranlagung nicht den tatsächlichen Verhältnissen entspricht. Dann kann jedoch nicht ohne weiteres ein Erlass der Steuerschuld beantragt werden, denn der Steuerpflichtige hatte ja die Möglichkeit, diesen unrechtmäßigen Bescheid anzufechten. Er muss in seinem Erlassantrag also sehr sorgfältig begründen, warum er nicht rechtzeitig einen Einspruch gegen den Steuerbescheid erhoben hat.

Die Rechtsprechung ist hinsichtlich der Begründung einer objektiven Unbilligkeit nicht einheitlich. Anerkannt sind folgende Argumente:

- fehlende finanzielle Mittel, um sich Rechtsbeistand zu besorgen,
- Unerfahrenheit, z. B. bei Ausländern, die erst kurze Zeit in Deutschland sind,
- außergewöhnliches Verhalten der Finanzverwaltung, z. B., wenn der Finanzbeamte den Steuerpflichtigen mit der Begründung von einem Einspruch abhält, er könne ja später einen Erlassantrag stellen.

Bei objektiv falschen Steuerbescheiden müssen aber erst alle denkbaren Rechtsmittel ausgeschöpft sein. Hier ist insbesondere zu prüfen, ob nicht ein Fall der offenbaren Unrichtigkeit nach § 129 AO vorliegt (vgl. Kap. 3.2.2.7).

Bei subjektiven Gründen für einen Steuererlass ist die Erlasswürdigkeit und die Erlassbedürftigkeit darzulegen. Hier gelten vom Grundsatz her die Kriterien der Stundungswürdigkeit und der Stundungsbedürftigkeit (vgl. Kap. 5.2). Hinsichtlich der Bedürftigkeit ist aber zu prüfen, ob der Zweck der Sicherung der wirtschaftlichen Existenz nicht auch durch eine Stundung erreicht werden kann.

Ermessen des Finanzamtes

Die Finanzverwaltung **kann** Steuern erlassen. Die Entscheidung liegt demnach im Ermessen des Finanzamtes. Das Finanzamt darf aber nicht willkürlich entscheiden, getreu dem Motto, »da kann ja jeder kommen«.

Ein Erlassantrag muss daher sorgfältig formuliert und begründet werden. Je besser argumentiert und lückenloser begründet wird, um so schwieriger wird es für die Finanzverwaltung, ihren Ermessensspielraum auszuüben (dasselbe gilt übrigens auch für den Stundungsantrag). Der Erlassantrag wird in seiner Begründung mit steigender Höhe des Erlassbetrages umfangreicher werden und eine geschlossene Argumentationskette beinhalten müssen. Bei Erlass von kleineren Beträgen (z.B. 50 € wegen versehentlich verspäteter Zahlung) ist die Finanzverwaltung wesentlich leichter zufrieden zu stellen. Da reicht es aus, die Erlasswürdigkeit in der Weise darzustellen, dass der Steuerpflichtige im Übrigen seinen steuerlichen Pflichten stets pünktlich nachgekommen ist.

**Beispiel für die Begründung eines Steuererlasses:**

*Buchhalter B hat über mehrere Jahre Schecks seines Arbeitgebers, der X-GmbH unterschlagen. Als der Geschäftsführer G dies bemerkt, erstattet er bei der Staatsanwaltschaft Strafanzeige gegen den Buchhalter. Da die Unterschlagung von Schecks auch den Tatbestand der Steuerhinterziehung erfüllt, rückt kurze Zeit später die Steuerfahndung an und prüft die Geschäftsunterlagen der GmbH. Sie stellt bei ihren Prüfungen fest, dass B die Unterschlagung so raffiniert vorgenommen hat, dass den Geschäftsführer, der die Arbeit des B regelmäßig sorgfältig überwacht hat, keine Schuld an den Unterschlagungen trifft. Die GmbH hat durch die Unterschlagungen sogar finanzielle Probleme bekommen.*

*Auf Grund der Fahndungsprüfung werden von der GmbH Körperschaft-, Gewerbe- und Umsatzsteuer in namhafter Höhe nachgefordert. Die GmbH beantragt den Erlass dieser Steuerforderungen. Es liegen subjektive Gründe vor.*

**Lösung:**

*Die GmbH ist erlassbedürftig, da sie bereits durch die unterschlagenen Beträge in finanzielle Probleme geraten ist. Sie ist erlasswürdig, da sie kein Verschulden trifft. Die Einziehung der Steuern wäre daher unbillig.*

Nicht nur die Hauptleistung (die eigentliche Steuer) kann erlassen werden, sondern auch sogenannte Nebenleistungen (z.B. Zinsen). Dagegen werden festgesetzte Zwangsgelder nicht erlassen, da es hier an der Erlasswürdigkeit des Steuerpflichtigen mangelt.

## 5.4 Abweichende Steuerfestsetzung

Abweichende Steuerfestsetzung

Der Steuerpflichtige kann den Erlass von Steuern bereits dann beantragen, wenn noch kein Steuerbescheid vorliegt. In diesen Fällen ist jedoch nicht der Erlassantrag nach § 227 AO, sondern der Antrag auf abweichende Steuerfestsetzung aus Billigkeitsgründen nach § 163 AO zu stellen. Ziel des Antrages ist es dann, die Steuer von vornherein nicht oder nicht in voller Höhe festzusetzen. Hinsichtlich der Begründung eines solchen Antrages gelten dieselben Grundsätze wie bei dem Erlassantrag (vgl. Kap. 5.3).

## 5.5 Vollstreckung

Die Vorschriften über die Vollstreckung sind ein sehr weites Rechtsgebiet, mit dem der Leser kaum in Berührung kommt. Es erfolgt daher an dieser Stelle keine ausführliche Behandlung dieses Themas.

**Tipp**

> Sollte es trotz aller guter Vorsätze passieren, dass das Finanzamt Vollstreckungsmaßnahmen einleitet, sollten Sie unbedingt und sofort Rechtsrat hinzuziehen.

Das Finanzamt schreibt die Titel selbst

Das Finanzamt kann ein Vollstreckungsverfahren einleiten, wenn der Steuerpflichtige eine fällige Steuerschuld (oder andere Leistung) nicht begleicht. Das ist sogar dann möglich, wenn der dem Steueranspruch zu Grunde liegende Bescheid durch Einspruch angefochten oder eine Änderung beantragt wurde. Ein Rechtsbehelfsverfahren führt nicht automatisch zu einem Zahlungsaufschub.
Deshalb ist es wichtig, dass bei einem Einspruch ein Antrag auf Aussetzung der Vollziehung gestellt wird (§ 361 AO).

Wichtig zu wissen ist, dass die Finanzverwaltung die hoheitliche Aufgabe der Vollstreckung selbst erfüllt, was nichts anderes bedeutet, als dass das Finanzamt seine Titel selbst schreibt. Es muss im Gegensatz zu einem Bürger dieses Rechtsstaates keine Gerichte bemühen. Kommt also ein Steuerpflichtiger trotz Mahnung seiner Zahlungsverpflichtung nicht nach, so kann das Finanzamt binnen kürzester Zeit die Vollstreckung betreiben. Eine Mahnung ist nach § 259 AO nicht erforderlich, wenn der Steuerschuldner vor Ablauf der Fälligkeit an die Zahlung erinnert wird.

**Checkliste**

- ✔ Sollte die Finanzverwaltung die Aussetzung der Vollziehung ablehnen und die Zahlung kurzfristig nicht aufzubringen sein, beantragen Sie Vollstreckungsaufschub.
- ✔ Der Vollstreckungsaufschub kann auch in Fällen von Erlass- oder Stundungsanträgen hilfsweise neben dem Antrag auf Aussetzung der Vollziehung gestellt werden. Das sollte aber nur dann erfolgen, wenn die Vollstreckung bereits angedroht wurde.

### 5.6 Zusammenfassung

Dem Stundungs- und Erlassverfahren kommt im Steuerrecht eine hohe Bedeutung zu. Voraussetzung für die Stundung von Steuerschulden ist, dass der Steuerpflichtige stundungswürdig und stundungsbedürftig ist. Bei einem Erlass sind Erlasswürdigkeit und Erlassbedürftigkeit erforderlich. Diese Kriterien sind im jeweiligen Antrag gut zu begründen. Der Ermessensspielraum des Finanzamtes muss durch eine gute Begründung so weit wie möglich reduziert werden.

Zu beachten ist, dass das Finanzamt über die Anträge nur bis zu bestimmten Größenordnungen allein entscheidet. Danach sind übergeordnete Behörden zuständig. Es kann taktisch sinnvoll sein, die Höhe des Stundungs-/Erlassbetrages etwas zu reduzieren, um eine Zustimmung anderer Behörden zu vermeiden.

## 6 Steuerfahndung und Steuerstrafverfahren

### 6.1 Übersicht über die Straf- und Bußgeldvorschriften

Steuerhinterziehung

Strafvorschriften für die Steuerstraftaten sind in §§ 369 ff. AO geregelt. Der Schwerpunkt liegt in den Vorschriften zur Steuerhinterziehung (§ 370 AO). Diese liegt vor, wenn ein Steuerpflichtiger dem Finanzamt für steuerlich erhebliche Tatsachen falsche oder unvollständige Angaben macht, die Finanzverwaltung über steuerlich erhebliche Tatsachen nicht in Kenntnis setzt oder die Verwendung von Steuerzeichen oder -stempeln (z. B. die Tabaksteuer-Banderolen) unterlässt und dadurch Steuern verkürzt oder nicht gerechtfertigte Steuervorteile erlangt. Hierbei spielt es keine Rolle, ob die Erlangung des Steuervorteils zu eigenen Gunsten ist oder zugunsten eines Dritten.

Der Sündenfall des Steuerrechts

**Beispiel:**
*Fröhlich erbt von einer Tante 2. Grades, um die er sich zu ihren Lebzeiten aufmerksam gekümmert hat, ein komfortables Anwesen bei Nizza mit unverbaubarem Blick auf das Mittelmeer einschließlich eines den Verhältnissen angemessenen Bankkontos. Die deutsche Finanzverwaltung hat aufgrund der Tatsache, dass die Tante in Frankreich wohnte, von dem Erbfall nichts erfahren. Fröhlich selbst möchte die deutsche Finanzverwaltung mit dem schmerzhaften Verlust seiner verstorbenen Tante nicht belasten.*

**Lösung:**
*Die Tatsache, dass Fröhlich das Finanzamt von steuerlich erheblichen Tatsachen nicht in Kenntnis gesetzt hat, erfüllt den Tatbestand der Steuerhinterziehung nach § 370 AO.*

Auch der Versuch einer Steuerhinterziehung ist strafbar. Werden dem Finanzamt falsche Angaben gemacht, um die Steuerbelastung zu reduzieren, und merkt das Finanzamt dies vor Erlass des Steuerbescheids, liegt eine versuchte Steuerhinterziehung vor.

Im Steuerstrafrecht gilt das sogenannte »Kompensationsverbot«. Hiernach kann der Steuerpflichtige nicht vortragen, dass die eingetretene Steuerverkürzung dadurch beseitigt werde, dass die Steuern aus anderen Gründen hätten ermäßigt werden müssen.

Strafe muss sein

Wer Steuern hinterzieht, kann zu Geldstrafen und zu Freiheitsstrafe bis zu fünf Jahren, in besonders schweren Fällen und in Fällen der gewerbsmäßigen Steuerhinterziehung mit einer Freiheitsstrafe bis zu zehn Jahren, verurteilt werden. Hierbei ist darauf hinzuweisen, dass nach den geltenden strafrechtlichen Bestimmungen eine Haftstrafe, welche zwei Jahre nicht überschreitet, zur Bewährung ausgesetzt werden kann.

Die Geldstrafen bemessen sich in der Regel nach sogenannten Tagessätzen, wobei das Strafmaß mindestens fünf, höchstens jedoch 360 Tagessätze betragen kann. Bei mehreren Straftaten kann das Gesamtstrafmaß auf bis zu 720 Tagessätze festgesetzt werden. Der Tagessatz bestimmt sich nach dem monatlichen Nettoeinkommen des Straftäters. Der Tagessatz darf 1 € nicht unterschreiten und 5.000 € nicht überschreiten. Wird damit der Unrechtsgehalt der Tat und die individuelle Schuld des Täters nicht angemessen gesühnt werden können, bleibt dem Gericht nur die Verhängung einer Haftstrafe.

Die Entdeckung einer Steuerstraftat bedeutet für den Straftäter häufig den wirtschaftlichen Ruin. Man kann davon ausgehen, dass das Strafmaß für die Steuerhinterziehung bei einer Geldstrafe, etwa 1/3 der hinterzogenen Steuer ausmacht. Dazu kommt selbstverständlich die Verpflichtung, die hinterzogene Steuer und Hinterziehungszinsen in Höhe von 0,5 % je Monat nachzuzahlen. Nachdem die Steuerzahler durch das Gesetz über die strafbefreiende Erklärung vom 23.12.2003 noch einmal die Möglichkeit erhalten haben, bis zum 31.3.2005 ihre steuerlichen Verhältnisse strafbefreiend und steuerlich begünstigt korrigierend zu offenbaren, muss davon ausgegangen werden, dass Strafverfahren, die nach diesem Zeitpunkt eingeleitet werden, zu höheren Strafen als bisher führen werden.

Unterschiedliche Verjährungsfristen

Die steuerrechtliche Verjährungsfrist beträgt zehn Jahre. Die strafrechtliche Verjährung tritt abweichend davon bereits nach fünf Jahren ein.

**Beispiel 1:**
*Fröhlich hat im Jahr 2001 durch mehrere lukrative Vermittlungsgeschäfte einen höheren Geldbetrag eingenommen. Die Einnahmen hat er in seiner Einkommensteuererklärung nicht deklariert. Die Tat wird im Jahr 2005 aufgedeckt.*

**Lösung:**
*Bei Aufdeckung der Straftat wird Fröhlich mit einer Geld- oder Haftstrafe belangt. Weiterhin muss er die hinterzogene Steuer zzgl. der Hinterziehungszinsen zahlen.*

**Beispiel 2:**
*Im vorgenannten Fall wird angenommen, dass die Steuerhinterziehung erst sechs Jahre nach der Tat entdeckt wird.*

**Lösung:**
*Die Tat ist strafrechtlich verjährt. Fröhlich kann daher nicht mehr zu einer Geld- oder Haftstrafe verurteilt werden. Gleichwohl liegt eine Verjährung hinsichtlich der Besteuerung (zehn Jahre) nicht vor. Das Finanzamt wird also die hinterzogenen Steuern einschließlich der darauf entfallenen Hinterziehungszinsen von Fröhlich fordern.*

Die Bußgeldvorschriften sind in §§ 377 bis 384 AO geregelt und finden auf kleinere Steuervergehen im Steuerordnungswidrigkeitsbereich Anwendung. Steuerordnungswidrigkeiten verjähren auch im Steuerrecht nach 5 Jahren. Die sogenannten leichtfertigen Steuerverkürzungen (§ 378 AO) können nicht mit einer Haftstrafe, sondern lediglich mit einem Bußgeld bis zu 50.000 € geahndet werden.

Steuerstrafverfahren

Für das Steuerstrafrechtsverfahren gelten neben den §§ 385 bis 408 AO die einschlägigen Vorschriften der Strafprozessordnung. Im Steuerstrafverfahren übernimmt das Finanzamt die Funktion der Staatsanwaltschaft, die Staatsanwaltschaft kann das Verfahren aber jederzeit an sich ziehen. Gleichfalls kann das Finanzamt das Strafverfahren an die Staatsanwaltschaft abgeben. Wird gegen den Beschuldigten ein Haftbefehl erlassen, geht die Zuständigkeit zwingend auf die Staatsanwaltschaft über.

Das Steuerstrafverfahren beginnt mit der Einleitung, die vorliegt, sobald eine Finanzbehörde, die Staatsanwaltschaft, ein Strafrichter oder die Polizei eine Maßnahme trifft, die erkennbar darauf abzielt, gegen einen Steuerpflichtigen wegen einer Steuerstraftat strafrechtlich vorzugehen. Dabei kommt es nicht darauf an, dass dem Beschuldigten die Einleitung des Strafverfahrens bekannt gegeben worden ist. Sie ist dem Steuerpflichtigen jedoch spätestens mitzuteilen, wenn er aufgefordert wird, Tatsachen darzulegen oder Unterlagen vorzulegen, die im Zusammenhang mit einer Straftat stehen, der er verdächtigt wird.

Das Bußgeldverfahren liegt jedoch ausschließlich in der Hand des Finanzamtes.

## 6.2 Die Steuerfahndung

### 6.2.1 Überblick

Ungebetener Besuch durch die Steuerfahndung

Die Steuerfahndung kann man als steuerstrafrechtliche Polizei betrachten. Sie verfügt über die Ermittlungsrechte des Finanzamtes. Als Hilfsbeamte der Staatsanwaltschaft haben die Steuerfahnder das Recht des ersten Zugriffs. Sie sind sogar befugt, bei Gefahr im Verzuge Beschlagnahmungen vorzunehmen, Häuser und Wohnungen zu durchsuchen und Verdächtige zu verhaften.

### 6.2.2 Verhaltensregeln bei Erscheinen der Steuerfahndung

Kein Telefonverbot

Meist beginnt die Steuerfahndung mit einer Hausdurchsuchung, die gleichzeitig im Unternehmen und in der Privatwohnung erfolgt. Steuerfahnder gelten als Frühaufsteher und haben einen ausgeprägten Spürsinn für belastendes Beweismaterial. Die Sammelleidenschaft erstreckt sich auch auf Privatbriefe, Notiz- und Schmierzettel, Verträge und auf Geldschränke oder Banksafeschlüssel. Sie haben das Recht, alle Papiere durchzusehen und zu beschlagnahmen.

Der Beschuldigte hat Anspruch auf Aushändigung einer Liste der beschlagnahmten Gegenstände. Er hat das Recht, seinen Rechtsanwalt und seinen Steuerberater telefonisch zu verständigen, auch wenn man in der Praxis immer wieder von Fällen hört, in denen dem Beschuldigten die Möglichkeit eines Telefonats verwehrt wird.

Der Beschuldigte sollte den Fahndern gegenüber keine Aussage tätigen und sich nicht zur freiwilligen Herausgabe von Unterlagen drängen lassen.

## 6.3 Die Selbstanzeige

Der Steuerpflichtige hat nach § 371 AO die Möglichkeit der strafbefreienden Selbstanzeige. Diese ist jedoch nur dann von strafbefreiender Wirkung, wenn die Straftat noch nicht entdeckt war. Sie sollte daher vom Steuerpflichtigen stets in Erwägung gezogen werden, besonders wenn eine Tatentdeckung zu befürchten ist. Selbstverständlich hat der Steuerpflichtige die hinterzogene Steuer samt der Hinterziehungszinsen nachzuzahlen.

Grundsatz der Tatentdeckung

Der Grundsatz der Tatentdeckung ist in seiner Auslegung sehr umstritten. Man kann davon ausgehen, dass eine Tatentdeckung nicht vorliegt, wenn die Finanzverwaltung lediglich den Verdacht hat, eine Steuerhinterziehung könnte vorliegen. Die strafbefreiende Wirkung entfällt jedoch bei Bekanntgabe der Einleitung eines Steuerstrafverfahrens, wenn ein Amtsträger der Finanzbehörde zu einer steuerlichen Prüfung erscheint oder die Tat zum Zeitpunkt der Selbstanzeige ganz oder teilweise entdeckt war und der Täter dies wusste oder bei sachverständiger Würdigung damit rechnen musste.

Selbstanzeige vor Tatentdeckung

Die Strafbefreiung hat insbesondere Bedeutung bei einer steuerlichen Außenprüfung (Betriebsprüfung). Der Steuerpflichtige kann auch dann noch eine strafbefreiende Selbstanzeige erstatten, wenn das Finanzamt eine Betriebsprüfung angeordnet hat. Erst zu dem Zeitpunkt, zu dem der Prüfer die Betriebsprüfung beginnt, scheidet das Recht einer Strafbefreiung bei Selbstanzeige aus.

## 6.4 Zusammenfassung

Die Verurteilung eines Steuerpflichtigen wegen Steuerhinterziehung kann für diesen erhebliche wirtschaftliche und rechtliche Konsequenzen haben. Es besteht die Gefahr einer Haft- oder Geldstrafe. Weiterhin sind die hinterzogenen Steuern zzgl. der Hinterziehungszinsen in Höhe von 0,5 % je angefangenen Monats zu leisten, was zu einer persönlichen Insolvenz des Steuerpflichtigen führen kann. Der Steuerpflichtige hat die Möglichkeit, eine strafbefreiende Selbstanzeige zu erstatten, solange die Tat noch nicht entdeckt war. Wenn die Steuerfahndung erscheint, ist dem Beschuldigten zu raten, außer Angaben zur Person jede Aussage zu verweigern und sofort Rechtsanwalt und Steuerberater zu verständigen. Diese Rechte stehen dem Beschuldigten ausdrücklich zu.

# B Einkommensteuer

## 1 Einleitung

### 1.1 Wechselwirkung Unternehmer/Steuern

Warum sollte sich ein Gewerbetreibender mit dem Einkommensteuerrecht beschäftigen? Reicht es nicht, wenn sich der Steuerberater mit den komplizierten, unüberschaubaren, für einen Laien kaum mehr verständlichen Gesetzestexten auskennt?

Einkommensteuer als »notwendiges Übel«

Egal ob Gewerbetreibende, Land- und Forstwirt, Freiberufler, abhängig Beschäftigter oder Rentner, die Zielsetzungen sind gleich: Die Einkommensteuer wird vom Steuerpflichtigen in der Regel als »notwendiges Übel« verstanden, das man wenn möglichst minimieren möchte.

Auch wenn der Gewerbetreibende sein betriebswirtschaftliches Handeln in den Vordergrund stellen muss, so wird dieses jedoch stark durch die einkommensteuerrechtlichen Regelungen beeinflusst: Müssen steuerliche Aspekte berücksichtigt werden, wenn unternehmerische Entscheidungen getroffen werden? Wie sicher und nachhaltig kann eine Entscheidung sein vor dem Hintergrund sich ständig ändernder Steuergesetze beziehungsweise Androhungen von Gesetzesänderungen? Gibt es Gestaltungen, die tatsächlich »Steuern sparen«? Kann man Steuerzahlungen in die Zukunft verschieben? Wie werden zukünftig die eigenen Entnahmemöglichkeiten aus dem Betrieb durch nicht vermeidbare Einkommensteuervoraus- und -nachzahlungen beeinflusst? Wie werden sich die Steuerentnahmen im Bankenrating niederschlagen?

Die nachfolgenden Ausführungen sollen dem Leser die wesentlichen, den Gewerbetreibenden betreffenden Paragraphen des EStG systematisch darstellen und etwas Licht in den Gesetzes-Dschungel bringen. Nicht erhoben wird der Anspruch, Themengebiete – wie in Gesetzes-Kommentaren üblich – vollständig abzuarbeiten. Der Leser wird vielmehr Grundlagen erhalten, zukünftig den Ausführungen des Beraters besser folgen zu können und diese kritischer zu hinterfragen. Hierbei wurde Wert darauf gelegt, dass sich sowohl der Existenzgründer als auch der erfahrene Gewerbetreibende Wissen erschließen kann. Es wird so weit möglich bewusst darauf verzichtet, Paragraphen bzw. Verwaltungsrichtlinien mit anzufügen. Vielmehr sollen einige praktische Beispiele die dargestellten Sachverhalte anschaulich machen.

Leider kann es zum besseren Verständnis nicht vermieden werden, Grundbegriffe des Einkommensteuerrechtes abzuhandeln. Dies soll noch in der Einleitung so kurz wie möglich erfolgen. Nach einem zweiten Teil, der die durch das EStG erfassten Gewerbebetriebe beschreibt, wird sich der dritte Teil mit der eigentlichen Ergebnisermittlung des Gewerbebetriebs und den darin verborgenen Besonderheiten beschäftigen. Der abschließende vierte Teil behandelt weiterführend einige Sonderthemen, die sich im Beratungsalltag häufig stellen.

## 1.2 Steuerpflicht

Rechtsfähigkeit

Mit Vollendung der Geburt (mit Beginn der Rechtsfähigkeit) wird die natürliche Person (Mensch) Steuersubjekt. Es kommt nicht auf die Geschäftsfähigkeit und die Staatsangehörigkeit des Steuerpflichtigen an.

Maßgebend sind Wohnsitz, gewöhnlicher Aufenthalt oder - bei Ausländern - die Erzielung inländischer Einkünfte.

Die Steuerpflicht endet erst durch den Tod des Steuerpflichtigen. Eine vor Tod des Steuerpflichtigen entstandene Steuerschuld geht auf die Erben über, sofern diese nicht die Erbschaft ausgeschlagen haben.

Das Einkommensteuerrecht unterscheidet zwischen der unbeschränkten, der beschränkten und erweitert beschränkten Steuerpflicht. Die Unterscheidung ist maßgebend für die spätere Berechnung der Steuerschuld.

### 1.2.1 Unbeschränkte Steuerpflicht

Wohnsitz oder gewöhnlicher Aufenthalt

Unbeschränkt steuerpflichtig sind natürliche Personen mit einem Wohnsitz oder gewöhnlichen Aufenthalt im Inland. Das Inland umfasst die Bundesrepublik Deutschland und den zugehörigen Festlandsockel in der Nord- und Ostsee.

Als Wohnsitz wird eine Wohnung verstanden, die dergestalt ausgestattet ist, dass auf eine nicht nur vorübergehende Beibehaltung und Nutzung geschlossen werden kann.

Da der Steuerpflichtige mehrere Wohnsitze haben kann, kommt es zur Feststellung der unbeschränkten Steuerpflicht, wenn sich die natürliche Person länger als sechs Monate im Inland zu geschäftlichen Zwecken oder länger als zwölf Monate im Inland ausschließlich zu privaten Zwecken aufhält (gewöhnlicher Aufenthalt). Hierbei ist zu beachten, dass die Sechsmonatsfrist nicht in ein Kalenderjahr fallen muss. Ein gewöhnlicher Aufenthalt wird durch kurze Unterbrechungen nicht zum vorübergehenden Aufenthalt. Jedoch begründet ein Aufenthalt eines Grenzgängers zu den Arbeitstagen in Deutschland noch keinen gewöhnlichen Aufenthalt im Inland, da keine zeitlich ununterbrochene Anwesenheit gegeben ist.

Die unbeschränkte Steuerpflicht umfasst sowohl die inländischen als auch die ausländischen Einkünfte.

Es besteht die Gefahr, dass Einkünfte sowohl im Inland als auch im Ausland einer Besteuerung unterworfen werden (Doppelbesteuerung). Daher hat die Bundesrepublik Deutschland mit den meisten Staaten bilaterale Abkommen zur Vermeidung der Doppelbesteuerung geschlossen. In diesen ist die Zuständigkeit der Besteuerung geregelt.

### 1.2.2 Beschränkte Steuerpflicht

Steuerpflicht für inländische Einkünfte

Natürliche Personen, die im Inland weder einen Wohnsitz noch einen gewöhnlichen Aufenthalt haben, sind mit ihren inländischen Einkünften beschränkt steuerpflichtig.

Diese Steuerpflicht umfasst die abschließend in § 49 EStG aufgezählten inländischen Einkünfte.

Es besteht für den betroffenen Personenkreis die Möglichkeit, auf Antrag als unbeschränkt Steuerpflichtige besteuert zu werden, wenn mindestens 90 % der Einkünfte im Inland steuerpflichtig sind oder nicht im Inland steuerpflichtige Einkünfte von maximal 6.136 € bezogen werden.

### 1.2.3 Erweitert beschränkte Steuerpflicht

Verlegen des Wohnsitzes in Niedrigsteuerland

Erweitert beschränkt steuerpflichtig sind natürliche Personen, die ihren Wohnsitz oder ihren gewöhnlichen Aufenthalt nach mindestens fünfjähriger unbeschränkter Steuerpflicht aus dem Inland in ein Niedrigsteuerland verlegen und wesentliche wirtschaftliche Interessen im Inland haben.

Neben den Einkünften gem. § 49 EStG umfasst die Steuerpflicht auch alle die Einkünfte, die nicht ausländische Einkünfte i.S.d. § 34d EStG sind.

Die erweiterte beschränkte Steuerpflicht wird zehn Jahre nach Wegzug durch die beschränkte Steuerpflicht ersetzt.

## 1.3 Ermittlung des zu versteuernden Einkommens

Das Einkommen, das der Besteuerung zu unterwerfen ist, wird als »zu versteuerndes Einkommen« bezeichnet. Es ist schematisch wie folgt zu ermitteln:

Schema der Ermittlung des zu versteuernden Einkommens

| | | |
|---|---|---|
| 1. | | Summe der Einkünfte aus den Einkunftsarten |
| 2. | + | Hinzurechnungsbetrag |
| 3. | = | Summe der Einkünfte |
| 4. | ./. | Altersentlastungsbetrag |
| 5. | ./. | Entlastungsbetrag für Alleinerziehende |
| 6. | ./. | Abzug für Land- und Forstwirte |
| 7. | = | Gesamtbetrag der Einkünfte |
| 8. | ./. | Verlustabzug |
| 9. | ./. | Sonderausgaben |
| 10. | ./. | außergewöhnliche Belastungen |
| 11. | ./. | Steuerbegünstigung der zu Wohnzwecken genutzten Wohnungen, Gebäude und Baudenkmäler sowie der schutzwürdigen Kulturgüter |
| 12. | ./. | zuzurechnendes Einkommen |
| 13. | = | Einkommen |
| 14. | ./. | Kinderfreibetrag |
| 15. | ./. | Härteausgleich |
| 16. | = | zu versteuerndes Einkommen |

Die folgenden Ausführungen werden die wesentlichen Bestandteile dieser Ermittlung erläutern.

### 1.3.1 Einkunftsarten

Sieben Einkunftsarten

Folgende der Einkommensteuer unterliegenden Einkünfte sind durch die sieben Einkunftsarten (Schema Zeile 1.) abschließend gesetzlich normiert:

- Einkunftsart 1 - Einkünfte aus Land- und Forstwirtschaft,
- Einkunftsart 2 - Einkünfte aus Gewerbebetrieb,
- Einkunftsart 3 - Einkünfte aus selbständiger Arbeit,
- Einkunftsart 4 - Einkünfte aus nichtselbständiger Arbeit,
- Einkunftsart 5 - Einkünfte aus Kapitalvermögen,
- Einkunftsart 6 - Einkünfte aus Vermietung und Verpachtung,
- Einkunftsart 7 - sonstige Einkünfte.

Das der Besteuerung zu unterwerfende Ergebnis aus jeder Einkunftsart kann ein Gewinn, aber auch ein Verlust sein. Dieses Ergebnis ist für jede Einkunftsart gesondert zu ermitteln. Innerhalb einer Einkunftsart kann der Steuerpflichtige mehrere Einkunftsquellen haben. Dies soll anhand eines Beispiels verdeutlicht werden:

**Beispiel:**
*Der unbeschränkt Steuerpflichtige Max betreibt ein Einzelhandelsgeschäft. Er ist außerdem OHG Gesellschafter eines Autohauses. Aus einer Erbschaft hat er eine Immobilie und Barvermögen erhalten. Die Immobilie ist vermietet. Das Barvermögen ist gewinnbringend bei einer Bank angelegt.*

**Lösung:**
*Max erzielt Einkünfte aus Gewerbebetrieb (Einzelhandelsgeschäft, Autohaus). Ferner sind ihm Einkünfte aus Vermietung und Verpachtung zuzurechnen (Immobilien). Die Überschüsse, die er mit der Bankanlage erzielt, stellen Einkünfte aus Kapitalvermögen dar.*

Einkunftsarten-abhängige Ergebnisermittlung

Wie ist nun das Ergebnis aus der jeweiligen Einkunftsart zu ermitteln? Im Vorgriff auf die für den Gewerbebetrieb geltenden Vorschriften zur Ergebnisermittlung (vgl. Kap. 3.1) lassen sich folgende Unterscheidungen vornehmen:

Für die Einkunftsarten 1 bis 3 erfolgt die Ermittlung des Ergebnisses durch den sogenannten Betriebsvermögensvergleich beziehungsweise durch die Einnahmenüberschussrechnung.

Für die Einkunftsarten 4 bis 7 erfolgt die Ermittlung des Ergebnisses durch Abzug der Werbungskosten von den Einnahmen. Unter Werbungskosten werden Aufwendungen verstanden, die der Erwerbung, Sicherung und Erhaltung der Einnahmen dienen.

**Beispiel:**
*Der unbeschränkt Steuerpflichtige Max hat die zwei Wohnungen seiner Immobilie für private Wohnzwecke vermietet. Die Mieteinkünfte betragen im Veranlagungsjahr insgesamt 24.000 € (10.000 € Miete pro Wohnung und insgesamt 4.000 € geleistete Nebenkosten durch die Miete, die Max vereinnahmt hat). Diesen Einnahmen stehen 11.000 € Werbungskosten gegenüber (4.000 € durch Max geleistete Nebenkostenzahlungen, 2.000 € Zinsaufwendungen und 5.000 € Reparaturaufwendungen).*

**Lösung:**
*Im Saldo ergeben sich Einkünfte aus Vermietung und Verpachtung in Höhe von 13.000 €, die der Einkommensbesteuerung unterliegen.*

Es ist in diesem Zusammenhang darauf hinzuweisen, dass die Zuweisung von Einkünften zu den jeweiligen Einkunftsarten von großer Bedeutung ist: Es stellt sich nicht allein die praktische Frage, welche Anlage zur Einkommensteuererklärung ausgefüllt werden muss. Die Zuweisung hat auch steuerliche Auswirkungen aufgrund gesetzlicher Ermittlungsbesonderheiten von Einkünften in den jeweiligen Einkunftsarten. Eine als Betriebsimmobilie behandelte, an einen Mitarbeiter zu Wohnzwecken vermietete Eigentumswohnung führt nicht zu Einkünften aus Vermietung und Verpachtung, sondern im Rahmen des Gewerbebetriebes zu Einkünften aus Gewerbebetrieb und eventuell als Schattenwirkung zur Gewerbesteuer. Hieraus ergibt sich die Notwendigkeit, dass in einem ersten Schritt überprüft werden muss, ob die Einkünfte (und die damit in Verbindung stehenden Kosten) den sogenannten Haupteinkunftsarten (Einkunftsarten 1 bis 4) zugewiesenen werden müssen. Sofern das nicht möglich ist, erfolgt eine Zuordung zu den Nebeneinkunftsarten (Einkunftsarten 5 bis 7). Diese Ordnung in der Zuweisung von Einkünften wird als Subsidiarität der Einkunftsarten bezeichnet.

Subsidiarität

### 1.3.2 Sonderausgaben/Außergewöhnliche Belastungen

Lebensführungskosten

Aufwendungen, die einem Steuerpflichtigen für die private Lebensführung entstehen, finden steuerlich in der Regel keine Berücksichtigung.

Der Gesetzgeber hat von dieser Einschränkung Ausnahmen in Form von Sonderausgaben (Schema Zeile 9) und außergewöhnlichen Belastungen (Schema Zeile 10) zugelassen:

Unbeschränkt und beschränkt abzugsfähige Sonderausgaben

Sonderausgaben sind privat veranlasste Ausgaben, die nicht den Einkunftsarten zugewiesenen werden können, für die jedoch eine Berücksichtigung ausdrücklich im EStG geregelt ist. Es wird unterschieden zwischen unbeschränkt abzugsfähigen und beschränkt abzugsfähigen Sonderausgaben (Höchstbeträge).

Die nachfolgende Übersicht stellt einzelne Beispiele des Sonderausgabenabzugs dar:

| Unbeschränkt abzugsfähige Sonderausgaben | Beschränkt abzugsfähige Sonderausgaben |
|---|---|
| • Renten und dauernden Lasten<br>• Kirchensteuer | • Ehegattenunterhalt<br>• Ausbildungskosten<br>• Schulgeld<br>• Vorsorgeaufwendungen (bestimmte Versicherungsprämien)<br>• Kosten für die zusätzliche Altersversorgung<br>• Spenden und Beiträge |

Von den Sonderausgaben zu unterscheiden sind die sogenannten außergewöhnlichen Belastungen. Hierbei handelt es sich um zwangsläufig notwendige private Aufwendungen eines Steuerpflichtigen, die anderen Steuerpflichtigen gleicher Einkommens- und Vermögensverhältnisse in gleichem Umfang regelmäßig nicht erwachsen. Zur Vermeidung einer Besteuerung über die Leistungsfähigkeit des Steuerpflichtigen hinaus ist ein – wenigstens teilweiser – Abzug dieser Aufwendungen möglich. Beispielhaft genannt seien:

Besteuerung nach Leistungsfähigkeit

- Aufwendungen für den Unterhalt gesetzlich unterhaltsberechtigter Personen, sofern bestimmte Voraussetzungen erfüllt sind;
- vom Steuerpflichtigen getragene Krankheitskosten.

Es ist zu beachten, dass diese Aufwendungen nur Berücksichtigung finden können, soweit die zumutbare (Eigen-) Belastung überschritten wird. Die Festsetzung einer zumutbaren Belastung ist abhängig von der Höhe des Gesamtbetrags der Einkünfte (Schema Zeile 8), vom Besteuerungsverfahren und von der Anzahl der Kinder.

### 1.3.3 Verlustberücksichtigung

Wie oben bereits dargestellt, kann eine Einkunftsquelle (z. B. Mietobjekt, Gewerbebetrieb, etc.) auch mit Verlust abschließen. Es besteht die Möglichkeit, dass negative Einkünfte mit positiven Einkünften verrechnet werden. Diese Verrechnung erfolgt in mehreren Schritten:

In einem ersten Schritt werden die Ergebnisse innerhalb einer Einkunftsart verrechnet (horizontaler Verlustausgleich).

Horizontaler Verlustausgleich

**Beispiel:**

*Der unbeschränkt Steuerpflichtige Max hat zwei im Privatvermögen gehaltene Mietobjekte, die er für Wohnzwecke vermietet hat. Mietobjekt 1 erzielt einen Überschuss in Höhe von 10.000 €, Mietobjekt 2 einen Verlust in Höhe von 4.000 €.*

**Lösung:**

*Max erzielt Einkünfte aus Vermietung und Verpachtung in Höhe von 6.000 €.*

Sollten Verluste nicht innerhalb einer Einkunftsart ausgeglichen werden können, so sind diese in einem zweiten Schritt zwischen den verschiedenen Einkunftsarten zu verrechnen (vertikaler Verlustausgleich).

Vertikaler Verlustausgleich

**Beispiel:**
*Der unbeschränkt Steuerpflichtige Max hat zwei im Privatvermögen gehaltene Mietobjekte, die er für Wohnzwecke vermietet hat. Mietobjekt 1 erzielt einen Überschuss in Höhe von 4.000 €, Mietobjekt 2 einen Verlust in Höhe von ./. 10.000 €. Ferner erzielt er Einkünfte aus Gewerbebetrieb in Höhe von 60.000 €.*

**Lösung:**
*Max erzielt negative Einkünfte aus Vermietung und Verpachtung in Höhe von ./. 6.000 €. Diese können mit den gewerblichen Einkünften verrechnet werden. Die Summe der Einkünfte (Schema Zeile 3) beträgt 54.000 €.*

Sollten über die Schritte 1 und 2 noch immer Verluste bestehen, die nicht zum Ausgleich gekommen sind, so ist in einem dritten Schritt ein sogenannter Verlustrücktrag auf das Vorjahr durchzuführen. Beim Vorjahr erfolgt eine Kürzung des Gesamtbetrags der Einkünfte (Schema Zeile 7) um den Verlustabzug (Schema Zeile 8). Der höchstmögliche Verlustrücktrag beträgt 511.500 € (bei Zusammenveranlagung 1.023.000 €). Hier besteht die Gefahr, dass im Verlustrücktragsjahr angefallene Sonderausgaben beziehungsweise außergewöhnliche Belastungen sich steuerlich nicht mehr niederschlagen. Aus diesem Grund besteht die Möglichkeit, dass der Steuerpflichtige ganz oder teilweise auf den Verlustrücktrag verzichtet. Hierzu ist ein Antrag beim Finanzamt zu stellen.

**Beispiel:**
*Der unbeschränkt Steuerpflichtige Max hat zwei im Privatvermögen gehaltene Mietobjekte, die er für Wohnzwecke vermietet hat. Mietobjekt 1 erzielt einen Überschuss in Höhe von 4.000 €, Mietobjekt 2 einen Verlust in Höhe von ./. 30.000 €. Ferner erzielt er Einkünfte aus Gewerbebetrieb in Höhe von 20.000 €. Die Vorjahresveranlagung weist einem Gesamtbetrag der Einkünfte in Höhe von 30.000 € aus.*

**Lösung:**
*Max erzielt negative Einkünfte aus Vermietung und Verpachtung in Höhe von ./. 26.000 €. Diese können mit den gewerblichen Einkünften (20.000 €) verrechnet werden. Die Summe der Einkünfte (Schema Zeile 3) beträgt 0 €. Die nicht ausgeglichenen Verluste betragen 6.000 €. Diese können in das Vorjahr zurückgetragen und in voller Höhe vom vorjährigen Gesamtbetrag der Einkünfte gekürzt werden.*

Sollten über die Schritte 1, 2 und 3 noch immer nicht ausgeglichene Verluste bestehen, so erfolgt ein Verlustvortrag auf die Folgejahre (Schema Zeile 8). Eine zeitliche Grenze für den Verlustvortrag gibt es nicht. Es ist zu berücksichtigen, dass eine unbeschränkte Verrechnung nicht ausgeglichener Verluste im Verlustvortragsjahr nur bis zu einem Gesamtbetrag (Schema Zeile 7) von 1 Mio. € unbeschränkt erfolgen kann. Darüber hinaus erfolgt eine Verrechnung bis zu 60 % des 1 Mio. € übersteigenden Gesamtbetrags der Einkünfte.

Verlustvortrag

## 1.4 Tarif und Veranlagung

### 1.4.1 Tarif

Wie hoch ist nun die Einkommensteuer, die der Steuerpflichtige für das ihm zuzurechnenden zu versteuernden Einkommen zu zahlen hat? Der Gesetzgeber hat einen Tarif entwickelt, der nicht einfach einen festen Prozentsatz des zu versteuernden Einkommens als Einkommensteuer festgelegt. Vielmehr ist unter dem Zwang der zu berücksichtigenden »Leistungsfähigkeit des Steuerpflichtigen« ein auf den ersten Blick kompliziertes Verfahren entstanden. Neben einer Freistellung des sogenannten Existenzminimums (Grundfreibetrag 2007: 7.664 €) erhöht sich stufenweise mit der Steigerung des zu versteuernden Einkommens der relative Steueranteil.

Grundfreibetrag zur Freistellung des Existenzminimums

Für den Steuerpflichtigen stellt sich insbesondere zur Planung der von ihm abzuführenden Einkommensteuer häufig die Frage, mit welchem Steuersatz er zukünftig zu rechnen hat. Im Gespräch mit dem Berater werden hierbei zwei Steuersätze genannt werden, die begrifflich auseinander gehalten werden müssen:

- Der **Durchschnittssteuersatz** gibt an, wie viel Prozent des zu versteuernden Einkommens an den Fiskus in Form der Einkommensteuer abgeführt werden müssen. Wie aus nachfolgender Abbildung ersichtlich, ist bereits ab einem zu versteuernden Einkommen von zirka 48.000 € ein 25%iger Durchschnittssteuersatz erreicht (30 % bei 66.000 €, 35 % bei 113.000 €).

Durchschnittssteuersatz

- Der **Grenzsteuersatz** gibt ausgehend von einem definierten zu versteuernden Einkommen an, mit wie viel Prozent ein zusätzlicher Euro zu versteuerndes Einkommen besteuert wird. Nachfolgende Abbildung zeigt auf, dass der Grenzsteuersatz erheblich schneller steigt als der Durchschnittsteuersatz. So ist nach Überschreiten des Grundfreibetrags bereits ein Grenzsteuersatz in Höhe von 15% auszuweisen. Dieser steigt rapide an. Bereits ab einem zu versteuernden Einkommen von 52.152 € beträgt der Grenzsteuersatz 42% – ein Grenzsteuersatz von 45% greift ab zu versteuernden Einkommen von 250.001 € (Reichensteuer).

Grenzsteuersatz

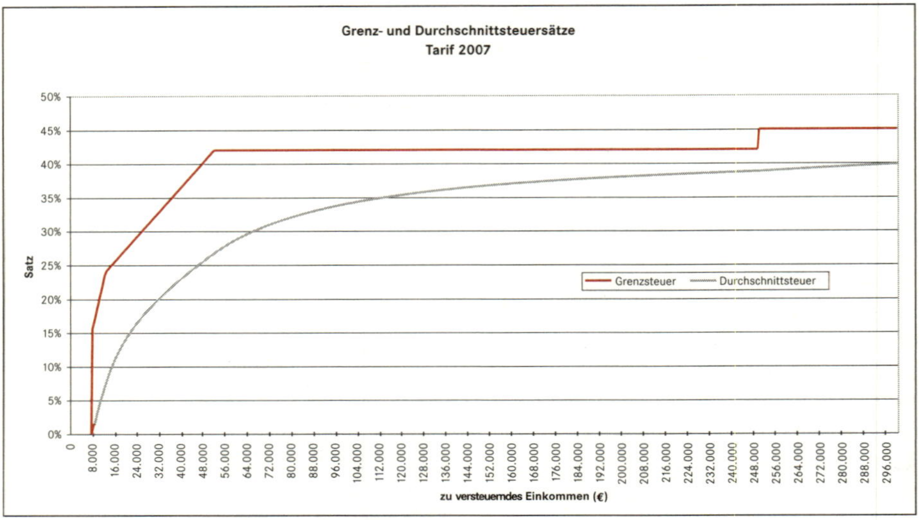


Abb. 1: Grenz- und Durchschnittsteuersätze 2007

Der Gesetzgeber hat bewusst tarifliche Sonderregelungen geschaffen. Hierzu zählen exemplarisch:

- Reichensteuerzuschlag (von 42 % auf 45 %), wird nicht erhoben auf die Einkunftsarten 1 bis 3;
- Tarifbegünstigung von außerordentlichen Einkünften in Form der sogenannten Fünftel-Regelung;
- Tarifbegünstigung von außerordentlichen Einkünften in Form der Hälfte des durchschnittlichen Steuersatzes.

**Progressionsvorbehalt**

An dieser Stelle sei jedoch abschließend auf eine gesetzliche Besonderheit hingewiesen, die ihre Ursache in den Zielsetzungen der Steuergerechtigkeit und Leistungsfähigkeit findet: Neben einer Beschreibung der sieben Einkunftsarten weist das EStG auch eine große Anzahl von steuerfreien Einkünften aus. Diese steuerfreien Einkünfte erhöhen die Leistungsfähigkeit des Steuerpflichtigen. Sie werden zwar nicht der Besteuerung unterworfen, der Steuersatz wird jedoch so ermittelt, als seien diese steuerfreien Einkünfte steuerpflichtig. Das zu versteuernde Einkommen wird so mit einem höheren Steuersatz belastet (sogenannter Progressionsvorbehalt).

**Beispiel:**
*Der unbeschränkt Steuerpflichtige Max betreibt seit 01.05.2007 ein Einzelhandelsgeschäft. Hieraus erzielt er Einkünfte in Höhe von 20.000 €. Er bezog bis einschließlich April Arbeitslosengeld von insgesamt 25.000 €.*

**Lösung:**
*Max erzielt Einkünfte aus Gewerbebetrieb in Höhe von 20.000 €. Das Arbeitslosengeld ist steuerfrei, wird jedoch bei Ermittlung des Steuersatzes, unter den das zu versteuernde Einkommen zu unterwerfen ist, berücksichtigt (Progressionsvorbehalt).*

## 1.4.2 Veranlagung

Der Träger von Rechten und Pflichten, das sogenannte Steuersubjekt, ist der Steuerpflichtige. Dieser hat die Pflicht, eine Einkommensteuererklärung abzugeben. Diese Erklärung umfasst die Ermittlung der Einkünfte der jeweiligen Einkunftsart und die steuerlich zu berücksichtigenden Sachverhalte, insbesondere Sonderausgaben und außergewöhnlichen Belastungen.

Steuererklärung

Die Erklärung hat auf amtlich vorgeschriebenen Formularen zu erfolgen. Der technische Fortschritt hat zwischenzeitlich auch in der Finanzverwaltung Fuß gefasst. Die Daten können auch auf digitalem Wege (EDV-Programm »Elster«) an das Finanzamt übermittelt werden. Abgabefrist der Erklärung ist grundsätzlich der 31.05. des auf das Veranlagungsjahr folgende Jahr. Ist der Steuerpflichtige durch einen Vertreter der steuerberatenden Berufe betreut, so verlängert sich die Abgabefrist auf den 31.12. des auf das Veranlagungsjahr folgenden Jahres (die Steuererklärung für das Veranlagungsjahr 2006 muss also spätestens am 31.12.2007 abgegeben werden).

Steuerbescheid

Das Finanzamt erlässt auf Basis der eingereichten Daten nach Vorprüfung einen Verwaltungsakt (Steuerbescheid), mit dem die Einkommensteuer festgesetzt wird. Diese Festsetzung wird als Veranlagung bezeichnet. Der Steuerbescheid kann neben der Einkommensteuer und dem Solidaritätszuschlag (5,5 % der festgesetzten Einkommensteuern) auch Verspätungszuschlag (bei verspäteter Abgabe der Steuererklärung), Zinsen und Kirchensteuern umfassen (bei Kirchenzugehörigkeit des Steuerpflichtigen und Durchführung der Festsetzung von Kirchensteuern durch die Finanzverwaltung – anders z. B. Bayern/Kirchensteuerbescheide durch Kirchensteuerämter).

**Zusammenveranlagung und getrennte Veranlagung**

Für verheiratete Steuerpflichtige hat der Gesetzgeber ein Wahlrecht eingeräumt, welches sie mit Abgabe der Einkommensteuererklärung, spätestens jedoch vor Rechtskraft der Steuerveranlagung ausgeübt haben müssen: Es ist zu entscheiden, ob eine getrennte Veranlagung oder eine Zusammenveranlagung durchgeführt werden soll. Voraussetzung hierfür ist, dass beide unbeschränkt steuerpflichtig sind und nicht dauernd getrennt leben. Das bedeutet, dass bereits im Jahr der Eheschließung eine Zusammenveranlagung möglich ist. Die Zusammenveranlagung wird behördenseits unterstellt. Auf Antrag kann eine sogenannte getrennte Veranlagung durchgeführt werden (jeder Ehegatte wird einzeln veranlagt). Dieser Antrag kann durch einen Ehegatten erfolgen - der andere muss dann die getrennte Veranlagung hinnehmen.

**Splitting**

Die Besonderheit der Zusammenveranlagung liegt darin, dass die Ehegatten ihre Einkünfte gemäß obigem Schema getrennt voneinander ermitteln und sich anschließend diese gemeinsam zurechnen lassen. Das gemeinsame Einkommen wird halbiert, dem Tarif unterworfen, die daraus resultierende tarifliche Einkommensteuer ermittelt und diese dann verdoppelt (Splitting-Verfahren). Hieraus können im Vergleich zur getrennten Veranlagung steuerliche Vorteile entstehen, die folgendes Beispiel veranschaulichen soll:

**Beispiel:**
*Die unbeschränkt steuerpflichtigen Harry und Sally sind seit 2000 verheiratet und leben nicht dauernd getrennt. Harry bezog in 2006 Einkünfte als Schriftsteller in Höhe von 25.000 €. Sally betrieb ein Einzelhandelsgeschäft, aus dem sie Einkünfte in Gesamthöhe von 65.000 € zugerechnet bekommt. Beide sind in einer privaten Krankenversicherung, für die im Jahr 2006 Prämien in Höhe von 3.600 € (Harry) und 4.000 € (Sally) angefallen sind. Sonstige steuerlich zu berücksichtigende Sachverhalte werden aus Vereinfachungsgründen außer Acht gelassen.*

**Lösung:**

***Berechnung des zu versteuernden Einkommens/Zusammenveranlagung***

| | *Steuerpflichtiger* | *Ehefrau* | *Gesamt* |
|---|---|---|---|
| *Einkünfte aus selbständiger Arbeit* | | | |
| *Gewinn/Verlust aus freiberuflicher Tätigkeit* | *25.000 €* | *0 €* | |
| *Gewinn/Verlust aus gewerblicher Tätigkeit* | *0 €* | *65.000 €* | |
| *Einkünfte* | *55.000 €* | *65.000 €* | *90.000 €* |
| ***Summe/Gesamtbetrag der Einkünfte*** | ***25.000 €*** | ***65.000 €*** | ***90.000 €*** |
| *- Höchstbetrag der Vorsorgeaufwendungen* | | | *7.600 €* |
| *- Sonderausgaben-Pauschbetrag* | | | *72 €* |
| ***Einkommen/zu versteuerndes Einkommen*** | | | ***82.328 €*** |
| ***Berechnung der Steuer*** | | | |
| ***Tarifliche/festzusetzende Einkommensteuer lt. Splittingtarif*** | | | ***19.300 €*** |
| ***Abrechnung*** | | | |
| *Festzusetzende Einkommensteuer* | *19.300 €* | | |
| *Einkommensteuernachzahlung* | | *19.300 €* | |
| *Festzusetzender Solidaritätszuschlag* | *1.061,50 €* | | |
| *Nachzahlung Solidaritätszuschlag* | | *1.061,50 €* | |
| ***Steuerfestsetzung Eheleute*** | | | ***20.361,50 €*** |

***Berechnung des zu versteuernden Einkommens/getrennte Veranlagung***

| | *Steuerpflichtiger* | *Ehefrau* | *Gesamt* |
|---|---|---|---|
| *Einkünfte aus selbständiger Arbeit* | | | |
| *Gewinn/Verlust aus freiberuflicher Tätigkeit* | | *25.000 €* | *0 €* |
| *Gewinn/Verlust aus gewerblicher Tätigkeit* | | *0 €* | *65.000 €* |
| *Einkünfte* | | *25.000 €* | *65.000 €* |
| ***Summe/Gesamtbetrag der Einkünfte*** | | ***25.000 €*** | ***65.000 €*** |
| *- Höchstbetrag der Vorsorgeaufwendungen* | | *3.600 €* | *4.000 €* |
| *- Sonderausgaben-Pauschbetrag* | | *36 €* | *36 €* |
| ***Einkommen/zu versteuerndes Einkommen*** | | ***21.364 €*** | ***60.964 €*** |
| ***Berechnung der Steuer*** | | | |
| ***Tarifliche/festzusetzende Einkommensteuer lt. Grundtarif*** | | ***3.226 €*** | ***17.690 €*** |
| ***Abrechnung Steuerpflichtiger*** | | | |
| *Festzusetzende Einkommensteuer* | *3.226 €* | | |
| *Einkommensteuernachzahlung* | | *3.226 €* | |
| *Festzusetzender Solidaritätszuschlag* | *177,43 €* | | |
| *Nachzahlung Solidaritätszuschlag* | | *177,43 €* | |
| ***Steuerfestsetzung Ehemann*** | | | ***3.403,43 €*** |
| ***Abrechnung Ehefrau*** | | | |
| *Festzusetzende Einkommensteuer* | *17.690 €* | | |
| *Einkommensteuernachzahlung* | | *17.690 €* | |
| *Festzusetzender Solidaritätszuschlag* | *972,95 €* | | |
| *Nachzahlung Solidaritätszuschlag* | | *972,95 €* | |
| ***Steuerfestsetzung Ehefrau*** | | | ***18.662,95 €*** |

Im Beispielfall ist die Zusammenveranlagung um über 1.700 € günstiger als die getrennte Veranlagung.

Die getrennte Veranlagung bietet bei einigen Sonderfällen Vorteile. Diese Vorteile liegen meist dort, wo z.B. ein Ehegatte steuerfreie Einkünfte erzielt, die aber unter die Regeln des Progressionsvorbehalts fallen (z.B. Arbeitslosengeld), oder wenn bei einem Ehegatten Einkünfte einem ermäßigten Steuersatz unterliegen. Die Vorteilhaftigkeit der Veranlagungsform wird nicht von Seiten des Finanzamtes geprüft. Hier kann nur eine Kontrollberechnung seitens des Steuerpflichtigen beziehungsweise von dessen Berater fallbezogen Gewissheit geben.

### 1.4.3 Steuervorauszahlungen und -anrechnungen

Steuervorauszahlung

Der Steuerpflichtige hat auf die voraussichtliche für das Veranlagungsjahr maßgebende Steuerbelastung Vorauszahlungen zu leisten. Die Vorauszahlungstermine sind der 10.3., der 10.6., der 10.9. und der 10.12. des laufenden Jahres.

Der Existenzgründer erhält mit steuerlicher Erfassung seines Unternehmens bereits einen Fragebogen, in dem diverse Rückfragen hinsichtlich der zu erwartenden Einkünfte der Einkunftsarten 1 bis 7 gestellt als auch Informationen hinsichtlich der letztlich zu berücksichtigenden Kosten etc. erhoben werden. Auf Basis dieses Fragebogens werden von Seiten des Finanzamtes die Vorauszahlungen festgesetzt. Diese Vorauszahlungen haben zunächst auch Gültigkeit für die Folgejahre.

Anpassungsvorauszahlung

Im Rahmen der Veranlagung werden die Vorauszahlungen überprüft und gegebenenfalls mittels Vorauszahlungsbescheid für die Zukunft und eventuell rückwirkend für abgelaufene Veranlagungsjahre (nachträgliche Anpassungsvorauszahlung) neu festgesetzt. Eine nachträgliche Anpassungsvorauszahlung erfolgt dann, wenn sich diese mindestens auf 2.500 € beläuft.

Das zuletzt veranlagte Veranlagungsjahr ist somit maßgebend für die Folgejahre.

**Beispiel:**
*Der unbeschränkt Steuerpflichtige Max hat ESt-Vorauszahlungen auf Basis seines zu versteuernden Einkommens 2004 in Höhe von 16.000 € lt. Vorauszahlungsbescheid für das Jahr 2005 geleistet. In die Berechnung gingen die gewerblichen Einkünfte 2004 in Höhe von 60.000 € ein. Die ESt-Erklärung 2005 wird im Dezember 2006 abgegeben. Das zu versteuernde Einkommen lag bei 90.000 €. Die Veranlagung erfolgt am 28.02.2007 mittels Einkommensteuerbescheid 2005 mit einer Nachzahlung in Höhe von 12.000 €, die Anfang April fällig ist.*

*Gleichzeitig ergeht ein Vorauszahlungsbescheid für das Jahr 2007 mit einer Anpassung der Vorauszahlungen ab dem II. Quartal/2007 (Erhöhung des Vorauszahlungssolls um 12.000 € verteilt auf drei Quartale mit je 4.000 €).*
*Ferner werden zeitgleich nachträgliche Vorauszahlungen für 2006 in Höhe von 12.000 € festgesetzt, die ebenfalls Anfang April fällig werden. In der Summe ergeben sich Nachzahlungen und Anpassungszahlungen im April in einer Gesamtsumme von 24.000 €.*

Das Beispiel zeigt die Gefahr, dass aufgrund von Ergebnisabweichungen zwischen den Veranlagungsjahren die festgesetzten Vorauszahlungen nicht mit den sich später ergebenden tariflichen Steuern übereinstimmen. Dies birgt das Risiko, dass der Steuerpflichtige keinen Überblick über die die Liquidität beeinflussenden Steuerzu- und -abflüsse mehr hat. Aus der Nachzahlung für ein veranlagtes Vorjahr erwachsen zusätzlich Anpassungsnachzahlungen und Anpassung laufender Vorauszahlungen. Diesen Anpassungen kann nur begegnet werden, wenn niedrigere zu versteuernde Einnahmen für die angepassten Veranlagungsjahre dem Finanzamt glaubhaft gemacht und eine Herabsetzung der Vorauszahlungen beantragt werden.

Kontinuierliche Steuerplanung anhand der Finanzbuchhaltung

Aus obigen Ausführungen wird ersichtlich, dass es für den Steuerpflichtigen unumgänglich ist, schon unterjährig einen Abgleich von den der Vorauszahlung zugrundeliegenden Einkünften mit den sich tatsächlich ergebenen Einkünften durch Hochrechnung der Ergebnisse der betriebswirtschaftlichen Auswertung (BWA) zu machen. Dies setzt voraus, dass die Finanzbuchhaltung zeitnah und vollständig erstellt wird. Denn nur so kann gewährleistet werden, dass das hochgerechnete Ergebnis dem sich später ergebenden Jahresergebnis nahe kommt.

Auf Basis dieser Steuerhochrechnung müssen dann Steuerrücklagen für eventuelle Nachzahlungen gebildet werden. Im Falle sinkender Einkünfte sind im Gegenzug Anträge auf Herabsetzung von Vorauszahlungen zu stellen. So werden flüssige Zahlungsmittel für Einkommensteuervorauszahlungen nur in der nötigen Höhe verwandt.

Neben den durch den Steuerpflichtigen zu leistenden Vorauszahlungen erfolgt auch eine Anrechnung beispielhaft genannter Beträge als Vorauszahlung:

- Anrechnung der lt. Lohnsteuerbescheinigung einbehaltenen Lohnsteuer;
- Anrechnung von Kapitalabschlagsteuern;
- für gewerbesteuerpflichtige Betriebe erhält der Steuerpflichtige eine Anrechnung der geleisteten Gewerbesteuern in Höhe des (bei Mitunternehmern: anteiligen) 1,8-fachen Gewerbesteuer-Messbetrages.

# 2 Der Gewerbebetrieb im Einkommensteuerrecht

## 2.1 Begriff des Gewerbebetriebs

Voraussetzung für Gewerblichkeit

Der einkommensteuerliche Begriff des Gewerbebetriebs ergibt sich unmittelbar aus § 15 Abs. 2 EStG. Danach liegt ein Gewerbebetrieb vor, wenn es sich nicht um eine land- und forstwirtschaftliche, freiberufliche Tätigkeit oder private Vermögensverwaltung handelt und folgende vier positive Merkmale vorliegen:

- **Selbständigkeit**
  Der Unternehmer muss seine Tätigkeit auf eigene Rechnung (Unternehmerrisiko) und in eigener Verantwortung (Unternehmerinitiative) ausüben.
- **Nachhaltigkeit**
  Die vom Unternehmer ausgeübte Tätigkeit muss auf eine bestimmte Dauer und regelmäßig auf Wiederholung angelegt sein.
- **Teilnahme am allgemeinen wirtschaftlichen Verkehr**
  Der Unternehmer muss auf dem allgemeinen Absatzmarkt als Anbieter von entgeltlichen Leistungen für andere Abnehmer auftreten. Nicht ausreichend ist ein bloßes Auftreten als Abnehmer entgeltlich angebotener Leistungen.
- **Gewinnerzielungsabsicht**
  Die Tätigkeit muss auf die Erzielung von Gewinnen ausgerichtet sein. Dies ist immer dann zu bejahen, wenn die Tätigkeit des Gewerbetreibenden darauf gerichtet ist, für die gesamte Dauer seiner gewerblichen Betätigung einen Totalgewinn zu erzielen. Bei über Jahren erfolglosen Unternehmen beziehungsweise Unternehmensgründungen mit den typischen Anlaufverlusten kommt es seitens der Finanzverwaltung häufig zu der Behauptung, dass eine Gewinnerzielungsabsicht nicht mehr vorliege und eine Berücksichtigung von Verlusten im Rahmen der Verlustverrechnung nicht mehr möglich sei. Die Tätigkeit wird als »Liebhaberei« eingestuft. Hier gilt es nun glaubhaft zu machen, dass die entstandenen Verluste nur vorübergehend sind und sich über die gesamte Dauer der gewerblichen Tätigkeit ein Totalgewinn ergeben wird.

## 2.2 Begriff der Mitunternehmerschaft

Definition der Mitunternehmerschaft

Nicht nur das gewerblichen Einzelunternehmen, sondern auch gewerbliche Mitunternehmerschaften zählen zu den Gewerbebetrieben im Sinne des Einkommensteuerrechts. Der Begriff der Mitunternehmerschaft bezeichnet natürliche und juristische Personen, die zivilrechtlich Gesellschafter einer Personengesellschaft oder einer wirtschaftlich vergleichbaren Gemeinschaft sind und ein gewerbliches

Unternehmen betreiben. Die steuerlichen Besonderheiten, die sich bei Mitunternehmerschaften ergeben, sind unter Kap. 3.2 detailliert dargestellt. Zum besseren Verständnis wird bereits an dieser Stelle eine kurze Beschreibung der einzelnen Formen von Mitunternehmerschaften vorgenommen. Die nachfolgende Übersicht soll hierbei als Einstieg dienen:

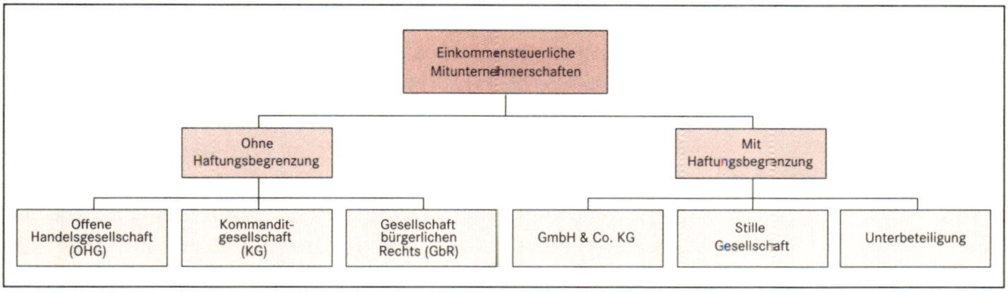


Abb. 2: Formen von Mitunternehmerschaften

### 2.2.1 Die Offene Handelsgesellschaft (OHG)

Die Offene Handelsgesellschaft (OHG) ist eine Gesellschaft, die mindestens aus zwei Gesellschaftern besteht und deren Zweck auf den Betrieb eines Handelsgewerbes unter gemeinschaftlicher Firma gerichtet ist. Alle Gesellschafter haften unbeschränkt (auch mit ihrem Privatvermögen) für die Verbindlichkeiten des Unternehmens. Eine vertraglich vereinbarte Haftungsbegrenzung eines Gesellschafters im Innenverhältnis (gegenüber den anderen Gesellschaftern) ist möglich, Dritten gegenüber jedoch generell unwirksam.

Unbeschränkte Haftung

Die OHG ist die Gesellschaftsform des Handelsrechts. Sie entsteht mit Abschluss eines Gesellschaftsvertrages, der an keine besondere Form gebunden ist. Der Inhalt eines solchen Gesellschaftsvertrages besteht grundsätzlich aus der Vereinbarung der Gesellschafter, dass sie ein Handelsgewerbe unter einer gemeinsamen Firma betreiben wollen, und dass jeder einzelne der Gesellschafter gegenüber den Gläubigern uneingeschränkt haften wird.

Abschluss des Gesellschaftsvertrags

Werden keine weiteren vertraglichen Vereinbarungen getroffen, treten die gesetzlichen Vorschriften (§§ 105 ff. HGB in Verbindung mit §§ 705 ff. BGB) in Kraft.

Der Name, unter dem die OHG die gewerbliche Tätigkeit ausübt, wird als Firma bezeichnet. Nach Änderung des Firmenrechts durch das Handelsrechtsreformgesetz muss die Firma entweder die Bezeichnung »OHG« oder eine verständliche Abkürzung dieser Bezeichnung enthalten. Ferner muss der Name eines oder mehrerer Gesellschafter oder eine Sachfirmenbezeichnung enthalten sein.

Firma

Eintrag in das Handelsregister

Die OHG ist zur Eintragung in das Handelsregister durch alle Gesellschafter anzumelden. Die Anmeldung muss notariell beglaubigt sein.

Im Rechtsverkehr nimmt die OHG die Stellung einer juristischen Person ein. Es gilt der Grundsatz der Einzelgeschäftsführung, das heißt jeder Gesellschafter kann die Geschäfte der Gesellschaft allein führen. Durch Vertrag kann zwischen den Gesellschaftern eine davon abweichende Gesamtgeschäftsführung vereinbart werden.

Geschäftsführung

Der Gesellschafter ist zu allen Handlungen befugt, die der gewöhnliche Handelsbetrieb mit sich bringt. Für über das gewöhnliche Maß hinausgehende Handlungen ist ein Beschluss sämtlicher Gesellschafter erforderlich.

Gewinn- und Verlustverteilung

Die Regelungen im Gesellschaftsvertrag sind maßgebend für die Ergebnisverteilung der Mitunternehmerschaft. Fehlt es an solchen Regelungen, so erhält jeder Gesellschafter vorab einen Anteil von 4 % seines Kapitalanteils. Das Restergebnis ist gleichmäßig auf alle Gesellschafter zu verteilen. In der Regel sehen die Gesellschaftsverträge der OHG eine Verteilung des Jahresergebnisses nach vereinbarten Quoten vor.

Gesellschaftereintritt

Der Eintritt eines neuen Gesellschafters erfolgt durch Vertragsschluss mit den Gesellschaftern der OHG. Dem neuen Gesellschafter wächst ohne besonderen Übertragungsakt ein Gesellschaftsvermögensanteil zu. Gleiches gilt, wenn ein Gesellschafterwechsel stattfindet, bei dem die Übertragung eines Gesellschaftsanteils mit Zustimmung aller Gesellschafter erfolgt. Die Haftung des neuen Gesellschafters erstreckt sich auch auf die bereits vor seinem Eintritt entstandenen Verbindlichkeiten der Gesellschaft.

Tod eines Gesellschafters

Vertraglich kann vereinbart werden, dass bei Tod eines Gesellschafters der Gesellschaftsanteil vererbt werden kann. Mit dem Erbfall werden dann die Erben Mitgesellschafter in der OHG. Bei Ausscheiden eines Gesellschafters aus anderen Gründen wächst der Gesellschaftsanteil den verbleibenden Gesellschaftern mit Abfindungsverpflichtung zu.

Die Einkommensteuerpflicht bezieht sich nicht auf die OHG als Handelsgesellschaft, sondern auf die in ihr zusammengeschlossenen Mitunternehmer.

### 2.2.2 Kommanditgesellschaft (KG)

Modifikation einer offenen Handelsgesellschaft

Bei der Kommanditgesellschaft (KG) handelt es sich um eine Handelsgesellschaft, bei der neben der die OHG betreffenden Vorschriften die §§ 161 bis 177a HGB Anwendung finden. Der Unterschied zur OHG liegt darin, dass bei einem oder mehreren Gesellschaftern die Haftung gegenüber den Gläubigern der Gesellschaft auf die Einlage beschränkt ist (Teilhafter = Kommanditist). Der unbeschränkt haftende Gesellschafter, der als Komplementär bezeichnet wird, ist in der Rechtsstellung einem OHG-Gesellschafter gleichzusetzen. Die Kommanditisten haften mit der im Handelsregister eingetragenen Haftsumme. Der analog zu den OHG-Regelungen abzuschließende Gesellschaftsvertrag muss zusätzlich die Haftsumme der beschränkt haftenden Kommanditisten enthalten.

Beschränkte Haftung des Kommanditisten

Die KG ist mit ihrer Firma durch alle Gesellschafter zum Handelsregister anzumelden. Die Anmeldung muss notariell beglaubigt sein.

Eintragung in das Handelsregister

Der Komplementär übernimmt die Rolle der Vertretung der Gesellschaft geschäftsführend nach außen. Die Kommanditisten besitzen im Wesentlichen Kontrollrechte und Befugnisse bei der Beschlussfassung über Grundlagengeschäfte. Auch hier besteht für die Gesellschafter in Grenzen die Möglichkeit, ihre Rechtsverhältnisse abweichend von den gesetzlich verankerten Bestimmungen individualvertraglich zu regeln. Eine Mitunternehmerstellung ist immer dann gegeben, wenn der Mitunternehmer wenigstens die gesetzlichen (abdingbaren) Mindestrechte an Stimm-, Kontroll- und Widerspruchsrechten besitzt. Dies ist auch gegeben, falls ein Kommanditist, dessen Rechte nicht beschnitten wurden, betriebsintern als Arbeitnehmer geführt wird.

Mitunternehmerstellung des Kommanditisten

Hinsichtlich der Ergebnisverteilung wird auf die Ausführungen zur OHG verwiesen. Der Kommanditist hat einen Anspruch auf Auszahlung seines Gewinnanteils, was in der Praxis jedoch gesellschaftsvertraglich regelmäßig anders vereinbart wird.

Ergebnisverteilung

Die Kommanditisten unterliegen jedoch keiner Nachschusspflicht.

Die Einkommensteuerpflicht bezieht sich nicht auf die KG als Handelsgesellschaft, sondern auf die in ihr zusammengeschlossenen Mitunternehmer

### 2.2.3 GmbH & Co. KG

Bei der GmbH & Co. KG handelt es sich um eine besondere Form der Kommanditgesellschaft, bei der neben den Kommanditisten der voll haftende Gesellschafter (Komplementär) eine Gesellschaft mit beschränkter Haftung (GmbH) ist.

Kommanditgesellschaft und GmbH

Zielsetzung hierbei ist, die Vollhaftung des Komplementärs unbeschränkt auf das Vermögen der nur mit ihrem Vermögen haftenden GmbH zu beschränken.

Haftungsbeschränkung

Die Geschäftsführung steht der GmbH zu. In der Regel übt der angestellte GmbH-Geschäftsführer diese Tätigkeit aus. Es ist auch möglich, dass die Geschäftsführertätigkeit durch einen oder mehrere Kommanditisten oder Fremdgeschäftsführer erbracht wird.

Geschäftsführung

Die Komplementär-GmbH erhält von der KG einen Auslagenersatz (Geschäftsführergehalt) und eine angemessene Haftungsvergütung für das von ihr getragene Risiko.

Gewinnermittlung

Die Einkommensteuerpflicht bezieht sich nicht auf die GmbH & Co. KG als Handelsgesellschaft, sondern auf die in ihr zusammengeschlossenen Mitunternehmer. Für die Komplementär-GmbH als Mitunternehmer bedeutet dies, dass die ihr zugewiesenen Mitunternehmereinkünfte in das eigene steuerliche Ergebnis aufzunehmen und dort nach den Vorschriften des Körperschaftsteuergesetzes in Verbindung mit den Gewinnermittlungsvorschriften des EStG zu versteuern sind.

Sonderbetriebsvermögen

Ist ein Kommanditist nicht nur als solcher an der Kommanditgesellschaft, sondern auch als Gesellschafter an der Komplementär-GmbH beteiligt, so zählen die Anteile an der Komplementär-GmbH zum Betriebsvermögen des Kommanditisten (Sonderbetriebsvermögen). Gewinnausschüttungen der GmbH stellen für ihn gewerbliche Einkünfte aus der Mitunternehmerschaft dar.

### 2.2.4 Gewerblich tätige Gesellschaft bürgerlichen Rechts (GbR)

Grundform der Personengesellschaft

Die Gesellschaft bürgerlichen Rechts (GbR) ist die Grundform der Personengesellschaft. Hier schließen sich mehrere Personen zur Erlangung eines gemeinsamen Zwecks vertraglich, jedoch formlos zusammen (§ 705 BGB).

Betreiben die Gesellschafter ein Handelsgewerbe, so begründen sie hierdurch eine Offene Handelsgesellschaft (OHG), ohne dass es hierbei auf den Willen der Beteiligten ankommt. Insbesondere kommt es nicht auf die Eintragung in das Handelsregister an. Etwas anderes gilt nur, wenn das Unternehmen nach Art oder Umfang einen in kaufmännischer Weise eingerichteten Geschäftsbetrieb nicht benötigt. In diesem Fall liegt eine Gesellschaft bürgerlichen Rechts vor.

Entscheiden sich die Gesellschafter einer GbR, sich gemäß § 2 HGB in das Handelsregister eintragen zu lassen, so entsteht mit Eintragung in das Handelsregister eine OHG.

### 2.2.5 Stille Gesellschaft

Vermögensbeteiligung

Die stille Gesellschaft ist in §§ 230 ff. HGB geregelt. Der stille Gesellschafter beteiligt sich am Handelsgewerbe eines anderen vor. Die stille Einlage geht in das Vermögen des Gewerbetreibenden über. Einlagegegenstand kann jeder übertragbare Vermögenswert sein. Hierzu zählen beispielhaft Patente, Kundenstamm, Know-how, Dienstleistungen. Wichtig ist, dass die Einlage bestimmbar/bewertbar ist.

Stille Gesellschafter können sowohl natürliche als auch juristische Personen, Personengesellschaften oder Kapitalgesellschaften sein.

Ergebnisbeteiligung des stillen Gesellschafters

Der stille Gesellschafter wird im Gegenzug zu seiner Einlage am Gewinn des Handelsgewerbes beteiligt. Zum Ende eines jeden Geschäftsjahres erfolgt eine Ermittlung des Gewinns, die Ausgangsbasis für die Ermittlung des Gewinnanteils des stillen Gesellschafters ist. An Verlusten nimmt der stille Gesellschafter nur bis zur Höhe der vereinbarten Einlage teil. Wird die Einlage durch Verluste gemindert, so ist diese durch zukünftige Gewinne wieder aufzufüllen. Es ist möglich, die Gewinnbeteiligung auf einen Höchst- oder Mindestbetrag zu begrenzen.

Nach außen tritt nur der Gewerbetreibende auf. Allein der Inhaber des Handelsgewerbes wird aus den geschlossenen Geschäften berechtigt und verpflichtet. Der stille Gesellschafter besitzt ein umfangreiches Überwachungsrecht. Neben einem Einsichtsrecht in den Jahresabschluss kann er unter Einsicht der Bücher und Papiere diesen prüfen beziehungsweise überprüfen lassen. Sofern nicht einzelvertraglich anders geregelt, besteht kein gesetzlicher Anspruch, dass der stille Gesellschafter jederzeit persönlich über die Unternehmenssituation unterrichtet wird.

Typisch stille Beteiligung

Da der stille Gesellschafter kein eigenes Gesellschaftsvermögen besitzt, stellt die stille Gesellschaft lediglich eine Innengesellschaft dar.

Unter der Voraussetzung, dass die Ausgestaltung der stillen Gesellschaft ohne Vermögensbeteiligung und lediglich auf das Innenverhältnis mit Wahrnehmung von Kontrollrechten beschränkt ist, ist steuerlich eine sogenannte typische stille Beteiligung anzunehmen, deren Ergebnisanteile – sofern die Einlage nicht zum Betriebsvermögen eines Gewerbebetriebes gehört – als Einkünfte aus Kapitalvermögen gemäß § 20 Abs. 1 Nr. 4 EStG zu behandeln sind.

Atypisch stille Beteiligung

Häufig finden sich jedoch Gestaltungen, bei denen z. B. im Falle eines Ausscheidens des stillen Gesellschafters dieser an den stillen Reserven, der Substanz und/oder anteilig am Geschäftswert beteiligt wird. Der sogenannte atypisch stille Gesellschafter ist dann als Mitunternehmer anzusehen, der aus seiner Mitunternehmerschaft gewerbliche Einkünfte bezieht. Eventuelle Verlustzuweisungen sind ebenfalls steuerlich als gewerbliche Verluste zu berücksichtigen.

### 2.2.6 Unterbeteiligung

Beteiligung am Gesellschaftsanteil eines Gesellschafters

Die Unterbeteiligung stellt eine Innengesellschaft dar: Sie liegt vor, wenn der Gesellschafter einer Personengesellschaft einem Dritten an seinem Personengesellschaftsanteil eine Beteiligung einräumt. Der Unterbeteiligte ist nicht am Ergebnis der Gesellschaft beteiligt, sondern partizipiert am Ergebnisanteil des Hauptbeteiligten. Die Unternehmertätigkeit wird durch den Hauptbeteiligten nach außen hin im eigenen Namen ausgeübt, gleichzeitig jedoch nach innen für Rechnung des Unterbeteiligten.

Je nach vertraglicher Ausgestaltung der Rechte und Pflichten des Unterbeteiligten ergeben sich steuerliche Konsequenzen analog zur stillen Gesellschaft.

Typische Unterbeteiligung

Eine typische Unterbeteiligung mit Qualifizierung der aus ihr erzielten Einkünfte als Einkünfte aus Kapitalvermögen liegt dann vor, wenn der Unterbeteiligte nicht an den stillen Reserven des Geschäftsanteils des Hauptgesellschafters beteiligt ist, sondern nur einen laufenden Gewinnanteil erzielt. Obwohl Hauptgesellschafter und Unterbeteiligte Einkünfte aus derselben Quelle beziehen (Gewerbebetrieb), werden diese unterschiedlichen steuerlichen Einkunftsarten zugeordnet.

Atypische Unterbeteilgung

Eine atypische Unterbeteiligung liegt vor, wenn durch schuldrechtliche Vereinbarung zwischen Hauptgesellschafter und Unterbeteiligtem diesem zusätzlich auch Anteile an eventuellen Abfindungs- und Liquidationserlösen zustehen. Der Unterbeteiligte kann jedoch nur Mitunternehmer sein, wenn auch der Hauptbeteiligte seinerseits Mitunternehmer ist. Steuerlich gesehen erzielt in dieser Gestaltung der Unterbeteiligte Einkünfte aus Gewerbebetrieb.

Mitunternehmer der Hauptgesellschaft

Gehen die Rechte des Unterbeteiligten so weit, dass er Möglichkeiten besitzt, Einfluss auf die Hauptgesellschaft zu nehmen, kann der Unterbeteiligte auch als Mitunternehmer der Personengesellschaft angesehen werden. Dies setzt voraus, dass er mittelbar, entsprechend des Geschäftsanteils des Hauptgesellschafters, auch an dem Geschäftswert und den stillen Reserven im Betriebsvermögen der Hauptgesellschaft beteiligt ist.

Beteiligung von Familienangehörigen

Neben der Einräumung einer stillen Gesellschaft ist die Unterbeteiligung ein in der Praxis häufig vorzufindendes Mittel, Familienangehörige an den Erträgen des Gewerbebetriebes zu beteiligen. Ziel ist es, neben der langsamen Übertragung von Rechten und Pflichten die steuerlichen Vorteile aus der Verteilung von Einkünften auf Personen mit geringeren Einkünften (Progressionswirkung) zu nutzen.

**Zivilrechtlich wirksame Vertragsregelungen**

Die Unterbeteiligung von Familienangehörigen setzt für ihre steuerliche Anerkennung voraus, dass zivilrechtlich wirksame Vertragsregelungen existieren, die inhaltlich den Vereinbarungen unter fremden Dritten entsprechen und auch tatsächlich vollzogen werden. Die Unterbeteiligung von Kindern durch Schenkung ist notariell zu beurkunden.

**Ergänzungspfleger**

Ist das bedachte Kind minderjährig, so ist bei Vertragsabschluss ein Ergänzungspfleger zu bestellen. Der Vertrag ist nur dann wirksam, wenn eine Genehmigung durch das Vormundschaftsgericht vorliegt.

**Angemessenheit der Gewinnverteilung**

Neben den zivilrechtlichen Voraussetzungen ist ein weiteres Kriterium für die steuerliche Anerkennung von Familiengesellschaften aus Sicht der Finanzverwaltung die Angemessenheit der Gewinnverteilung. Mit steuerlicher Wirkung ist eine Gewinnverteilung nur dann anzuerkennen, wenn auf längere Sicht eine angemessene Verzinsung des tatsächlichen Werts des Gesellschaftsanteils (gemeiner Wert) gegeben ist. Hierbei ist zu berücksichtigen, dass die Gewinnverteilung wirtschaftlich angemessen sein und der Beteiligung und Mitarbeit des Gesellschafters Rechnung tragen muss. So kann davon ausgegangen werden, dass bei schenkweiser Übertragung eine Rendite von nicht mehr als 15 % des gemeinen Werts des Anteils als angemessen angesehen wird. Sofern die Anteile nicht mitarbeitender Kinder aus eigenen Mitteln geleistet werden, erhöht sich der Renditesatz auf 25 % (bei Verlustbeteiligung auf bis zu 35 %). Für die Prüfung der Angemessenheit ist eine durchschnittliche Rendite eines Zeitraums von über fünf Jahren zu Grunde zulegen. Wird die Angemessenheit verneint, ist die steuerliche Gewinnverteilung so vorzunehmen, als ob eine angemessene Gewinnverteilung vereinbart worden wäre. Diese Grundsätze sind auch auf die Beteiligungen von Familienangehörigen an einer Personengesellschaft anzuwenden.

# 3 Ergebnisermittlung beim Gewerbebetrieb

Die folgenden Ausführungen geben einen Einblick in die Ergebnisermittlung beim Gewerbebetrieb. Unter Berücksichtigung verschiedener, herauszuarbeitender Zielsetzungen der Aufstellung von Ergebnisermittlungen stellt sich die Frage, welche gesetzlichen Regeln (handelsrechtlich, steuerrechtlich) existieren, nach denen Ergebnisse ermittelt werden müssen. Nach einer Erläuterung der Grundbegriffe erfolgt eine Beschreibung der unterschiedlichen Gewinnermittlungsarten mit deren Besonderheiten und abschließend eine Darstellung der erweiterten Gewinnermittlung bei Mitunternehmerschaften.

## 3.1 Grundbegriffe

### 3.1.1 Dokumentation von Geschäftsvorfällen

#### 3.1.1.1 Zielsetzungen der Dokumentation von Geschäftsvorfällen

Für den Gewerbetreibenden ist die Überlebensfähigkeit seiner Einkunftsquelle »Betrieb«, aus der er seinen Lebensunterhalt bezieht, die oberste Zielsetzung. Im Vordergrund steht die Frage, ob das tagtägliche Handeln in eine dafür notwendige, ausreichende Rentabilität des Betriebes mündet. Für Zwecke der Betriebsführung sind die Geschäftsvorfälle der Vergangenheit auf ihre Rentabilitäts- und Liquiditätswirkungen hin zu analysieren. Diese Analysen sind Ausgangspunkt für weiterführende Unternehmensplanungen.

Betriebliches Rechnungswesen

Informationsbasis ist das betriebliche Rechnungswesen. Dieses bildet die betrieblichen Vorgänge (in Mengen- und Wertbewegungen) ab und stellt diese für weiterführende Analysen zur Verfügung. Es werden vier Bereiche des betrieblichen Rechnungswesens unterschieden:

- **Buchführung**
  Diese ist eine Zeitabschnittsrechnung. Sie hat die Aufgabe, Stand und Veränderungen des Anlage- und Umlaufvermögens sowie des Eigen- und Fremdkapitals aufzuzeichnen (Bilanz). Ferner soll sie die Entwicklung von Aufwendungen und Erträgen des Zeitabschnitts (Geschäftsjahr/Wirtschaftsjahr) dokumentieren (Gewinn- und Verlustrechnung/GuV).
- **Kosten- und Leistungsrechnung**
  Diese rein innerbetriebliche Rechnung erfasst Kosten und Leistungen des Betriebes und weist diese im Wege von Auswertungen den erzeugten Produkten und erbrachten Leistungen zu. Im Regelfall aufbauend auf der Buchführung ist sie Basis für die Nachkalkulation, Kalkulation und Planung.

- **Betriebsstatistik**
  Diese dient der Ermittlung von betrieblichen Kennzahlen (in der Regel auf Basis der Buchhaltung) und deren Auswertung. Ziel ist es, die Entwicklung des Betriebes zu verfolgen, zu kontrollieren und zu überwachen.
- **Planrechnung**
  Diese analysiert auf Basis von Vergangenheitszahlen und Annahme von Zukunftsentwicklungen die zukünftige Wirtschaftlichkeit des Betriebes (Wirtschaftlichkeitsanalyse bestehend aus Rentabilitäts- und Liquiditätsplanung).

Adressaten

Die Buchführung, die auch als Finanzbuchhaltung bezeichnet wird, ist Basis für das gesamte betriebliche Rechnungswesen. Sie hat neben den unternehmensinternen Interessenten auch Aussagekraft für unternehmensexterne, informationsbedürftige Adressaten, die unterschiedliche Ziele verfolgen. Hierzu zählen insbesondere die Gläubiger (Kreditgeber; Sicherung der gewährten Kredite) und der Fiskus (Sicherung der Besteuerung).

Aufzeichnungspflichten

Der Gesetzgeber hat erkannt, dass diesen externen Adressaten ein gewisser Schutz in der Informationsbeschaffung und in der Qualität der Informationen gewährt werden muss. Aus diesem Grund werden den Gewerbetreibenden ganz bestimmte Pflichten zur Aufzeichnung der das Unternehmen betreffenden Geschäftsvorfälle auferlegt.

### 3.1.1.2 Buchführungspflicht nach Handelsrecht

Gläubigerschutz

Die Handelsgesetze haben neben anderen Zielen den Gläubigerschutz als wesentliche Zielsetzung. Unter Buchführungspflicht nach Handelsrecht wird die Allgemeine Buchführungs- und Aufzeichnungspflicht des Handels-, Gesellschafts- und Genossenschaftsrechts verstanden. Die dazu grundlegenden Vorschriften sind in den §§ 238 bis 241 HGB normiert. Diese Bestimmungen gelten grundsätzlich für alle Kaufleute, insbesondere für die Einzelkaufleute und die Personenhandelsgesellschaften.

Buchführungspflicht

»Jeder Kaufmann ist verpflichtet, Bücher zu führen und in diesen seine Handelsgeschäfte und die Lage seines Vermögens nach den Grundsätzen ordnungsmäßiger Buchführung ersichtlich zu machen.« (§ 238 Abs. 1 HGB)

Die Buchführungspflicht beginnt mit Aufnahme des Handelsgewerbes und Beginn der Kaufmannseigenschaft. Sie endet mit Einstellung des Handelsgewerbes oder Verlust der Kaufmannseigenschaft.

Bei dem sogenannten Kannkaufmann, bei dem kein kaufmännisch eingerichteter Geschäftsbetrieb als Merkmal der Kaufmannseigenschaft vorliegt, beginnt die Buchführungspflicht mit Zeitpunkt der Eintragung in das Handelsregister.

Grundsätze ordnungsgemäßer Buchführung

Bei der Erfassung der einzelnen Geschäftsvorfälle sind bestimmte Regeln einzuhalten, die festlegen, was, wann und wie gebucht werden muss. Diese Regeln werden als »Grundsätze ordnungsgemäßer Buchführung« bezeichnet, sind jedoch nicht abschließend gesetzlich geregelt.

### 3.1.1.3 Buchführungspflicht nach Steuerrecht

Nach Handelsrecht zur Buchführung verpflichtete Kaufleute müssen nach § 140 AO die Buchführung auch für Zwecke der Besteuerung erstellen. Somit wird die steuerliche Buchführungspflicht aus der handelsrechtlichen abgeleitet, beginnend und endend mit der handelsrechtlichen Buchführungspflicht.

Steuerpflichtige, die nicht gemäß Handelsrecht buchführungspflichtig sind, sind nach § 141 AO eigenständig buchführungspflichtig, wenn mindestens eines der folgenden Größenmerkmale überschritten wird:

Größenmerkmale

- Umsatz von mehr als 500.000 € im Kalenderjahr,
- Gewinn aus Gewerbebetrieb von mehr als 30.000 € im Wirtschaftsjahr.

Betroffen von dieser sogenannten originären Buchführungspflicht sind nicht in das Handelsregister eingetragene Kannkaufleute und BGB-Gesellschaften. Die Buchführungspflicht beginnt nach Mitteilung durch das Finanzamt für das der Mitteilung folgende Wirtschaftsjahr. Die Mitteilung erfolgt entweder in einem Steuerbescheid oder in einem gesonderten Verwaltungsakt.

### 3.1.1.4 Sonstige Aufzeichnungspflichten

Neben den Buchführungspflichten gibt es diverse Verordnungen und Spezialgesetze, die den Gewerbetreibenden zu Aufzeichnungen verpflichten. Beispielhaft genannt seien die Betäubungsmittelbücher der Apotheken zur Dokumentation des Verbleibs der Betäubungsmittel und die Fremdenverzeichnisse bei Inhabern von Beherbergungsstätten.

Außersteuerliche Aufzeichnungspflichten

Diese außersteuerlichen Aufzeichnungspflichten werden durch einige Beispiele der steuerlichen Aufzeichnungspflichten ergänzt:

- Gewerbliche Unternehmer sind verpflichtet, den Wareneingang aufzuzeichnen, sofern dies nicht bereits im Rahmen der Buchführung erfolgt (z. B. Steuerheft der Straßenhändler).
- Gewerbliche Unternehmer, die nach Art ihres Geschäftsbetriebs Waren an andere gewerbliche Unternehmer zur Weiterveräußerung oder zum Verbrauch liefern, sind verpflichtet, den Warenausgang gesondert aufzuzeichnen. Dies ist durchzuführen, sofern eine Aufzeichnung nicht bereits im Rahmen der Buchführung erfolgt.

### 3.1.1.5 Verstoß gegen Buchführungs- und Aufzeichnungspflichten

Die Verletzung von handelsrechtlichen Buchführungspflichten kann je nach eintretender Folge mit Zwangsgeld, Bußgeld, Geldstrafe und im schlimmsten Fall mit Freiheitsstrafe sanktioniert werden.

Die Verletzung der Buchführungs- und Aufzeichnungspflichten kann steuerlich wie folgt sanktioniert werden:

- mittels Zwangsmitteln können Buchführungs- und Aufzeichnungspflichten erzwungen werden,
- Schätzung der Besteuerungsgrundlagen,
- Geldbuße bis 5.000 € bei Steuergefährdung,
- Geldbuße bis 50.000 € bei leichtfertiger Steuerverkürzung,
- Freiheitsstrafe bis zu fünf Jahren beziehungsweise Geldstrafe bei Tatbestand der Steuerhinterziehung.

## 3.1.2 Gewinnermittlungsarten

Die Ermittlung des der Besteuerung zu unterwerfenden Betriebsergebnisses einer Periode (i.d.R. ein Jahr) kann auf unterschiedliche Art und Weise erfolgen. Maßgebend dafür ist die Fragestellung, nach welchen Vorschriften eventuelle Buchführungspflichten bestehen.

Betriebsvermögensvergleich nach Handelsrecht

- Der Steuerpflichtige, für den gemäß Handelsrecht eine Buchführungspflicht besteht, hat einen sogenannten Betriebsvermögensvergleich durchzuführen. Der von ihm zu erstellende handelsrechtliche Jahresabschluss umfasst eine Bilanz und eine Gewinn- und Verlustrechnung (GuV). Für GmbH und GmbH & Co. KG sind diese noch um einen Anhang zu erweitern. Für Zwecke der Besteuerung wird der handelsrechtliche Jahresabschluss unter Berücksichtigung steuerrechtlicher Korrekturen zu Grunde gelegt (§ 5 EStG).

Betriebsvermögensvergleich nach Steuerrecht

- Der Steuerpflichtige, der nur nach Steuerrecht buchführungspflichtig ist, stellt für die Ermittlung des Periodenergebnisses mittels Betriebsvermögensvergleich eine Steuerbilanz mit Gewinn- und Verlustrechnung auf (§ 4 Abs. 1 EStG). Die Aufstellung erfolgt in der Praxis meist analog der handelsrechtlichen Vorschriften.

Einnahmen-Überschuss-Rechnung

- Für Gewerbetreibende, für die weder eine handelsrechtliche noch eine steuerrechtliche Buchführungspflichten besteht und die nicht freiwillig Bücher führen, hat der Gesetzgeber eine vereinfachte Gewinnermittlung über eine Einnahmen-Überschuss-Rechnung (§ 4 Abs. 3 EStG) gesetzlich normiert.

### 3.1.2.1 Betriebsvermögensvergleich

Die Ergebnisermittlung mittels Betriebsvermögensvergleich lässt sich vereinfacht schematisch wie folgt darstellen:

Schema des Betriebsvermögensvergleich

| | |
|---|---|
| | Betriebsvermögen am Ende des Wirtschaftsjahres |
| ./. | Betriebsvermögen am Anfang des Wirtschaftsjahres |
| = | Betriebsvermögenszunahme/-abnahme |
| ./. | Einlagen im Wirtschaftsjahr |
| + | Entnahmen im Wirtschaftsjahr |
| = | Betriebsergebnis des Wirtschaftsjahres |

In der Praxis erfolgt die Ermittlung mittels Gegenüberstellung der Schlussbilanz des Vorjahres (= Eröffnungsbilanz des laufenden Jahres) und der Schlussbilanz des laufenden Jahres.

Für die Handelsbilanz der Einzelkaufleute und der Personengesellschaften ist kein besonderes Gliederungsschema vorgeschrieben. Es ist lediglich bestimmt, dass das Anlage- und das Umlaufvermögen, das Eigenkapital, die Schulden und die Rechnungsabgrenzungsposten gesondert auszuweisen und hinreichend aufzugliedern sind. Die Grundstruktur/Gliederung einer Bilanz zeigt die folgende Übersicht:

Grundstruktur einer Bilanz

| Aktiva | Passiva |
|---|---|
| A. Anlagevermögen | A. Eigenkapital |
| B. Umlaufvermögen | B. Rückstellungen |
| C. Rechnungsabgrenzungsposten | C. Verbindlichkeiten |
| | D. Rechnungsabgrenzungsposten |

Betriebsvermögen

Während die Passivseite die Kapitalherkunft dokumentiert, stellt die Aktivseite die Kapitalverwendung dar.

Zum Betriebsvermögen zählen alle Vermögensgegenstände (handelsrechtlicher Begriff; steuerrechtlicher Begriff: Wirtschaftsgüter), die dem Steuerpflichtigen (Betriebsinhaber) gehören oder ihm zugerechnet sind und unmittelbar für eigene betriebliche Zwecke genutzt werden (notwendiges Betriebsvermögen: betriebliche Nutzung größer 50 %). Hinzu kommen solche, die in einem gewissen objektiven Zusammenhang mit dem Betrieb stehen und durch den Steuerpflichtigen freiwillig dem Betriebsvermögen zugewiesen werden (gewillkürtes Betriebsvermögen: betriebliche Nutzung mindestens 10 %). Nicht in die Vermögensübersicht aufgenommen werden Vermögensgegenstände, die der privaten Sphäre des Steuerpflichtigen zuzuweisen sind.

- Das Anlagevermögen umfasst alle Gegenstände, die dazu bestimmt sind, dauernd dem Geschäftsbetrieb zu dienen. **Anlagevermögen**
- Das Umlaufvermögen dokumentiert Vorräte, Forderungen und sonstige Vermögensgegenstände, Wertpapiere und liquide Mittel. **Umlaufvermögen**
- Die Rückstellungen dienen der Erfassung von dem Grunde und/oder der Höhe nach ungewissen Verbindlichkeiten, von drohenden Verlusten aus schwebenden Geschäften. Die ungewissen Verbindlichkeiten müssen am Abschlussstichtag rechtlich entstanden oder wirtschaftlich bereits verursacht sein. Diese Bilanzposition hat die Zielsetzung der periodengerechten, verursachungsgemäßen Zuweisung von Geschäftsvorfällen losgelöst von späteren Zahlungsvorgängen. Beispielhaft soll hier eine Prozesskostenrückstellung genannt sein: Das Prozesskostenrisiko ist mit Klageerhebung für sämtliche drohenden Prozesskosten der gerade angerufenen Instanz zu bilden. Die zu berücksichtigenden Kosten umfassen die Gerichts-, Anwalts-(eigene und die der gegnerischen Seite) und sonstige möglich anfallende Kosten (z.B. Kosten für ein Sachverständigengutachten). Die Absicht, einen Instanzenweg zu beschreiten, bleibt unberücksichtigt. **Rückstellungen**
- Die Verbindlichkeiten umfassen das dem Unternehmen für Zwecke der Finanzierung überlassene Fremdkapital. **Verbindlichkeiten**
- Die sowohl auf der Aktiv- als auch Passivseite zu findende Position Rechnungsabgrenzungsposten dient ebenfalls der periodengerechten, verursachungsgemäßen Zuweisung von Betriebsausgaben beziehungsweise Betriebseinnahmen. **Rechnungsabgrenzungsposten**
  Beispiel:
  Der Steuerpflichtige zahlt im Oktober 2006 eine betriebliche Haftpflichtversicherung (Laufzeit: 01.11.2006 bis 31.10.2007) in Höhe von 12.000 €. Eine Summe von 2.000 € sind dem Jahr 2006 als Betriebsausgabe zuzurechnen. Dem Jahr 2007 ist ein Betrag in Höhe von 10.000 € aufwandstechnisch zuzuweisen. Die Bilanz zum 31.12.2006 weist auf der Aktivseite einen aktiven Rechnungsabgrenzungsposten in Höhe von 10.000 € auf, der im Jahr 2007 aufwandswirksam aufgelöst wird.
- Die Position Eigenkapital spiegelt den Betrag wider, der dem Kaufmann (bei Personengesellschaften den Mitunternehmern) zugewiesen werden kann. Gewinne und Verluste des Jahres machen sich automatisch in einer Veränderung dieser Bilanzposition bemerkbar. Dies wird ersichtlich, wenn man das für Kapitalgesellschaften und GmbH & Co. KG gesetzlich vorgeschriebene Bilanzgliederungsschema des § 266 HGB betrachtet: **Eigenkapital**

Gliederung der Aktivseite

**Aktivseite**

A. Anlagevermögen

I. Immaterielle Wirtschaftsgüter:

1. Konzessionen, gewerbliche Schutzrechte und ähnliche Rechte und Werte sowie Lizenzen an solchen Rechten und Werten
2. Geschäfts- oder Firmenwert
3. geleistete Anzahlungen

II. Sachanlagen:

1. Grundstücke, grundstücksgleiche Rechte und Bauten – einschließlich der Bauten auf fremden Grundstücken
2. technische Anlagen und Maschinen
3. andere Anlagen, Betriebs- und Geschäftsausstattung
4. geleistete Anzahlungen und Anlagen im Bau

III. Finanzanlagen:

1. Anteile an verbundenen Unternehmen
2. Ausleihungen an verbundene Unternehmen
3. Beteiligungen
4. Ausleihungen an Unternehmen, mit denen ein Beteiligungsverhältnis besteht
5. Wertpapiere des Anlagevermögens
6. sonstige Ausleihungen

B. Umlaufvermögen

I. Vorräte:

1. Roh-, Hilfs- und Betriebsstoffe
2. fertige Erzeugnisse, unfertige Erzeugnisse
3. fertige Erzeugnisse und Waren
4. geleistete Anzahlungen

II. Forderungen und sonstige Vermögensgegenstände:

1. Forderungen aus Lieferungen und Leistungen
2. Forderungen gegen verbundene Unternehmen
3. Forderungen gegen Unternehmen, mit denen ein Beteiligungsverhältnis besteht
4. sonstige Vermögensgegenstände

III. Wertpapiere:
1. Anteile an verbundenen Unternehmen
2. eigene Anteile
3. sonstige Wertpapiere

IV. Schecks, Kassenbestand, Bundesbank- und Postgiroguthaben, Guthaben bei Kreditinstituten

C. Rechnungsabgrenzungsposten

Auf der Aktivseite sind weiterhin auszuweisen nach

| | |
|---|---|
| § 272 Abs. 1 Satz 2 HGB | Ausstehende Einlagen auf das gezeichnete Kapital;<br>Ausweis erfolgt vor dem Anlagevermögen. |
| § 269 HGB | Aufwendungen für die Ingangsetzung und Erweiterung des Geschäftsbetriebs; |
| § 268 Abs. 6 HGB | Ausweis erfolgt vor dem Anlagevermögen.<br>Damnum oder Disagio;<br>Ausweis erfolgt unter den Rechnungsabgrenzungsposten oder durch Angabe im Anhang. |
| § 274 Abs. 2 HGB | Abgrenzungsposten für voraussichtliche Steuerentlastung nachfolgender Geschäftsjahre (latente Steuern);<br>Ausweis erfolgt unter den Rechnungsabgrenzungsposten. |
| § 268 Abs. 3 HGB | Nicht durch Eigenkapital gedeckter Fehlbetrag;<br>Ausweis erfolgt am Schluss der Aktivseite unter der Position C. |

Gliederung der Passivseite

**Passivseite**

A. Eigenkapital
I. Gezeichnetes Kapital

II. Kapitalrücklage

III. Gewinnrücklagen
1. gesetzliche Rücklage
2. Rücklage für eigene Anteile
3. satzungsmäßige Rücklagen
4. andere Gewinnrücklagen

IV. Gewinnvortrag/Verlustvortrag

V. Jahresüberschuss/Jahresfehlbetrag

B. Rückstellungen
1. Rückstellungen für Pensionen und ähnliche Verpflichtungen
2. Steuerrückstellungen
3. sonstige Rückstellungen

C. Verbindlichkeiten
1. Anleihen, davon konvertibel
2. Verbindlichkeiten gegenüber Kreditinstituten
3. erhaltene Anzahlungen auf Bestellungen
4. Verbindlichkeiten aus Lieferungen und Leistungen
5. Verbindlichkeiten aus der Annahme gezogener Wechsel und der Ausstellung eigener Wechsel
6. Verbindlichkeiten gegenüber verbundenen Unternehmen
7. Verbindlichkeiten gegenüber Unternehmen, mit denen ein Beteiligungsverhältnis besteht
8. sonstige Verbindlichkeiten
   davon aus Steuern
   davon im Rahmen der sozialen Sicherheiten

D. Rechnungsabgrenzungsposten

Dieses Schema nach § 266 HGB ist noch um weitere Sonderposten zu erweitern.

Auf der Passivseite sind weiterhin auszuweisen nach

| | |
|---|---|
| § 273 Abs. 1 HGB | Sonderposten mit Rücklageanteil; Ausweis vor den Rückstellungen. |
| § 268 Abs. 5 HGB | Erhaltene Anzahlungen auf Bestellungen; Ausweis unter den Verbindlichkeiten. |
| § 274 Abs. 1 HGB | Rückstellung für latente Steuern; Ausweis unter den Rückstellungen. |

Aufstellung der Gewinn- und Verlustrechnung

Die Tiefe der Bilanzgliederung richtet sich bei Kapitalgesellschaften und bei der GmbH & Co. KG nach ihrer Größe (§ 267 HGB). Das Ergebnis der Abrechnungsperiode (in der Regel Wirtschaftsjahr) findet sich auf der Passivseite unter der Position »A. Eigenkapital/ V. Jahresüberschuss/Jahresfehlbetrag«. Diese Position muss bei einer ordnungsmäßigen Buchführung mit dem Ergebnis der Gewinn- und Verlustrechnung (GuV) übereinstimmen. Die Gewinn- und Verlustrechnung stellt den betrieblichen Erträgen die Aufwendungen des Abrechnungszeitraums gegenüber. Sie hat die Aufgabe, Erfolgsquellen offenzulegen und die mit der Leistungserstellung in Verbindung stehenden Kosten darzustellen. Die Gleichheit mit der Position Jahresüberschuss in der Bilanz ist gegeben, da Erträge und Aufwendungen nur die erfolgsabhängigen Betriebsvermögensänderungen verdeutlichen.

Die Gewinn- und Verlustrechnung kann für Einzelunternehmen und Personengesellschaften in Kontoform aufgestellt werden. Kapitalgesellschaften und die GmbH und Co. KG haben die Erstellung der G&V in Staffelform vorzunehmen. Dabei sind zwei Verfahren zulässig:

Gesamtkostenverfahren

Das Gesamtkostenverfahren folgt der Gliederung nach den Aufwands- und Ertragsarten. Nachfolgendes Schema stellt die aufzunehmenden Positionen dar:

1. Umsatzerlöse;
2. Erhöhung oder Verminderung des Bestands an fertigen und unfertigen Erzeugnissen;
3. andere aktivierte Eigenleistungen;
4. sonstige betriebliche Erträge;
5. Materialaufwand:
   a. Aufwendungen für Roh-, Hilfs- und Betriebsstoffe und für bezogene Waren,
   b. Aufwendungen für bezogene Leistungen;
6. Personalaufwand:
   a. Löhne und Gehälter,

b. soziale Abgaben und Aufwendungen für Altersversorgung und für Unterstützung,
davon für Altersversorgung:
7. Abschreibungen:
   a. auf immaterielle Vermögensgegenstände des Anlagevermögens und Sachanlagen sowie aktivierte Aufwendungen für die Ingangsetzung und Erweiterung des Geschäftsbetriebs,
   b. auf Vermögensgegenstände des Umlaufvermögens, soweit diese die in der Kapitalgesellschaft üblichen Abschreibungen überschreiten;
8. sonstige betriebliche Aufwendungen;
9. Erträge aus Beteiligungen,
   davon aus verbundenen Unternehmen:
10. Erträge aus anderen Wertpapieren und Ausleihungen des Finanzanlagevermögens,
   davon aus verbundenen Unternehmen:
11. sonstige Zinsen und ähnliche Erträge,
   davon aus verbundenen Unternehmen:
12. Abschreibungen auf Finanzanlagen und auf Wertpapiere des Umlaufvermögens;
13. Zinsen und ähnliche Aufwendungen,
   davon an verbundene Unternehmen:
14. Ergebnis der gewöhnlichen Geschäftstätigkeit;
15. außerordentliche Erträge;
16. außerordentliche Aufwendungen;
17. außerordentliches Ergebnis;
18. Steuern vom Einkommen und vom Ertrag;
19. sonstige Steuern;
20. Jahresüberschuss/Jahresfehlbetrag.

**Umsatzkostenverfahren**

Das Umsatzkostenverfahren folgt der Gliederung der Aufwendungen und Erträge nach Funktionsbereichen, wie Betrieb, Vertrieb und Verwaltung. Nachfolgendes Schema stellt die aufzunehmenden Positionen dar:

1. Umsatzerlöse;
2. Herstellungskosten der zur Erzielung der Umsatzerlöse erbrachten Leistungen;
3. Bruttoergebnis vom Umsatz;
4. Vertriebskosten;
5. allgemeine Verwaltungskosten;
6. sonstige betriebliche Erträge;
7. sonstige betriebliche Aufwendungen;
8. Erträge aus Beteiligungen,
   davon aus verbundenen Unternehmen:

9. Erträge aus anderen Wertpapieren und Ausleihungen des Finanzanlagevermögens,
   davon aus verbundenen Unternehmen:
10. sonstige Zinsen und ähnliche Erträge,
    davon aus verbundenen Unternehmen:
11. Abschreibungen auf Finanzanlagen und auf Wertpapiere des Umlaufvermögens;
12. Zinsen und ähnliche Aufwendungen,
    davon an verbundene Unternehmen:
13. Ergebnis der gewöhnlichen Geschäftstätigkeit;
14. außerordentliche Erträge;
15. außerordentliche Aufwendungen;
16. außerordentliches Ergebnis;
17. Steuern vom Einkommen und vom Ertrag;
18. sonstige Steuern;
19. Jahresüberschuss/Jahresfehlbetrag.

Leider verwenden Steuerrecht und Handelsrecht unterschiedliche Begriffe für inhaltlich identische beziehungsweise nahezu identische Sachverhalte. In diesem Zusammenhang sollen einige steuerliche Grundbegriffe näher erläutert und dem Leser die Verbindung in die GuV aufgezeigt werden.

Betriebseinnahmen

Die Betriebseinnahmen sind alle betrieblich veranlassten Wertzugänge zum Betriebsvermögen, die in Geld oder Geldeswert bestehen. In der Gewinn- und Verlustrechnung werden diese als Umsatzerlöse beziehungsweise Erträge bezeichnet. Zu den Betriebseinnahmen zählen nicht die Einlagen, Kreditaufnahmen sowie durchlaufenden Posten, die im Namen und für Rechnung eines anderen vereinnahmt werden.

Betriebsausgaben

Die Betriebsausgaben sind alle Aufwendungen in Geld oder in Geldeswert, die durch den Betrieb veranlasst sind und zu einer Vermögensminderung führen. Begrifflich werden in der Gewinn- und Verlustrechnung die Betriebsausgaben als Aufwendungen oder Kosten bezeichnet. Nachfolgend sollen einige Arten von Betriebsausgaben näher erläutert werden:

- Der Materialaufwand beinhaltet den bewerteten Verzehr von für die Erstellung von Leistungen notwendigen Materialien. Bei bilanzierenden Gewerbetreibenden ist darauf hinzuweisen, dass in dieser Position der Verbrauch der im Abrechnungszeitraum eingesetzten Materialien ausgewiesen ist – der Bestand an Vorräten, der mittels Inventur zum Bilanzstichtag aufgenommen und bewertet wurde, ist ein Vermögenswert, der unter der Bilanzposition Vorräte ausgewiesen ist.

- Unter der Position Abschreibungen (handelsrechtlicher Begriff; steuerrechtlich: Absetzungen für Abnutzung = AfA) wird der Substanzverzehr (Vermögensminderung) des Anlagevermögens verstanden. Vermögensgegenstände des Anlagevermögens werden über eine angenommene Lebensdauer verbraucht. Aus diesem Grunde werden die Anschaffungskosten über diese Nutzungsdauer verteilt als Betriebsausgaben geltend gemacht. Die Finanzverwaltung hat sogenannte Abschreibungstabellen veröffentlicht, die in Abhängigkeit vom einzelnen Wirtschaftsgut Nutzungsdauern annimmt. Als Abschreibungsmethoden existieren die linearen Abschreibungen (gleichmäßige Verteilung der Abschreibungen auf die Nutzungsdauer) und degressiven Abschreibungen (prozentuale Abschreibungen in Höhe von 20 % ausgehend vom Restbuchwert des Vorjahres, Mitübergang zur linearen Abschreibung). Steuerrechtlich werden in bestimmten Fällen Sonderabschreibungen zusätzlich zur normalen Abschreibung gewährt. Hierzu verweisen wir beispielhaft auf die Ausführungen zum Spezialthema »Bildung einer Investitionsrücklage«.

Steuerlich nicht abzugsfähige Betriebsausgaben

Bei der Ermittlung der Besteuerungsgrundlage für die Einkünfte aus Gewerbebetrieb hat der Gesetzgeber diverse Betriebsausgaben steuerrechtlich nicht beziehungsweise nur begrenzt zum Abzug zugelassen. Beispielhaft genannt seien betrieblich veranlasste Bewirtungsaufwendungen, Geldbußen, Ordnungsgelder und Verwarnungsgeld, Schmiergelder, Fahrten zwischen Wohnung und Betriebsstätte, etc.

Sind diese Aufwendungen handelsrechtlich gebucht, so werden sie in der Gewinn- und Verlustrechnung zu einer Absenkung des Jahresüberschusses führen. Für Zwecke der Ermittlung des steuerpflichtigen Einkommens aus Gewerbebetrieb sind diese Beträge außerhalb der Gewinn- und Verlustrechnung dem Ergebnis wieder hinzuzurechnen.

### 3.1.2.2 Einnahmen-Überschuss-Rechnung

Die Ergebnisermittlung mittels Einnahmen-Überschuss-Rechnung lässt sich vereinfacht schematisch wie folgt darstellen:

Schema Einnahme-Überschuss-Rechnung

| | |
|---|---|
| | Summe der Betriebseinnahmen |
| ./. | Summe der Betriebsausgaben |
| = | Betriebsergebnis des Wirtschaftsjahres |

Hinsichtlich der Definition von Betriebseinnahmen und Betriebsausgaben wird auf die obigen Erläuterungen verwiesen. Es ist zu beachten, dass es sich bei der Einnahmen-Überschuss-Rechnung um eine Zahlungsrechnung handelt. Es wird keine Zuweisung von Betriebseinnahmen und Betriebsausgaben nach deren Verursachung vorgenommen. Vielmehr spielt der Ein- bzw. Auszahlungszeitpunkt die wesentliche Rolle für die zeitliche Zuordnung.

Zahlungsrechnung

**Beispiel:**
*Der Steuerpflichtige A, der seine Ergebnisse mittels Einnahmen-Überschuss-Rechnung ermittelt, wickelt im Jahr 2006 einen Auftrag ab, für den er Waren bereits im Jahr 2005 bezogen und auch bezahlt hat. Die Rechnung an den Kunden hat er im Oktober 2006 gestellt. Diese Rechnung wird im März 2007 durch den Kunden bezahlt.*

**Lösung:**
*Das Ergebnis des Jahres 2005 wird durch den Wareneinkauf belastet. Die im Jahr 2006 gestellte Rechnung wird erst im Jahr 2007 mit Vereinnahmung ergebniswirksam.*

Das dargestellte Beispiel deutet an, welche Gestaltungsmöglichkeiten der Steuerpflichtige hinsichtlich der zeitlichen Steuerung von Ergebnissen hat. So kann er bewusst Betriebseinnahmen und Betriebsausgaben durch sein Rechnungsstellungsverhalten beziehungsweise Zahlungsverhalten bestimmen.

Gestaltungsmöglichkeiten

Auf einige Besonderheiten bei der Einnahmen-Überschuss-Rechnung sei an dieser Stelle noch hingewiesen:

- Im Gegensatz zum bilanzierenden Steuerpflichtigen kennt der Einnahmen-Überschuss-Rechner kein Umlaufvermögen. Wareneinkäufe gehen auch dann bereits in das Betriebsergebnis ein, wenn sie bezahlt sind und eventuell noch nicht verbraucht wurden (Lagerbestand).
- Geschäftsvorfälle mit umsatzsteuerlichen Auswirkungen, die bei einem Bilanzierenden hinsichtlich der Umsatzsteuer erfolgsneutral – d.h. über die Vermögensebene – abgewickelt werden, gehen in der Einnahmen-Überschuss-Rechnung in das Betriebsergebnis ein und gleichen sich im Folgejahr über die Zahlungswirkungen der Umsatzsteuervoranmeldungen beziehungsweise Umsatzsteuererklärung wieder aus (Ergebnisneutralität über die Totalperiode).
- Es ist darauf hinzuweisen, dass neben der Einnahmen-Überschuss-Rechnung der Steuerpflichtige das Anlagevermögen und dessen Entwicklung separat dokumentieren muss.

## 3.2 Besonderheiten der Gewinnermittlung bei Mitunternehmerschaften

### 3.2.1 Gesonderte und einheitliche Feststellung der Einkünfte

Das Einkommensteuerrecht geht davon aus, dass bei Personengesellschaften nicht die Personengesellschaft, sondern die Gesellschafter als Träger des Gesellschaftsvermögens die aus ihr erzielten Einkünfte zu versteuern haben.

Beim Einzelkaufmann gibt die Gewinn- und Verlustrechnung (unter Berücksichtigung eventueller steuerlicher Modifikationen) das Ergebnis wider, das im Rahmen der Einkommensteuer-Erklärung als Einkünfte aus Gewerbebetrieb der Besteuerung zu unterwerfen ist. Demgegenüber führt die Gewinnermittlung der Mitunternehmerschaft zu einem Ergebnis, das allen Gesellschaftern gemeinsam zugewiesen wird. Dieses Ergebnis ist nun auf alle Mitunternehmer entsprechend der hierfür anzuwendenden gesellschaftsrechtlichen/vertraglichen Regelungen auf- und zuzuteilen.

Gesonderte Feststellung

Gemäß § 179 AO, § 180 Abs. 1 Nr. 2a AO werden die Einkünfte in einem eigenen Verfahren einheitlich ermittelt und gesondert für jeden Mitunternehmer durch einen entsprechenden Steuerbescheid festgestellt (Feststellungsbescheid). Diese gesonderte Feststellung hat für die Veranlagung des Gesellschafters bindende Wirkung. Der Mitunternehmer übernimmt das ihm steuerlich zuzuweisende Ergebnis aus der Mitunternehmerschaft mit einem Betrag in seine individuelle Einkommensteuer-Erklärung (Anlage GSE, Einkünfte aus Mitunternehmerschaft).

Somit sind das gesonderte Verfahren zur Feststellung der Einkünfte der Mitunternehmerschaft und deren Aufteilung abgekoppelt vom Veranlagungsverfahren des einzelnen Gesellschafters. Analog zu den Steuerbescheiden sind die Feststellungsbescheide mit Rechtsbehelfen anfechtbar. Die Feststellungsbescheide sind Grundlagenbescheide. Aus diesem Grunde schlägt der Einspruch eines Mitunternehmers gegen den Einkommensteuerbescheid aufgrund fehlerhafter Werte bezüglich der Einkünfte aus Mitunternehmerschaft fehl.

### 3.2.2 Steuerliches Betriebsvermögen der Mitunternehmerschaft

Das steuerliche Betriebsvermögen einer Mitunternehmerschaft setzt sich zusammen aus gemeinsamen Vermögen der Mitunternehmer und Betriebsvermögen, das Mitunternehmern individuell zugewiesen werden muss.

### 3.2.2.1 Gesamthandsbilanz

Gesamthandsvermögen

Das Vermögen, das den Gesellschaftern zur gesamten Hand zusteht, ist in der Handels- und Steuerbilanz als Betriebsvermögen der Gesellschaft anzusetzen. Die Ergebnisermittlung auf Gesamthandsbilanzbasis erfolgt gemäß oben beschriebener Grundsätze. In der Gewinn- und Verlustrechnung werden alle Aufwendungen und Erträge erfasst, die durch das Handeln der Gesellschaft veranlasst sind. Es ist zu beachten, dass zwischen Handelsgesellschaft auf der einen Seite und Gesellschafter auf der anderen Seite Austauschbeziehungen existieren können, die auf Ebene der Gesamthand erfolgswirksame Geschäftsvorfälle hervorrufen. Hierzu zählen z.B. arbeitsvertraglich Tätigkeitsvergütungen eines Kommanditisten, die Hingabe von Darlehen gegen Verzinsung oder mietweise Überlassung von Wirtschaftsgütern. Diese Sondervergütungen werden in der Gewinn- und Verlustrechnung als Aufwand ausgewiesen, sind steuerlich jedoch dem Gesamtergebnis außerbilanziell hinzuzurechnen und dem Gesellschafter als Einkünfte aus Gewerbebetrieb umqualifiziert zuzuweisen.

### 3.2.2.2 Sonderbilanzen

Sonderbetriebsvermögen

Die Zuweisung erfolgt über Sonderbilanzen für diejenigen Gesellschafter, die Sondervergütungen bezogen haben. In den Sonderbilanzen werden die Wirtschaftsgüter des Sonderbetriebsvermögens I und Sonderbetriebsvermögens II erfasst:

- **Sonderbetriebsvermögen I**
  Dieses umfasst Wirtschaftsgüter, die einem oder mehreren Mitunternehmern zuzurechnen sind und der Personengesellschaft entgeltlich oder unentgeltlich überlassen werden.
  Beispiele:
  - Überlassung von Grundstücken, Maschinen, Fahrzeugen etc.;
  - Gewährung eines Darlehens an die Personengesellschaft.
- **Sonderbetriebsvermögen II**
  Dieses umfasst Wirtschaftsgüter, die einem Mitunternehmer gehören und in einem unmittelbaren wirtschaftlichen Zusammenhang mit seiner Beteiligung an der Personengesellschaft stehen.

**Beispiele:**
- *Darlehen zur Finanzierung des Erwerbs der Beteiligung an der Personengesellschaft;*
- *Anteil eines Kommanditisten an der Komplementär-GmbH einer GmbH & Co. KG.*

In den Gewinn- und Verlustrechnungen zu den Sonderbilanzen werden alle Sonderbetriebsausgaben und Sonderbetriebseinnahmen der betroffenen Gesellschafter erfasst.

Es ist darauf hinzuweisen, dass die Ergebnisse aus den Sonderbilanzen (Gewinne/Verluste) ebenfalls Bestandteil des steuerlichen Gesamtergebnisses der Mitunternehmerschaft sind.

### 3.2.2.3 Ergänzungsbilanzen

Bewertungskorrektur

Ergänzungsbilanzen dienen der Korrektur von Bewertungen, die nur einen oder mehrere Mitunternehmer betreffen und sich auf Wirtschaftsgüter beziehen, die zum Gesamthandsvermögen der Personengesellschaft gehören.

**Beispiel:**

*OHG-Gesellschafter C der ABC-OHG hat seine Einlage in Höhe von 500.000 € im Januar 2007 vereinbarungsgemäß durch Übertragung eines bebauten Grundstücks erbracht.*

| | |
|---|---|
| *Anschaffungskosten des Grund und Bodens in 03* | *80.000 €* |
| *Herstellungskosten des Gebäudes in 03* | *350.000 €* |
| *Teilwert des Grund und Bodens in 05* | *100.000 €* |
| *Teilwert des Gebäudes in 05* | *400.000 €* |

*C soll mit 1/3 an der OHG beteiligt sein. Die Gesellschafter A und B haben ihre Einlagen mit jeweils 500.000 € bar erbracht.*

**Lösung:**

*Gemäß § 6 Abs. 1 Nr. 5 Buchst. a EStG sind Einlagen in ein Betriebsvermögen höchstens mit den Anschaffungs- oder Herstellungskosten anzusetzen, wenn das zugeführte Wirtschaftsgut innerhalb der letzten drei Jahre vor dem Zeitpunkt der Zuführung angeschafft oder hergestellt worden ist.*

*Demnach dürften Grundstück und Gebäude höchstens mit 430.000 € in das Betriebsvermögen der KG eingelegt werden. Um jedoch die vereinbarten Beteiligungsverhältnisse zu wahren, ist eine Aktivierung in der Gesamthandsbilanz der OHG mit 500.000 € zulässig.*

*Gleichzeitig ist eine Ergänzungsbilanz für C zu erstellen, die den Wertansatz in der Gesamthandsbilanz korrigiert:*

| *Aktiva* | *Ergänzungsbilanz C (bei Zuführung)* | | *Passiva* |
|---|---|---|---|
| *Minderkapital* | *70.000 €* | *Grundstücke* | *20.000 €* |
| | | *Gebäude* | *50.000 €* |
| | *70.000 €* | | *70.000 €* |

*Die Abschreibungsbemessungsgrundlage für das Gebäude beträgt in der OHG-Bilanz 400.000 €, die jährliche Abschreibung beträgt unter den Voraussetzungen des § 7 Abs. 4 Satz 1 Nr. 1 EStG 3 % = 12.000 € und wird in der Buchführung der OHG als Aufwand erfasst.*
*In der Ergänzungsbilanz des C erfolgt eine gewinnerhöhende Abschreibungskorrektur in Höhe von 3 % von 50.000 € = 1.500 €.*
*Am 31.12.2007 hat die Ergänzungsbilanz des C folgendes Bild:*

| *Aktiva* | *Ergänzungsbilanz C* | | | *Passiva* |
|---|---|---|---|---|
| *Minderkapital* | *68.500 €* | *Grundstücke* | | *20.000 €* |
| | | *Gebäude* | *50.000 €* | |
| | | *./. Minder-abschreibung* | *1.500 €* | *48.500 €* |
| | *68.500 €* | | | *68.500 €* |

In den Gewinn- und Verlustrechnungen zu den Ergänzungsbilanzen werden Aufwendungen und Erträge erfasst, die nur für einzelne Gesellschafter ergebniswirksam werden.

Es ist darauf hinzuweisen, dass die Ergebnisse aus den Ergänzungsbilanzen ebenfalls Bestandteil des steuerlichen Gesamtergebnisses der Mitunternehmerschaft sind.

### 3.2.3 Ergebnisverteilung

Das steuerliche Ergebnis einer Mitunternehmerschaft ermittelt sich durch Zusammenrechnung des Gesamthandsergebnisses, des Ergebnisses aus Sonderbilanzen und des Ergebnisses aus Ergänzungsbilanzen.

Die Verteilung des Gesamthandsergebnisses auf jeden Gesellschafter wird entsprechend der Regelungen im Gesellschaftsvertrag durchgeführt.

Gesellschafts-vertragliche Regelung grundlegend

Die Ergebnisse aus Sonder- und Ergänzungsbilanzen werden den jeweiligen Gesellschaftern individuell zugewiesen.

**Beispiel:**
*Der Gewinn der ABC-OHG ist nach dem Gesellschaftsvertrag auf die Gesellschafter A, B und C zu je 1/3 zu verteilen. A erhält als Geschäftsführer eine jährliche Tätigkeitsvergütung von 150.000 €, B erhält für die Verpachtung eines Grundstücks an die OHG eine jährliche Pacht von 50.000 €. Der Gesellschafter C hatte seine Kapitaleinlage in Form eines bebauten Grundstücks erbracht. Aus diesem Sachverhalt heraus ist bei ihm in einer Ergänzungsbilanz eine Minderabschreibung von jährlich 2.000 € zu berücksichtigen. Der Gesamthandsgewinn der OHG beträgt 600.000 €.*

**Lösung:**
*Steuerliche Gewinnvereilung für die ABC-OHG:*

| | | A | B | C | Gesamt |
|---|---|---|---|---|---|
| | | € | € | € | € |
| 1. | Gesamthands-gewinn der OHG | 200.000 | 200.000 | 200.000 | 600.000 |
| 2. | Sonderbilanz-ergebnisse | | | | |
| | - Tätigkeits-vergütung A | 150.000 | - | - | 150.000 |
| | - Pachterträge B | - | 50.000 | - | 50.000 |
| 3. | Ergänzungsbilanz C | | | | |
| | - Minder-abschreibung | - | - | 2.000 | 2.000 |
| 4. | Steuerliche Ergebnisse | 350.000 | 250.000 | 202.000 | 802.000 |

## 3.3 Besonderheiten bei der Berücksichtigung von Verlusten

### 3.3.1 Grundsätze der Verlustberücksichtigung bei beschränkter Haftung

Verlustausgleich beim Kommanditisten

Die Berücksichtigung von Verlusten ist bereits oben in ihrer Grundsystematik beschrieben worden. Besonderheiten existieren beim Verlustausgleich eines beschränkt haftenden, an einer Personengesellschaft beteiligten Mitunternehmers (Kommanditist). Ihm wird durch § 15a EStG der Verlustausgleich (innerhalb einer Einkunftsart, zwischen den Einkunftsarten) in der Höhe beschränkt.

In der Regel repräsentiert das in der Gesamthandsbilanz ausgewiesene Kapitalkonto des Kommanditisten seine im Handelsregister eingetragene Haftsumme. Entsteht durch Verlustzuweisung für den Kommanditisten ein negatives Kapitalkonto oder erhöht sich dieses, so dürfen diese Verlustanteile soweit nicht zu einem Steuern mindernden Verlustausgleich führen und auch nicht in einen Verlustrücktrag oder Verlustvortrag gemäß § 10d EStG einbezogen werden. Nicht einbezogene Verlustanteile können nur mit zukünftigen Gewinnanteilen aus derselben Beteiligung verrechnet werden.

Ermittlung des Verlustanteils

**Beispiel:**
*Der Steuerpflichtige A ist Kommanditist an der G-KG mit einer Kapitaleinlage (= Haftsumme) in Höhe von 50.000 €. Die G-KG erzielt einen Verlust im Jahr 2005, an dem A aufgrund der Regelungen im Gesellschaftsvertrag mit 60.000 € teilnimmt. A hat im Jahr 2005 ferner Einkünfte aus einem Einzelunternehmen (Gewerbebetrieb) in Höhe von 30.000 € und Einkünfte aus Vermietung und Verpachtung in Höhe von 100.000 €.*

**Lösung:**
*Ein Verlustausgleich mit anderen Einkünften kann A im Jahr 2005 nur bis zur Höhe seines positiven Kapitalkontos (50.000 €) durchführen – horizontaler Verlustausgleich mit 30.000 € (Einkünfte aus Gewerbebetrieb/Einzelunternehmen) und vertikaler Verlustausgleich mit 20.000 € (Einkünfte aus Vermietung und Verpachtung). Den nicht verrechneten Verlustanteil in Höhe von 10.000 € kann er erst mit Gewinnanteilen aus G-KG in späteren Jahren verrechnen.*

Die Verlustzuweisung auf den Kommanditisten erfolgt im Rahmen des gesonderten Feststellungsverfahrens durch das Betriebsstättenfinanzamt der Gesellschaft. Gleiches gilt auch für die Feststellung nicht sofort ausgleichs- oder abzugsfähiger Verluste nach § 15a EStG (verrechenbare Verluste).

Feststellung der Verlustzuweisung

Es ist darauf hinzuweisen, dass diese Regelungen nicht nur für Kommanditisten gelten, sondern auch für andere Mitunternehmer, soweit deren Haftung ebenfalls beschränkt ist (z. B. stiller Gesellschafter, die als Mitunternehmer anzusehen sind).

### 3.3.2 Das negativen Kapitalkonto im Sinne des § 15a EStG

Die Ermittlung des Kapitalkontos ist nach steuerrechtlichen Vorschriften vorzunehmen und ermittelt sich nach folgendem Schema:

| | |
|---|---|
| | Kapital laut Gesamthandsbilanz |
| + / ./. | Kapital laut Ergänzungsbilanz |
| = | Kapitalkonto/Kommanditisten |

Maßgebend ist der jeweilige Stand zum Bilanzstichtag des Verlustjahres. Sonderbilanzen sind nicht in die Kapitalkontenermittlung einzubeziehen.

Durch gesetzliche Vorschriften verhindert der Gesetzgeber, dass durch kurz vor dem maßgeblichen Bilanzstichtag durchgeführte Einlagen in das Kapitalkonto und Entnahmen nach Bilanzstichtag die Begrenzung des Verlustausgleichs durch den Steuerpflichtigen umgangen werden kann. Gleiches gilt für Erhöhung der Außenhaftung vor dem Bilanzstichtag und anschließender Reduzierung nach Bilanzstichtag.

### 3.3.3 Ermittlung des Verlustanteils im Sinne des § 15a EStG

Sonderbetriebseinnahmen

Bei der Ermittlung des Verlustanteils im Sinne des § 15a EStG bleiben über Sonderbilanzen zu ermittelnde Sondereinkünfte des Kommanditisten außer Ansatz. Dies soll anhand folgenden Beispiels deutlich gemacht werden:

**Beispiel:**
*Der Steuerpflichtige A ist Kommanditist an der G-KG mit einem steuerlichen Kapitalkonto in Höhe von 50.000 €. Die G-KG erzielt einen Verlust im Jahr 2005, an dem A aufgrund der Regelungen im Gesellschaftsvertrag mit 60.000 € aus der Gesamthandsbilanz teilnimmt. A hat im Jahr 2005 der G-KG ein Gebäude verpachtet (Pachteinnahmen 7.000 €). Die zugehörigen Abschreibungen belaufen sich auf 5.000 € und die in 2005 gezahlten Zinsaufwendungen der Gebäudefinanzierung auf 10.000 €.*

**Lösung:**
*Ein Verlustausgleich mit anderen Einkünften kann A im Jahr 2005 nur bis zur Höhe seines positiven Kapitalkontos (50.000 €) durchführen. Darüber hinaus kann er auch den Verlust aus seiner Sonderbilanz in Höhe von insgesamt 8.000 € (7.000 € ./. 5.000 € ./. 10.000 €) in Gesamtsumme geltend machen.*

### 3.3.4 Erweiterter Verlustausgleich

Ist die geleistete beziehungsweise noch vorhandene Einlage des Kommanditisten geringer als die im Handelsregister eingetragene Haftsumme, so haftet der Kommanditist in Höhe der Differenz den Gesellschaftsgläubigern gegenüber persönlich (§ 171 Abs. 1 HGB). Maßgebend für die Verlustberücksichtigung ist nicht die tatsächlich geleistete Einlage, sondern die ins Handelsregister eingetragene Haftsumme.

Haftsumme des Kommanditisten

**Beispiel:**
*Der Steuerpflichtige A ist Kommanditist an der G-KG mit einer Einlage in Höhe von 50.000 €. Die G-KG erzielt einen Verlust im Jahr 2005, an dem A aufgrund der Regelungen im Gesellschaftsvertrag mit 60.000 € aus der Gesamthandsbilanz teilnimmt. Die im Handelsregister eingetragene Haftsumme beträgt 80.000 €.*

**Lösung:**
*Das steuerliche Kapitalkonto des A weist am Bilanzstichtag nur einen Stand von 50.000 € aus. Über die Berücksichtigung von Verlusten in Höhe dieser 50.000 € ist ein erweiterter Verlustausgleich (bis maximal 30.000 €) möglich. Der Steuerpflichtige A kann somit den gesamten Verlustanteil in Höhe von 60.000 € verrechnen.*

# 4 Sonderthemen

## 4.1 Steuerstundung durch Gewinnverlagerung/ Ansparabschreibung

### 4.1.1 Bildung und Auflösung einer Ansparabschreibung

Investitionsrücklage

Der Gesetzgeber hat mit § 7g EStG dem Steuerpflichtigen durch Bildung einer sogenannten Investitionsrücklage (Ansparrücklage/ Ansparabschreibung) die Möglichkeit eröffnet, im Jahr der Rücklagenbildung Gewinne zu reduzieren und darauf entfallende Steuerzahlungen bis zum Auflösungsjahr über diesen Zeitraum hinweg zu stunden.

Hat der Steuerpflichtige eine Investitionsabsicht in bewegliches Anlagevermögen, so besteht unter bestimmten Voraussetzungen die Möglichkeit, eine die gewerblichen Einkünfte reduzierende Investitionsrücklage in Höhe von 40 % der Anschaffungskosten zu bilden. Diese Rücklage ist mit Vornahme der Investition, spätestens nach zwei Jahren ergebniserhöhend aufzulösen. Wurde die Investition vorgenommen, kann unter Voraussetzungen der Ergebniserhöhung mittels Durchführung einer maximal 20 %igen Sonderabschreibung (parallel zur laufenden Abschreibung) entgegengewirkt werden. Wurde die Investition nicht vorgenommen, erfolgt eine zusätzliche Ergebniserhöhung in Höhe von 6 % p.a. ihres Bestehens (Gewinnzuschlag).

Nachfolgendes Beispiel soll oben aufgeführte Regelungen systematisieren und detailliert weiterentwickeln:

**Beispiel:**
*Der Steuerpflichtige G betreibt seit 1990 einen Gewerbebetrieb. Er beabsichtigt, in diesem Betrieb folgende Wirtschaftsgüter des beweglichen Anlagevermögens neu anzuschaffen und hierfür Rücklagen gem. § 7g EStG in maximal zulässiger Höhe im Jahresabschluss 2005 zu bilden:*

| | | *Voraussichtliche Investition* | *Investitionsjahr* |
|---|---|---|---|
| *1* | *Drehmaschine* | *25.000 €* | *2007* |
| *2* | *Schreibtisch* | *1.500 €* | *2007* |
| *3* | *Bürostuhl* | *350 €* | *2007* |
| *4* | *Pkw (Privatnutzung 30 %)* | *45.000 €* | *2007* |
| *5* | *Frankiermaschine* | *1.000 €* | *2007* |
| | | *72.850 €* | |

*Das Betriebsvermögen zum 31.12.2004 beträgt 120.000 €.*

Rücklagen/ Voraussetzungen

Die Voraussetzungen für die Bildung einer Investitionsrücklage lassen sich wie folgt zusammenfassen:

- Bei bilanzierenden Gewerbetreibenden darf das Betriebsvermögen zum Schluss des Wirtschaftsjahres, das dem Wirtschaftsjahr der Rücklagenbildung vorangeht, nicht mehr als 204.517 € betragen. Bei Einnahmen-Überschuss-Rechnern existiert eine Betriebsvermögensbegrenzung nicht.
- Eine Rücklagenbildung ist nur für neue, bewegliche Wirtschaftsgüter möglich, die in den nächsten zwei Jahren voraussichtlich angeschafft werden.
- Die Rücklagenhöhe beträgt maximal 40 % der voraussichtlichen Investitionssumme.
- Die maximale Rücklagensumme je Bilanzstichtag und Betrieb beträgt 154.000 €.
- Die Rücklagenbildung ist in der Buchhaltung zu dokumentieren (für jedes Wirtschaftsgut ist eine eigene Rücklagenbildung notwendig!).
- Bei erstmaliger Rücklagenbildung ist die Benennung von Funktionen, von voraussichtlichen Investitionskosten und voraussichtlichen Investitionsjahr notwendig.
- Vor Betriebseröffnung ist die Bildung einer Rücklage für die Anschaffung wesentlicher Betriebsgrundlagen nur bei verbindlicher Bestellung des Wirtschaftsguts möglich.
- Für Existenzgründer gelten obige Voraussetzungen in der Abwandlung, dass für im Gründungszeitraum (Wirtschaftsjahr der Betriebseröffnung und folgende fünf Wirtschaftsjahre) gebildete Rücklagen die Investitionen vorraussichtlich innerhalb von

fünf Jahren vorgenommen werden und die maximale Rücklagensumme von 307.000 € nicht überschritten wird.

- Eine Rücklage kann nicht mehr gebildet werden, wenn im Zeitpunkt der Einreichung des Jahresabschlusses beim Finanzamt bereits der Entschluss gefasst war, den Betrieb zu veräußern oder aufzugeben.

Wendet man diese Voraussetzungen auf obiges Beispiel an, so ergeben sich für den Steuerpflichtigen G für das Jahr 2005 folgende Auswirkungen:

**Fortsetzung Beispiel:**

| | | *Voraussichtliche Investition* | *Rücklagenbildung 40 %* |
|---|---|---|---|
| *1* | *Drehmaschine* | *25.000 €* | *10.000 €* |
| *2* | *Schreibtisch* | *1.500 €* | *600 €* |
| *3* | *Bürostuhl* | *350 €* | *140 €* |
| *4* | *Pkw* | *45.000 €* | *18.000 €* |
| *5* | *Frankiermaschine* | *1.000 €* | *400 €* |
| | | *72.850 €* | *29.140 €* |

*Die Voraussetzungen zur Bildung der Investitionsrücklage sind erfüllt. Unter der Annahme, dass die Bildung durch jeweilige Einbuchung dokumentiert ist, wird die Rücklagenbildung das Ergebnis 2005 um insgesamt 29.140 € senken. Diese Rücklage ist mit Vornahme der Investitionen, spätestens im Jahr 2007, ergebniserhöhend aufzulösen.*

Zur Darstellung der steuerlichen Wirkungen im Jahr der Auflösung der Investitionsrücklage soll obiges Beispiel wie folgt weiterentwickelt werden:

**Forsetzung Beispiel:**
*Die Investitionen 1 bis 4 nimmt G im Jahr 2007 vor. Der Schreibtisch konnte gebraucht für 1.000 € erstanden werden. Durch Preisverhandlungen konnte die Investitionssumme der Drehmaschine auf 24.000 € gedrückt werden. Der Bürostuhl kostete 400 €.*
*Die Frankiermaschine soll nun doch erst im Jahr 2008 angeschafft werden.*

**Lösung:**
*Für das Veranlagungsjahr 2007 stellen sich folgende Ergebnisauswirkungen ein:*

| | | *Tatsächliche Investition* | *Rücklagenbildung ursprünglich 40 %* |
|---|---|---|---|
| *1* | *Drehmaschine* | *24.000 €* | *10.000 €* |
| *2* | *Schreibtisch (gebraucht)* | *1.000 €* | *600 €* |
| *3* | *Bürostuhl* | *400 €* | *140 €* |
| *4* | *Pkw (Eigennutzung)* | *45.000 €* | *18.000 €* |
| *5* | *Frankiermaschine* | *0 €* | *400 €* |
| | | *70.400 €* | *29.140 €* |

*Die 2005 gebildete Rücklage in Gesamthöhe von 29.140 € ist ergebniserhöhend aufzulösen. Ferner ist zu überprüfen, ob eventuell ein Gewinnzuschlag vorgenommen werden muss. Für die Wirtschaftsgüter 3 und 4 fallen keine Gewinnszuschläge an, da die ursprünglich gebildeten Rücklagen nicht mehr als 40 % der sich später ergebenden tatsächlichen Investitionen ausgemacht haben. Die Wirtschaftsgüter 2 und 5 wurden nicht wie geplant angeschafft. Für diese ist ausgehend von einer Summe von 1.000 € (600 € + 400 €) ein Gewinnzuschlag in Höhe von 120 € (1.000 € × 6 % × 2 Jahre) vorzunehmen. Wirtschaftsgut 1 wurde für 24.000 € angeschafft – die damit in Verbindung stehende, nicht zu verzinsende maximale Rücklagenbildung hätte bei 9.600 € gelegen. Ursprünglich waren 10.000 € Rücklage gebildet worden. Die Differenz in Höhe von 400 € ist mit einem Gewinnzuschlag zu versehen. Dieser beträgt 48 € (400 € × 6 % × 2 Jahre). In der Summe ergeben sich für das Jahr 2007 Gewinnszuschläge in Höhe von 168 €.*
*Das Ergebnis 2007 ist um 29.308 € zu erhöhen.*

Aufgrund der Betriebsbezogenheit der Ansparabschreibungen ist diese zwingend aufzulösen, wenn Betriebe veräußert oder aufgegeben werden. Der Ertrag aus einer im zeitlichen und sachlichen Zusammenhang mit der Betriebsveräußerung oder Betriebsaufgabe vollzogenen Auflösung einer Ansparrücklage erhöht grundsätzlich den steuerbegünstigten Betriebsveräußerungs- bzw. Betriebsaufgabegewinn.

Kettenrücklage

In diesem Zusammenhang ist darauf hinzuweisen, dass bei unterlassener Investition und der damit verbundenen Auflösung der Rücklage nach spätestens zwei Jahren die Neubildung der Rücklage für das selbe Wirtschaftsgut zwar möglich ist, jedoch durch den Steuerpflichtigen gute Gründe für eine solche sogenannte Kettenrücklage vorgebracht werden müssten. Hierzu zählen z. B. Lieferverzögerungen, Projekterweiterungen oder auch kurzfristig aufgetretene Liquiditätsengpässe.

### 4.1.2 Sonderabschreibung

Der Gesetzgeber hat dem Steuerpflichtigen die Möglichkeit eingeräumt, durch Sonderabschreibungen den buchmäßigen Gewinnerhöhungen entgegenzuwirken. Hierbei besteht das Wahlrecht, diese auf einen (Begünstigungs-) Zeitraum vom Jahr der Anschaffung/Herstellung des begünstigten Wirtschaftsgutes an und den vier Folgejahren flexibel zu verteilen – ein Ansatz im Jahr der Anschaffung in voller Sonderabschreibungshöhe ist somit möglich. Die Voraussetzungen für die Inanspruchnahme einer Sonderabschreibung lassen sich wie folgt zusammenfassen:

Ergebniskompensation

Sonderabschreibungsvoraussetzungen

- Für das neu angeschaffte oder hergestellte Wirtschaftsgut wurde eine Ansparabschreibung gebildet.
- Das Betriebsvermögen des Gewerbebetriebes am Ende des der Anschaffung oder Herstellung vorangegangenen Wirtschaftsjahres betrug nicht mehr als 204.517 € (bei Einnahmen-Überschuss-Rechnern existiert eine Betriebsvermögensbegrenzung nicht).
- Das Wirtschaftsgut verbleibt mindestens ein Jahr nach seiner Anschaffung oder Herstellung in einer inländischen Betriebsstätte.
- Das Wirtschaftsgut wird im Jahr der in Anspruch genommenen Sonderabschreibung im Betrieb des Steuerpflichtigen ausschließlich oder fast ausschließlich betrieblich genutzt.

Wendet man diese Voraussetzungen auf das obige Beispiel an, so könnte der Steuerpflichtige G der Ergebniserhöhung wie folgt entgegenwirken:

Anwendung auf das Beispiel

**Forsetzung Lösung:**

*Für das Wirtschaftsgut 2 sind Sonderabschreibungen nicht möglich, da es sich um einen gebrauchten Gegenstand handelt. Wirtschaftsgut 3 wird als geringwertiges Wirtschaftsgut im Jahr der Anschaffung zu 100 % abgeschrieben – eine Sonderabschreibung entfällt. Für Wirtschaftsgut 4 ist eine Sonderabschreibung nicht möglich, da der Pkw nicht ausschließlich betrieblich genutzt wird (30 %ige Privatnutzung). Lediglich Wirtschaftsgut 1 erfüllt alle Voraussetzungen für den Ansatz einer Sonderabschreibung. Diese kann durch den Steuerpflichtigen G in maximaler Höhe von insgesamt 20 % (4.800 €) ergebnismindernd parallel zur Normalabschreibung geltend gemacht werden. Es ist in diesem Zusammenhang darauf hinzuweisen, dass bei Vornahme von Sonderabschreibungen das Restvolumen für Normalabschreibungen der Folgezeiträume gemindert wird, d.h. nach Begünstigungszeitraum fallen die zukünftigen Normalabschreibungen geringer aus.*

### 4.1.3 Ausblick

Abschließend sei darauf hingewiesen, dass das Instrument der Bildung von Ansparabschreibungen durch den Steuerpflichtigen häufig nicht als ein Mittel, Investitionen vorzubauen, angesehen, sondern als reines Steuerstundungsinstrument angewandt wird. Dies läuft der Zielsetzung des Gesetzgebers entgegen und führte zu diversen Gesetzgebungsinitiativen, die zukünftig das Instrument neu gestalten werden. Einzelheiten können dem Teil »Steuerreform« entnommen werden.

## 4.2 Privatnutzung eines betrieblichen Kfz

### 4.2.1 Kraftfahrzeug als Betriebsvermögen

Fahrzeuge, die ihrer Natur oder der Zweckbestimmung nach ausschliesslich und unmittelbar betrieblichen Zwecken dienen, sind notwendiges Betriebsvermögen. Die Aufwendungen für diese Fahrzeuge sind in vollem Umfang Betriebsausgaben und mindern entsprechend den Gewinn.

**Beispiele:**

- *Lastkraftwagen einer Spedition,*
- *Baustellenfahrzeuge einer Bauunternehmung.*

Drei Fälle

Bei Personenkraftwagen fällt in der Regel neben der betrieblichen Nutzung auch eine private Verwendung an. Es sind folgende Fälle zu unterscheiden:

a) Es liegt eine mehr als 50 %ige betriebliche Nutzung vor. Das Fahrzeug gehört zum notwendigen Betriebsvermögen.
b) Es liegt eine mindestens 10 %ige bis zu 50 %ige betriebliche Nutzung vor. In diesem Fall kann das Fahrzeug als gewillkürtes Betriebsvermögen behandelt werden.
c) Bei einer betrieblichen Nutzung unter 10 % liegt Privatvermögen vor.

In den Fällen a) und b) ist die private Nutzung gewinnerhöhend zu ermitteln. Bei einem Privatfahrzeug (Fall c) kommt allenfalls die Geltendmachung der betrieblichen Fahrten in Betracht.

Werden Fahrzeuge Arbeitnehmern auch zur privaten Nutzung überlassen, so handelt es sich hierbei um Betriebsfahrzeuge, die zu 100 % betrieblich genutzt werden. Der sich aus der Überlassung ergebende geldwerte Vorteil (Privatfahrten und nicht absetzbarer Aufwand für Fahrten zwischen Wohnung und Arbeitsstätte) ist als Lohn oder Gehalt zu behandeln und entsprechend der Lohnsteuer und Sozialversicherung zu unterwerfen. Die Berechnung des geldwerten Vorteils erfolgt entweder nach der 1 %-Regelung oder der Fahrtenbuchmethode.

### 4.2.2 Umfang der Kfz-Kosten

Betriebsausgaben

Sämtliche laufenden Kosten wie Kfz-Steuer, Kfz-Versicherung, Treibstoffe, Reparaturen, Wartungsaufwand sowie Kfz-Nebenkosten (Parkgebühren, Wagenwäsche, Beiträge Automobilclubs etc.) sind Betriebsausgaben.

Anschaffungskosten

Neben diesen Aufwendungen sind ferner die Anschaffungskosten des Fahrzeugs zu berücksichtigen. Die Anschaffungskosten umfassen neben dem Kaufpreis auch Zuschläge für Sonderausstattungen, Überführungskosten und Zulassungsgebühren. Der Gesamtanschaffungspreis ist über die mutmaßliche Nutzungsdauer verteilt als Betriebsausgabe anzusetzen. Nach den amtlichen Abschreibungstabellen wird eine sechsjährige Nutzung bei Neufahrzeugen (PKW und Combifahrzeuge) unterstellt, entsprechend kann bei linearer Abschreibung jährlich ein Sechstel des Anschaffungswertes geltend gemacht werden. Es ist zu beachten, dass im Jahr der Anschaffung beziehungsweise dem Jahr der Veräusserung jeweils nur eine zeitanteilige Geltendmachung der Abschreibung möglich ist.

**Beispiel:**
*Anschaffung Fahrzeug 1.10. des Jahres*
*Anschaffungskosten 30.000 €*
*jährliche Abschreibung 1/6 von 30.000 € = 5.000 €*
*für das Jahr der Anschaffung zeitanteilig 3/12 von 5.000 € = 1.250 €*

Bei gebraucht erworbenen Fahrzeugen gilt nicht die sechsjährige Nutzungsdauer. In diesem Fall ist die Nutzungsdauer anhand des Zustandes des Fahrzeuges (Alter, Beschaffenheit und Kaufpreis) und dem Verwendungszweck zu schätzen.

Bei Fahrzeugen, die nicht mehr als 10 % privat genutzt werden, kann – soweit die Voraussetzungen des § 7g EStG erfüllt sind – eine 20 %ige Sonderabschreibung im Jahr der Anschaffung eines Neufahrzeuges angesetzt werden.

Bei Fahrzeugen, die eine über das normale Maß hinausgehende Nutzung haben, kann eine kürzere Nutzungszeit in Betracht kommen (zum Beispiel: Taxifahrzeuge).

Leasingraten

Bei Leasingfahrzeugen sind die laufenden Leasingraten Betriebsausgabe. Wird bei Beginn des Leasingvertrages eine Sonderzahlung fällig, so ist diese Sonderzahlung über die Dauer der Grundmietzeit zu verteilen.

Sämtliche Aufwendungen beziehungsweise Anschaffungskosten sind netto ohne Mehrwertsteuer zu erfassen, sofern die Voraussetzungen für den Vorsteuerabzug nach den Bestimmungen des Umsatzsteuergesetzes gegeben sind. Kann die Vorsteuer nicht geltend gemacht werden, gehören die Steuerbeträge zu den Kfz-Kosten.

### 4.2.3 Private Nutzungsanteile bei notwendigem Betriebsvermögen

Bei Betriebsfahrzeugen, die nicht Zugmaschinen oder Lastkraftwagen sind, gilt grundsätzlich, dass die Fahrzeuge für Privatfahrten genutzt werden. Soll diese Annahme widerlegt werden, so trifft den Steuerpflichtigen die Beweislast hierfür. Die bloße Behauptung, die Privatfahrten würden mit anderen Fahrzeugen durchgeführt, reicht nicht. Ein Nachweis kann nur über Fahrtenbuch erfolgen.

Ermittlung des privaten Nutzungsanteils

Nur der betrieblich bedingte Nutzungsanteil darf als Betriebsausgabe den Gewinn mindern. Die Höhe der Privatnutzung ist seit jeher ein Streitobjekt zwischen Finanzverwaltung und Steuerpflichtigen. Um das Ermittlungsverfahren für die Privatnutzung von Fahrzeugen zu vereinfachen, schreibt der § 6 Abs. 1 Nr. 4 EStG zwei mögliche durch den Steuerpflichtigen anzuwendende Verfahren vor:

a) 1 % -Regelung oder
b) Fahrtenbuchmethode.

In den Fällen, in denen die vorgenannten Methoden nicht zur Anwendung kommen, muss der Umfang der privaten Nutzung geschätzt werden.

Fahrten zwischen Wohnung und Betriebsstätte/ Familienheimfahrten

Bei den Fahrten zwischen Wohnung und Betriebsstätte oder Familienheimfahrten handelt es sich um Betriebsausgaben, die nach § 4 Abs. 5 Nr. 6 EStG nur in begrenztem Umfang abzugsfähig sind. Die ab dem 1.1.2007 geänderten Vorschriften werden in den nachstehenden Beispielen berücksichtigt.

Die seit 2006 geltende Vorschrift ist anzuwenden bei betriebsnotwendigen Fahrzeugen (also bei einer mehr als 50 %igen betrieblichen Nutzung). Der Steuerpflichtige hat diese 50 %ige Nutzung nachzuweisen. Ein Nachweis kann in jeder geeigneten Form erfolgen. Grundsätzlich benötigt man die Jahreskilometerleistung. Daher ist der Tachostand zu Beginn und am Ende des Jahres festzuhalten. Die betrieblichen Fahrten können durch Eintragungen in Terminkalendern, Abrechnung gefahrener Kilometer mit Kunden, Reisekostenaufstellungen sowie sonstigen Abrechnungsunterlagen glaubhaft gemacht werden. Sind solche Unterlagen nicht vorhanden, kann der Umfang durch formlose Aufzeichnungen über einen repräsentativen zusammenhängenden Zeitraum ermittelt werden. Dieser Zeitraum sollte mindestens drei Monate umfassen. Aus den Aufzeichnungen der betrieblichen Fahrten sollen sich die zurückgelegte Strecke und der Anlass der Fahrt ergeben. Es genügt, wenn die Kilometerstände zu Beginn und am Ende der Aufzeichnungen erfasst werden. Die Privatfahrten müssen nicht aufgezeichnet werden. Wird der betriebliche Nutzungsumfang des Fahrzeugs für ein Jahr dargelegt, so ist für die Folgejahre von diesem Nutzungsumfang auszugehen, sofern sich keine wesentlichen Änderungen oder ein Fahrzeugwechsel ergeben.

Auf den Nachweis der betrieblichen Nutzung kann verzichtet werden, wenn sich aus der Tätigkeit des Steuerpflichtigen ergibt, dass das Fahrzeug zu mehr als 50 % beruflich genutzt wird. Dies ist in den Fällen einer beruflich bedingten Reisetätigkeit oder wegen der durch die Ausübung des Berufs bedingten ständigen Benutzung des Fahrzeugs gegeben. So brauchen Taxiunternehmer, Handelsvertreter, Handwerker der Bau- und Baunebengewerbe oder Landtierärzte keinen Nachweis zu führen. Das gilt auch, wenn die Fahrten zwischen Wohnung und Betriebsstätte bereits mehr als 50 % der Jahreskilometerleistung ausmachen. Werden mehrere Fahrzeuge im Betriebsvermögen gehalten, gilt die Vermutung nur für das Fahrzeug mit der höchsten Jahreskilometerleistung. Für die übrigen Fahrzeuge gelten die allgemeinen Grundsätze.

Beruflich bedingte Reisetätigkeit

**Zu a) 1 %-Regelung**

Die private Nutzung wird für jeden Monat pauschal mit 1 % des inländischen Listenpreises im Zeitpunkt der Erstzulassung zuzüglich Sonderausstattungen **einschließlich** Mehrwertsteuer ermittelt.

Daneben sind auch die Fahrten zwischen Wohnung und Betriebsstätte beziehungsweise Familienheimfahrten zu berücksichtigen, da der Aufwand hierfür nach § 4 Abs. 5 Nr. 6 EStG nur in begrenztem Umfang gewinnmindernd behandelt werden darf. Die Neuregelung ab 1.1.2007 besagt, dass der Aufwand bis zu einschließlich dem 20. Entfernungskilometer für Fahrten zwischen Wohnung und Betriebsstätte nicht mehr als Betriebsausgabe geltend gemacht werden kann. Ab dem 21. Entfernungskilometer gilt eine Kostendeckelung auf 0,30 € je Entfernungskilometer. Wegen verfassungsmäßiger Bedenken sind zukünftig Änderungen nicht auszuschließen.

**Berechnungsbeispiel:**

*Ausgangsdaten:*

*Anschaffung eines Fahrzeugs am 01.04. des Jahres.*

*Bruttolistenanschaffungspreis des Neufahrzeuges 36.020 € (gerundet 36.000 €); Kaufpreis 34.000 €.*

*Entfernung Wohnung – Betriebsstätte 27 km/Anzahl der Fahrten 01.04.–31.12. insgesamt 160 Tage.*

**Lösung:**

*Ermittlung der Privatnutzung:*

*Bruttolistenpreis 36.000 € – davon 1 % pro Monat × 9 Monate (01.04.–31.12.) 3.240 €.*

*Ermittlung der nicht abziehbaren Betriebsausgaben für Fahrten Wohnung - Betriebsstätte:*
*Nicht abziehbarer Anteil 0,03 % pro Monat je Entfernungskilometer je Monat*
*Faktor: 0,03 × 9 Monate × 27 Entfernungskilometer = 7,29 %*

| | |
|---|---|
| *Bruttolistenpreis 36.000 €, hiervon 7,29 %* | *2.624,40 €* |
| *Abziehbarer Aufwand für Fahrten Wohnung Betriebsstätte 21. - 27. Entfernungskilometer je km 0,30 € 160 Tage Rechenformel: 7 km × 0,30 € × 160 Tage* | *./. 336,00 €* |
| *Verbleibende nicht abziehbare Betriebsausgaben* | *2.288,40 €* |

*Auf Grund der vorstehenden Berechnungen sind insgesamt 5.528,40 € bei der Ermittlung des steuerlichen Gewinns nicht als abzugsfähige Betriebsausgaben beziehungsweise Nutzungsentnahmen gewinnerhöhend zu berücksichtigen.*

**Zu b) Fahrtenbuchmethode**

Wird das Verhältnis der privaten zu den übrigen (betrieblichen) Fahrten durch ein ordnungsgemäßes Fahrtenbuch nachgewiesen, so kann der auf die Privatfahrten entfallende Aufwand entsprechend prozentual ermittelt werden.

Ordnungsgemäßes Fahrtenbuch

Ein Fahrtenbuch ist ordnungsgemäß, wenn folgende Voraussetzungen erfüllt sind:

- laufende (tägliche) Führung des Fahrtenbuches;
- Angabe des Datums;
- Kilometerstand bei Beginn und Ende der einzelnen Reise;
- Reiseziel und Reiseroute;
- Reisezweck und aufgesuchte Partner (kann entfallen, sofern aus anderen Aufzeichnungen die Daten entnommen werden können, z.B. Reisekostenabrechnungen oder Hausbesuchbuch eines Arztes);
- mehrere Teilabschnitte einer Reise können in einer zusammenfassenden Eintragung erfasst werden, wenn die einzelnen Geschäftspartner in der zeitlichen Reihenfolge aufgeführt werden;
- Privatfahrten (Kennzeichnung als solche genügt. Es müssen keine Einzelheiten angegeben werden);
- Fahrten zwischen Wohnung und Betriebsstätte.

Die Führung eines elektronischen Fahrtenbuches wird nur dann zugelassen, wenn die Eintragungen nachträglich nicht mehr änderbar sind. Tabellenkalkulationsprogramme können für Fahrtenbücher nicht genutzt werden.

Das Fahrtenbuch muss ständig geführt werden. Die Erfassung für einen repräsentativen Zeitraum wird nicht anerkannt.

Ist ein Fahrtenbuch nicht ordnungsgemäß, kann die Fahrtenbuchmethode nicht angewandt werden. In diesem Falle greift automatisch die 1 %-Regelung, sofern es sich um ein betriebsnotwendiges Fahrzeug handelt (mehr als 50 % betriebliche Nutzung).

Handelt es sich um ein gewillkürtes Betriebsfahrzeug (betriebliche Nutzung weniger als 51 % jedoch mindestens 10 %), so ist die private Nutzung zu schätzen, wobei die Eintragungen im Fahrtenbuch einen Anhaltspunkt für die Berechnung bilden.

Durch die Vollaufzeichnung im Fahrtenbuch kann der Anteil der Privatfahrten, der Fahrten zwischen Wohnung und Betriebsstätte und der betrieblichen Fahrten ermittelt werden.

**Beispiel:**

| | *Gefahrene km* | *Prozent* |
|---|---|---|
| *Fahrten Wohnung - Betriebsstätte* | *8.640* | *48,00* |
| *Sonstige Betriebsfahrten* | *6.600* | *36,66* |
| *Privatfahrten* | *2.760* | *15,34* |
| *Gesamt* | *18.000* | *100,00* |

**Lösung:**

*Aus dem bei der 1 %-Regelung vorgeführten Beispiel ergeben sich für die Zeit vom 01.04. - 31.12. des Jahres insgesamt 8.640 € an Aufwendungen für das Fahrzeug, was einem Kilometeraufwand von 0,48 € entspricht.*
*Die Privatnutzung beläuft sich auf 1.325,38 € (15,34 % von 8.640,00 €).*
*Der nicht abzugsfähige Aufwand für Fahrten zwischen Wohnung und Betriebsstätte beträgt 3.811,20 € (48 % von 8.640,00 = € 4.147,20 € abzüglich eines absetzbaren Aufwands für Fahrten zwischen Wohnung und Betriebsstätte in Höhe von 336,00 €).*
*Insgesamt sind 5.136,58 € bei der Gewinnermittlung gewinnerhöhend zu behandeln.*

Tipp

Der Vergleich der Berechnungsbeispiele zu den einzelnen Methoden zeigt keinen gravierenden Unterschied im Ansatz der nicht abzugsfähigen Betriebsausgaben und der Privatnutzung insgesamt.

Die 1 %-Regelung geht in der Schätzung von einer privaten Nutzung zwischen 30 % und 35 % aus. Liegt die private Nutzung erheblich unter diesem Schätzansatz, wird die Führung eines Fahrtenbuches vorteilhaft sein.

Handelt es sich um gebraucht erworbene Fahrzeuge, muss die Führung eines Fahrtenbuches überlegt werden. Die Berechnungsgrundlage für die 1 %-Regelung ist stets der Listenpreis zum Zeitpunkt der Erstzulassung zuzüglich Sonderausstattungen und Mehrwertsteuer.

**Beispiel:**
*Anschaffungspreis Fahrzeug (vier Jahre alt/Normalzustand) 20.000 €*
*Listenneupreis 60.000 €*
*Jährliche Kilometerleistung 18.000 € (davon privat 6.000 €/betrieblich 9.360 €/Fahrten Wohnung und Betriebsstätte bei Entfernung 6 km und 230 Tage = 2.760 €)*
*Betriebskosten einschließlich Abschreibung 12.600 €/Aufwand je km = 0,70 €*

**Lösung:**

| | *1 %-Regelung* | *Fahrtenbuch-methode* |
|---|---|---|
| *Privatnutzung 1 % von 60.000 €* | *7.200 €* | |
| *Privatnutzung 6.000 km je 0,70 €* | | *4.200 €* |
| *Fahrten Wohnung/Betriebsstätte 0,03 % für 6 km* | *1.296 €* | |
| *Fahrten Wohnung/Betriebsstätte 2.760 km je 0,70 €* | | *1.932 €* |
| ***Gesamt*** | ***8.496 €*** | ***6.132 €*** |

*Die Fahrtenbuchmethode führt zu einer geringeren Gewinnerhöhung von 3.000 €. Dieser Vorteil wird zum Teil wieder aufgezehrt durch den höheren Ansatz der nicht abzugsfähigen Aufwendungen für Fahrten zwischen Wohnung und Betriebsstätte (+ 636 €). Es verbleibt per Saldo bei einem Vorteil für die Fahrtenbuchmethode von 2.364 €.*
*Wird das Beispiel fortgeführt in das vierte Jahr nach Anschaffung des Fahrzeuges, so zeigt sich die Differenz noch deutlicher. (Es wurde bei der Anschaffung entsprechend dem Zustand des Fahrzeuges von einer dreijährigen Restnutzungsdauer mit einem jährlichen Aufwand von gerundet 6.660 € ausgegangen. Dieser Aufwand entfällt ab dem vierten Jahr.)*
*Die geschätzten Betriebskosten unter Einschluss zusätzlicher Reparaturen auf Grund des Alters des Fahrzeuges betragen **8.100 €** (Aufwand je km = **0,45 €**). Die übrigen Berechnungsdaten werden unverändert übernommen.*

| | *1 %-Regelung* | *Fahrtenbuch-methode* |
|---|---|---|
| *Privatnutzung 1 % von 60.000 €* | *7.200 €* | |
| *Privatnutzung 6.000 km je 0,45 €* | | *2.700 €* |
| *Fahrten Wohnung/Betriebsstätte 0,03 % für 6 km* | *1.296 €* | |
| *Fahrten Wohnung/Betriebsstätte 2.760 km je 0,45 €.* | | *1.242 €* |
| ***Gesamt*** | ***8.496 €*** | ***3.942 €*** |

*Die private Nutzung nach der 1 %-Regelung sowie des nicht abziehbaren Aufwandes beläuft sich nach vorstehendem Beispiel auf 8.496 € und liegt damit über dem Gesamtaufwand für das Fahrzeug mit 8.100 €. In diesem Falle erfolgt eine Deckelung auf 8.100 € für Privatnutzung etc., was allerdings bedeutet, dass keine Kfz-Kosten gewinnmindernd geltend gemacht werden können, obwohl nachweislich betriebliche Fahrten anfielen.*

Aus dem vorstehenden Beispiel ergibt sich eine Differenz von 4.554 € zu Gunsten der Fahrtenbuchmethode.

Ein ähnliches Bild stellt sich auch bei Fahrzeugen ein, wenn diese nach Abschreibung auf 1 € Restwert weiterhin betrieblich genutzt werden.

Tipp

Bei gebraucht erworbenen Fahrzeugen, bei Fahrzeugen nach Auslauf der Abschreibung und bei geringer Privatnutzung kann die Berechnung der Privatnutzung von Fahrzeugen einschließlich der nicht absetzbaren Aufwendungen für Fahrten zwischen Wohnung und Betriebsstätte insgesamt nach der Fahrtenbuchmethode günstiger sein.

### 4.2.4 Privatnutzung bei gewillkürtem Betriebsvermögen

Bei Fahrzeugen, die weniger als 51 %, jedoch mindestens 10 % genutzt werden, spricht man – wie bereits dargelegt – von gewillkürtem Betriebsvermögen.

Die Aufwendungen für diese Fahrzeuge sind wie bei notwendigem Betriebsvermögen als Betriebsausgaben zu buchen. Der private Nutzungsanteil muss geschätzt werden, sofern nicht ein ordnungsgemäß geführtes Fahrtenbuch vorliegt. Die 1 %-Regelung kommt nicht in Betracht, da diese Fahrzeuge nicht zu mehr als 50 % betrieblich genutzt werden.

1 %-Regelung nicht möglich

Die Schätzung kann auf Feststellungen nach der allgemeinen Lebenserfahrung oder Prüfungsergebnissen einer Prüfung des Finanzamtes beruhen. So liegt beispielsweise bei Fachärzten die betriebliche Nutzung bei ca 10 %, wenn keine Hausbesuche gemacht werden und keine Fahrten zwischen Wohnung und Praxis anfallen. Die Ergebnisse einer Betriebsprüfung können für die Folgejahre zu Grunde gelegt werden, sofern sich keine Änderung der Verhältnisse ergibt.

Aufzeichnungen

Da grundsätzlich der private Nutzungsanteil glaubhaft zu machen ist, empfiehlt es sich, Aufzeichnungen für einen repräsentativen Zeitraum anzufertigen. Ein Zeitraum von mindestens drei Monaten sollte ausreichend sein. Den Aufzeichnungen müssen die Gesamtkilometerleistung, die betrieblich bedingten Fahrten mit Angabe von Reiseziel, Grund der Reise sowie gefahrenen Kilometern und ferner die Anzahl der Fahrten Wohnung - Betriebsstätte mit Entfernung zu entnehmen sein.

**Beispiel:**

| | |
|---|---|
| *Gefahrene Kilometer während des Aufzeichnungszeitraums* | *4.000 km* |
| *Betrieblich bedingte Fahrten* | *1.300 km* |
| *Fahrten Wohnung - Betriebsstätte 55 Tage je Entfernung* | *5 km* |
| *Gesamt* | *550 km* |
| *Restnutzung (Privat)* | *2.150 km* |

**Lösung:**

| | |
|---|---|
| *Hieraus sind abzuleiten:* | |
| *Privatnutzung* | *53,75 %* |
| *Nicht absetzbarer Aufwand Wohnung - Betriebsstätte* | *13,75 %* |

Diese gefundenen Werte sind dann bei der Jahresabrechnung in Ansatz zu bringen.

Beschränkung der 1 %-Regelung

Wegen der ab 2006 vom Gesetzgeber verfügten Beschränkung der 1 %-Regelung auf betriebsnotwendige Fahrzeuge sollte zukünftig überlegt werden, ob es noch Sinn macht, Fahrzeuge mit einer betrieblichen Nutzung von 10–50 % als gewillkürtes Betriebsvermögen zu behandeln.

Die durch Betriebsfahrten angefallenen Kosten können, wie im folgenden Abschnitt der betrieblichen Nutzung von Privatfahrzeugen dargestellt, gewinnmindernd geltend gemacht werden. Es ist auch noch auf den Umstand der Veräußerung hinzuweisen. Bei privaten Fahrzeugen ist ein Veräußerungsgewinn steuerfrei, wenn die Fristen für private Veräußerungsgeschäfte beachtet werden (ein Jahr zwischen Anschaffung und Veräußerung).

Bei im gewillkürten Betriebsvermögen gehaltenen Fahrzeugen ist ein Veräußerungsgewinn in vollem Umfang steuerpflichtig. Veräußerungsgewinn ist die Differenz zwischen dem Buchwert zum Zeitpunkt der Veräußerung und dem erzielten Veräußerungspreis.

### 4.2.5 Betriebliche Nutzung von Fahrzeugen des Privatvermögens

Die Kosten der betrieblich veranlassten Fahrten bei Benutzung von Fahrzeugen des Privatvermögens können angesetzt werden.

Kostenberechnung durch Schätzung

Die einfachste Art der Kostenberechnung erfolgt durch Schätzung mit 0,30 € je gefahrenen Kilometer entsprechend R 4.12 Abs. 2 EStR. Dieses Verfahren darf nicht angewendet werden, wenn die Kilometersätze gemessen an der Gesamtfahrleistung (40.000 km laut Bundesfinanzhof-Urteil) zu einem offensichtlich unzutreffenden Ergebnis führen.

Es besteht alternativ die Möglichkeit, einen konkreten Kostenansatz zu wählen. Hierfür muss vorab der Aufwand je Kilometer ermittelt werden. Es sind sämtliche Kosten (Treibstoff, Reparaturen, Wartung, Versicherung, Steuer, Abschreibung oder Leasingaufwand) festzuhalten. Die Jahreskilometerleistung ist ebenfalls festzustellen. Es erfolgt dann eine Division der Gesamtkosten durch Jahreskilometerleistung.

**Beispiel:**
*Die Gesamtkosten eines Jahres betragen 9.000 €/Jahreskilometerleistung 18.000.*

**Lösung:**
*Der Aufwand je Kilometer beläuft sich auf 0,50 €.*

Der Schätzwert mit 0,30 € je gefahrenen Kilometer sollte bei älteren Fahrzeugen ohne Abschreibung wegen des geringen Verwaltungsaufwandes gewählt werden. Insbesondere bei Fahrzeugen mit einem höheren Anschaffungswert und noch anzusetzender Abschreibung lohnt der Arbeitsaufwand für eine konkrete Berechnung des Kilometeraufwandes.

### 4.2.6 Private Nutzung bei mehreren Fahrzeugen im Betriebsvermögen

Sind mehrere Fahrzeuge im betriebsnotwendigen beziehungsweise gewillkürten Betriebsvermögen vorhanden, so ist grundsätzlich für jedes Fahrzeug entsprechend den vorstehenden Darlegungen die private Nutzung vom Unternehmer oder von zu seiner Privatsphäre gehörenden Personen zu ermitteln. Die Berechnungsmethoden für betriebsnotwendige Fahrzeuge erfolgen nach der 1 %-Regelung oder Fahrtenbuchmethode. Für Fahrzeuge im gewillkürten Betriebsvermögen kann nach Fahrtenbuchmethode oder Schätzung der Privatanteil ermittelt werden.

Eine Ausnahme von der grundsätzlichen Regelung ist gegeben, wenn

- ein Betriebsinhaber beispielsweise zwei Fahrzeuge **alleine** nutzt und beide Fahrzeuge betriebsnotwendig sind (mehr als 50 %ige betriebliche Nutzung). In diesem Falle ist bei der **1 %-Regelung** die Berechnung nur von dem Fahrzeug mit dem höchsten Neuanschaffungswert vorzunehmen;
- durch Fahrtenbuch belegt werden kann, dass eine private Nutzung durch den Unternehmer sowie Personen seiner Privatsphäre (Ehegatte, Kinder etc) nicht vorliegt.

## 4.3 Kinderbetreuungskosten als Betriebsausgabe

Erwerbsbedingte Kinderbetreuungskosten

Erwerbsbedingte Kinderbetreuungskosten können ab dem Veranlagungszeitraum 2006 gem. § 4 f EStG wie Betriebsausgaben (wie Werbungskosten) steuerlich geltend gemacht werden. Voraussetzung hierfür ist, dass das Kind zum Haushalt des Steuerpflichtigen gehört und noch nicht das 14. Lebensjahr vollendet hat (bei Behinderung das 27. Lebensjahr, ab 2007 das 25. Lebensjahr). Bei zusammenlebenden Elternteilen müssen beide erwerbstätig sein.

Die erwerbsbedingten Kinderbetreuungskosten umfassen Aufwendungen für die Fremdunterbringung (Tagesmutter, Babysitter, Kindergarten, Kinderhort) und für eine Betreuungshilfe im eigenen Haushalt. Bei Letzterer wird eine Aufteilung von Kosten der reinen Kinderbetreuung und Haushaltsleistungen zukünftig viel Streitpotenzial mit der Finanzverwaltung liefern. Nicht berücksichtigungsfähig sind Aufwendungen für Unterricht (z. B. Nachhilfe), Kosten für die Vermittlung besonderer Fähigkeiten (z. B. Musikunterricht) und Kosten für sportliche und andere Freizeitbetätigungen.

Die Kinderbetreuungskosten können zu 2/3 in maximaler Höhe von 4.000 € pro Kind geltend gemacht werden. Es ist zu berücksichtigen, dass nur der die Aufwendungen geltend machen kann, der sie getragen hat (bei zusammenlebenden Elternteilen Ansatz je zur Hälfte). Formell wird verlangt, dass eine Rechnung vorgelegt und die bargeldlose Zahlung an den Leistungserbringer durch Kontoauszug nachgewiesen werden kann.

**Beispiel:**
*Die allein erziehende Gewerbetreibende M zahlt monatlich einen Betrag in Höhe von 240 € für die Unterbringung ihres Sohnes im Kindergarten.*

**Lösung:**
*Die erwerbsbedingten Kinderbetreuungskosten betragen insgesamt 2.880 € pro Jahr. Von diesen kann M insgesamt 1.920 € wie Betriebsausgaben steuerlich bei den Einkünften aus Gewerbebetrieb abziehen (Hinweis: Kürzungen auch von der gewerbesteuerlichen Bemessungsgrundlage).*

Es ist darauf hinzuweisen, dass für Gewinnermittler mittels Einnahmen-Überschussrechnung für den Zeitpunkt des Abzugs der Aufwendungen das sogenannte Zu- und Abflussprinzip gilt. Die Ausgaben sind für das Kalenderjahr anzusetzen, in dem sie geleistet worden sind. Lediglich bei regelmäßig wiederkehrenden Ausgaben sind die kurze Zeit vor Beginn oder kurze Zeit nach Beendigung des Kalenderjahres geleisteten Ausgaben, die wirtschaftlich nicht dem Zahlungsjahr zuzuweisen sind, dem Jahr zuzuzurodnen, zu dem sie wirtschaftlich gehören.

Bei Gewinnermittlung nach Betriebsvermögensvergleich sind die Grundsätze der Zuweisung von Aufwendungen nach der wirtschaftlichen Verursachung zu behandeln (Verwaltungsauffassung).

## 4.4 Beschränkung der Abzugsfähigkeit betrieblicher Schuldzinsen

Seit vielen Jahren steht die steuerliche Abzugsfähigkeit von Schuldzinsen im Rahmen der steuerlichen Veranlagung in der Diskussion. Hierbei ging es in der Vergangenheit stets um die Frage, ob eine Privatentnahme von einem Bankkonto des Unternehmens, dessen Saldo dadurch ins Negative rutscht oder dessen negativer Saldo sich hierdurch erhöht, bei der Ermittlung der (nicht) abzugsfähigen Schulden zu berücksichtigen ist. Die Rechtsprechung des Bundesfinanzhofs hat hierzu im Laufe der letzten 15 Jahre eindeutige Grundsätze entwickelt. Danach liegen steuerschädliche Entnahmen nicht vor, wenn diese von einem auf Guthabenbasis geführten Bankkonto entnommen werden. Das hat dazu geführt, dass die Steuerpflichtigen von dem sogenannten Zwei-Kontenmodell (oder Mehr-Kontenmodell) Gebrauch gemacht haben. Vereinfacht ausgedrückt funktioniert das Mehr-Kontenmodell in der Weise, dass auf einem Betriebskonto die Betriebseinnahmen eingezahlt werden und von einem anderen Bankkonto (welches negativ ist) die Betriebsausgaben getätigt werden. Auf diese Weise entsteht auf dem Betriebseinnahmenkonto stets ein positiver Saldo, von welchem der Steuerpflichtige seine Entnahmen vornimmt. Das Mehr-Kontenmodell wurde durch die Rechtsprechung des Bundesfinanzhofs in den Jahren 1997 und 1998 bestätigt. Der Steuergesetzgeber hat daraufhin in rechtsprechungsüberholender Weise eine gesetzliche Regelung geschaffen, die aus

Mehr-Kontenmodell

Sicht der Finanzverwaltung die steuerliche Abzugsfähigkeit von nicht betrieblich veranlassten Schuldzinsen ausschließt. Hierfür hat sie durch das Steuerentlastungsgesetz 1999 den §4 Abs. 4a EStG geschaffen. Diese Vorschrift war jedoch konzeptionell unbrauchbar und wurde sehr schnell Gegenstand weitreichender fachlicher Kritik. Der Gesetzgeber hat daraufhin im Rahmen des Steuerbereinigungsgesetzes 1999 (also noch im selben Jahr) die Vorschrift des §4 Abs. 4a EStG völlig neu konzipiert. Dies ist im Rahmen des Gesetzgebungsverfahrens (im Vermittlungsausschuss vom Bundestag und Bundesrat) auf Vorschlag des Deutschen Steuerberaterverbandes geschehen. Es existiert daher in der dazugehörigen »Bundestagsdrucksache«, in welcher Gesetzesvorlagen begründet werden, keine Erläuterung. Die Vorschrift ist im Ergebnis als ein sogenanntes »Eigenkapitalmodell« konzipiert. Solange in einem Unternehmen bilanzielles Eigenkapital (nach steuerlichen Vorschriften) vorhanden ist, sind Schuldzinsen grundsätzlich in voller Höhe anzuerkennen. Der Gesetzgeber hat sich jedoch der Mühe unterzogen, dies durch eine komplizierte Lösung zu erreichen. Nach dem Wortlaut des Gesetzes sind jährlich die sogenannten Überentnahmen (eine Überentnahme ist der Betrag, um den die Entnahmen die Summe des Gewinns und der Einlagen des Wirtschaftsjahres übersteigen) zu ermitteln. Sofern in einem Wirtschaftsjahr eine Überentnahme entsteht, kann diese zunächst mit Unterentnahmen des Vorjahres verrechnet werden. Aus dem sich ergebenden Betrag der Überentnahme ist der Zinsaufwand in typisierender Weise mit 6 % zu ermitteln. Der so berechnete Zinsaufwand ist um 2.050 € zu vermindern. Bei dem dann verbleibenden Betrag handelt es sich um die nichtabzugsfähigen Schuldzinsen. Die tatsächlich angefallenen Schuldzinsen sind um diesen Betrag zu vermindern, so dass schlechtestenfalls die Schuldzinsen insgesamt nicht abzugsfähig sind.

Eigenkapital-Modell

Überentnahmen

Unterentnahmen

Berücksichtigung von Verlusten

Im Rahmen der Ermittlung der sogenannten Überentnahme sind in dem Wirtschaftsjahr entstandene Verluste nicht zu berücksichtigen. In den Folgejahren sind die festzuhaltenden Verluste mit verbleibenden Unterentnahmen zu verrechnen.

Für den Gesetzgeber bestand das Problem, wie der Betrag der Unterentnahmen bzw. der Überentnahmen für das Wirtschaftsjahr, welches nach dem 31.12.1998 begonnen hat, zu ermitteln war. Aus Vereinfachungsgründen war hierzu vorgesehen, dass von einem Kapitalstand von 0 € auszugehen war. Dies war in den Fällen, in denen in den vorausgegangenen Jahren Überentnahmen (negatives Kapital) entstanden waren, für den Steuerpflichtigen günstig. Für Steuerpflichtige, die in früheren Jahren durch zurückhaltende Entnahmen umfangreiche Rücklagen (Unterentnahmen) geschaffen haben, stellte dies eine eindeutige Benachteiligung dar.

**Beispiel:**
*Ein Unternehmer legt in seiner beruflichen Tätigkeit in den 70er, 80er und 90er Jahren Gewinne in seinem Unternehmen für die Altersversorgung zurück, von denen er ab dem Jahr 2000 seinen Alterslebensunterhalt bestreiten will.*

**Lösung:**
*Dadurch, dass der Gesetzgeber bei der Ermittlung des steuerlichen Gewinns ab dem Jahr 1999 die in früheren Jahren gebildeten Rücklagen nicht berücksichtigen will, entstehen für diesen Unternehmer durch die Überentnahmen ab dem Jahr 1999 steuerlich nicht abzugsfähige Zinsaufwendungen, die bei korrekter Berücksichtigung der Kapitalkonten nicht anfallen würden. Der Bundesfinanzhof hat daher in seinem Urteil vom 21.9.2005 entschieden, dass die Unterentnahmen aus früheren Wirtschaftsjahren (also vor dem Jahr 1999) zugunsten des Steuerpflichtigen zu berücksichtigen sind. Das gilt jedoch nur für die Veranlagungszeiträume 1999 und 2000, da die Anwendungsvorschrift des § 52 Abs. 11 EStG im Jahr 2001 geändert wurde. Das Bundesfinanzministerium hat daher angewiesen, dass für die Jahre 1999 und 2000 Unterentnahmen aus früheren Jahren zu berücksichtigen sind, dass aber für die Wirtschaftsjahre, die nach dem 31.12.2000 beginnen, von einem Unterentnahmekonto von 0 € auszugehen ist.*

Es ist jedoch nach Einschätzung der Autoren davon auszugehen, dass der Bundesfinanzhof auch in diesem Punkt den Bundesfinanzminister in seine Schranken verweisen wird, so dass es ratsam ist, in einem solchen Fall Einspruch gegen die Nichtberücksichtigung von Schuldzinsen zu erheben, soweit sie dadurch entstanden sind, dass die Unterentnahmen aus der Zeit vor dem Jahr 2001 nicht berücksichtigt wurden.

Einspruch erheben

Weiterhin zu beachten ist, dass Schuldzinsen, die durch die Aufnahme von Krediten für Investitionen in das Anlagevermögen entstehen, weiterhin unbeschränkt abzugsfähig sind. Auf Grund der Tatsache, dass die besprochene Vorschrift des § 4 Abs. 4a EStG äußerst kompliziert ist (und die dafür erforderlichen Rechenschritte und Feststellungen für die Besteuerung auf die Platte eines Biertisches, nicht jedoch auf einen Bierdeckel passen), sollte auf die Inanspruchnahme qualifizierter Steuerberatung in diesen Fragen nicht verzichtet werden.

Zinsen für Investitionskredite

## 4.5 Betriebsaufspaltung

### 4.5.1 Begriff der Betriebsaufspaltung

Die Betriebsaufspaltung ist weder im Steuer- noch im Handelsrecht gesetzlich definiert. Das Rechtsinstitut entstammt der Rechtsprechung des Bundesfinanzhofes. Die Finanzverwaltung hat diese Rechtsprechung in R 15.7 (4) EStR verankert.

Besitz- und Betriebsunternehmen

Danach liegt eine typische Betriebsaufspaltung vor, wenn ein Besitzunternehmen eine wesentliche Betriebsgrundlage an ein Betriebsunternehmen zur Nutzung überlässt (sachliche Verflechtung) und eine Person bzw. eine Personengruppe beide Unternehmen beherrscht (personelle Verflechtung).

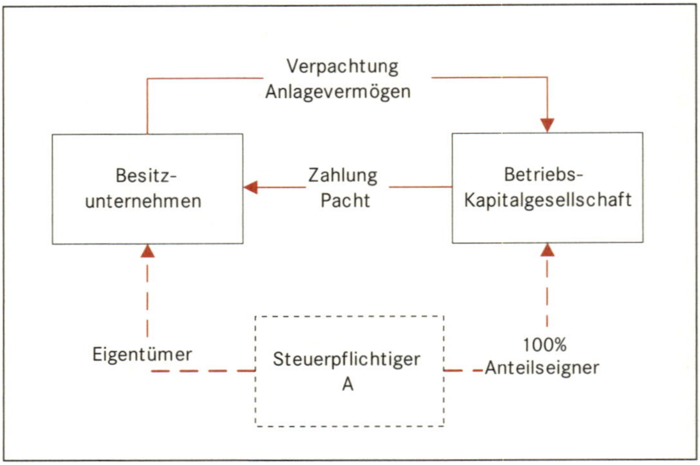


Abb. 3: Grundform der Betriebsaufspaltung

Als Besitzunternehmen kommen folgende Rechtsformen in Betracht: Einzelunternehmen, GbR, OHG, KG (einschließlich GmbH & Co. KG, Bruchteils- und Erbengemeinschaft.

Ist die Besitzgesellschaft eine Kapitalgesellschaft, so liegt eine kapitalistische Betriebsaufspaltung vor. Diese soll nicht Gegenstand der weiteren Ausführung sein.

Als Betriebsunternehmen wird in der Regel eine Betriebskapitalgesellschaft in Form einer GmbH oder AG installiert.

Es gibt auch Gestaltungen, bei denen das Betriebsunternehmen als Personengesellschaft betrieben wird (mitunternehmerische Betriebsaufspaltung):

- Ist das Besitzunternehmen selbst an der Betriebsgesellschaft beteiligt, liegt eine doppelstöckige Personengesellschaft vor. Hier erfolgt eine Qualifikation des Vermögens als Sonderbetriebsver-

mögen und der Einkünfte als Sonderbetriebseinnahmen bei der Betriebsgesellschaft.
- Werden Besitz- und Betriebsunternehmen von der gleichen Personengruppe beherrscht, so liegt eine Schwesterpersonengesellschaft vor. Hier gelten Betriebsaufspaltungsgrundsätze.

Zielsetzung der Steuerpflichtigen im Aufbau einer Unternehmenskonstellation »Betriebsaufspaltung« ist die durch ihn angestrebte Trennung von Vermögen und Haftung. So kann das wertvolle Anlagevermögen ganz oder teilweise aus der risikoreicheren Betriebsgesellschaft herausgehalten werden – ein Haftungsdurchgriff auf das Vermögen der Besitzgesellschaft kommt nur unter besonderen Gegebenheiten in Betracht.

Die steuerliche Besonderheit dieser Konstellation besteht darin, dass Einkünfte aus einer grundsätzlich rein vermögensverwaltenden Tätigkeit (Vermietung/Verpachtung von Wirtschaftsgütern) zu Einkünften aus Gewerbebetrieb umqualifiziert werden.

#### 4.5.1.1 Personelle Verflechtung

Einheitlicher geschäftlicher Betätigungswille

Die personelle Verflechtung ist dann gegeben, wenn beide Unternehmen durch die gleiche Person oder Personengruppe beherrscht werden (einheitlicher geschäftlicher Betätigungswille). Einige Beispiele sollen für die Beurteilung des Vorliegens dieser Voraussetzung Hilfestellung leisten:

- **Besitzunternehmen:** Einzelunternehmen des A
  **Betriebsunternehmen:** GmbH (A 60 %, B 40 %)
  Es kann ein einheitlich geschäftlicher Betätigungswille unterstellt werden – personelle Verflechtung liegt vor.
- **Besitzunternehmen:** Einzelunternehmen des A
  **Betriebsunternehmen:** GmbH (A 40 %, B 60 %)
  Es kann kein einheitlich geschäftlicher Betätigungswille unterstellt werden, da A diesen in der GmbH nicht durchsetzen und sie folglich nicht beherrschen kann – personelle Verflechtung liegt nicht vor/keine Betriebsaufspaltung.
- **Besitzunternehmen:** Grundstücks-GbR des A (60 %) und B (40 %); Abstimmung nach Gesellschaftsanteilen
  **Betriebsunternehmen:** GmbH (A 50 %, C 50 %); A Geschäftsführer
  Es kann kein einheitlich geschäftlicher Betätigungswille unterstellt werden, da A diesen in der GmbH nicht durchsetzen und sie folglich nicht beherrschen kann – personelle Verflechtung liegt nicht vor, obwohl A die GbR beherrscht/keine Betriebsaufspaltung.

- **Besitzunternehmen:** Grundstücks-GbR des A (60 %) und B (40 %); Abstimmung nach Gesellschaftsanteilen
  **Betriebsunternehmen:** GmbH (A 55 %, C 45 %)
  Die personelle Verflechtung ist gegeben, weil beide Unternehmen durch A beherrscht werden.
- **Besitzunternehmen:** Grundstücks-GbR des A (60 %) und B (40 %)
  **Betriebsunternehmen:** GmbH (A 55 %, C 45 %)
  Bei einer GbR müssen Beschlüsse, soweit der Gesellschaftsvertrag keine abweichenden Regelungen enthält, einstimmig gefasst werden. Somit liegt keine Beherrschung der GbR durch A vor. Aufgrund mangelnden einheitlichen geschäftlichen Betätigungswillens liegen die Voraussetzungen der personellen Verflechtung nicht vor/keine Betriebsaufspaltung.

Beherrschungsidentität im Besitz- und Betriebsunternehmen

Die personelle Verflechtung ist auch dann anzunehmen, wenn beide Betriebe durch die gleichen Personen oder eine Personengruppe beherrscht werden. Es wird grundsätzlich unterstellt, dass Personen, die an beiden Unternehmen beteiligt sind, eine durch gleichgerichtete Interessen geschlossene Personengruppe darstellen und diese Interessen gleichgerichtet ausüben. Diese Gruppe ist in der Lage, beide Unternehmen faktisch zu beherrschen (Gruppentheorie).

- **Besitzunternehmen:** Grundstücks-GbR des A (20 %), B (35 %) und C (45 %); Abstimmung nach Gesellschaftsanteilen
  Betriebsunternehmen: GmbH (A 30 %, B 45 %, D 25 %)
  Die personelle Verflechtung ist gegeben, weil beide Unternehmen durch die Personengruppe (A+B) beherrscht werden.

Die Gruppentheorie ist nicht anwendbar, wenn nachgewiesen werden kann, dass in der Vergangenheit Interessensgegensätze bestanden haben. Solche Gegensätze können z. B. durch Protokolle der Gesellschafterversammlung dokumentiert werden.

Ferner ist die Gruppentheorie nicht anwendbar bei kapitalistischen Betriebsaufspaltungen. Bei diesen ist es notwendig, dass das Besitzunternehmen selbst oder mittelbar über eine andere Kapitalgesellschaft zu mehr als 50 % an der Betriebsgesellschaft beteiligt ist. Eine Beteiligung von gleichen Gesellschaftern an beiden Kapitalgesellschaften reicht nicht aus.

Entgegen der früheren Verwaltungsauffassung erfolgt keine automatische Zusammenrechnung der Anteile von Ehegatten.

- **Besitzunternehmen:** Ehemann 45 % und Ehefrau 55 %
  **Betriebsunternehmen:** Ehemann 100 %
  Es liegt keine personelle Verflechtung vor, da der Ehemann im Besitzunternehmen nicht seinen Willen durchsetzen kann.
- **Besitzunternehmen:** Ehemann und Ehefrau je zur Hälfte

**Betriebsunternehmen:** Ehemann und Ehefrau je zur Hälfte
Hier liegt aufgrund der Gruppentheorie eine personelle Verflechtung vor, da Ehemann und Ehefrau als Personengruppe angesehen werden, die gleichgerichtete Interessen in beiden Gesellschaften verfolgt und umsetzen kann.

#### 4.5.1.2 Sachliche Verflechtung

Eine sachliche Verflechtung liegt dann vor, wenn das Besitzunternehmen dem Betriebsunternehmen wenigstens eine seiner Funktion nach wesentliche Betriebsgrundlage überlässt. Diese Überlassung kann entgeltlich oder unentgeltlich sein.

Überlassung wesentlicher Betriebsgrundlagen

Die Wesentlichkeit ist zu beurteilen aus Sicht der Betriebsgesellschaft. Wesentliche Grundlage ist jedes Wirtschaftsgut, das zur Erreichung des Betriebszweckes notwendig ist und ein wesentliches wirtschaftliches Gewicht für die Betriebsführung besitzt. Hierfür kommen materielle Wirtschaftsgüter, insbesondere Gebäude und Grundstücke, aber auch immaterielle Wirtschaftsgüter (z. B. Patente) in Frage.

Wesentlichkeit kann nicht allein am Wert des überlassenen Wirtschaftsguts beziehungsweise an den im Wirtschaftsgut enthaltenen stillen Reserven (Differenz zwischen Markt- und Buchwert) festgemacht werden.

Wirtschaftsgüter des Umlaufvermögens sind keine wesentlichen Betriebsgrundlagen. Eine sachliche Verflechtung wird auch nicht durch Hingabe von Darlehen und stillen Beteiligungen hervorgerufen.

Das Vorliegen der sachlichen Verflechtung ist im Einzelfall zu überprüfen. Dies fällt in der Praxis oft schwer. So ist z. B. bei Überlassung von Grundstücken zu überprüfen, ob das Grundstück/Gebäude auf die Bedürfnisse des Betriebsunternehmens zugeschnitten ist – dies fällt leicht bei Gebäuden, die der Fabrikation dienen. Schwerer fällt die Beurteilung z. B. bei überlassenen Lagerflächen.

### 4.5.2 Das Entstehen einer Betriebsaufspaltung

Eine Betriebsaufspaltung kann durch bewusste Gestaltung, aber auch zwangsweise (eventuell ungewollt) entstehen.

Echte Betriebsaufspaltung

Geht der bisher vom Besitzunternehmen (Einzelkaufmann, Personengesellschaft) geführte Betrieb als solcher auf eine neu gegründete Betriebskapitalgesellschaft über und verbleiben Wirtschaftsgüter, die zu den wesentlichen Betriebsgrundlagen gehören, beim Besitzunternehmen, so spricht man bei vorliegenden Verflechtungsvoraussetzungen von einer echten Betriebsaufspaltung.

Unechte Betriebsaufspaltung

Eine unechte Betriebsaufspaltung liegt vor, wenn zu einer bestehenden Betriebskapitalgesellschaft nachträglich ein Besitzunternehmen hinzukommt. Dies ist bereits dann der Fall, wenn ein beherrschender Gesellschafter der Betriebsgesellschaft ein Wirtschaftsgut überlässt, das eine wesentliche Betriebsgrundlage darstellt.

### 4.5.3 Steuerliche Behandlung der Betriebsaufspaltung

Die steuerlichen Auswirkungen des Vorliegens einer Betriebsaufspaltung lassen sich wie folgt systematisieren:

- **Besitzgesellschaft/Gesellschafter**

Gewerbliche Einkünfte des Besitzunternehmens

Die Besitzgesellschaft nimmt mittelbar über die von ihr beherrschte Betriebsgesellschaft am allgemeinen wirtschaftlichen Verkehr teil. Sie erzielt gewerbliche Einkünfte, die der Gewerbesteuer unterliegen (Staffeltarif bei Einzelunternehmer und Besitzpersonengesellschaft, gewerbesteuerlicher Freibetrag). Die überlassenen Wirtschaftsgüter stellen Betriebsvermögen dar. Die Gewinnermittlung erfolgt nach den allgemeinen Grundsätzen für Gewerbebetriebe. Da die Anteile an der Betriebskapitalgesellschaft dem steuerlichen Betriebsvermögen des Einzelunternehmers beziehungsweise des Mitunternehmers an der Besitzgesellschaft zugerechnet werden, stellen Gewinnausschüttungen der Betriebsgesellschaft gewerbliche Einkünfte dar.

Geschäftsführereinkünfte

Ist ein Gesellschafter des Besitzunternehmens auch gleichzeitig Geschäftsführer der Kapitalbetriebsgesellschaft, bleiben die Geschäftsführereinkünfte solche aus nichtselbstständiger Arbeit. Unerheblich ist, ob er auch Gesellschafter der Betriebsgesellschaft ist. Die Gesellschafter der Besitzpersonengesellschaft erzielen als Mitunternehmer Einkünfte aus Gewerbebetrieb. Die von der Besitzgesellschaft gezahlte Gewerbesteuer wird auf die Einkommensteuer der Gesellschafter angerechnet.

- **Besteuerung der Betriebskapitalgesellschaft**

Gewerbliche Einkünfte des Betriebsunternehmens

Die Betriebsgesellschaft in der Rechtsform der Kapitalgesellschaft unterliegt der Körperschaftsteuer und der Gewerbesteuer (kein Staffeltarif, kein gewerbesteuerlicher Freibetrag). Bei der Ermittlung der Gewerbesteuer sind die Hinzurechnungen/Kürzungen nach §§ 8 und 9 GewStG zu beachten (vgl. hierzu Ausführungen in Teil D Gewerbesteuer); sollten Pachtzinsen gemäß § 8 Nr. 7 GewStG hinzugerechnet werden müssen, so ist darauf zu achten, dass bei der Besitzgesellschaft eine dementsprechende Kürzung gemäß § 9 Nr. 4 GewStG vorzunehmen ist. Im Gegensatz zu den steuerlichen Regelungen der Personengesellschaft oder dem Einzelunternehmen kann die Betriebskapitalgesellschaft ihr Ergebnis durch Aufwendungen mindern, die den in ihr tätigen Gesellschaftern zugute kommen. Dazu zählen das Geschäftsführergehalt des Gesellschafter-Geschäftsführers, Zuführung zu Rückstellungen für Versorgungszusagen (Pensionsrückstellungen) an den Gesellschafter-Geschäftsführer oder auch Direktversicherungen der Gesellschafter-Geschäftsführer. Diese Leistungen müssen an den Voraussetzungen der verdeckten Gewinnausschüttung (vgl. hierzu Ausführungen in Teil C

Körperschaftsteuer) gemessen werden und sind dann in ihrer Höhe als Betriebsausgaben abziehbar, wenn sie einem Drittvergleich standhalten.

### 4.5.4 Beendigung der Betriebsaufspaltung

Wegfall der personellen oder sachlichen Verflechtung

Eine Beendigung der Betriebsaufspaltung erfolgt dann, wenn mindestens eine Verflechtungsvoraussetzung nicht mehr existiert. So kann z.B. eine nicht umfassend geplante Erbfolge zu einer neuen Anteilskonstellation führen, die die personelle Verflechtung auflöst.

**Beispiel:**
*Ausgangsfall: vorliegende Betriebsaufspaltung*
*Besitzunternehmen: Einzelunternehmen des A; Verpachtung Grundstück an GmbH (wesentliche Betriebsgrundlage)*
*Betriebsunternehmen: GmbH (A 60 %, B 40 %)*
*A verstirbt. Erben sind die Ehefrau F und der Sohn S. Testamentarisch ist verfügt, dass die Ehefrau F das vermietete Grundstück und der Sohn S den GmbH-Anteil erhält.*

**Lösung:**
*Die Voraussetzung einer personellen Verflechtung liegt nicht mehr vor, da beide Unternehmen nicht durch eine Person beherrscht werden.*

Betriebsaufgabe des Besitzunternehmers

Dieser Vorgang ist als Betriebsaufgabe des Besitzunternehmens zu beurteilen. Damit findet eine Realisierung und Versteuerung aller stillen Reserven des Besitzunternehmens statt. Es ergibt sich in der Regel ein nicht unerheblicher Buchgewinn durch Überführung der Wirtschaftsgüter des Besitzunternehmens in das Privatvermögen.

**Beispiel:**
*Im Betriebsvermögen der Besitzgesellschaft (Einzelunternehmen) befinden sich das verpachtete Grundstück mit einem Buchwert (Anschaffungskosten 1960) in Höhe von 100.000 € und die Anteile an der Betriebs-GmbH mit einem Buchwert (Anschaffungskosten 1988) in Höhe von 25.000 €. Die Zeitwerte zum Zeitpunkt des Wegfalls der personellen Verflechtung liegen bei 500.000 € (Grundstück) und 30.000 € (Anteile).*

**Lösung:**
*Aus der Überführung der Wirtschaftsgüter ins Privatvermögen ergibt sich folgende Gewinnauswirkung:*

| | |
|---|---|
| *Entnahmewerte* | *530.000 €* |
| *./. Buchwerte* | *125.000 €* |
| *= Buchgewinn* | *405.000 €* |

*Dieser Buchgewinn ist der Besteuerung zu unterwerfen.*

Betriebs-verpachtung

Bereits hier soll darauf hingewiesen werden, dass bei Vorliegen der Voraussetzungen für Betriebsverpachtungen im Besitzunternehmen der/die Inhaber ein Wahlrecht haben, durch Fortsetzung eines (ruhenden) Gewerbebetriebes, eine Betriebsaufgabe zu vermeiden. Hinsichtlich der Aufgabe eines Gewerbebetriebes und deren steuerlicher Behandlung wird auf das Kapitel 4.6 verwiesen.

## 4.6 Übertragung von Betriebsvermögen

Die nachstehende Darstellung stellt auf die Übertragung von inländischem Betriebsvermögen ab und behandelt nicht Umwandlungsvorgänge nach dem Umwandlungsgesetz. Angesprochen werden somit folgende Vorgänge:

- Veräußerung,
- Betriebsaufgabe,
- Unentgeltliche Übertragung.

Betriebsvermögen

Was ist eigentlich Betriebsvermögen?
Eine gesetzliche Definition gibt es nicht. Aus der Rechtsprechung und der Systematik des Steuerrechts lässt sich jedoch erklären, dass sich Betriebsvermögen aus der Summe der Wirtschaftsgüter ableiten lässt, die ausschließlich und unmittelbar für betriebliche Zwecke genutzt werden (notwendiges Betriebsvermögen). Mindestanforderung für Betriebsvermögen ist, dass die Wirtschaftsgüter in einem gewissen objektiven Zusammenhang mit dem Betrieb stehen und ihn zu fördern geeignet und bestimmt sind (gewillkürtes Betriebsvermögen). Der so dargestellte Umfang aller Wirtschaftsgüter bestimmt das Betriebsvermögen, über das berichtet wird, nämlich den Betrieb.

Beim Betriebsvermögen von Personengesellschaften sind Besonderheiten zu beachten. Es ist zu unterscheiden zwischen dem Gesamthandsvermögen, das den Gesellschaftern gemeinschaftlich zusteht und in der Bilanz der Gesellschaft anzusetzen ist, und den im Eigentum einzelner Gesellschafter stehenden Wirtschaftsgütern. Diese können dem Betrieb der Gesellschaft dienen und werden dann dem Sonderbetriebsvermögen des jeweiligen Gesellschafters zugeordnet. Bei der Veräußerung von Betriebsvermögen, insbesondere wenn Mitunternehmeranteile veräußert werden, ist besonderes Augenmerk auf das Sonderbetriebsvermögen zu richten.

### 4.6.1 Veräußerungsvorgänge

Veräußerungsvorgänge umfassen folgende Vorfälle:

- Veräußerung von ganzen Betrieben,
- Veräußerung von Teilbetrieben,
- Veräußerung von Mitunternehmeranteilen,
- Einbringungsfälle nach § 24 UmwStG.

Diese Vorgänge haben für ein Unternehmen eine besondere Bedeutung, weil sie weder für das Unternehmen noch für einen Gesellschafter alltäglich sind. Aus diesem Grund hat der Gesetzgeber auch Steuervergünstigungen geschaffen. Die Veräußerung von Anteilen an Mitunternehmeranteilen, die nach dem 31.12.2001 erfolgt, ist nicht mehr begünstigt. Gewinne aus einer solchen Veräußerung rechnen zum laufenden Gewinn und haben alle steuerlichen Folgen zu tragen, z. B. unterliegen sie der Gewerbesteuer.

#### 4.6.1.1 Veräußerung eines Betriebes im Ganzen

Wesentliche Betriebsgrundlagen

Eine Veräußerung eines Betriebs im Ganzen liegt vor, wenn der Betrieb mit seinen wesentlichen Grundlagen gegen Entgelt in einem einheitlichen Vorgang auf einen Erwerber übertragen wird. Es muss dabei gewährleistet sein, dass der Betrieb als selbständiger gesellschaftlicher Organismus weitergeführt werden kann. Das bedeutet zugleich, dass der Erwerber den Betrieb nicht fortführen muss. Der Veräußerer darf diesen Betrieb jedoch in seiner bisherigen Form nicht weiterführen.

Veräußerung der wesentlichen Betriebsgrundlagen bedeutet, dass der veräußernde Unternehmer keine wesentlichen Betriebsgrundlagen zurückbehalten darf, da sonst die Steuervergünstigung verloren geht. Im Gegensatz dazu können Wirtschaftsgüter, die nicht zu den wesentlichen Betriebsgrundlagen gehören, anderweitig veräußert oder auch ins Privatvermögen überführt werden.

#### 4.6.1.2 Veräußerung eines Teilbetriebs

Eigenständiger Betriebsteil

Ein Teilbetrieb ist ein mit einer gewissen Selbständigkeit ausgestatteter, abgeschlossener Teil des Gesamtbetriebs, der für sich betrachtet alle Merkmale eines Betriebs aufweist und für sich lebensfähig ist. Dabei verlangt die Rechtsprechung keine völlig selbständige Organisation mit eigener Buchführung. Entscheidend ist, wie bei der Veräußerung eines Betriebs im Ganzen, dass alle wesentlichen Betriebsgrundlagen in einem einheitlichen Vorgang gegen Entgelt an einen Erwerber veräußert werden und die im Teilbetrieb ausgeübte Tätigkeit eingestellt wird.

Das EStG zählt als Teilbetrieb auch eine zum Betriebsvermögen gehörende 100 %ige Beteiligung an einer Kapitalgesellschaft auf. Ein Veräußerungsgewinn aus einer Beteiligung dieser Art wird nach dem Halbeinkünfteverfahren besteuert. Eine Tarifbegünstigung nach § 34 Abs. 2 EStG gibt es daher nicht mehr.

Die Veräußerung einer 100 %igen Beteiligung an einer Kapitalgesellschaft führt beim veräußernden Unternehmen zu einer Gewerbesteuerbelastung. Diese mindert den laufenden Gewinn.

### 4.6.1.3 Veräußerung eines Mitunternehmeranteils

Auch Gewinne aus der Veräußerung eines Mitunternehmeranteils sind gemäß § 16 Abs. 1 Satz 1 Nr. 2 EStG wie Gewinne aus der Veräußerung des ganzen Gewerbebetriebs oder eines Teilbetriebs zu beurteilen.

Mitunternehmeranteil i.S.v. § 16 Abs. 1 Satz 1 Nr. 2 EStG umfasst begrifflich u.a.:

- Anteile an Personengesellschaften (OHG, KG, GbR), wobei Personengesellschaften Gesamthandsvermögen haben;
- Anteile mit Bruchteilseigentum;
- Anteile an Personengesellschaften, die kein Gesamthandsvermögen haben, wie die atypische stille Gesellschaft oder die atypische Unterbeteiligung. Sie sind reine Innengesellschaften.

Allen »Anteilen« ist gemeinsam, dass sie einen Gewerbebetrieb betreiben bzw. die Tätigkeit als Gewerbebetrieb gilt (gewerblich geprägte Personengesellschaften i.S.v. § 15 Abs. 3 Nr. 2 EStG), um die Begünstigungen eines Veräußerungsgewinns zu erhalten.

Sonderbetriebsvermögen

An dieser Stelle muss unbedingt erwähnt werden, welche Bedeutung das Sonderbetriebsvermögen eines Mitunternehmers bei der Besteuerung eines Veräußerungsvorgangs hat.

Der Mitunternehmeranteil umfasst neben der Mitberechtigung am Gesamthandsvermögen auch Sonderbetriebsvermögen eines einzelnen Mitunternehmers.

Wird im Zusammenhang mit der Veräußerung des Mitunternehmeranteils auch das Sonderbetriebsvermögen des veräußernden Mitunternehmers auf den Erwerber übertragen, so sind die im Sonderbetriebsvermögen enthaltenen stillen Reserven in den steuerbegünstigten Veräußerungsgewinn einzubeziehen. Werden dagegen Wirtschaftsgüter des Sonderbetriebsvermögens, die zu den wesentlichen Betriebsgrundlagen gehören, nicht auf den Erwerber des Mitunternehmeranteils übertragen, so geht die Steuerbegünstigung der Anteilsveräußerung insgesamt verloren.

### 4.6.1.4 Einbringungsfälle nach § 24 UmwStG

Gewährung von Gesellschaftsrechten

Aufgrund dieser Vorschrift kann ein Betrieb, ein Teilbetrieb oder ein Mitunternehmeranteil gegen Gewährung von Gesellschaftsrechten in eine Personengesellschaft eingebracht werden. Die Einbringung erfolgt also nicht unentgeltlich. Es wird eine Gegenleistung gewährt (Gewährung von Gesellschaftsrechten). Das hätte zur Folge, dass der Einbringende einen Veräußerungsgewinn erzielt und versteuern muss, wenn er wertmäßig mehr erhält als den Buchwert des eingebrachten Betriebsvermögens. Die Vorschrift des § 24 UmwStG ermöglicht jedoch eine steuerneutrale Übertragung der stillen Reserven, wenn deren spätere Versteuerung sichergestellt ist.

Die Vorschrift erfasst viele Tatbestände. Sie sind im BMF-Schreiben vom 25.3.1998, BStBl I 1998 S. 268 (»Umwandlungssteuererlass«) aufgezählt:

a) Aufnahme eines Gesellschafters in ein Einzelunternehmen gegen Geldeinlage oder Einlage anderer Wirtschaftsgüter. Aus Sicht des § 24 UmwStG bringt dabei der Einzelunternehmer seinen Betrieb in die neu entstehende Personengesellschaft ein.
b) Einbringung eines Einzelunternehmers in eine bereits bestehende Personengesellschaft oder der Zusammenschluss von mehreren Einzelunternehmern zu einer Personengesellschaft.
c) Eintritt eines weiteren Gesellschafters in eine bestehende Personengesellschaft gegen Geldeinlage oder Einlage anderer Wirtschaftsgüter. Die bisherigen Gesellschafter der Personengesellschaft bringen in diesem Fall - aus Sicht des § 24 UmwStG - ihre Mitunternehmeranteile an der bisherigen Personengesellschaft in eine neue, durch den neu hinzutretenden Gesellschafter vergrößerte Personengesellschaft ein.
   Der bloße Gesellschafterwechsel bei einer bestehenden Personengesellschaft - ein Gesellschafter scheidet aus, ein anderer erwirbt seine Anteile und tritt an seine Stelle - fällt nicht unter § 24 UmwStG.
d) Die Gesellschafter der Personengesellschaft I bringen ihre Gesellschaftsanteile (Mitunternehmeranteile) in die übernehmende Personengesellschaft II gegen Gewährung von Mitunternehmeranteilen an dieser Gesellschaft ein und das Gesellschaftsvermögen I wächst der übernehmenden Personengesellschaft II an.
e) Verschmelzung von Personenhandelsgesellschaften.
f) Ausgliederung aus Körperschaften, Personenhandelsgesellschaften oder Einzelunternehmen auf Personenhandelsgesellschaften.

Gegenleistung Gesellschaftsrechte

Die Vorschrift ist auch anwendbar, wenn der Einbringende bereits Mitunternehmer ist und seinen Mitunternehmeranteil durch einen Vorgang der oben beschriebenen Art weiter aufstockt.

Wie oben schon beschrieben, muss der Einbringende als Gegenleistung für die Einbringung Gesellschaftsrechte an der neuen Gesellschaft erwerben. Diese Gegenleistung muss mindestens teilweise in einem Mitunternehmeranteil bestehen. Die Verbuchung allein auf einem Darlehenskonto reicht nicht aus.

§ 24 UmwStG steht in engem Zusammenhang mit § 16 Abs. 1 EStG. Die verwendeten Begriffe sind gleich. Bei der Einbringung müssen die Voraussetzungen der Betriebsveräußerung erfüllt sein. Es müssen die wesentlichen Grundlagen eines ganzen Betriebs, Teilbetriebs oder Mitunternehmeranteils eingebracht werden.

Entscheidend für die steuerliche Behandlung eines Einbringungsvorgangs ist die Bewertung des eingebrachten Betriebsvermögens. Es kann bei der aufnehmenden Gesellschaft

- zu Buchwerten,
- zu Zwischenwerten,
- zum Teilwert

angesetzt werden. Das Wahlrecht wird von allen Gesellschaftern der übernehmenden Gesellschaft ausgeübt, damit der Einbringungsvorgang auch einheitlich behandelt wird.

### Buchwertfortführung

Nach § 24 Abs. 3 UmwStG gilt der Wertansatz des eingebrachten Betriebsvermögens bei der aufnehmenden Gesellschaft als Veräußerungspreis. Bei der Buchwertfortführung kann somit kein Veräußerungsgewinn bei der einbringenden Gesellschaft entstehen. Werden allerdings nicht zu den wesentlichen Betriebsgrundlagen gehörende Wirtschaftsgüter zurückbehalten, zählt deren Entnahme zum laufenden Gewinn.

Für die aufnehmende Personengesellschaft gilt, dass sie in die Rechtsposition des eingebrachten Betriebs eintritt. So führt sie beispielsweise die Abschreibungen fort.

### Ansatz zu Zwischenwerten

Diese Alternative führt beim Einbringenden zu einer Gewinnrealisierung, die nicht steuerbegünstigt ist, weil die stillen Reserven nicht in einem Zug in voller Höhe aufgedeckt werden.

Dennoch kann steuerlich die sofortige Gewinnrealisierung durch Aufstellung einer negativen Ergänzungsbilanz für den Einbringenden vermieden werden (vgl. Ausführungen Ansatz zu Teilwerten).

### Ansatz zu Teilwerten

Der Teilwert ist die Obergrenze für die Bewertung der eingebrachten Wirtschaftsgüter. Dabei müssen alle eingebrachten Wirtschaftsgüter mit dem Teilwert bewertet werden. Für den eingebrachten Betrieb ergibt sich dann zwingend ein Veräußerungsgewinn. Dieser ist wie folgt zu ermitteln:

| | |
|---|---|
| | Veräußerungspreis (= Wertansatz bei aufnehmender Personengesellschaft) |
| ./. | Einbringungskosten |
| ./. | Buchwert des eingebrachten Betriebs |
| = | Veräußerungsgewinn |

Die sofortige Versteuerung des Veräußerungsgewinns kann durch eine negative Ergänzungsbilanz neutralisiert werden.

Das Erstellen von Ergänzungsbilanzen soll nachstehend erörtert werden:

Bei der Einbringung eines Betriebs usw. in eine Personengesellschaft werden vielfach die Buchwerte des eingebrachten Betriebsvermögens in der Bilanz der Personengesellschaft aufgestockt, um die Kapitalkonten der Gesellschafter im richtigen Verhältnis zueinander auszuweisen. Es kommt auch vor, dass ein Gesellschafter als Geschäftseinlage einen höheren Beitrag leisten muss, als ihm in der Bilanz der Personengesellschaft als Kapitalkonto gutgeschrieben wird. In diesen Fällen können die Gesellschafter der Personengesellschaft Ergänzungsbilanzen aufstellen, durch die die sofortige Versteuerung eines Veräußerungsgewinns für den Einbringenden vermieden werden kann.

Ergänzungsbilanz

**Beispiel:**

*A unterhält ein Einzelunternehmen mit einem buchmäßigen Eigenkapital von 100.000 €. In den Buchwerten sind stille Reserven von 200.000 € enthalten. Der wahre Wert des Unternehmens beträgt also 300.000 €.*

*Die Schlussbilanz des A im Zeitpunkt der Einbringung sieht wie folgt aus:*

| | |
|---|---|
| *Aktiva* | *Kapital* |
| *100.000 €* | *100.000 €* |

*In das Einzelunternehmen des A tritt B als Gesellschafter ein; A bringt also sein Einzelunternehmen in die neue von ihm und B gegründete Personengesellschaft ein. A und B sollen an der neuen Personengesellschaft zu je 50 % beteiligt sein. B leistet deshalb eine Bareinlage von 300.000 €. Die Kapitalkonten von A und B sollen in der Bilanz der Personengesellschaft gleich hoch sein.*

*Die Eröffnungsbilanz der Personengesellschaft lautet wie folgt:*

| *Aktiva* | | *Passiva* |
|---|---|---|
| *Das von A eingebrachte* | | *Kapital A 200.000 €* |
| *Betriebsvermögen* | *100.000 €* | *Kapital B 200.000 €* |
| *Kasse* | | |
| *(Bareinlage des B)* | *300.000 €* | |
| | *400.000 €* | *400.000 €* |

*Da A eine Einlage von 300.000 € geleistet hat, hat er 100.000 € mehr gezahlt, als sein buchmäßiges Kapital in der Bilanz der neuen Personengesellschaft beträgt (B hat mit diesen 100.000 € praktisch dem A die Hälfte der stillen Reserven »abgekauft«). Er muss in diesem Fall sein in der Bilanz der Personengesellschaft nicht ausgewiesenes Mehrkapital von 100.000 € in einer Ergänzungsbilanz ausweisen.*

*Die Ergänzungsbilanz des B hat den folgenden Inhalt:*

| | |
|---|---|
| *Mehrwert für Aktiva<br>100.000 €* | *Mehrkapital<br>100.000 €* |

*Das von A in die Personengesellschaft eingebrachte Betriebsvermögen ist danach in der Bilanz der Personengesellschaft einschließlich in der Ergänzungsbilanz des Gesellschafters B mit insgesamt 200.000 € ausgewiesen (mit 100.000 € in der Gesamtbilanz der Personengesellschaft und mit 100.000 € in der Ergänzungsbilanz des B). Es war bisher bei A nur mit 100.000 € angesetzt. Es würde sich danach für A ein Veräußerungsgewinn von 100.000 € ergeben.*

Negative Ergänzungsbilanz

*A kann diesen Veräußerungsgewinn dadurch neutralisieren, dass er seinerseits eine Ergänzungsbilanz aufstellt und in dieser dem in der Ergänzungsbilanz des B ausgewiesenen Mehrwert für die Aktiva von 100.000 € einen entsprechenden Minderwert gegenüberstellt (sog. negative Ergänzungsbilanz).*

*Diese negative Ergänzungsbilanz das A sieht wie folgt aus:*

| | |
|---|---|
| *Minderkapital<br>100.000 €* | *Minderwert der Aktiva<br>100.000 €* |

*Das eingebrachte Betriebsvermögen ist nunmehr in der Bilanz der Personengesellschaft und den Ergänzungsbilanzen ihrer Gesellschafter insgesamt wie folgt ausgewiesen: Mit 100.000 € in der Bilanz der Personengesellschaft zuzüglich 100.000 € in der Ergänzungsbilanz des B abzüglich 100.000 € in der Ergänzungsbilanz des A, insgesamt also mit 100.000 €. Dieser Wert ist nach § 24 Abs. 3 UmwStG für die Ermittlung des Veräußerungsgewinns des A bei der Einbringung maßgebend.*
*Da der Buchwert des eingebrachten Betriebsvermögens in der Schlussbilanz des A ebenfalls 100.000 € betrug, entsteht für A kein Veräußerungsgewinn.*
*Die Ergänzungsbilanzen für A und B sind auch bei der künftigen Gewinnermittlung zu berücksichtigen und korrespondierend weiterzuentwickeln. Dabei ergibt sich z. B. gegenüber der Bilanz der Personengesellschaft für den Gesellschafter B aus seiner (positiven) Ergänzungsbilanz*

*ein zusätzliches AfA-Volumen und für den Gesellschafter A aus seiner (negativen) Ergänzungsbilanz eine Minderung seines AfA-Volumens. Würde das von A eingebrachte Betriebsvermögen in der Eröffnungsbilanz der Personengesellschaft nicht mit seinem Buchwert von 100.000 €, sondern mit seinem wahren Wert von 300.000 € angesetzt werden und würden demgemäß die Kapitalkonten von A und B mit je 300.000 € ausgewiesen werden, so könnte A zur Vermeidung eines Veräußerungsgewinns eine negative Ergänzungsbilanz mit einem Minderkapital von 200.000 € aufstellen; für B entfiele in diesem Fall eine Ergänzungsbilanz.*

### 4.6.2 Realteilung

Auflösung des bestehenden Betriebs

Ein Betrieb kann auch in der Weise aufgelöst werden, dass Teilbetriebe, Mitunternehmeranteile oder Einzelwirtschaftsgüter den einzelnen Mitunternehmern entsprechend ihrem Anteil am Gesellschaftsvermögen zugewiesen werden. Bleiben die aufgeteilten Vermögensteile bei den betreffenden Mitunternehmern weiterhin Betriebsvermögen, so liegt eine Realteilung vor.

Die Mitunternehmerschaft muss vollständig aufgelöst und beendet werden. Ihr Betriebsvermögen wird also real aufgeteilt. Dazu gehört nicht nur das Gesamthandsvermögen, sondern auch etwaiges Sonderbetriebsvermögen einzelner Mitunternehmer.

In einem solchen Fall sind die Buchwerte fortzuführen, wenn die Besteuerung der stillen Reserven sichergestellt ist. Für die Zuteilung von Einzelwirtschaftsgütern gilt die Buchwertfortführung mit der Einschränkung, dass die Wirtschaftsgüter drei Jahre lang im Betriebsvermögen gehalten werden müssen. Wird diese Sperrfrist nicht eingehalten, so ist rückwirkend der gemeine Wert anzusetzen; d.h. Versteuerung der stillen Reserven.

Werden im Rahmen der Realteilung einzelne Wirtschaftsgüter unmittelbar oder mittelbar auf eine Körperschaft übertragen, so ist auch hier eine Buchwertfortführung unzulässig mit der Folge, dass der gemeine Wert anzusetzen ist.

Der Idealfall einer Realteilung sieht vor, dass die Buchwerte der den Mitunternehmern zugeteilten Wirtschaftsgüter mit den Kapitalkonten der Gesellschafter übereinstimmen. Da das i.d.R. nicht der Fall ist, erhält ein Mitunternehmer mehr an Buchwerten, einer weniger. Das daraus entstehende Bilanzierungsproblem löst die oberste Rechtsprechung mit der sogenannten Kapitalkontenanpassungsmethode. Danach müssen die Realteiler ihr jeweiliges Kapitalkonto durch Auf- bzw. Abstocken an die Buchwerte der zugeteilten Wirtschaftsgüter anpassen.

Wie oben schon erwähnt ist im Rahmen einer Realteilung ein vollständiger Wertausgleich durch die Zuteilung von Wirtschaftsgütern nicht möglich. In der Praxis werden deshalb üblicherweise von

Ausgleichszahlungen

demjenigen, der mehr an Wirtschaftsgütern erhalten hat, Ausgleichszahlungen (Spitzenausgleich) geleistet. Z.Zt. wird überwiegend die Meinung vertreten, dass im Verhältnis der Ausgleichszahlung zum Wert der übernommenen Wirtschaftsgüter eine entgeltliche Anschaffung erfolgt und ein Veräußerungsgewinn realisiert wird. Dieser Spitzenausgleichsgewinn ist ein laufender Gewinn, der jedoch nicht der Gewerbesteuer unterliegt.

Nicht zu verwechseln ist die Realteilung mit dem Ausscheiden eines Mitunternehmers aus einer Personengesellschaft gegen Sachwertabfindung ins Privatvermögen. Der gemeine Wert der auf den ausscheidenden Gesellschafter übergehenden Einzelwirtschaftsgüter wird als Veräußerungspreis angesehen. Der so beim Ausscheidenden entstehende Veräußerungsgewinn führt bei den verbleibenden Mitunternehmern zu zusätzlichen Anschaffungskosten für das übrige Aktivvermögen.

Die Wirtschaftsgüter, die der ausscheidende Mitunternehmer erhält, werden bei ihm i.d.R. Privatvermögen. Es entsteht bei ihm ein steuerbergünstigter Gewinn aus der Veräußerung seines Mitunternehmeranteils.

Werden die Wirtschaftsgüter beim ausscheidenden Mitunternehmer jedoch wieder Betriebsvermögen, ist die steuerliche Behandlung nach § 6 Abs. 5 Satz 3 EStG gegeben. Eine Realteilung liegt nach Auffassung der Finanzverwaltung hier auch nicht vor, da der alte Betrieb durch das Ausscheiden eines Gesellschafters nicht aufgeben wird.

### 4.6.3 Steuervergünstigungen

#### 4.6.3.1 Tarifliche Vergünstigungen

Freibetrag

Das EStG sieht vor, dass ein Freibetrag für kleinere Veräußerungsgeschäfte gewährt wird, der zu einer steuerlichen Entlastung führt und im Ergebnis die Versorgung des Veräußerers fördert. Das Gesetz gewährt neben einem Freibetrag von 45.000 € (§ 16 Abs. 4 EStG) einen ermäßigten Steuersatz für Veräußerungsgewinne von bis zu 5.000.000 €. Der Freibetrag begünstigt nur kleinere Gewinne, weil er sich um den Betrag mindert, der 136.000 € übersteigt. Somit entfällt er bereits bei einem Veräußerungsgewinn von 181.000 €.

Steuersatz

Neben dem Freibetrag gemäß § 16 Abs. 4 EStG ist auf den Veräußerungsgewinn ein ermäßigter Steuersatz anzuwenden (§ 34 EStG). Dabei hat der Veräußerer die Wahlmöglichkeit zwischen der Fünftelregelung und dem halben Steuersatz. Beide Alternativen beruhen auf der Erkenntnis, dass bei Veräußerungsvorgängen ein Ende von betrieblichen Einkünften herbeigeführt wird und diese Einkünfte zusammengeballt in einen Veranlagungszeitraum anfallen und so im Regelfall zu einer verschärften Progressionswirkung (höherer Steuersatz) führen. Beim »halben Steuersatz« beträgt der ermäßigte Steuersatz 56 % des durchschnittlichen Steuersatzes, mindestens jedoch 15 % (ab Veranlagungszeitraum 2005). Die Fünftelregelung soll die Progressionswirkung mildern, indem die Einkünfte rechnerisch auf fünf Jahre verteilt werden. Es erfolgt keine geänderte Veranlagung für die vergangenen Zeiträume. Die besondere Berechnung des Veräußerungsgewinns und dessen Veranlagung wird ausschließlich im Jahr der Entstehung des Veräußerungsgewinns vorgenommen. Die Fünftelregelung definiert das Gesetz wie folgt: Die für die außerordentlichen Einkünfte anzusetzende Einkommensteuer beträgt das Fünffache des Unterschiedsbetrags zwischen der Einkommensteuer für das um diese Einkünfte verminderte zu versteuernde Einkommen (verbleibendes zu versteuerndes Einkommen) und der Einkommensteuer für das verbleibende zu versteuernde Einkommen zuzüglich eines Fünftels dieser Einkünfte.

**Beispiel:**
*A hat im Jahr 2006 laufende Einkünfte in Höhe von 100.000 € und außerordentliche Einkünfte auf Grund eines Veräußerungsgewinns in Höhe von 150.000 €. Abzüge sollen in Höhe von ca. 10.000 € zu berücksichtigen sein. Das zu versteuernde Einkommen beträgt somit 240.000 €.*

**Lösung:**

| | |
|---|---|
| *Ermittlung der Steuer lt. Splittingtabelle* | |
| *zu versteuerndes Einkommen ohne Anwendung des § 34 EStG* | *240.000 €* |
| *./. außerordentliche Einkünfte* | *150.000 €* |
| *verbleibendes zu versteuerndes Einkommen* | *90.000 €* |
| ***Steuer ohne Nebenabgaben*** | ***22.204 €*** |
| *Ermittlung der Steuer mit einem Fünftel der außerordentlichen Einkünfte* | |
| *Verbleibendes zu versteuerndes Einkommen wie oben* | *90.000 €* |
| *+ 1/5 der außerordentlichen Einkünfte* | *30.000 €* |
| *erhöhtes zu versteuerndes Einkommen* | *120.000 €* |
| ***Steuer ohne Nebenangaben*** | ***34.572 €*** |

| | |
|---|---|
| *Unterschiedsbetrag* | |
| *Steuer auf erhöhtes zu versteuerndes Einkommen* | *34.572 €* |
| *Steuer auf verbleibendes zu versteuerndes Einkommen* | *22.204 €* |
| *Unterschiedsbetrag* | *12.368 €* |
| × *5 =* | *61.840 €* |
| | |
| *Tatsächlich festzusetzende Steuer:* | |
| *Steuer auf laufende Einkünfte* | *22.204 €* |
| *Steuer auf Veräußerungsgewinn* | *61.840 €* |
| | *84.044 €* |

Vorteilhaftigkeit

Ohne steuerliche Vergünstigungen wären bei einem zu versteuernden Einkommen von 240.000 € bei Anwendung des Splittingtarifs 84.972 € zu entrichten. Aus diesem geringen Vorteil kann der Schluss gezogen werden, dass bei hohem Einkommen die Fünftelregelung kaum Vorteile einbringt.

Die Anwendung des halben durchschnittlichen Steuersatzes ist wie die Gewährung des Freibetrags davon abhängig, ob der Steuerpflichtige das 55. Lebensjahr vollendet hat oder im sozialversicherungsrechtlichen Sinn dauernd berufsunfähig ist. Die günstige Besteuerung wird nur einmal im Leben des jeweiligen Veräußers gewährt. Bei mehreren Betriebsvermögen muss abgewägt werden, für welchen Vorgang diese Regelung gewählt wird.

### 4.6.3.2 Reinvestition nach § 6b EStG

§ 6b-Rücklage

Die Gewinnrealisation aus der Veräußerung bestimmter Anlagegüter kann unter bestimmten Voraussetzungen gem. § 6b EStG durch Übertragung auf Reinvestitionen vermieden werden.

Wird Gesamthandvermögen übertragen, so kann auch ein hierbei entstandener Gewinn übertragen werden, soweit er nicht Körperschaften, Personenvereinigungen oder Vermögensmassen, sondern natürlichen Personen zuzurechnen ist. Dabei gilt ein Höchstbetrag von 500.000 € für jeden Mitunternehmer.

Nachstehende Übersicht zeigt die zur Zeit geltenden Übertragungsvorgänge auf:

| Begünstigte Gewinne aus der Veräußerung von: | können übertragen werden auf: | Bis zu |
|---|---|---|
| Grund und Boden | • Grund und Boden<br>• Aufwuchs mit dem dazugehörigen Grund und Boden (land- und forstwirtschaftliches Betriebsvermögen)<br>• Gebäude | 100 %<br>100 %<br>100 % |
| Aufwuchs mit dem dazugehörigen Grund und Boden (land- und forstwirtschaftliches Betriebsvermögen) | • Aufwuchs mit dem dazugehörigen Grund und Boden (land- und forstwirtschaftliches Betriebsvermögen)<br>• Gebäude | 100 %<br>100 % |
| Gebäuden | • Gebäude | 100 % |
| Binnenschiffen | • Binnenschiffe | 100 % |

## 4.6.4 Betriebsaufgabe

Betriebsaufgabe und Betriebsveräußerung

Während die Betriebsveräußerung i.d.R. die Weiterführung des Betriebes durch den/die Erwerber zur Folge hat, bedeutet die Betriebsaufgabe die Auflösung des Betriebs durch den Inhaber, so dass dieser Betrieb zu bestehen aufhört. Das Gesetz behandelt die Betriebsaufgabe und die Betriebsveräußerung weitgehend gleich, weil der Unternehmer die stillen Reserven in den Wirtschaftsgütern in beiden Fällen aufdecken und als Gewinn verstehen muss. Das Gesetz spricht davon, dass die Betriebsaufgabe als Betriebsveräußerung gilt.

### 4.6.4.1 Betriebseinstellung

Die Betriebseinstellung im hier behandelten Sinn ist nicht die Liquidation, die allmählich vorgenommen wird, über einen längeren Zeitraum stattfindet und deren etwaiger Gewinn in jedem Veranlagungszeitraum der laufenden Besteuerung unterliegt und auch gewerbesteuerlich erfasst wird.

»Steuerbegünstigte« Betriebsaufgabe

Hier soll nur die »steuerbegünstigte« Betriebsaufgabe besprochen werden, die die Aufdeckung der stillen Reserven in einem Zuge nach sich zieht und für die ein Freibetrag sowie die Tarifermäßigung gewährt wird und die nicht der Gewerbesteuer unterliegt.

Die Betriebs-/Teilbetriebsaufgabe im engeren Sinn und die Steuervergünstigungen kommen zur Anwendung bei der Aufgabe von

- land- und forstwirtschaftlichen Betrieben (§ 14 EStG),
- Gewerbebetrieben (§ 16 EStG) und
- Vermögen, die der selbständigen Arbeit dienen (§ 18 Abs. 3 EStG).

Überschussrechner

Die Aufzählung besagt, dass auch die Überschussrechner (§ 4 Abs. 3 EStG) die Vorschriften über die Ermittlung des Aufgabegewinns anwenden können. Allerdings müssen diese zum Zeitpunkt der Betriebsaufgabe zum Bestandsvergleich nach § 4 Abs. 1 EStG übergehen.

Die Betriebsaufgabe i.S.d. EStG setzt voraus, dass die wesentlichen Betriebsgrundlagen aus dem Betrieb ausscheiden, d.h. veräußert oder in das Privatvermögen überführt werden. Somit werden sämtliche stille Reserven aufgedeckt. Nur dann treten auch die steuerlichen Vergünstigungen ein.

Die Aufgabe des Gewerbebetriebs schließt begrifflich auch die Aufgabe eines Teilbetriebs ein. Sie setzt voraus, dass die Tätigkeit des Teilbetriebs eingestellt wird und alle wesentlichen Betriebsgrundlagen veräußert oder entnommen werden (vgl. Teilbetriebsveräußerung). Die entnommenen Wirtschaftsgüter des Betriebsvermögens sind dabei mit dem gemeinen Wert (gemeint ist der Verkehrswert) anzusetzen, weil sonst die stillen Reserven nicht aufgedeckt würden.

Die einkommensteuerlichen Folgen sind die gleichen wie bei der Betriebsveräußerung.

#### 4.6.4.2 Betriebsverpachtung

Begrenzte Zeit

Die Betriebsverpachtung ist möglich bei ganzen Gewerbebetrieben und bei Teilbetrieben. Dabei wird der Betrieb/Teilbetrieb für einen gewissen Zeitraum einem anderen Unternehmer überlassen. Dieser betreibt das Unternehmen auf eigene Rechnung und Gefahr.

Die Möglichkeit der Betriebsverpachtung ist ein interessantes Gestaltungsinstrument. Der Verpächter bleibt Eigentümer seines Betriebsvermögens und erhält für die Verpachtung einen Pachtzins, der zu den Einkünften aus Gewerbebetrieb gehört, aber nicht der Gewerbesteuer unterliegt. Nur der Pächter unterliegt mit seinen Einkünften der Gewerbesteuer.

Bei der Gewinnermittlung ergeben sich für Verpächter und Pächter verbindende Elemente. Der Verpächter des Gewerbebetriebs ermittelt seinen Gewinn i.d.R. weiter nach § 5 EStG durch einen Bestandsvergleich. In seiner Handels- und Steuerbilanz hat er den Anspruch gegen den Pächter auf Erhaltung und Erneuerung der Pachtgegenstände in Höhe des jährlich hinzukommenden Anspruchs zu aktivieren.

Der Pächter verbucht die von ihm gezahlten Pachtzinsen als Betriebsausgaben und mindert somit seinen Gewinn. Der beim Verpächter zu aktivierende Pachterneuerungsanspruch führt beim Pächter zu einer Pachterneuerungsrückstellung. Wenn der Pächter auch der potentielle Erwerber des Betriebs ist, gibt ihm die Anpachtung des Betriebs zunächst eine Finanzierungshilfe. Die zu zahlende Pacht schmälert zwar seinen Gewinn, die Pachterneuerungsrücklage gibt ihm aber durch die erzielte Steuerersparnis einen Liquiditätsspielraum.

Unternehmensnachfolge

Das Instrument der Betriebsverpachtung ist auch im Rahmen der Unternehmensnachfolge einzusetzen. Wenn sich der Unternehmer entschlossen hat, seinen Betrieb auf einen Nachfolger zu übertragen, aber die Zeit dafür noch nicht reif ist, kann er seinen Betrieb vorübergehend an die für die Nachfolge vorgesehene Person verpachten. Die Verpachtung des Betriebs führt noch nicht zur Aufdeckung von stillen Reserven. Erst wenn der Verpächter erklärt, dass er seinen Betrieb aufgeben wolle, werden die verpachteten Wirtschaftsgüter grundsätzlich Privatvermögen. Es fällt ein steuerbegünstigter Aufgabegewinn an. Die Aufgabeerklärung ist gegenüber dem zuständigen Finanzamt zu erklären.

Für den Pächter ist es wichtig zu wissen, dass er in die vom Verpächter abgeschlossenen laufenden Verträge eintritt; besonders wichtig sind dabei die Verträge mit den Beschäftigten (§ 613a BGB).

### 4.6.5 Unentgeltliche Übertragung gem. § 6 Abs. 3 EStG

Wie der Begriff »unentgeltlich« schon andeutet, hat der Erwerber beim unentgeltlichen Erwerb eines ganzen Betriebs, eines Teilbetriebs oder eines Anteils an einer Personengesellschaft keine Anschaffungskosten. Der bisherige Betriebsinhaber kann folglich auch keinen Veräußerungsgewinn erzielen; er kann nicht einmal einen Veräußerungspreis nachweisen. Die steuerliche Behandlung der unentgeltlichen Übertragung eines Betriebs, eines Teilbetriebs oder eines Mitunternehmeranteils findet sich in § 6 Abs. 3 EStG.

In dieser Vorschrift ist geregelt, dass der bisherige Betriebsinhaber in seiner Bilanz die Wirtschaftsgüter mit den Werten anzusetzen hat, die sich nach den Vorschriften über die Gewinnermittlung ergeben (Buchwert). Der Erwerber führt diese Werte fort; er ist als Rechtsnachfolger an diese Werte gebunden. Das heißt, dass die Schlussbilanz des übertragenden Inhabers mit der Eröffnungsbilanz des Erwerbers übereinstimmt.

Schenkung/Erbfall

Die Buchwertfortführung gilt auch bei der unentgeltlichen Aufnahme einer natürlichen Person in ein bestehendes Einzelunternehmen sowie bei der unentgeltlichen Übertragung eines Teils eines Mitunternehmeranteils auf eine natürliche Person.

Aus diesen gesetzlich normierten Fällen geht hervor, dass darunter Schenkungen und Erbfälle zu subsumieren sind. Damit ist klargestellt, dass ein Schenkungs- oder Erbfall von Betriebsvermögen ertragsteuerlich nur zu Buchwerten erfolgen kann.

Die Buchwertfortführung ist auch anzuwenden, wenn der bisherige Betriebsinhaber (Mitunternehmer) Wirtschaftsgüter, die weiterhin zum Betriebsvermögen derselben Mitunternehmerschaft gehören, nicht überträgt, sofern der Rechtsnachfolger den übernommenen Mitunternehmeranteil über einen Zeitraum von mindestens fünf Jahren nicht veräußert oder aufgibt.

Gemeint sind hier solche Fälle, in denen das Sonderbetriebsvermögen nicht auf den Teilanteilserwerber übertragen wird. Wichtig ist dabei, dass die Übertragung an natürliche Personen erfolgen muss.

Es ist auch zu beachten, dass die ganz oder teilweise zurückbehaltenen Wirtschaftsgüter dann weiterhin zum Betriebsvermögen derselben Mitunternehmerschaft gehören, wenn sie dieser vor und nach der Übertragung des Teilanteils zur Nutzung überlassen werden, z. B. Überlassung eines Grundstücks.

Die unentgeltliche Übertragung erfordert, dass der übertragende Unternehmer seine bisherige Tätigkeit aufgibt. Eine Betriebsaufgabe i.S. des § 16 Abs. 3 EStG ist dennoch nicht gegeben.

An dieser Stelle sei auf eine Ungereimtheit hingewiesen, die § 6 Abs. 3 EStG und § 24 UmwStG berühren. § 6 Abs. 3 EStG schreibt zwingend die Buchwertführung vor bei der unentgeltlichen Aufnahme einer natürlichen Person in ein bestehendes Einzelunternehmen. § 24 UmwStG erfasst auch diesen Fall, gewährt aber ein Bewertungswahlrecht. Diese Frage ist noch nicht geregelt bzw. entschieden.

## 4.7 Ertragsteuerliche Behandlung der vorweggenommenen Erbfolge

Entgeltliche/ unentgeltliche Rechtsgeschäfte

Unter vorweggenommener Erbfolge sind Vermögensübertragungen unter Lebenden mit Rücksicht auf die künftige Erbfolge zu verstehen. Der Übernehmer soll nach dem Willen der Beteiligten wenigstens teilweise eine unentgeltliche Zuwendung erhalten (Beschluss des Großen Senats des BFH vom 5.7.1990, BStBl II 1990 S. 847). Ein voll entgeltliches Veräußerungsgeschäft wird angenommen, wenn sich die Werte von Leistung und Gegenleistung in etwa gleichwertig gegenüberstehen. Die vorweggenommene Erbfolge kann also einkommensteuerlich als entgeltliches oder unentgeltliches Rechtsgeschäft gestaltet werden. Aus der Formulierung »wenigstens teilweise eine unentgeltliche Zuwendung« ist zu folgern, dass es auch Vermögensübertragungen gibt, die teils entgeltlich und teils unentgeltlich sind. Im Erlass des BMF vom 13.1.1993, BStBl I 1993 S. 80 ff., wird in Tz. 3 auch festgestellt, dass je nach Art der anlässlich der Vermögensübertragung durch vorweggenommene Erbfolge vereinbarten Leistungen eine voll unentgeltliche oder eine teilentgeltliche Übertragung vorliegt.

Hier sind also solche Vermögensübertragungen zu betrachten, die in irgendeiner Form den Empfänger des Vermögens zu einer Gegenleistung verpflichten. Diese Gegenleistungen bestehen im Wesentlichen in der Übernahme von Versorgungsleistungen oder Verbindlichkeiten oder auch in der Übernahme von Ausgleichszahlungen an andere Angehörige des Schenkenden oder an Dritte. Unter die Versorgungsleistungen sind Renten und dauernde Lasten zu erfassen. Damit sind Versorgungsleistungen allgemein wiederkehrende Leistungen im Zusammenhang mit einer Vermögensübertragung zur vorweggenommenen Erbfolge. Für die ertragsteuerliche Beurteilung dieser Gegenleistungen ist es wichtig zu wissen, ob Anschaffungsvorgänge vorliegen.

### 4.7.1 Anschaffungskosten bei (teil-)entgeltlichen Vorgängen

#### 4.7.1.1 Versorgungsleistungen

Keine Anschaffungskosten

Die Rechtsprechung des BFH hat schon seit langem die Vermögensübertragung gegen Versorgungsleistungen als unentgeltlichen Vorgang angesehen. Mit BFH-Urteil vom 22.9.1994 (BStBl II 1995 S. 367) hat er entschieden, dass Versorgungsleistungen, die anlässlich der Übertragung von Vermögen im Wege der vorweggenommenen Erbfolge vom Übernehmer zugesagt werden, nicht zu Anschaffungskosten beim Übernehmer führen. Höhe und Art der Versorgungsleistungen sind bei der Beurteilung der Frage nach etwaigen Anschaffungskosten ohne Bedeutung. Anschaffungskosten entstehen durch die Gewährung von Versorgungsleistungen weder bei der Übertragung von Privatvermögen noch bei Betriebsvermögen.

Welche steuerlichen Folgen treten überhaupt ein?

Behandlung beim Leistenden

Der Übernehmer des Vermögens (= Zahler der Versorgungsleistungen) kann seine Aufwendungen als Sonderausgaben nach § 10 Abs. 1 Nr. 1a EStG vom Einkommen abziehen. Die Höhe richtet sich nach der Beurteilung der Aufwendungen. Bei einer Versorgungsrente ist nur der Ertragsanteil abzugsfähig, eine dauernde Last dagegen in voller Höhe. Der Übergeber des Vermögens hat die ihm zufließenden Versorgungsleistungen als sonstige Einkünfte nach § 22 EStG zu versteuern, d.h. eine Rente mit dem Ertragsanteil, eine dauernde Last in voller Höhe.

Geschäfte zwischen Fremden

Es soll an dieser Stelle nicht unerwähnt bleiben, dass wiederkehrende Leistungen, die keine Versorgungsleistungen darstellen, zu Anschaffungskosten führen können. Beim Erwerb eines Wirtschaftsgutes von einem fremden Dritten gegen Übernahme von wiederkehrenden Leistungen spricht eine Vermutung dafür, dass ein entgeltliches Geschäft vorliegt, das zu Anschaffungskosten führt.

#### 4.7.1.2 Nießbrauchsvorbehalt

Nießbrauchsvorbehalt

Auch in diesem Fall liegt ein unentgeltlicher Vermögensübergang vor; der Übernehmer erbringt keine Gegenleistung. Somit liegen hier in der Regel keine Anschaffungskosten vor. Der Schenkende versteuert die laufenden Einnahmen, weil er sich die Nutzung des Vermögens vorbehalten hat. Werbungskosten in diesem Zusammenhang kann er geltend machen. Der Beschenkte muss nur etwaige Gewinne aus der Veräußerung von Vermögenswerten versteuern.

#### 4.7.1.3 Abstandszahlungen

Anschaffungskosten

Gemeint sind einmalige Zahlungen an den Vermögensüberträger. Diese Zahlungen hat schon die ältere Rechtsprechung als Entgelt beurteilt; daran hat der Beschluss des Großen Senats zur vorweggenommenen Erbfolge vom 5.7.1990, BStBl II 1990 S. 847 nichts geändert. Die Annahme eines Entgelts gilt für die Übertragung von Privat- und Betriebsvermögen. Dennoch stellt sich die Frage, ob ein vollentgeltlicher oder ein teilentgeltlicher Anschaffungsvorgang vorliegt.

Wird Betriebsvermögen übertragen, so muss die Höhe der Abstandszahlung mit dem Buchwert des übernommenen Vermögens verglichen werden. Übersteigt der Wert der Gegenleistung den Buchwert des übertragenden Vermögens (= Kapitalkonto) des Übergebers nicht, so treten einkommensteuerliche Folgen nicht auf, da »außereinkommensteuerliche Gründe«, nämlich die vorweggenommene Erbfolge, im Vordergrund stehen. Ist jedoch der Wert der Gegenleistung höher als der Buchwert des übertragenden Vermögens (= Kapitalkonto des Übertragenden), so hat der Übertragende einen Veräußerungsgewinn nach § 16 EStG zu versteuern. Der Übernehmer hat in Höhe des Veräußerungsgewinnes des Übertragenden Anschaffungskosten. Diese sind auf die einzelnen Wirtschaftsgüter zu verteilen und abzuschreiben.

#### 4.7.1.4 Gleichstellungsgelder

Anschaffungskosten des Übernehmers

Das sind Zahlungen des Erwerbers an Angehörige und etwaige Miterben. Früher hat der BFH solche Gleichstellungsgelder als Auflage einer Schenkung angesehen, die keine Anschaffungskosten darstellen. Nach heutiger Beurteilung durch die Rechtsprechung stellen Gleichstellungsgelder an Angehörige Anschaffungskosten des Übernehmers dar. Dies gilt für die vorweggenommene Erbfolge im Privat- wie im Betriebsvermögen. Die steuerlichen Folgen sind die gleichen wie bei der Abstandszahlung.

#### 4.7.1.5 Übernahme von Verbindlichkeiten

Die neuere Rechtsprechung, insbesondere BFH vom 5.7.1990, BStBl II 1990 S. 847, differenziert hier wie folgt:

Die Übernahme von Verbindlichkeiten des Übertragenden durch den Übernehmer führt grundsätzlich zu Anschaffungskosten. Auch das gilt sowohl bei der Übertragung von Privat- als auch von einzelnen Wirtschaftsgütern des Betriebsvermögens.

Unterschiedliche Behandlung der Übernahme von Verbindlichkeiten

Wird dagegen ein Betrieb, ein Teilbetrieb oder ein Mitunternehmeranteil im Ganzen unentgeltlich, jedoch unter Übernahme der Verbindlichkeiten übertragen, so führt das nicht zu Anschaffungskosten (BMF vom 13.1.1993, BStBl I 1993 S. 80). Anders wiederum ist zu entscheiden, wenn die Übertragung des Betriebs, Teilbetriebs oder Mitunternehmeranteils teilweise oder auch ganz entgeltlich erfolgt. In diesen Fällen führt die Schuldenübernahme zu Anschaffungskosten. Übernimmt der Erwerber des Betriebsvermögens auch außerbetriebliche Verbindlichkeiten des Übergebers, so führt das regelmäßig zu Anschaffungskosten.

## 4.7.2 Gestaltungshinweise

Der Vermögensübernehmer soll als Unternehmensnachfolger das Unternehmen fortführen. Um das sicherzustellen, sind einige Gesichtspunkte zu beachten; insbesondere geht es dabei um die Absicherung des Nachfolgers gegenüber Ansprüchen anderer. Die folgenden Punkte sollten Sie unbedingt überprüfen.

Checkliste

**Pflichtteilsverzicht anderer pflichtteilsberechtigter Erben**

- ✔ Gesellschaftsvertragliche Nachfolge aufnehmen, um eventuell auch den Übergang der letzten Anteile auf den gewünschten Nachfolger zu regeln.
- ✔ Ehevertragliche Vereinbarung des Empfängers der Zuwendung treffen, in der Gütertrennung oder eine modifizierte Zugewinngemeinschaft vereinbart wird mit dem Zweck, Ausgleichsansprüche zu begrenzen.
- ✔ Regelung über die Auszahlungsmodalitäten von Abfindungsansprüchen der anderen Erben treffen.

**Für den Schenkenden sollten Sie überprüfen, ob die folgenden Maßnahmen ergriffen werden können, die ihm die nötige Absicherung geben:**

- ✔ Bei Zahlung von wiederkehrenden Bezügen durch den Vermögensübernehmer sollten für den Empfänger Wertsicherungsklauseln vereinbart werden.
- ✔ Es können Widerrufsrechte für den Fall vereinbart werden, dass der Empfänger der Zuwendung vor dem Schenkenden sterben sollte.
- ✔ Betriebsprüfungsklausel beachten, d.h. der Übergeber ist von Steuernachzahlungen aufgrund einer steuerlichen Außenprüfung für vorherige Zeiträume freizustellen. Eine solche Freistellung kann auch für Dauerschuldverhältnisse und andere Tatbestände vereinbart werden.

# C Körperschaftsteuer

## 1 Steuerpflicht

Neben der Einkommensteuer gibt es als zweite große Ertragsteuer die Körperschaftsteuer. Die Anfänge der Körperschaftsteuer gehen auf die Weimarer Zeit zurück. Das erste Körperschaftsteuergesetz erging im Jahr 1920 im Rahmen der Erzbergerschen Steuerreform.

Das KStG regelt die Besteuerung des Einkommens von nicht natürlichen Personen. Darunter sind Kapitalgesellschaften, andere juristische Personen des Privatrechts und Betriebe gewerblicher Art von juristischen Personen des öffentlichen Rechts zu verstehen. Entsprechend der Einkommensteuer ist durch das KStG die Frage der persönlichen Steuerpflicht zu klären, das heißt, wer (persönlich) wie (sachlich) steuerpflichtig ist. Hierfür wird zwischen einer unbeschränkten (§ 1 KStG) und einer beschränkten Steuerpflicht (§ 2 KStG) unterschieden.

### 1.1 Unbeschränkte Steuerpflicht

Rechtsformen

Unbeschränkt körperschaftsteuerpflichtig sind Kapitalgesellschaften (insbesondere AG, KGaA, GmbH, Europäische Gesellschaften), Genossenschaften einschließlich der Europäischen Genossenschaften, Versicherungs- und Pensionsvereine auf Gegenseitigkeit, sonstige juristische Personen des privaten Rechts, nichtrechtsfähige Vereine, Anstalten, Stiftungen und andere Zweckvermögen des privaten Rechts sowie die Betriebe gewerblicher Art von juristischen Personen des öffentlichen Rechts, worunter Einrichtungen von Bund, Ländern und Gemeinden zu verstehen sind, die einer nachhaltigen wirtschaftlichen Tätigkeit zur Erzielung von Einnahmen außerhalb der Land- und Forstwirtschaft dienen und die sich innerhalb der Gesamtbetätigung der juristischen Personen wirtschaftlich herausheben.

Geschäftsleitung oder Sitz im Inland

Die genannten Körperschaften, Personenvereinigungen und Vermögensmassen sind dann unbeschränkt körperschaftsteuerpflichtig, wenn sie ihren Sitz oder Geschäftsleitung im Inland haben. Die Auslegung des Begriffs der Geschäftsleitung kann daher darüber entscheiden, ob eine Gesellschaft unbeschränkt steuerpflichtig ist oder nicht. Gemäß § 10 AO versteht man unter dem Ort der Geschäftsleitung den Ort, an dem die tatsächlichen und rechtlichen Handlungen der Geschäftsführung getroffen werden.

Die unbeschränkte Körperschaftsteuerpflicht erfasst das gesamte Welteinkommen, es sei denn, Teile davon sind durch Doppelbesteuerungsabkommen freigestellt.

### 1.2 Beschränkte Steuerpflicht

Im Unterschied zur unbeschränkten Steuerpflicht liegt eine beschränkte Körperschaftsteuerpflicht vor, wenn die vorgenannten Körperschaften, Personenvereinigungen und Vermögensmassen weder ihre Geschäftsleitung noch ihren Sitz im Inland haben. Die Körperschaftsteuerpflicht beschränkt sich in diesem Fall nur auf die Einkünfte, die im Inland erzielt werden (§ 2 Nr. 1 KStG).

Inländische Einkünfte

Die zweite Gruppe von beschränkt Steuerpflichtigen bilden inländische Körperschaften, Personenvereinigungen und Vermögensmassen, die nicht unbeschränkt körperschaftsteuerpflichtig sind, bei denen aber inländische Einkünfte dem Steuerabzug unterworfen wurden (§ 2 Nr. 2 KStG). Beispiele hierfür können Städte und Gemeinden, aber auch öffentliche Anstalten und Stiftungen des öffentlichen Rechts sein.

### 1.3 Anfang und Ende der Steuerpflicht

Gründung

Vorgesellschaft

Die persönliche Steuerpflicht beginnt regelmäßig mit der Gründung des körperschaftsteuerpflichtigen Gebildes. Dies bedeutet, dass die Steuerpflicht bei Kapitalgesellschaften nicht erst mit der Eintragung in das Handelsregister, sondern bereits bei einer durch den Abschluss eines notariellen Gesellschaftsvertrages errichteten Vorgesellschaft, d.h. Kapitalgesellschaft im Gründungsstadium, beginnt.

Vorgründergesellschaft

Von der vorgenannten Vorgesellschaft ist die Vorgründergesellschaft zu unterscheiden, die nicht mit der später entstehenden Kapitalgesellschaft identisch ist. Die Vorgründergesellschaft bezeichnet den Zeitraum vom Zusammenschluss der Gründungsgesellschafter bis zum Abschluss des notariellen Gesellschaftsvertrages bzw. Feststellung der Satzung. Da es sich bei der Vorgründergesellschaft in der Regel nicht um ein körperschaftsteuerpflichtiges Gebilde handelt, sind die Einkünfte unmittelbar den Gründungsgesellschaftern zuzurechnen, d.h. die Einkünfte werden mittels einheitlicher und gesonderter Feststellung den Gesellschaftern anteilig zugerechnet und dann von diesen selbst nach dem EStG versteuert.

**Beispiel:**

*Erich Ehrlich und Friedhelm Fröhlich beschließen an Silvester, eine GmbH zu gründen. Zunächst wenden sie sich an ihren Steuerberater, um sich die Vor- und Nachteile dieser Gesellschaftsform erläutern zu lassen. Für diese Beratung erhalten sie vom Steuerberater eine Rechnung. Es folgen weitere Gespräche im Vorfeld der Gründung. Die Aufwendungen von Ehrlich und Fröhlich belaufen sich bereits auf 5.000 €. Im Februar suchen Ehrlich und Fröhlich einen Notar auf und bitten ihn um Beurkundung eines bereits entworfenen Gesellschaftsvertrages und um die Anmeldung zum Handelsregister. Der Notar nimmt die Beurkundung vor.*

**Lösung:**

*Die Aufwendungen in Höhe von 5.000 €, die Ehrlich und Fröhlich bis zur Beurkundung des Gesellschaftsvertrages getragen haben, werden nach dem EStG einheitlich und gesondert festgestellt und fließen somit in die persönliche Steuererklärung von Ehrlich und Fröhlich ein. Aufwendungen und Erträge, die nach dem Zeitpunkt der Beurkundung des Gesellschaftsvertrages entstehen, unterliegen hingegen der Körperschaftsteuer.*

Liquidation

Die Steuerpflicht endet mit der Liquidation, d.h. mit der Auskehrung und Versilberung des gesamten Vermögens der Körperschaft. Hierbei ist allerdings zu beachten, dass das Ende der Körperschaftsteuerpflicht erst nach Verteilung des Liquidationsvermögens und nach Ablauf eines Sperrjahres seit Eintragung des Liquidationsbeschlusses in das Handelsregister (§ 73 GmbHG), d.h. nach vollständiger Liquidation eintritt. Die Eintragung der Liquidation ins Handelsregister ist hierbei nicht ausschlaggebend. Weiterhin kann das Ende der Steuerpflicht durch gesellschaftsrechtliche Umwandlungsvorgänge (Verschmelzung, Formwechsel) sowie unter Umständen durch eine Verlagerung des Sitzes oder der Geschäftsleitung ins Ausland erfolgen.

## 1.4 Steuerbefreiungen

Steuerbefreiungen

Die generellen Befreiungen von der Körperschaftsteuerpflicht sind im Wesentlichen in § 5 KStG geregelt. Sie beziehen sich ausschließlich auf unbeschränkt körperschaftsteuerpflichtige Körperschaften und befreien diese nicht etwa von einzelnen Einnahmen, sondern nehmen sie ganz oder teilweise von der Besteuerung aus.

Von der Steuerpflicht befreit sind unter anderem Staatsbetriebe, die Deutsche Bundesbank, Pensions-, Sterbe-, Kranken- und Unterstützungskassen, Versicherungsvereine auf Gegenseitigkeit, Berufsverbände und kommunale Spitzenverbände, Politische Parteien, Vermietungsgenossenschaften und Vereine, Landwirtschaftliche

Erwerbs- und Wirtschaftsgenossenschaften und Vereine, Pensions-Sicherungs-Verein und Wirtschaftsförderungsgesellschaften.

Die in der Praxis wohl wichtigste, da häufigste Körperschaftsteuerbefreiung ist die Befreiung von Körperschaften, die nach ihrer Satzung und nach ihrer tatsächlichen Geschäftsführung ausschließlich und unmittelbar gemeinnützigen, mildtätigen oder kirchlichen Zwecken dienen. Haben diese Gesellschaften aber daneben auch einen wirtschaftlichen Geschäftsbetrieb, unterliegen sie mit ihren Einkünften aus dem wirtschaftlichen Geschäftsbetrieb der Körperschaftsteuer.

# 2 Einkommensermittlung

## 2.1 Grundlagen

Die nachstehenden Ausführungen beziehen sich, sofern nicht ausdrücklich erwähnt, auf unbeschränkt körperschaftsteuerpflichtige Kapitalgesellschaften, insbesondere auf die Rechtsformen der Aktiengesellschaft (AG) und Gesellschaft mit beschränkter Haftung (GmbH).

Nach § 7 Abs. 1 KStG ist die Hauptbemessungsgrundlage für die Körperschaftsteuer das zu versteuernde Einkommen. Dieses ist normalerweise mit dem Einkommen des betreffenden Kalenderjahres identisch (§ 7 Abs. 3 KStG). Die Ermittlung des körperschaftsteuerlichen Einkommens bestimmt sich daher grundsätzlich nach dem EStG. Der körperschaftsteuerliche Einkommensbegriff unterscheidet sich aber vom Einkommensbegriff des Einkommensteuerrechts dadurch, dass Kapitalgesellschaften lediglich Einkünfte aus Gewerbebetrieb erzielen (§ 8 Abs. 2 KStG). Daher sind im Gegensatz zum Einkommensteuerrecht beispielsweise Sonderausgaben oder außergewöhnliche Belastungen wegen des Charakters der Körperschaft nicht möglich. Das zu versteuernde Einkommen ist demnach gleichzusetzen mit den Einkünften aus Gewerbebetrieb, die sich aus dem aus der Handelsbilanz abgeleiteten Steuerbilanzergebnis, korrigiert um verschiedene Kürzungen und Hinzurechnungen sowie nach Abzug von Freibeträgen (§§ 24, 25 KStG) für bestimmte Körperschaften und für Erwerbs- und Wirtschaftsgenossenschaften sowie Vereine, die Land- und Forstwirtschaft betreiben, ergeben.

Zu versteuerndes Einkommen

Einkünfte aus Gewerbebetrieb

Die Ermittlung des zu versteuernden Einkommens kann man wie folgt zusammenfassen:

Ermittlung des zu versteuernden Einkommens

| | | |
|---|---|---|
| 1. | | Jahresüberschuss/Jahresfehlbetrag nach Handelsrecht |
| 2. | +/./. | steuerliche Korrektur von handelsrechtlich gebotenen Erfolgsbuchungen |
| 3. | = | Steuerbilanzergebnis |
| 4. | + | nichtabziehbare Aufwendungen (§ 10 KStG, § 4 Abs. 5 EStG) |
| 5. | + | verdeckte Gewinnausschüttungen (§ 8 Abs. 3 KStG) |
| 6. | + | nicht abziehbare Entgelte aus Gesellschafter-Fremdfinanzierung (§ 8a KStG) |
| 7. | +/./. | Hinzurechnungen/Kürzungen nach § 8b KStG |
| 8. | + | Gesamtbetrag der Spenden (§ 9 Abs. 1 Nr. 2 KStG) |
| 9. | + | negative ausländische Einkünfte, die nach einem DBA nicht zu berücksichtigen sind |
| 10. | ./. | positive ausländische Einkünfte, die nach einem DBA steuerfrei sind |
| 11. | ./. | verdeckte Einlagen (§ 8 Abs. 3 KStG in analoger Anwendung) |
| 12. | +/./. | sonstige Hinzurechnungen/Kürzungen nach KStG, EStG, UmwStG, InvZulG etc. |
| 13. | = | Summe der Einkünfte |
| 14. | ./. | abzugsfähige Spenden (§ 9 Abs. 1 Nr. 2 KStG) |
| 15. | + | zuzurechnendes Einkommen von Organgesellschaften bei Organträgern |
| 16. | ./. | dem Organträger zuzurechnendes Einkommen bei Organgesellschaften |
| 17. | = | Gesamtbetrag der Einkünfte |
| 18. | ./. | Verlustabzug (§ 10d EStG) |
| 19. | = | Einkommen |
| 20. | ./. | Freibetrag für bestimmte Körperschaften (§ 24 KStG) |
| 21. | ./. | Freibetrag für Erwerbs- und Wirtschaftgenossenschaften sowie für Vereine, die Land- und Forstwirtschaft betreiben (§ 25 KStG) |
| 22. | = | zu versteuerndes Einkommen |

## 2.2 Übergang vom handelsrechtlichen zum steuerrechtlichen Ergebnis

Ausgangspunkt für die Einkommensermittlung

Ausgangspunkt für die Ermittlung des zu versteuernden Einkommens ist bei Steuerpflichtigen, die verpflichtet sind, Bücher nach den Vorschriften des Handelsgesetzbuches zu führen, das Ergebnis (Gewinn oder Verlust), das sich aus dem nach handelsrechtlichen Gesichtspunkten aufgestellten Jahresabschluss eines Kalenderjahres ergibt. Die Handelsbilanz mit den für sie geltenden handelsrechtlichen Grundsätzen ordnungsgemäßer Buchhaltung bestimmt mithin die Steuerbilanz und somit das steuerliche Ergebnis. Diesen Sachverhalt nennt man Maßgeblichkeit der Handelsbilanz für die Steuerbilanz oder auch kurz Maßgeblichkeitsprinzip. Nur wenn im konkreten Fall steuerliche Regelungen zu beachten sind, die von den handelsrechtlichen abweichen, kommt es zu einer von der Handelsbilanz abweichenden Steuerbilanz und damit unter Umständen zu einem abweichenden steuerlichen Ergebnis.

Maßgeblichkeitsgrundsatz

Beispiele hierfür sind unter anderem:

1. Das handelsrechtliche Aktivierungswahlrecht nach § 255 Abs. 4 HGB für den Geschäfts- oder Firmenwert wird steuerlich zum Aktivierungsgebot.
2. Der handelsrechtlich zulässige Ansatz des niedrigeren Börsen- oder Marktpreises bzw. beizulegenden Wertes (§ 253 Abs. 3 Satz 1 HGB ist steuerlich nicht bei voraussichtlich nur vorübergehender Wertminderung möglich (§ 6 Abs. 1 Nr. 2 Satz 2 EStG).
3. Die Bildung von Rückstellungen für drohende Verluste aus schwebenden Geschäften oder Rückstellungen für Jubiläumszuwendungen (§ 249 Abs. 1 Satz 1 HGB) ist steuerlich nicht zulässig (§ 5 Abs. 4 und 4a EStG).
4. Verbindlichkeiten und Rückstellungen für Verpflichtungen sind steuerlich mit 5,5 % abzuzinsen (§ 6 Abs. 1 Nr. 3 und Nr. 3a) und e) EStG).

**Beispiel:**
*Die Handelsbilanz zum 31.12.2007 der Klemm- und Klau-GmbH weist einen Jahresüberschuss von 150.000 € aus. In der Gewinn- und Verlustrechnung ist eine Zuführung zu einer Rückstellung für den drohenden Verlust aus einem Warentermingeschäft in Höhe von 50.000 € enthalten, die den Jahresüberschuss der Gesellschaft gemindert hat.*

**Lösung:**
*Handelsrechtlich war diese Rückstellung zu bilden. Steuerrechtlich ist jedoch die Aufwandsbuchung zu neutralisieren. Das Ergebnis der Steuerbilanz beträgt demnach 200.000 € (Jahresüberschuss + Zuführung zur Rückstellung für drohende Verluste).*

## 2.3 Nichtabziehbare Aufwendungen

Hinzurechnungen

Bei der Ermittlung des Einkommens dürfen gem. § 10 KStG die nachstehend aufgeführten Aufwendungen, die das Steuerbilanzergebnis negativ beeinflusst haben, nicht abgezogen werden und sind durch eine Hinzurechnung zu neutralisieren. Die Aufzählung in § 10 KStG der nichtabziehbaren Aufwendungen ergänzt die allgemeinen Regelungen zur Einkommensermittlung des § 8 KStG. Die Aufzählung ist allerdings nicht erschöpfend. Daneben sind gem. § 8 Abs. 1 KStG die einkommensteuerlichen Einschränkungen zu beachten, insbesondere § 3c und § 4 Abs. 5 bis 7 EStG. Außerdem können nach § 160 AO nichtabziehbare Aufwendungen vorliegen.

Die nachfolgende Checkliste soll zeigen, welche Fragen man unter anderem beantworten muss, um die Vollständigkeit und Höhe der üblicherweise in einer mittelständischen Kapitalgesellschaft anfallenden nichtabzugsfähigen Betriebsausgaben festzustellen.

Checkliste

- ✔ Entsprechen die als Aufwand gebuchten Vorauszahlungen zur Körperschaftsteuer und Solidaritätszuschlag den vom Finanzamt festgesetzten Vorauszahlungen?
- ✔ Liegen für die anrechenbaren Steuern auf vereinnahmte Kapitalerträge Steuerbescheinigungen vor und entsprechen die dort ausgewiesenen Beträge dem gebuchten Aufwand?
- ✔ Entspricht der nichtabzugsfähige Anteil der Bewirtungskosten 30 %?
- ✔ Wurden Nebenleistungen zu nichtabzugsfähigen Steuern vollständig erfasst und stimmen sie der Höhe nach mit den entsprechenden Bescheiden überein?
- ✔ Ist der Aufwand für Geschenke im Wert von über 35 € auf ein gesondertes Konto gebucht worden?
- ✔ Sind alle Bußgelder oder sonstigen Geldstrafen berücksichtigt?
- ✔ Wurden die Bezüge an mit der Überwachung der Geschäftsführung beauftragte Personen zu 50 % als nichtabzugsfähig erfasst?

### 2.3.1 Nichtabziehbare Steuern und Nebenleistungen

Nicht abziehbar sind folgende Steuern und Nebenleistungen:

Steuer vom Einkommen der Kapitalgesellschaft

a) **Körperschaftsteuer**
Bei der Körperschaftsteuer selbst handelt es sich um eine Steuer vom Einkommen der Kapitalgesellschaft. Ihr Abzug ist ebenso wie bei der Einkommensteuer untersagt.

Solidaritätszuschlag

b) **Solidaritätszuschlag**
Ebenso wie die Körperschaftsteuer ist der Solidaritätszuschlag als indirekte Steuer auf das Einkommen nicht abzugsfähig.

Anrechenbare Steuern auf Kapitalerträge

**c) Anrechenbare Körperschaftsteuer, Kapitalertragsteuer, Zinsabschlagsteuer**

Die anrechenbare Körperschaftsteuer, Kapitalertragsteuer und Zinsabschlagsteuer auf vereinnahmte Kapitalerträge ist ebenfalls vom Abzug ausgeschlossen, weil es sich hierbei um auf die Körperschaftsteuer anrechenbare Steuern handelt und diese somit als Vorauszahlungen zur Körperschaftsteuer anzusehen sind.

Umsatzsteuer für Entnahmen und verdeckte Gewinnausschüttungen

**d) Umsatzsteuer auf Umsätze, die Entnahmen oder verdeckte Gewinnausschüttungen sind**

Die Entnahmen von Gegenständen (§ 3 Abs. 1b UStG) und Nutzungsentnahmen (§ 3 Abs. 9a UStG) sind umsatzsteuerpflichtig. Diese Umsatzsteuer ist nichtabziehbar.

Ausländische Steuern

**f) Ausländische Steuern vom Einkommen**

Das Abzugsverbot des § 10 Nr. 2 KStG gilt nicht nur für inländische Steuern, sondern auch für vergleichbare ausländische Abgaben wie z. B. ausländische Quellensteuer. Diese Abgabe fällt an, wenn eine Kapitalgesellschaft im Ausland Einkünfte erzielt, die in dem Staat steuerpflichtig sind, in dem sie entstanden sind. Die im Besteuerungsstaat einbehaltene Abgabe ist nicht abzugsfähig. Die im Ausland erzielten Einkünfte unterliegen, sofern mit diesem Staat ein Doppelbesteuerungsabkommen besteht, nicht mehr der deutschen Besteuerung.

Allerdings können die ausländischen Steuern auch bei der Ermittlung der Einkünfte abgezogen werden. Dies stellt keine Ausnahme vom Abzugsverbot sondern eine Beseitigung bzw. Milderung der Doppelbesteuerung dar.

Nebenleistungen zu nicht abziehbaren Steuern

**g) Nebenleistungen zu nicht abziehbaren Steuern**

Zu den Nebenleistungen gehören Zinsen aus Steuernachforderungen (§ 233a AO), Hinterziehungszinsen (§ 235 AO), Säumniszuschläge (§ 240 AO), Verspätungszuschläge (§ 152 AO), Zwangsgelder (§ 329 AO), Vollstreckungskosten (§§ 337 bis 345 AO). Sie teilen das Schicksal der Hauptleistung und sind von daher nichtabziehbar, wenn die Hauptleistung nichtabziehbar ist.

Erstattungszinsen sind jedoch als Betriebseinnahmen zu erfassen.

### 2.3.2 Geldstrafen und Leistungen zur Erfüllung von Auflagen und Weisungen

Geldstrafen

Das steuerrechtliche Abzugsverbot betrifft in einem Strafverfahren festgesetzte Geldstrafen, sonstige Rechtsfolgen vermögensrechtlicher Art, bei denen der Strafcharakter überwiegt, und Leistungen zur Erfüllung von Auflagen oder Weisungen.

Betroffen hiervon sind nur Strafen bzw. Geldbußen gegen die Kapitalgesellschaft. Übernimmt hingegen die Kapitalgesellschaft eine gegen den Geschäftsführer persönlich festgesetzte Strafe oder Geldbuße, ist diese Zahlung als Betriebsausgabe abzugsfähig und nicht gem. § 10 Nr. 3 KStG hinzuzurechnen. Sie ist dann aber beim Geschäftsführer als Arbeitslohn zu versteuern. Außerdem kann es zu einer verdeckten Gewinnausschüttung kommen, wenn es sich um einen Gesellschafter-Geschäftsführer handelt.

Schadensersatz

Abzugsfähig sind auch Aufwendungen, die lediglich der Wiedergutmachung des durch die Tat entstandenen Schadens dienen (Schadensersatz), Gerichts- und Anwaltskosten.

**Beispiel:**
*Durch einstweilige Verfügung des Landgerichts Köln wird der XY GmbH wegen Verstoßes gegen das Gesetz gegen den unlauteren Wettbewerb verboten, bestimmte Werbeproben kostenlos zu verteilen. Die XY GmbH sieht sich aber im Recht und verteilt weiter munter drauf los. Einige Zeit später wird die XY GmbH wegen fortgesetzter Zuwiderhandlung gegen dieses Verbot vom Landgericht Köln zu einem Ordnungsgeld von 5.000 € verurteilt. Die XY GmbH zieht sofort ihren Anwalt zurate. Dieser rät der GmbH, die Strafe anzunehmen und stellt ihr eine Rechnung über 2.000 €.*

**Lösung:**
*Während die Geldstrafe in Höhe von 5.000 € nicht abzugsfähig ist, sind die Anwaltskosten in voller Höhe abzugsfähig.*

### 2.3.3 Vergütung von Aufsichtsrats- und Überwachungstätigkeit

Vergütungen an mit der Überwachung der Geschäftsführung beauftragte Personen

Die Vorschrift in § 10 Nr. 4 KStG verbietet den Abzug der Hälfte der Vergütungen jeder Art, die an Mitglieder des Aufsichtsrats, Verwaltungsrats oder andere mit der Überwachung der Geschäftsführung beauftragte Personen (z. B. Beirat) gewährt werden. Da diese Vorschrift recht weit auszulegen ist, gehören zu den Vergütungen auch Tagegelder, Sitzungsgelder, Reisegelder und sonstige Aufwandsentschädigungen, es sei denn, es handelt sich um einen reinen Auslagenersatz. Vergütungen, die eine Gesellschaft jedoch an einen Sachverständigen zahlt, der die Aufsichtsgremien bei ihrer Kontrollfunktion unterstützt (z. B. beratender Beirat), unterliegen nicht dem teilweisen Abzugsverbot, da nur Überwachungstätigkeiten, nicht jedoch Beratungstätigkeiten von dem Abzugsverbot betroffen sind.

Beratender Sachverständiger

**Tipp**

> Wegen des generellen Aufteilungsverbots bei einem einheitlichen Vertrag müssen die beiden Tätigkeiten Überwachung und Beratung getrennt vereinbart und getrennt abgegolten werden.

### 2.3.4 Sonstige nichtabziehbare Aufwendungen

Die steuerliche Abzugsfähigkeit von Betriebsausgaben wird maßgeblich bestimmt durch einkommensteuerliche Vorschriften (wie z. B. § 4 Abs. 5 EStG). Beispielhaft zu nennen ist hier der eingeschränkte Abzug von Geschenken und Bewirtungsaufwendungen. Eine Korrektur der Betriebsausgaben, die gem. § 4 Abs. 5 EStG nicht abziehbar sind, erfolgt außerhalb der Bilanz.

**Tipp**

> - Buchen Sie die nichtabziehbaren Aufwendungen in der laufenden Buchhaltung bereits auf getrennten Konten!
> - Zur einfachen Feststellung der Höhe der nichtabzugsfähigen Betriebsausgaben für die Ermittlung des zu versteuernden Einkommens sollten derartige Aufwendungen bereits in der laufenden Buchhaltung auf getrennten Konten gebucht werden.
> - Dies gilt vor allem für Nebenleistungen zu nicht abziehbaren Steuern, für den nichtabziehbaren Teil der Bewirtungsaufwendungen, für Aufsichtsrats- oder Beiratsvergütungen sowie für die anrechenbare Steuer auf vereinnahmte Kapitalerträge, die Körperschaftsteuer und den Solidaritätszuschlag.

## 2.4 Verdeckte Gewinnausschüttung (vGA)

### 2.4.1 Definition

**Vermögensminderung durch das Gesellschaftsverhältnis veranlasst**

Eine verdeckte Gewinnausschüttung (vGA) im Sinne von § 8 Abs. 3 Satz 2 KStG liegt dann vor, wenn bei der Kapitalgesellschaft eine Vermögensminderung bzw. verhinderte Vermögensmehrung vorliegt,

1. die durch das Gesellschaftsverhältnis veranlasst ist und
2. sich auf die Höhe des Unterschiedsbetrags i.S.d. § 4 Abs. 1 Satz 1 EStG (des Einkommens) der Kapitalgesellschaft auswirkt und (gleichzeitig)
3. in keinem Zusammenhang mit einer offenen Ausschüttung steht.

Die früher noch bestehende weitere Voraussetzung, dass zusätzlich ein Vermögensvorteil beim Gesellschafter vorliegen muss, gilt heute nicht mehr.

Es ist daher zu einer unterschiedlichen Definition von verdeckter Gewinnausschüttung im Vergleich zum Einkommensteuerrecht gekommen. Einkommensteuerlich kommt es nämlich nur dann zu einer verdeckten Gewinnausschüttung, wenn der Vermögensnachteil der Kapitalgesellschaft tatsächlich beim Gesellschafter als Vermögensvorteil ankommt.

Gewinnverwendung

Zusammenfassend kann man sagen, dass es sich bei einer verdeckten Gewinnausschüttung um eine Gewinnverwendung außerhalb der gesellschaftsrechtlichen Gewinnverteilung handelt, die erfolgswirksam behandelt worden ist und das Steuerbilanzergebnis der Kapitalgesellschaft vermindert hat. Dieser Vermögensvorteil wäre bei Anwendung der Sorgfalt eines ordentlichen und gewissenhaften Geschäftsleiters einem Dritten nicht gewährt worden.

Gemäß § 8 Abs. 3 Satz 2 KStG ist das Steuerbilanzergebnis, das durch die verdeckte Gewinnausschüttung geschmälert wurde, durch eine entsprechende Hinzurechnung zu korrigieren.

Nachweis einer vGA

Verdeckte Gewinnausschüttungen müssen grundsätzlich von der Finanzverwaltung nachgewiesen werden. Die Körperschaft selber hat hingegen den Nachweis der betrieblichen Veranlassung der als Vermögensminderung behandelten Aufwendungen zu erbringen, wenn der Sachverhalt dem Fremdvergleich nicht standhält.

Fremdvergleich

Maßstab für die Beurteilung einer verdeckten Gewinnausschüttung ist regelmäßig der Fremdvergleich, d.h. ein ordentlicher und gewissenhafter Geschäftsführer einer Kapitalgesellschaft müsste nach kaufmännischer Beurteilung einen Vorteil auch einem fremden Dritten (Nichtgesellschafter) gewähren. Immer dann, wenn dieser Vorteil einem fremden Dritten nicht oder der Höhe nach nicht gewährt worden wäre, ist von einer verdeckten Gewinnausschüttung auszugehen. Dabei kommt es auch nicht darauf an, dass die Kapitalgesellschaft Gewinne erzielt. Ausreichend ist, dass eine Erfolgsminderung eingetreten ist, die nicht durch die Gesellschaft, sondern durch das Gesellschaftsverhältnis veranlasst ist.

Die Entscheidung, ob eine verdeckte Gewinnausschüttung vorliegt, wird beim beherrschenden Gesellschafter noch von weiteren Faktoren abhängig gemacht. So muss der zu beurteilende Sachverhalt transparent sein und zivilrechtliche Formen beachten. Er muss also zivilrechtlich wirksam und vorab klar vereinbart sein und vollzogen werden.

Es bestünde sonst wegen fehlendem Interessensgegensatz zwischen Gesellschaft und Gesellschaftergeschäftsführer die Möglichkeit, die Festsetzung des Gewinns zu Gunsten oder zu Ungunsten des Gesellschaftergeschäftsführers festzusetzen.

Weiterhin kann auch eine verdeckte Gewinnausschüttung erfolgen, wenn die Vorteilszuwendung an eine dem Gesellschafter nahestehende Person erfolgt.

**Beispiel:**
*Friedhelm Fröhlich, Gesellschafter-Geschäftsführer der Klemm- und Klau-GmbH, gewährt seinem studierenden Sohn Max ein Darlehen zu einem unüblich niedrigen Zinssatz.*

**Lösung:**
*Es liegt eine verdeckte Gewinnausschüttung vor, da der niedrige Zinssatz nicht marktüblich ist und somit dem studierenden Sohn ein Vorteil zugewendet wird, der einem Dritten nicht zugewendet worden wäre.*

### 2.4.2 Typische Fälle der verdeckten Gewinnausschüttung

Wie sich aus den allgemeinen Kriterien zur Beurteilung einer verdeckten Gewinnausschüttung ergibt, sind zahlreiche Formen der verdeckten Gewinnausschüttung denkbar. Eine Aufführung sämtlicher Formen würde ganze Bücher füllen. Deswegen werden nachfolgend nur einige typische Fälle erläutert.

#### 2.4.2.1 Geschäftsführergehälter

Angemessenheit der Bezüge

Für die Angemessenheit von Geschäftsführerbezügen gibt es keine festen Regeln. Beurteilungskriterien sind Art und Umfang der Tätigkeit, die künftigen Ertragsaussichten des Unternehmens, das Verhältnis des Geschäftsführergehalts zum Gesamtgewinn und zur verbleibenden Kapitalverzinsung sowie Art und Höhe der Vergütung, die gleichartige Betriebe für entsprechende Leistungen gewähren.

Gesamtausstattung

Fremdvergleich

Dienstvertrag

Bei der Prüfung der Angemessenheit kommt es sowohl auf Abreden, die in einem Dienstvertrag geregelt sind, an, als auch auf die Höhe aller Vorteile und Entgelte aus dem Dienstverhältnis (Gesamtausstattung). Dies bedeutet, dass außer dem Gehalt auch Sondervergütungen (Tantiemen, etc.) sowie der Wert von Pensionszusagen bei der Prüfung der Angemessenheit berücksichtigt werden müssen. Erhält ein Gesellschafter-Geschäftsführer eine unüblich hohe Gesamtausstattung, die von einem Gesellschafter normalerweise in dieser Art und Höhe nicht gewährt worden wäre, liegt darin die Annahme einer verdeckten Gewinnausschüttung ebenso vor wie auch bei einem fehlenden Dienstvertrag. Die Notwendigkeit eines Dienstvertrages ergibt sich daraus, dass ein Gesellschafter nicht zwangsläufig gegen Entgelt für eine Gesellschaft tätig sein muss und mit einem fremden Dritten ebenfalls ein Dienstvertrag abgeschlossen worden wäre.

**Beispiel:**
*Friedhelm Fröhlich, geschäftsführender Gesellschafter der Klemm- und Klau-GmbH, überträgt seinem ältesten Sohn Fritz 40 % der von ihm gehaltenen Anteile an der GmbH. Anschließend wird Fritz zum technischen Geschäftsführer dieser Gesellschaft bestellt. Die Eintragung in das Handelsregister ist ordnungsgemäß erfolgt. Da Friedhelm Fröhlich seinen Sohn versorgt wissen will, erhält Fritz ein Anfangsgehalt von jährlich 300.000 €. Im ersten Geschäftsjahr seit Fritz' Anstellung erwirtschaftet die Klemm- und Klau-GmbH einen Jahresüberschuss von 150.000 €.*

**Lösung:**
*Es liegt eine verdeckte Gewinnausschüttung vor, da Friedhelm Fröhlich vergessen hat, mit seinem Sohn Fritz einen schriftlichen Dienstvertrag abzuschließen, und das Anfangsgehalt von Fritz im Hinblick auf die Gewinnaussichten der Gesellschaft und auch im Fremdvergleich unangemessen hoch ist.*

Auszahlung des Gehaltes

Um eine verdeckte Gewinnausschüttung zu vermeiden, muss das Gehalt des Gesellschafter-Geschäftsführers außerdem entsprechend dem Vertrag ausgezahlt oder auf einem frei verfügbaren Verrechnungskonto gutgeschrieben oder durch eine klare und eindeutige Vereinbarung in einen Darlehensanspruch umgewandelt werden.

Die einfache Buchung als Verbindlichkeit bzw. Rückstellung (ohne zeitnahe Auszahlung) kann zu einer verdeckten Gewinnausschüttung führen. Gleiches gilt, wenn es zu ungewöhnlichen mehrmaligen Verzögerungen bei der Auszahlung kommt und dies nicht durch einen treffenden Grund, wie zum Beispiel akute Zahlungsschwierigkeiten, gerechtfertigt werden kann.

### 2.4.2.2 Pensionszusagen

Betriebliche Veranlassung

Pensionszusagen an Gesellschafter-Geschäftsführer sind steuerlich anzuerkennen, wenn sie betrieblich veranlasst sind. Das Merkmal der betrieblichen Veranlassung erfordert neben einem wirksamen Anstellungsvertrag eine klare und im Voraus gegebene schriftliche Zusage, die ernsthaft, erdienbar, finanzierbar und angemessen sein muss.

Schriftliche Zusage

Bei der Erteilung einer Pensionszusage muss eine bestimmte Wartezeit eingehalten werden. Wird eine Pensionszusage unmittelbar nach der Anstellung und ohne die unter Fremden übliche Wartezeit erteilt, ist dies in der Regel nicht betrieblich, sondern durch das Gesellschaftsverhältnis veranlasst. Dabei versteht man unter der Wartezeit den Zeitraum zwischen Dienstbeginn und der erstmaligen Vereinbarung einer schriftlichen Pensionszusage. Als Probezeit (Wartezeit) wird in der Regel ein Zeitraum von zwei bis drei Jahren

Wartezeit

als ausreichend angesehen, sofern eine entsprechende Vortätigkeit für die Gesellschaft oder für die Rechtsvorgänger nicht nachgewiesen werden kann. Zuführungen zu einer Rückstellung für eine Pensionszusage, die ohne Beachtung der unter Fremden üblichen Probezeit vorgenommen worden sind, werden bis zum Ablauf der angemessenen Probezeit als verdeckte Gewinnausschüttung behandelt. Erst nach Ablauf der Probezeit werden die weiteren Zuführungen aufgrund der ursprünglichen Pensionszusage für die Folgezeit steuerlich gewinnmindernd berücksichtigt.

Erdienbarkeit

Weiterhin muss bei der Erteilung einer Pensionszusage an einen Gesellschafter-Geschäftsführer die Voraussetzung der Erdienbarkeit erfüllt sein. Darunter versteht man den Zeitraum zwischen dem Zeitpunkt der Zusage der Pension und dem vorgesehenen Zeitpunkt des Eintritts in den Ruhestand. Die Rechtsprechung fordert dabei grundsätzlich einen Zeitraum von mindestens zehn Jahren. Ein kürzerer Zeitraum führt danach zu einer verdeckten Gewinnausschüttung. Weiterhin ist davon auszugehen, dass für den Eintritt in den Ruhestand eine Altersgrenze von 65 Jahren zugrunde gelegt wird, es sei denn, es kann eine Behinderung im Sinne des § 1 Schwerbehindertengesetz nachgewiesen werden. Im letzteren Fall ist auch eine Altersgrenze von unter 65 Jahren nicht zu beanstanden.

Altersgrenze

**Beispiel:**
*Da Friedhelm Fröhlich seinen Sohn Fritz und dessen Familie absichern möchte, erteilt er als geschäftsführender Gesellschafter und Vertreter der Klemm- und Klau-GmbH Fritz nach einjähriger Tätigkeit eine Pensionszusage. Diese wird schriftlich vereinbart. In den folgenden zwei Jahren werden Zuführungen zur Pensionsrückstellung für Fritz in Höhe von 40.000 € erfolgsmindernd vorgenommen.*

**Lösung:**
*Es liegt eine verdeckte Gewinnausschüttung in Höhe der zugeführten Beträge vor, da keine unter fremden Dritten übliche Probezeit (Wartezeit) eingehalten wurde. Erst ab dem dritten Jahr nach der Erteilung der Pensionszusage (viertes Jahr der Betriebszugehörigkeit) ist die Zuführung zur Pensionsrückstellung steuerlich absetzbar.*

Finanzierbarkeit

Darüber hinaus erfordert das Kriterium der betrieblichen Veranlassung, dass die Pensionszusage finanzierbar ist. Das bedeutet, dass bei Eintritt des Versorgungsfalls (Invalidität oder Tod des Gesellschafter-Geschäftsführers) unmittelbar nach dem Bilanzstichtag der Anwartschaftsbarwert der künftigen Pensionsleistungen am Ende des Wirtschaftsjahres auch nach Berücksichtigung einer eventuell vorhandenen Rückdeckungsversicherung nicht zu einer Überschul-

Überschuldungsprüfung

dung in der Bilanz führen darf. Daraus folgt, dass die Finanzierung einer Pensionszusage unter Einbeziehung einer eventuell vorhandenen Rückdeckungsversicherung anhand eines fiktiven vorzeitigen Versorgungsfalles und des sich hieraus ergebenden fiktiven Zuführungsbedarfs zu prüfen ist. Es ist auf eine Überschuldung im insolvenzrechtlichen Sinne abzustellen.

Diese Frage der Finanzierbarkeit ist nach den Verhältnissen im Zeitpunkt der Zusage der Pension zu beurteilen. Wenn es zu einer Verschlechterung der wirtschaftlichen Situation kommt, die dazu führt, dass die Finanzierung der Pensionszusage nicht mehr gesichert ist, kann dies grundsätzlich nicht zu einer verdeckten Gewinnausschüttung führen. Eine Ausnahme besteht nur dann, wenn die Gesellschaft in der Lage ist, eine Kürzung bzw. einen Entzug der Versorgungsverpflichtung durchzusetzen in Form eines steuerunschädlichen allgemeinen Widerrufvorbehalts i.S.v. R 41 Abs. 4 Nr. 1 EStR. Wenn dieser besteht und die Gesellschaft in der Krise trotzdem auf einen Widerruf oder eine Kürzung der Zusage verzichtet, dann wird hierin eine verdeckte Gewinnausschüttung gesehen.

### 2.4.2.3 Tantiemevereinbarungen

Erfolgsbeteiligung

Mit dem Versprechen einer Tantiemevereinbarung soll der Gesellschafter-Geschäftsführer sowohl an einem unerwartet guten als auch an einem unerwartet schlechten künftigen Geschäftsergebnis erfolgsabhängig beteiligt werden. Gewinntantiemen, die eine Kapitalgesellschaft ihrem Gesellschafter-Geschäftsführer verspricht, sind jedoch verdeckte Gewinnausschüttungen, wenn sie dem Grunde oder der Höhe nach nicht dem entsprechen, was Gesellschafter ihrem Geschäftsführer normalerweise als Tätigkeitsentgelt versprechen würden. Weiterhin bedarf die Anerkennung von Gewinntantiemen, dass die Tantiemevereinbarung mit dem Gesellschafter-Geschäftsführer klar und eindeutig ohne Vorbehalte vereinbart worden ist. Auch eine verspätete Auszahlung der Tantieme kann wegen dann angenommener mangelnder Ernsthaftigkeit der Tantiemevereinbarung zu einer verdeckten Gewinnausschüttung führen.

Klare und eindeutige Vereinbarung

Höhe der vGA

Daneben kommt die Annahme einer verdeckten Gewinnausschüttung nur dann in Betracht, wenn die Tantiemezahlungen im Einzelfall bei Würdigung aller Umstände die wirtschaftliche Funktion einer Gewinnausschüttung haben. Ist das Tantiemeversprechen nicht schon dem Grunde nach unüblich, so führt die unangemessene Höhe nur zu einer Umqualifizierung des unangemessen hohen Tantiemeanteils in eine verdeckte Gewinnausschüttung.

Bei der Angemessenheitsprüfung von Gewinntantiemen ist von den Jahresgesamtbezügen auszugehen, die eine Kapitalgesellschaft bei normaler Geschäftslage ihrem Geschäftsführer zu zahlen in der Lage und bereit ist.

Für die Prüfung der Angemessenheit der Bezüge eines Gesellschafter-Geschäftsführers gibt es keine festen Regeln. Die obere Grenze ist im Einzelfall durch Schätzung zu ermitteln. Inner- und außerbetriebliche Merkmale können einen Anhaltspunkt für die Schätzung bieten. Beurteilungskriterien sind gemäß BFH-Rechtsprechung Art und Umfang der Tätigkeit, die Ertragsaussichten des Unternehmens, das Verhältnis des Geschäftsführergehalts zum Gesamtgewinn und zur verbleibenden Kapitalverzinsung sowie Art und Höhe der Vergütungen, die gleichartige Betriebe ihren Geschäftsführern für entsprechende Leistungen gewähren.

Da die Gewinntantieme nicht zur Gewinnabschöpfung bestimmt sein darf, würden gewissenhafte Gesellschafter die angemessenen Jahresgesamtbezüge in ein Festgehalt und in eine variable Komponente aufteilen. Eine Gewinnabschöpfung und somit eine verdeckte Gewinnausschüttung ist anzunehmen, wenn Tantiemeversprechungen gegenüber mehreren Gesellschafter-Geschäftsführern insgesamt 50 % des Jahresüberschusses vor Abzug der Gewinntantieme und der Ertragsteuern der Gesellschaft übersteigen.

Maximal 50 % des Jahresüberschusses

Ursprünglich sah es die Finanzverwaltung als weiteres Indiz für eine verdeckte Gewinnausschüttung an, wenn die Tantieme eines Gesellschafter-Geschäftsführers 25 % seiner Gesamtvergütung übersteigt. Dieser Erfahrungssatz konnte jedoch durch Gehaltsstrukturuntersuchungen nicht bestätigt werden. Das Kriterium wird daher in dieser strikten Form nicht mehr angewandt. Trotzdem sollte eine betragsmäßige Obergrenze, eine Deckelung vereinbart werden. Das Verhältnis Festgehalt zu Tantieme wird vom Bundesfinanzhof weiterhin als ein möglicher Maßstab der Angemessenheitsprüfung angesehen.

Deckelung der Tantieme

Der Höhe nach begrenzte Umsatztantieme

Aus dem Vorgenannten ergibt sich schon, dass eine Tantiemevereinbarung der Höhe nach begrenzt sein muss. Deshalb eignet sich eine Umsatztantieme nicht als Bestandteil einer Geschäftsführervergütung. Eine Umsatztantieme wird steuerlich wegen der Gefahr der Gewinnabschöpfung nur in wenigen bestimmten Ausnahmefällen anerkannt, wie zum Beispiel der Anlaufphase eines Unternehmens. Liegt einer dieser Ausnahmefälle vor, muss die Tantiemevereinbarung weiterhin Regelungen enthalten, die die Absaugung der erwirtschafteten Gewinne verhindern. Dies wäre der Fall, wenn die Vereinbarung zeitlich und der Höhe nach begrenzt wäre.

### 2.4.2.4 Vermietung und Verpachtung

Angemessenheit des Miet- oder Pachtzinses

Auch bei Miet- und Pachtverhältnissen kann es zu verdeckten Gewinnausschüttungen kommen. Ebenso wie in den bereits erläuterten Beispielen sind Miet- und Pachtverhältnisse unter Fremdvergleichsbedingungen zu beurteilen. Vermietet oder verpachtet ein Gesellschafter Gegenstände an die Kapitalgesellschaft gegen einen unangemessen hohen Miet- oder Pachtzins, liegt eine verdeckte Gewinnausschüttung in Höhe der Differenz zur üblichen Miete oder Pacht vor. Ebenso kann eine unzulässige Ertragskürzung dann vorliegen, wenn eine Kapitalgesellschaft Gegenstände zu unüblich günstigen Bedingungen an ihre Gesellschafter vermietet. Dabei wird dann unterstellt, dass eine angemessene Miete vereinnahmt worden ist und der Differenzbetrag als Gewinnausschüttung wieder verausgabt wurde.

Betriebsaufspaltung

In der Praxis werden solche Miet- und Pachtverhältnisse häufig bei Betriebsaufspaltungen vorkommen. Dabei verpachtet eine Besitzgesellschaft, die sämtliche Anlagengegenstände im Betriebsvermögen hält, das gesamte Anlagevermögen an eine Betriebsgesellschaft, bei der es sich in der Regel um eine Kapitalgesellschaft handelt. Der für die Überlassung vereinbarte, in einem Pachtvertrag zu fixierende Pachtzins sollte sich wegen der Angemessenheit aus mehreren Komponenten zusammensetzen. Vielfach bestehen diese Komponenten aus einer Kapitalverzinsung, einem Abschreibungsersatz und einer Umsatzvergütung. Dabei sollte sich die Kapitalverzinsung an einem Zinssatz des Kapitalmarktes orientieren. Als Abschreibungsersatz werden meistens die tatsächlich angefallenen Abschreibungen des Geschäftsjahres zugrunde gelegt. Die Umsatzvergütung sollte im Hinblick auf die Gewinnerwartungen der Betriebsgesellschaft und der Angemessenheit nicht zu hoch erfolgen.

**Beispiel:**

*Fritz Fröhlich, immer um sein privates Wohl bemüht, möchte als absoluter Liebhaber schneller Autos seinen privat angeschafften Porsche in der Klemm- und Klau-GmbH unterbringen. Er schließt deshalb mit der GmbH einen schriftlichen Mietvertrag über das Fahrzeug ab. Als monatlicher Mietzins werden für das 100.000 € teuere Auto 5.000 € vereinbart.*

**Lösung:**

*Es liegt eine verdeckte Gewinnausschüttung vor, da der monatliche Mietzins nicht der üblichen Miete für ein solches Fahrzeug entspricht.*

### 2.4.2.5 Darlehensverträge

Schriftliche Vereinbarung

Bei Darlehensverträgen zwischen Gesellschaft und Gesellschafter bedarf es wie auch in allen anderen Fällen schriftlicher, vorab geschlossener Vereinbarungen.

Übliche Bedingungen

Weiterhin muss das Darlehensverhältnis unter üblichen Bedingungen begründet sowie ernsthaft und nicht nur zum Schein vereinbart worden sein. Insbesondere sind Regelungen über Kündigung, Tilgung bzw. Rückzahlungszeitpunkt usw. erforderlich. Eine verdeckte Gewinnausschüttung liegt dann vor, wenn ein Gesellschafter seiner Kapitalgesellschaft ein Darlehen zu einem unangemessen hohen Zinssatz oder die Gesellschaft ihrem Gesellschafter ein Darlehen zu einem unangemessen niedrigen Zinssatz gewährt.

Angemessenheit des Zinssatzes

Rückzahlungsabsicht

Weiterhin kann eine verdeckte Gewinnausschüttung vorliegen, wenn eine Darlehensvereinbarung nur zum Schein, d.h. ohne eigentliche Rückzahlungsabsicht, abgeschlossen wird. Gewährt eine Kapitalgesellschaft ihrem Gesellschafter ein Darlehen, ohne dass eine Rückzahlungsabsicht besteht, und wird das Darlehen bei der Kapitalgesellschaft anschließend abgeschrieben, liegt eine verdeckte Gewinnausschüttung vor. Im umgekehrten Fall, wenn der Gesellschafter auf die Rückzahlung eines von ihm an die Kapitalgesellschaft gewährten Darlehens verzichtet, kann eine verdeckte Einlage vorliegen.

Verrechnungskonten

Die vorgenannten Grundsätze gelten auch für Verrechnungskonten, über die entweder gegenseitige Forderungen und Verbindlichkeiten aus Lieferungen und Leistungen oder auch private Aufwendungen zwischen Gesellschaft und Gesellschafter verrechnet werden. Auch hier bedarf es neben einer entsprechenden Vereinbarung einer Verzinsung des Saldos, der sich zu Lasten der Gesellschaft ergibt, um eine verdeckte Gewinnausschüttung zu vermeiden.

**Beispiel:**
*Friedhelm Fröhlich, mittlerweile im Ruhestand, möchte sich gerne ein Ferienhaus an der Nordsee kaufen. Da ihm jedoch die nötigen Mittel fehlen, wendet er sich vertrauensvoll an die Klemm- und Klau-GmbH und schließt mit dieser einen Darlehensvertrag ab. Danach stellt die GmbH dem Gesellschafter Fröhlich ein Darlehen in Höhe von 200.000 € zu einem Zinssatz von 2 % und einer Laufzeit von zehn Jahren zur Verfügung.*

**Lösung:**
*Es liegt eine verdeckte Gewinnausschüttung in Höhe des Differenzbetrages zwischen den tatsächlich gezahlten Zinsen und den marktüblichen Kreditzinsen vor.*

Eine Vereinbarung zwischen dem Gesellschafter oder einem seiner Angehörigen und der Gesellschaft muss einem Fremdvergleich standhalten.

Wird zwischen der Gesellschaft und deren Gesellschafter eine Vereinbarung getroffen, so hat diese grundsätzlich schriftlich zu erfolgen. Die Vereinbarung muss so gestaltet sein, dass sie auch mit einem fremden Dritten abgeschlossen würde und somit den üblichen Gepflogenheiten entspricht.

### 2.4.3 Auswirkungen beim Gesellschafter

Auswirkung der vGA

Auf Ebene des Gesellschafters führt eine verdeckte Gewinnausschüttung, wie auch eine offene Gewinnausschüttung, zu Einkünften aus Kapitalvermögen, wenn der Gesellschafter der Einkommensteuer unterliegt.

**Beispiel:**
*Friedhelm Fröhlich, Gesellschafter-Geschäftsführer der Klemm- und Klau-GmbH, bekommt eine Tantieme von 150.000 €. Dem Fremdvergleich halten nur 50.000 € davon stand.*

**Lösung:**
*Es liegt eine verdeckte Gewinnausschüttung in Höhe von 100.000 € vor. Fröhlich hatte die Tantieme bereits im vollen Umfang von 150.000 € als Einkünfte aus nicht selbständiger Arbeit erklärt. Durch die Einstufung als verdeckte Gewinnausschüttung vermindern sich die Einkünfte aus nicht selbständiger Arbeit auf 50.000 €. Gleichzeitig hat er aber die Hälfte der verdeckten Gewinnausschüttung (50.000 €) als Einkünfte aus Kapitalvermögen zu versteuern. Er erhält also eine Einkommensteuererstattung.*
*Die Gesellschaft hat allerdings eine Erhöhung des Gewinns um 100.000 € hinzunehmen und darauf Körperschaft- und Gewerbesteuer sowie Solidaritätszuschlag zu zahlen.*

Änderung des Einkommensteuerbescheides

Wenn bei der Gesellschaft eine verdeckte Gewinnausschüttung festgestellt wird, ist der Einkommensteuerbescheid des Gesellschafters unter Umständen schon bestandskräftig und könnte daher grundsätzlich, wenn er nicht unter dem Vorbehalt der Nachprüfung steht, nur noch in den engen Grenzen der Abgabenordnung nach § 173 AO geändert werden.

Deswegen ist durch das JStG 2007 der § 32a Abs.1 KStG eingeführt worden. Dieser regelt, dass bei Aufdeckung einer vGA bei der Kapitalgesellschaft auch der Steuerbescheid des Anteilseigners bzw. einer diesem nahe stehenden Person erlassen, geändert oder aufgehoben werden kann. Die Folgeänderung nach § 32a KStG besteht nur dem Grunde nach, da der Körperschaftsteuerbescheid kein Grundlagenbescheid ist. Die Höhe der beim Gesellschafter anzusetzenden vGA kann daher unter Umständen unterschiedlich sein.

Umgekehrt kommt der Anteilseigner nur dann in den Genuss des Halbeinkünfteverfahrens, wenn die den Einnahmen zugrunde liegende vGA bei der Kapitalgesellschaft das Einkommen erhöht hat.

Körperschaftsteuerpflichtiger Gesellschafter

Wenn der Gesellschafter der Körperschaftsteuer unterliegt, unterliegen die verdeckten Gewinnausschüttungen gemäß § 8b Abs. 1 KStG nicht der Körperschaftsteuer.

Checkliste

**So können Sie eine verdeckte Gewinnausschüttung vermeiden:**

**Geschäftsführergehälter**

- ✔ Liegt ein schriftlicher Dienstvertrag vor?
- ✔ Sind das vereinbarte Gehalt einschließlich Sondervergütungen und der Wert einer Pensionszusage (Gesamtausstattung) angemessen?
- ✔ Wurden bei der Vereinbarung der Bezüge die Ertragsaussichten des Unternehmens berücksichtigt?

**Pensionszusagen**

- ✔ Liegt eine schriftliche Pensionszusage vor?
- ✔ Wurde eine Wartezeit von zwei bis drei Jahren vor Pensionszusage eingehalten?
- ✔ Ist die Pensionszusage erdienbar?

**Tantiemevereinbarungen**

- ✔ Liegt eine schriftliche Tantiemevereinbarung vor?
- ✔ Hält die Tantiemevereinbarung einem Fremdvergleich stand?
- ✔ Betragen die Tantiemen aller Gesellschafter-Geschäftsführer höchstens 50 % des Jahresüberschusses?
- ✔ Ist die Tantieme der Höhe nach begrenzt?

**Vermietung und Verpachtung**

- ✔ Liegt ein schriftlicher Miet- bzw. Pachtvertrag vor?
- ✔ Entspricht der vereinbarte Miet- oder Pachtzins den örtlichen Gegebenheiten?
- ✔ Würde der Miet- oder Pachtvertrag in der vorliegenden Form auch mit einem fremden Dritten abgeschlossen?

**Darlehensverträge**

- ✔ Liegt ein schriftlicher Darlehensvertrag vor?
- ✔ Sind die vereinbarten Bedingungen und der Zinssatz marktüblich?

## 2.5 Spenden

Der Spendenabzug nach § 9 Abs. 1 Nr. 2 KStG ist dem Spendenabzug nach dem EStG nachgebildet. Anders als bei der Einkommensteuer ist der Spendenabzug bei Körperschaften aber im Rahmen der Einkunftsermittlung angesiedelt und erfolgt nicht außerhalb wie bei der Einkommensteuer.

Begünstige Zwecke

Nach § 9 Abs. 1 Nr. 2 KStG sind folgende Ausgaben begünstigt:

1. für gemeinnützige Zwecke im engeren Sinne,
2. für gemeinnützige Zwecke im weiteren Sinne, das heißt mildtätige, kirchliche, religiöse und wissenschaftliche Zwecke.

Nicht begünstigt im Unterschied zur Einkommensteuer sind Spenden an politische Parteien und unabhängige Wählergemeinschaften.

Höchstbeträge

Der Spendenabzug in einem Veranlagungszeitraum ist der Höhe nach begrenzt auf 5 % des Einkommens oder alternativ 2 ‰ der Summe der Umsätze und der Löhne und Gehälter des Veranlagungszeitraums. Bei Spenden für wissenschaftliche, mildtätige und als besonders förderungswürdig anerkannte kulturelle Zwecke ist er auf 10 % ausgeweitet.

Einzelspenden zur Förderung wissenschaftlicher, mildtätiger oder als besonders förderungswürdig anerkannter kultureller Zwecke, die den Betrag von 25.565 € übersteigen, können im Rahmen der Höchstsätze im Jahr der Zuwendung und in den folgenden sechs Veranlagungszeiträumen abgezogen werden.

Sachspenden

Die Behandlung von Sachspenden richtet sich nach Förderungszwecken. Sachspenden zur Förderung wissenschaftlicher Zwecke können zum Buchwert oder Teilwert angesetzt werden. Alle übrigen Spenden sind zwingend zum Teilwert anzusetzen.

## 2.6 Hinzurechnungen und Kürzungen nach § 8b KStG

### 2.6.1 Grundlegende Bedeutung

Bedeutung der Regelung

Die grundlegende Änderung des Körperschaftsteuersystems mit dem Wechsel vom Anrechnungs- zum sog. Halbeinkünfteverfahren bedingt, dass bei körperschaftsteuerpflichtigen Gesellschaften eine grundsätzliche Steuerfreistellung von empfangenen Dividenden sowie von Gewinnen aus der Veräußerung von Anteilen an Kapitalgesellschaften existiert. Dies ist notwendig, um sicherzustellen, dass es auch bei mehrstufigen Kapitalgesellschaftsstrukturen insgesamt nur zu einer Steuerbelastung auf der Ebene der Gewinn erzielenden Tochterkapitalgesellschaft kommt, um Doppelbesteuerungen mit Körperschaftsteuer zu vermeiden. Hierzu ist § 8b KStG eingeführt worden. Er ist damit zu einer zentralen Vorschrift des neuen Körperschaftsteuersystems geworden.

#### 2.6.1.1 Freistellung von Beteiligungserträgen

Nach § 8b Abs. 1 KStG bleiben Bezüge i.S.d. § 20 Abs. 1 Nr. 1, 2, 9 und 10 Buchst. a EStG bei der Ermittlung des Einkommens einer Körperschaft außer Ansatz.

Hierunter fallen:

- Gewinnanteile (Dividenden) und sonstige Bezüge;
- Bezüge aufgrund einer Kapitalherabsetzung oder Liquidation, die nicht in der Rückzahlung von Nennkapital bestehen, mit Ausnahme des Nennkapitals i.S.d. § 28 Abs. 2 Satz 2 KStG (Sonderausweis), und nicht aus dem Bestand des steuerlichen Einlagekontos i.S.d. § 27 KStG stammen;
- sonstige Leistungen der in § 1 Abs. 1 Nr. 3 bis 5 KStG genannten Körperschaften, Personenvereinigungen und Vermögensmassen, die aufgrund ihrer Rechtsform keine Ausschüttungen im eigentlichen Sinne vornehmen können sowie von Betrieben gewerblicher Art mit eigener Rechtspersönlichkeit.

Der wesentliche sachliche Anwendungsbereich für steuerfreie Beteiligungserträge liegt bei den Bezügen aus offenen und verdeckten Gewinnausschüttungen gem. § 20 Abs. 1 Nr. 1 EStG .

Aktivitätsklausel

Die Freistellung wird grundsätzlich unabhängig von der Beteiligungshöhe, einer Mindestbesitzzeit oder einer Aktivitätsklausel gewährt. Sie gilt für Ausschüttungen von inländischen und ausländischen Tochterkapitalgesellschaften und kann auch von ausländischen Mutterkapitalgesellschaften angewendet werden, soweit diese mit den Dividenden in Deutschland beschränkt körperschaftsteuerpflichtig sind.

Fiktion nicht abziehbarer Betriebsausgaben

Für inländische und ausländische Bezüge im Sinne von § 8 Abs. 1 KStG gilt gem. § 8b Abs. 5 KStG, dass 5 % der als Betriebseinnahmen angesetzten Bezüge als nicht abziehbare Betriebsausgaben gelten. Die tatsächlichen Betriebsausgaben unterliegen daher keinem Abzugsverbot.

Es kommt damit weder darauf an, ob und in welcher Höhe Betriebsausgaben überhaupt entstanden sind, noch ob sie tatsächlich in einem wirtschaftlichen Zusammenhang mit den nicht der Besteuerung unterworfenen Einnahmen stehen. Beides wird fingiert, sodass ein Gegenbeweis nicht zulässig ist.

Für inländische Konzerne kann sich daraus eine erhebliche steuerliche Belastung ergeben, wenn bei einer Kette von Beteiligungen auf jeder Stufe der Beteiligungskette ein Betrag in Höhe von 5 % der Dividende als nicht abzugsfähige Betriebsausgabe zu versteuern ist. Dies kann nur durch eine Verkürzung der Beteiligungskette verhindert werden.

**Beispiel:**
*Die XY GmbH bekommt eine Gewinnausschüttung in Höhe von 100 T€ von der Z GmbH. Sie hat damit in Verbindung stehende Aufwendungen von 10 T€.*

**Lösung:**
*Die Ausschüttung in Höhe von 100 T€ ist nach § 8b Abs. 1 KStG von der Besteuerung freigestellt. Die Aufwendungen in Höhe von 10 T€ können in vollem Umfang geltend gemacht werden. Außerbilanziell sind aber 5 T€ (5 % von 100 T€) hinzuzurechnen. Die XY GmbH würde also in diesem Beispiel durch die gesetzliche Regelung besser gestellt, als wenn die tatsächlichen Aufwendungen steuerlich nicht geltend gemacht werden könnten. Hätte sie hingegen keine Aufwendungen gehabt, wäre sie schlechter gestellt worden.*

### 2.6.1.2 Kapitalertragsteuer bei freigestellten Beteiligungserträgen

Kapitalertragsteuerabzug

Es ist gesetzlich in § 43 Abs. 1 Satz 3 EStG i.V.m. § 8 Abs. 1 KStG geregelt, dass auch von den nach § 8b Abs. 1 KStG steuerfreien Beteiligungserträgen Kapitalertragsteuer in Höhe von 20 % einzubehalten und an das Finanzamt abzuführen ist. Dies ist notwendig zur Sicherung des Steueraufkommens, da die ausschüttende Gesellschaft in der Regel den steuerlichen Status ihrer Gesellschafter nicht kennt und somit zunächst ein unbeschränkter Einbehalt der Kapitalertragsteuer zu erfolgen hat. Die einbehaltene Kapitalertragsteuer wird dann auf die festzusetzende Körperschaftsteuer angerechnet und gegebenenfalls erstattet. Demgegenüber hat der Kapitalertragsteuereinbehalt bei beschränkt Steuerpflichtigen ohne inländisches Betriebsvermögen abgeltende Wirkung.

## 2.6.2 Veräußerungsgewinnbefreiung

Freigestellte Veräußerungsgewinne

Entprechend der Freistellung von Beteiligungserträgen in § 8b Abs. 1 KStG besagt § 8b Abs. 2 KStG, dass bei der Ermittlung des Einkommens folgende Gewinne außer Ansatz bleiben:

1. aus der Veräußerung eines Anteils an einer anderen Körperschaft oder Personenvereinigung, deren Leistungen beim Empfänger zu Einnahmen i.S.d. § 20 Abs. 1 Nr. 1, 2, 9 und 10 Buchst. a EStG gehören;
2. aus der Auflösung oder Herabsetzung ihres Nennkapitals;
3. aus Wertzuschreibungen aufgrund eines erhöhten Teilwerts;
4. infolge der Aufdeckung stillgelegter Reserven bei einbringungsgeborenen Anteilen (§ 21 Abs. 2 UmwStG );
5. aus verdeckten Gewinnausschüttungen im Zusammenhang mit der Übertragung von Anteilen;

6. Gewinne aus der Aufdeckung stiller Reserven bei Sachdividenden in Form von Anteilen;
7. Übertragungsgewinne i.S.d. §§ 11, 15 UmwStG;
8. Veräußerungsgewinne aus Fondsanteilen an inländischen und ausländischen Investmentfonds.

Die Steuerfreiheit gilt sowohl für Beteiligungen an inländischen als auch an ausländischen Körperschaften, unabhängig von der Beteiligungshöhe und der Mindestbesitzdauer. Als Veräußerer sind alle Körperschaften begünstigt, also z.B. auch beschränkt steuerpflichtige Körperschaften ohne inländisches Betriebsvermögen und steuerpflichtige Vereine.

Die grundsätzliche Steuerfreiheit gilt gemäß § 8b Abs. 2 Satz 2 KStG nicht, soweit der Anteil in früheren Jahren steuerlich wirksam auf den niedrigeren Teilwert abgeschrieben und die Gewinnminderung nicht durch den Ansatz eines höheren Werts steuerlich wirksam ausgeglichen worden ist.

Sperrfrist von sieben Jahren

Die Steuerbefreiung ist nach § 8b Abs. 4 KStG ausgeschlossen, wenn die veräußerten Anteile innerhalb eines Zeitraums von sieben Jahren vor der Veräußerung durch Einbringung nach § 20 Abs. 1 Satz 1 oder § 23 UmwStG zu einem unter dem Teilwert liegenden Wert erworben wurden. Darunter fallen die Einbringung von Betrieben, Teilbetrieben und Mitunternehmerschaften in eine Kapitalgesellschaft (sachliche Sperre, § 8b Abs. 4 Satz 1 Nr. 1 KStG) einerseits und die Einbringung einer Kapitalbeteiligung in eine Kapitalgesellschaft (persönliche Sperre, § 8b Abs. 4 Satz 1 Nr. 2 KStG) andererseits. Dies soll verhindern, dass die Steuerbefreiung des § 8b Abs. 2 KStG von natürlichen Personen bzw. Personengesellschaften in Anspruch genommen wird, die nicht unter den begünstigten Personenkreis des § 8 b Abs. 2 KStG fallen.

Veräußerungsgewinn bei Organschaft

Unter die Steuerfreiheit fällt auch der Verkauf einer Beteiligung an einer Organgesellschaft, soweit § 8b KStG auf den Organträger Anwendung findet. In den steuerfreien Veräußerungsgewinn sind auch Gewinne aus der Auflösung eines im Rahmen der Organschaft gebildeten passiven Ausgleichspostens einzubeziehen. Dieser Ausgleichsposten wurde in den Geschäftsjahren gebildet, in denen der an den Organträger abgeführte Gewinn der Organgesellschaft von deren Steuerbilanzgewinn abwich.

Betriebsausgabenabzug

Auch bei Bezügen i.S.v. § 8b Abs. 2 KStG gelten 5 % der als Betriebseinnahmen angesetzten Bezüge als nicht abziehbare Betriebsausgaben gemäß § 8b Abs. 3 KStG, unabhängig davon, ob es sich um eine inländische oder um eine ausländische Beteiligung handelt, und unabhängig davon, ob und in welcher Höhe im Zusammenhang mit der Veräußerung überhaupt Kosten angefallen sind. Ist der Veräußerungsgewinn ganz oder teilweise steuerpflichtig, wird auf den steuerpflichtigen Teil keine Pauschalierung vorgenommen.

### 2.6.3 Veräußerungsverluste

Teilwert-abschreibungen

Nach § 8b Abs. 3 Satz 3 KStG werden analog zur Steuerbefreiung der Veräußerungsgewinne Gewinnminderungen aus einer Teilwertabschreibung, aus der Veräußerung eines Anteils, aus der Herabsetzung des Nennkapitals etc. steuerlich nicht berücksichtigt.

Dies betrifft alle Gewinnminderungen, die mit den in § 8b Abs. 2 KStG genannten Anteilen im Zusammenhang stehen. Es muss sich um Gewinnminderungen handeln, die auf den Bilanzansatz dieser Anteile zurückzuführen sind (d.h. der steuerlich anzusetzende Wert liegt unter dem Buchwert).

Die Regelung greift bei allen Gewinnminderungen im Zusammenhang mit den genannten Anteilen, unabhängig davon, ob entsprechende Gewinnerhöhungen im Einzelfall steuerpflichtig wären oder nicht.

**Beispiel:**
*Die X-GmbH nimmt eine Abschreibung auf den voraussichtlich dauerhaft niedrigeren Teilwert der Beteiligung an der Y-GmbH vor. Außerdem nimmt sie eine Teilwertabschreibung auf ein Darlehen vor, das der Beteiligungsgesellschaft gegeben wurde.*

**Lösung:**
*Gewinnminderungen infolge einer Teilwertabschreibung auf ein der Beteiligungsgesellschaft gewährtes Darlehens stehen nicht im Zusammenhang mit den Anteilen an dieser Beteiligungsgesellschaft und können daher steuerlich berücksichtigt werden.*
*Die Teilwertabschreibung auf die Beteiligung erfolgt nach § 6 Abs. 1 Nr. 2 EStG und kann daher nach § 8b Abs. 3 Satz 3 KStG nicht berücksichtigt werden. Sie führt also nicht zu einer Minderung des zu versteuernden Einkommens.*

### 2.6.4 Mittelbare Beteiligungen

Die erläuterten Steuerbefreiungen für Beteiligungserträge, Veräußerungsgewinne bzw. -verluste etc. gelten gem. § 8b Abs. 6 Satz 1 KStG auch dann, wenn sie über eine in- oder ausländische Mitunternehmerschaft zugerechnet werden.

Mittelbare Beteiligungen

Dies gilt allerdings nur bei einer vermögensmäßigen Beteiligung an der zwischengeschalteten Personengesellschaft. Bei einer Komplementär-GmbH ohne vermögensmäßige Beteiligung greift die Regelung daher nicht.

Dabei erfolgt bei der einheitlichen und gesonderten Feststellung der Einkünfte der Mitunternehmerschaft lediglich eine entsprechende Qualifizierung der Einkunftsteile. Die Anwendung des § 8b KStG wird daher erst auf Ebene der beteiligten Körperschaften vorgenommen.

## 2.7 Verdeckte Einlage

Verdeckte Einlagen führen auf Ebene der Kapitalgesellschaft nicht zu gravierenden steuerlichen Konsequenzen, jedoch, wie sich noch zeigen wird, auf Ebene des Gesellschafters.

### 2.7.1 Definition

Eine verdeckte Einlage liegt vor, wenn:

1. ein Gesellschafter oder eine ihm nahestehende Person
2. der Kapitalgesellschaft
3. einen einlagefähigen Vermögensvorteil
4. ohne Gegenleistung zuwendet
5. und diese Zuwendung durch das Gesellschaftsverhältnis veranlasst ist.

Einlagefähig sind nur bilanzierungsfähige Wirtschaftsgüter

Der Vermögensvorteil ist einlagefähig, wenn er zu einer Vermehrung von Aktivvermögen oder Verminderung von Schulden führt. Dies bedeutet, dass nur bilanzierungsfähige Wirtschaftsgüter einlagefähig sind. Schlichte Nutzungen, die ein Gesellschafter einer Kapitalgesellschaft ohne Gegenleistung oder zu unangemessen niedrigem Entgelt gewährt, führen wegen mangelnder Wirtschaftsguteigenschaft nicht zu einer verdeckten Einlage. Ebenso sind Einlagen eines Gesellschafters zugunsten des Nennkapitals oder eines Rücklagenkontos unschädlich, da sie das Steuerbilanzergebnis nicht berührt haben.

Wenn daher ein Gesellschafter für seine Gesellschaft Aufwendungen für ein Wirtschaftsgut tätigt und dieses dann der Gesellschaft unentgeltlich oder teilentgeltlich zur Verfügung stellt, dann liegt hierbei keine verdeckte Einlage vor, da ein Nutzungsvorteil nicht einlagefähig ist.

**Beispiel:**
*Der Gesellschafter A überlässt im Rahmen einer Betriebsaufspaltung der B-GmbH, an der er zu 100 % beteiligt ist, ein Grundstück für 500.000 € mietweise. Fremdüblich wären 1.000.000 €.*

**Lösung:**
*In Höhe der verbilligten Überlassung liegt keine verdeckte Einlage vor. Die Finanzverwaltung kann jetzt aber argumentieren, dass die Aufwendungen wie z. B. Abschreibung des Gebäudes, die A in seiner Besitzgesellschaft steuerlich geltend macht, steuerlich gemäß § 3c Abs. 2 EStG nur noch hälftig anzuerkennen sind, da sie zumindest mittelbar mit späteren höheren Gewinnausschüttungen zusammenhängen.*

Einlagefähiger Vermögensvorteil

Die Veranlassung durch das Gesellschaftsverhältnis ist im Umkehrschluss zur verdeckten Gewinnausschüttung gegeben, wenn ein Nichtgesellschafter bei Anwendung der Sorgfalt eines ordentlichen Kaufmanns den Vermögensvorteil der Gesellschaft nicht eingeräumt hätte.

Steuerlich handelt es sich bei verdeckten Einlagen um eine steuerfreie Vermögensmehrung, die bei der Ermittlung des zu versteuernden Einkommens entsprechend zu korrigieren ist, denn nach § 8 Abs. 3 Satz 3 KStG erhöhen verdeckte Einlagen das Einkommen nicht. Die Korrektur wird außerhalb der Bilanz vorgenommen.

Auswirkungen der verdeckten Einlage

Auf Ebene des Gesellschafters führt eine verdeckte Einlage grundsätzlich zu nachträglichen Anschaffungskosten der Beteiligung. Es liegen insoweit keine Werbungskosten oder Betriebsausgaben vor. Wenn die Beteiligung im Betriebsvermögen gehalten wird, erfolgt eine Aktivierung in Höhe des Teilwertes der eingelegten Wirtschaftsgüter beim Bilanzansatz der Beteiligung.

Korrespondenzprinzip

Um sicherzustellen, dass bei einer Änderung des Steuerbescheides eines Gesellschafters durch die Berücksichtigung einer verdeckten Einlage auch der Steuerbescheid der Körperschaft geändert werden kann, ist § 32a Abs. 2 KStG eingeführt worden. Er regelt, dass die Veranlagung der Körperschaft zwecks korrespondierender Erfassung einer verdeckten Einlage geändert werden kann.

Umgekehrt gilt nach § 8 Abs. 3 Satz 4 KStG, dass die verdeckte Einlage bei der Körperschaft als steuerpflichtige Betriebseinnahme zu erfassen ist, wenn sich die verdeckte Einlage beim Gesellschafter einkommensmindernd ausgewirkt hat und seine Veranlagung nicht mehr geändert werden kann.

## 2.7.2 Beispiele für verdeckte Einlagen

### a) Forderungsverzicht

Verzicht auf Forderungen

Verzichtet ein Gesellschafter einer Kapitalgesellschaft auf eine werthaltige Forderung, fällt bei der Kapitalgesellschaft der entsprechende Passivposten in der Bilanz der Gesellschaft weg. Dies führt bei der Kapitalgesellschaft zu einer Vermögensmehrung und somit zu einer verdeckten Einlage.

**Beispiel:**
*Der Gesellschafter-Geschäftsführer Erich Ehrlich der Klemm- und Klau-GmbH verzichtet auf die Auszahlung seiner Geschäftsführervergütung. Die Geschäftsführervergütung wird der Kapitalgesellschaft darlehensweise zur Verfügung gestellt.*

**Lösung:**
*Es ist zunächst keine verdeckte Einlage anzunehmen. Erst wenn Erich Ehrlich endgültig auf die Auszahlung des Darlehens verzichtet und dieses von der Kapitalgesellschaft erfolgswirksam ausgebucht wird, liegt eine verdeckte Einlage vor.*

Verzichtetet ein Gesellschafter zur Abwendung einer Krise bei seiner Gesellschaft auf eine Forderung, so ist hierin ebenfalls eine verdeckte Einlage zu sehen. Der Ertrag aus der Ausbuchung der Forderung ist jedoch nur in Höhe des Teilwerts der Forderung durch einen Abzug bei der Ermittlung des Einkommens auszugleichen. In Höhe des nicht werthaltigen Teils der Forderung liegt ein steuerpflichtiger Gewinn auf Seite der Gesellschaft vor.

**Tipp**

Bei einem Unternehmen in der Krise sollte statt eines Forderungsverzichtes über die Vereinbarung eines qualifizierten Rangrücktritts nachgedacht werden.

Eine Verbindlichkeit, für die ein qualifizierter Rangrücktritt eingeräumt wurde, gilt nämlich insolvenzrechtlich auch als Eigenkapital, und im Gegensatz zum Forderungsverzicht besteht hierbei nicht die Gefahr von steuerpflichtigen Gewinnen.

### b) Wirtschaftsgüter

Veräußerung von Wirtschaftsgütern

Auch die Veräußerung eines Wirtschaftsgutes zu einem ungewöhnlich niedrigen Preis führt zu einer verdeckten Einlage.

**Beispiel:**
*Erich Ehrlich will der Klemm- und Klau-GmbH, an der er beteiligt ist, etwas Gutes tun und verkauft der GmbH ein Grundstück für das 1914 ein Einheitswert von 10.000 € festgestellt wurde zu einem Kaufpreis von 10.000 €. Der Verkehrswert des Grundstücks beträgt aber zurzeit 50.000 €.*

**Lösung:**
*Es liegt eine verdeckte Einlage in Höhe von 40.000 € vor.*

### c) Geschäfts- und Firmenwert

Unentgeltlich erworbener Firmenwert

Auch ein unentgeltlich erworbener Firmenwert kann Gegenstand einer Einlage sein, wenn ein Gesellschafter sein Einzelunternehmen an die Kapitalgesellschaft verkauft und der Geschäftswert nicht Gegenstand des Kaufvertrages war. In der Steuerbilanz der Kapitalgesellschaft ist der Geschäftswert entgegen § 248 Abs. 2 HGB erfolgsneutral (durch Bildung eines entsprechenden steuerlichen Ausgleichspostens) zu aktivieren und abzuschreiben. Auf Gesellschafterebene ist der Veräußerungsgewinn um den Wert dieses Geschäftswertes zu erhöhen. Gleichzeitig erhöhen sich die Anschaffungskosten der Anteile.

### d) Zuschüsse bzw. Geldzahlungen

Geldzahlungen ohne eine Gegenleistung

Leistet ein Gesellschafter an seine Gesellschaft Geldzahlungen, ohne eine Gegenleistung dafür zu erhalten, führt dies zu einer verdeckten Einlage.

**Beispiel:**
*Die Klemm- und Klau-GmbH steht dank des Wirtschaftens ihres Gesellschafters Fritz Fröhlich kurz vor der Zahlungsunfähigkeit. Fritz Fröhlich überweist der Kapitalgesellschaft deshalb aus seinem Privatvermögen 100.000 €.*

**Lösung:**
*Es liegt eine verdeckte Einlage in Höhe von 100.000 € vor, wenn der Gesellschafter Fritz Fröhlich auf eine Rückzahlung endgültig verzichtet oder wenn die Gesellschaft trotzdem zahlungsunfähig wird und damit auch ohne Zuschuss des Gesellschafters zu rechnen war.*

Etwas anderes gilt, wenn der Gesellschafter seiner Gesellschaft die Mittel auf der Grundlage eines zivilrechtlich wirksamen Darlehensvertrages zuführt. Hierin kann nur dann eine verdeckte Einlage gesehen werden, wenn entgegen der schriftlichen Vereinbarung keine Rückzahlungsverpflichtung vorliegt, weil zum Beispiel bereits bei Hingabe der Geldmittel eine Rückzahlung objektiv unmöglich war.

### e) Rückgewähr von Gewinnansprüchen

Änderung des Gewinnverteilungsbeschlusses bei vollzogener Ausschüttung

Beschließen die Gesellschafter einer Kapitalgesellschaft eine Vorabausschüttung für das laufende Geschäftsjahr und ist die Ausschüttung vollzogen, führt eine Aufhebung oder Änderung des Gewinnverteilungsbeschlusses zu einer verdeckten Einlage. Die geleisteten Vorabausschüttungen bleiben abgeflossene Gewinnausschüttungen; der Rückforderungsanspruch der Kapitalgesellschaft an seine Gesellschafter ist als Einlageforderung zu aktivieren.

#### f) Erbschaft

Erbe des Gesellschafters

Ist eine Kapitalgesellschaft Erbe ihres Gesellschafters, so ist das Nachlassvermögen bei der Kapitalgesellschaft nach Einlagegrundsätzen anzusetzen und zu bewerten. Der Erwerb ist unentgeltlich und führt zu einer verdeckten Einlage. Der Wert der verdeckten Einlage ist jedoch um die Nachlassschulden sowie um die durch den Erbfall entstehenden Verbindlichkeiten zu mindern.

#### g) Nutzungsüberlassung zwischen Tochtergesellschaften

Wenn eine Tochtergesellschaft einer anderen Tochtergesellschaft der gemeinsamen Muttergesellschaft einen Nutzungsvorteil zuwendet, ist darin eine verdeckte Gewinnausschüttung an die Muttergesellschaft zu sehen. Da die Muttergesellschaft den Nutzungsvorteil an die Tochtergesellschaft weitergibt, muss bei dieser eine verdeckte Einlage berücksichtigt werden.

## 2.8 Verlustabzug

Die Vorschriften des § 10d EStG sind nach § 8 Abs. 1 KStG auch für den Bereich des KStG anwendbar.

### 2.8.1 Verlustrücktrag und Verlustvortrag

Wenn auf der Einkommenserzielungsebene ein Verlust ermittelt wurde, stellt sich die Frage der weiteren steuerlichen Behandlung dieses Verlustes. § 10d EStG regelt den Verlustabzug. Er stellt eine Durchbrechung des Grundsatzes der Abschnittsbesteuerung dar, ist aber aus Gründen der Steuergerechtigkeit gerechtfertigt.

Verlustausgleich

Vom Verlustabzug ist der Verlustausgleich zu unterscheiden. Der Verlustausgleich geht dem Verlustabzug vor. Ein Verlustausgleich liegt vor, wenn innerhalb eines Veranlagungszeitraumes positive und negative Einkünfte verrechnet werden.

Verlustrücktrag Verlustvortrag

Der Verlustabzug erfolgt in zwei Stufen. Auf der ersten Stufe kann mit einem Gewinn des vorangegangen Veranlagungszeitraums verrechnet werden (= Verlustrücktrag). Auf der zweiten Stufe kann der Verlust dann vorgetragen werden, um ihn mit noch festzustellenden Gewinnen der kommenden Veranlagungszeiträume zu verrechnen (= Verlustvortrag).

Seit 1999 ist nur noch ein einjähriger Verlustrücktrag möglich, der nach Wahl der Gesellschaft nicht oder nicht in voller Höhe vorgenommen werden muss (§ 10d Abs. 1 Satz 4 und 5 EStG). Darüber hinaus ist der Verlustrücktrag begrenzt auf 511.500 €.

Der Verlustvortrag ist ebenfalls eingeschränkt worden. Er ist zwar weiterhin zeitlich unbegrenzt, ist aber im jeweiligen Jahr der Verrechnung nur noch bis zur Höhe von 1 Mio. € unbeschränkt möglich. Der darüber hinausgehende Verlust ist nur noch zu 60 % des

1 Mio. € übersteigenden Betrags abziehbar vom Gesamtbetrag der Einkünfte.

**Beispiel:**

| | |
|---|---|
| *Der nicht rücktragsfähige Verlust 2007 beträgt* | *6.000.000 €* |
| *Der Gesamtbetrag der Einkünfte 2008 beträgt* | *4.000.000 €* |

*Berechnung des zu versteuernden Einkommens zum 31.12.2008:*

| | |
|---|---|
| *Gesamtbetrag der Einkünfte 2008* | *4.000.000 €* |
| *Uneingeschränkt verrechenbarer* | *./. 1.000.000 €* |
| *Verbleibender Betrag* | *3.000.000 €* |
| *Zu maximal 60 % verrechenbar* | *1.800.000 €* |
| *Zu versteuerndes Einkommen zum 31.12.2008* | *1.200.000 €* |

*Weiterhin wird der verbleibende Verlustvortrag zum 31.12.2008 wie folgt festgestellt:*

| | |
|---|---|
| *Festgestellter Verlustvortrag zum 31.12.2007* | *6.000.000 €* |
| *Davon verrechenbar in 2008* | *2.800.000 €* |
| *Verbleibender Verlustvortrag zum 31.12.2008* | *3.200.000 €* |

## 2.8.2 Voraussetzungen für den Verlustabzug

Voraussetzung für die Geltendmachung eines steuerlichen Verlustabzugs bei Körperschaften sind die rechtliche und wirtschaftliche Identität zwischen demjenigen, der den Verlust geltend macht, und zwischen demjenigen, der ihn erzielt hat (§ 8 Abs. 4 KStG).

Rechtliche Identität

Rechtliche Identität bedeutet, dass der Verlustabzug grundsätzlich nur dann durchgeführt werden darf, wenn die Körperschaft, die den Verlust erlitten hat, rechtlich mit der übereinstimmt, die den Verlust nutzen will. Es muss insoweit Personenidentität bestehen. Eine Übertragung von Verlustabzügen durch Rechtsgeschäft ist nicht möglich.

Wirtschaftliche Identität

Wirtschaftliche Identität liegt vor, wenn folgende Tatbestandsmerkmale erfüllt sind:

- Es sind weniger als 50 % der Anteile der Kapitalgesellschaft übertragen worden und
- die Kapitalgesellschaft führt ihren Geschäftsbetrieb nicht mit überwiegend neuem Betriebsvermögen fort oder nimmt ihn wieder auf.

Sanierungsfälle

Die Zuführung neuen Betriebsvermögens ist unschädlich, wenn sie allein der Sanierung des Geschäftsbetriebs dient, der den verbleibenden Verlustabzug i.S.d. § 10d Abs. 4 Satz 2 EStG verursacht hat, und die Kapitalgesellschaft den Geschäftsbetrieb in einem nach dem Gesamtbild der wirtschaftlichen Verhältnisse vergleichbaren Umfang in den folgenden fünf Jahren fortführt Änderung ab 2008; vgl. Teil M, Kap. 4).

#### 2.8.2.1 Übertragung von 50% der Anteile am Nennkapital

Übertragung von 50% der Anteile

Bei der Prüfung der 50%-Grenze ist grundsätzlich auf das Nennkapital der Körperschaft abzustellen. Der Umfang der übertragenen Anteile wird daher ins Verhältnis gesetzt zum Nennkapital. Hat die Körperschaft eigene Anteile, ist das Nennkapital um die eigenen Anteile zu kürzen.

Eine weitere Ausnahme von der grundsätzlich anzuwendenden Berechnungsweise besteht bei einer Übertragung von mehr als 50% der Stimmrechte. Hier ist vom Verlust der wirtschaftlichen Identität auszugehen, auch wenn weniger als 50% der Anteile am Nennkapital übertragen werden.

Mehrmalige Übertragung eines Anteils

Der mehrmalige Erwerb des nämlichen Anteils wird nur einmal gezählt und ist somit unschädlich, wenn die Alt-Gesellschafter trotz des mehrfachen Anteilswechsels die Mehrheit der Anteile behalten.

Übertragung im Erbfall und Schenkung

Unentgeltliche Übertragungen (wie Erbfall und Schenkung) sind ebenfalls unschädlich mit Ausnahme der vorweggenommenen Erbfolge.

Problematisch sind auch konzerninterne Umstrukturierungen. Hier deutet sich zwar eine Auflockerung der rigiden Anwendung der Grenzen des § 8 Abs. 4 KStG durch Finanzgerichte etc. an, die Finanzverwaltung hält aber immer noch daran fest.

#### 2.8.2.2 Zuführung von überwiegend neuem Betriebsvermögen

Neues Betriebsvermögen

Eine Zuführung von überwiegend neuem Betriebsvermögen liegt nach bisheriger Auffassung vor, wenn der Wert des zugeführten Aktivvermögens den Wert des »Altvermögens« übersteigt.

Bei der Berechnung des Altvermögens wird abgestellt auf Bilanzwerte, wobei auch immaterielle (nicht bilanzierungsfähige) Wirtschaftsgüter einzubeziehen sind.

Umfang der Zuführung von neuem Betriebsvermögen

In die Betrachtungsweise ist nach Auffassung der Finanzverwaltung neues Betriebsvermögen einzubeziehen, das innerhalb von fünf Jahren nach der schädlichen Anteilsübertragung zugeführt wurde. Das bedeutet, dass unter Umständen weder ein sachlicher noch ein wirtschaftlicher Zusammenhang zwischen der Anteilsübertragung (Erreichen der 50%-Grenze) und der Zuführung neuen Betriebsvermögens besteht. Der Bundesfinanzhof hält daher einen Vergleichszeitraum von mehr als drei Jahren für unzulässig, da seiner Auffassung nach ein zeitlicher und sachlicher Zusammenhang zwischen Anteilsübertragung und Zuführung neuen Betriebsvermögens bestehen muss.

Eine Ausnahme von dem Grundsatz, dass die Zuführung von überwiegend neuem Betriebsvermögen den Verlustabzug verbietet, besteht jedoch dann, wenn die Zuführung von neuem Betriebsvermögen der Sanierung des Geschäftsbetriebes der Kapitalgesellschaft dient, die den Verlust erwirtschaftet hat. Dies wiederum setzt voraus, dass die Kapitalgesellschaft objektiv sanierungsbedürftig sein muss, eine Sanierungsabsicht besteht und die Gesellschaft überhaupt sanierungsfähig ist. Dabei darf die Zuführung von neuem Betriebsvermögen den für die Sanierung notwendigen Umfang nicht wesentlich überschreiten. Weiterhin setzt eine steuerunschädliche Sanierung voraus, dass die Körperschaft den Geschäftsbetrieb in einem nach dem Gesamtbild der wirtschaftlichen Verhältnisse vergleichbaren Umfang mindestens fünf Jahre fortführt. Ein Abschmelzen von mehr als 50 % der Vergleichsgröße wird dabei als schädlich angesehen.

Sanierung des Geschäftsbetriebes

### 2.8.3 Mantelkauf

Aus den oben genannten Voraussetzungen, die an den Verlustabzug geknüpft werden, folgt, dass der Verlustabzug für den Fall des sog. »Mantelkaufs« kaum noch möglich ist.

Gründe für Mantelkauf

Unter Mantelkauf versteht man den Erwerb von Anteilen an einer Kapitalgesellschaft, die über Verlustvorträge verfügt und ihren eigenen ursprünglichen Geschäftsbetrieb eingestellt hat. Die Gründe für den Mantelkauf sind nicht nur steuerlicher Natur. So werden als Gründe auch die Vermeidung des langwierigen Eintragungsverfahrens und die Haftungssituation im Gründungsstadium der GmbH genannt. Rein steuerlich ging es jedoch meistens um die Verrechnung der erhofften neuen Gewinne mit den alten Verlusten. Damit dieses steuerliche Ziel erreicht werden kann, müssen die oben erläuterten Bedingungen, die an den Verlustabzug gestellt werden, eingehalten werden. Die Grundvoraussetzung der rechtlichen Identität bereitet dabei kaum Probleme. Die wirtschaftliche Identität liegt aber im Regelfall nicht vor.

Die Folge ist, dass Verluste, die vor Verlust der wirtschaftlichen Identität entstanden sind, nicht mehr zum Abzug mit danach entstandenen Gewinnen zugelassen werden. Ebenso wird ein Verlustausgleich für das Jahr des Verlustes der wirtschaftlichen Identität beschränkt. Dies bedeutet, dass, wenn ein Verlust im ersten Halbjahr des Geschäftsjahres entstanden ist, der Verlust der wirtschaftlichen Identität im zweiten Halbjahr, in dem Gewinne erzielt werden, erfolgt, der Verlust des ersten Halbjahres nicht mit den Gewinnen des zweiten Halbjahres verrechnet werden darf.

**Beispiel:**
*Die Klemm- und Klau-GmbH verliert ihre wirtschaftliche Identität am 1.7.2008. Im Geschäftsjahr 2007 hat sie einen Verlust in Höhe von 60.000 € erwirtschaftet. Im ersten Halbjahr 2008 erzielt sie einen weiteren Verlust in Höhe von 20.000 €, während das zweite Halbjahr 2008 mit einem Gewinn von 100.000 € endet.*

**Lösung:**
*Der Verlust in Höhe von insgesamt 80.000 € kann nicht mit dem Gewinn in Höhe von 100.000 € verrechnet werden und geht verloren. Die Klemm- und Klau-GmbH muss 100.000 € versteuern.*

### 2.8.4 Verlustabzug bei Verschmelzung oder Spaltung

Eine besondere Form der Anteilsübertragung einer Kapitalgesellschaft ist die Verschmelzung. Die Vorschrift des § 8 Abs. 4 KStG regelt das Weiterbestehen oder den Wegfall von Verlusten, die von einer Kapitalgesellschaft selbst verursacht wurden.

Das Umwandlungssteuergesetz regelt hingegen für die verschiedenen Fälle von Umwandlungen die Verlustübertragung.

Ausgelaufene Regelung

So war bei Verschmelzungen in § 12 Abs. 3 Satz 2 UmwStG geregelt, unter welchen Voraussetzungen eine aufnehmende Kapitalgesellschaft die verbleibenden Verlustvortäge einer übertragenden Kapitalgesellschaft als eigene Verluste abziehen darf. Dies war der Fall, wenn die übernehmende Körperschaft, die in die Rechtsstellung der übertragenden Körperschaft eintrat, den Betrieb oder Betriebsteil, der den Verlust verursacht hatte, über den Verschmelzungsstichtag hinaus in einem dem Gesamtbild der wirtschaftlichen Verhältnisse vergleichbaren Umfang in den folgenden fünf Jahren fortführte. Erwarb eine gewinnbringende Kapitalgesellschaft zunächst alle Anteile an einer Verlust-GmbH und wurde die Verlustgesellschaft anschließend auf die gewinnbringende Kapitalgesellschaft verschmolzen, war darin zunächst kein Ersatztatbestand für die Vermögenszuführung bei der Kapitalgesellschaft zu sehen. Die übertragenen Verlustvorträge konnten unter Beachtung von § 12 Abs. 3 Satz 2 UmwStG geltend gemacht werden und gingen nicht unter. Führte die Kapitalgesellschaft nach der Verschmelzung jedoch überwiegend neues Betriebsvermögen zu, war rückwirkend davon auszugehen, dass der Verlustvortrag nicht auf die übernehmende Gesellschaft übergegangen ist. Bereits bestandskräftige Bescheide konnten nach § 175 Abs. 1 Satz 1 Nr. 2 AO geändert werden.

Neue Regelung

Durch die Neufassung des § 12 Abs. 3 UmwStG i.V.m. § 4 Abs. 2 und 3 UmwStG zum 13.12.2006 im Rahmen der Umsetzung des SEStEG ist die Übertragung von Verlustvorträgen bei Verschmelzungen nun nicht mehr möglich.

Etwas anderes gilt bei der Spaltung von Kapitalgesellschaften nach § 15 UmwStG.

Aufteilung des Verlustabzugs bei Spaltung

Bei der Spaltung bleibt der Verlustvortrag grundsätzlich erhalten und wird auf die Nachfolgekapitalgesellschaften aufgeteilt. Die Frage, ob und in welchem Umfang der Verlustvortrag auf den übernehmenden Rechtsträger übertragen werden darf, hängt (wie beschrieben bei Verschmelzungen nach altem Recht) davon ab, dass der oder die übernehmenden Rechtsträger den übernommenen Betrieb oder Betriebsteil, der den Verlust verursacht hat, über den Spaltungsstichtag hinaus in einem nach dem Gesamtbild der wirtschaftlichen Verhältnisse vergleichbaren Umfang in den folgenden fünf Jahren fortführen.

Die Aufteilung des Verlustes auf die Nachfolgekapitalgesellschaften bestimmt sich nach § 15 Abs. 3 UmwStG. Danach ist der Verlustvortrag im Verhältnis der übergehenden Vermögensteile zu dem bei der übertragenden Körperschaft vor der Aufteilung bestehenden Vermögen aufzuteilen. Dieses Verhältnis ergibt sich regelmäßig aus dem Spaltungs- und Übernahmevertrag.

## 3 Körperschaftsteuertarif

Tarifbelastung

Die Besteuerung hat gemäß § 23 Abs. 1 KStG mit einem einheitlichen Tarif von 25 % zu erfolgen. Die früher im Anrechnungsverfahren bestehende Differenzierung zwischen Ausschüttungs- und Thesaurierungstarif gibt es im Halbeinkünfteverfahren nicht mehr. Daneben ist zu beachten, dass auch noch der Solidaritätszuschlag in Höhe von 5,5 % auf die Körperschaftsteuer zu einer Definitivbelastung der Gesellschaft führt.

Solidaritätszuschlag

**Beispiel:**

| | *T€* |
|---|---:|
| *Gewinn vor Steuern* | *100,00* |
| *Gewerbesteuer (Hebesatz 400 %)* | *16,67* |
| *Gewinn nach Gewerbesteuer* | *83,33* |
| *Körperschaftsteuer* | *20,83* |
| *Solidaritätszuschlag* | *1,15* |
| *Gewinn nach Steuern* | *61,35* |

**Lösung:**

*Die Gesamtsteuerbelastung beträgt in diesem Beispiel 38,65 %.*

Wenn thesauriert wird, liegt die Gesamtsteuerbelastung durch Gewerbesteuer, Körperschaftsteuer und Solidaritätszuschlag je nach Gewerbesteuerhebesatz bei um die 39 %. Falls die Gesellschaft ausschüttet, bleibt es bei dieser Belastung bei der Gesellschaft und es kommt bei einkommensteuerpflichtigen Gesellschaftern noch zu einer zusätzlichen Einkommensteuerbelastung, die in die Betrachtung der Gesamtsteuerbelastung des Gewinns vor Steuern mit einzubeziehen ist.

Die Körperschaftsteuertarifbelastung hat sich wie folgt entwickelt:

| Ab Veranlagungszeitraum | Tarifbelastung in % | Ausschüttungsbelastung in % |
|---|---|---|
| 1977 | 56 | 36 |
| 1981 | 56 | 36 |
| 1990 | 50 | 36 |
| 1994 | 45 | 30 |
| 1999 | 40 | 30 |
| 2001 | 25 | 25 |

## 4 Gewinnausschüttungen

Halbeinkünfteverfahren

Mit Wirkung zum 1.1.2001 wurde das seit 1977 gültige körperschaftsteuerrechtliche Anrechnungsverfahren durch das sogenannte Halbeinkünfteverfahren ersetzt. Beim Anrechnungsverfahren wurde auf Ebene der Körperschaft das Einkommen dem Regelsteuersatz (zuletzt 40 %) unterworfen. Wurden die Gewinne offen oder verdeckt ausgeschüttet, so erfolgte eine einheitliche Ausschüttungsbelastung (zuletzt 30 %) auf Ebene der Kapitalgesellschaft. Die auf den Ausschüttungen lastende Körperschaftsteuer wurde dann auf die Einkommensteuer des Anteilseigners angerechnet. Beim Halbeinkünfteverfahren wird genau zwischen der Gesellschafterebene und der Ebene der Körperschaft unterschieden. Beide Ebenen werden grundsätzlich unabhängig voneinander besteuert. Vom Prinzip würde dies dazu führen, dass ein Ergebnis, welches die Körperschaft bereits versteuert hat, vom Gesellschafter noch einmal zu versteuern ist. Es käme also zu einer Doppelbesteuerung. Um dies zu vermeiden, wurde der Steuersatz auf Ebene der Körperschaft im Vergleich zum Anrechnungsverfahren abgesenkt auf 25 % und eine Weitergabe der Ergebnisse von der Gesellschaft an den Gesellschafter durch zum Beispiel Gewinnausschüttungen, Veräußerungen etc. auf Ebene des Gesellschafters im Regelfall ganz (Anteilseigner ist Kapitalgesellschaft) oder hälftig steuerfrei gestellt.

## 4.1 Die ausschüttende Gesellschaft

### 4.1.1 Feststellung des ausschüttbaren Kapitals

Bei der ausschüttenden Gesellschaft muss festgestellt werden, wie das Kapital, welches ausgeschüttet wird, körperschaftsteuerlich vorbelastet ist. Die Rücklagen, die ausgeschüttet werden sollen, können aus verschiedenen Quellen stammen:

#### 4.1.1.1 Altrücklagen mit Körperschaftsteuerguthaben

Wenn Rücklagen aus altem EK40 einschließlich Kapital, welches aus der Umwandlung von EK45 entstanden ist, ausgeschüttet werden, die aus der Zeit vor der Umstellung zum Halbeinkünfteverfahren resultieren, würde es zu einer ungewollten zu hohen Körperschaftsteuerbelastung kommen, denn diese »Alt-Rücklagen« wurden ja noch nach dem alten Anrechnungsverfahren mit einer Körperschaftsteuer von 40 % belastet.

Altrücklagen

Körperschaftsteuerguthaben

Um diese Folgen abzumildern, wurde das Körperschaftsteuerguthaben eingeführt. Auf den Schluss des ersten Wirtschaftsjahres der Geltung des neuen Körperschaftsteuer-Systems wird nach § 37 Abs. 1 KStG aus dem mit 40 % belasteten Eigenkapital ein Körperschaftsteuerguthaben ermittelt. Dieses entspricht einem Betrag in Höhe von 1/6 des mit 40 % belasteten Alt-Kaptitals (= EK40). Das Guthaben entspricht somit dem Betrag der Körperschaftsteuerminderung, der im Fall einer Ausschüttung nach dem alten Anrechnungsverfahren entstanden wäre.

#### 4.1.1.2 Neutrales Vermögen

Hierbei handelt es sich um Rücklagen, die aus Gewinnen gebildet wurden, die nach Einführung des Halbeinkünfteverfahrens versteuert wurden.

Neutrales Vermögen

Weiterhin fallen hierunter Alt-Rücklagen, die mit 30 % besteuert wurden (= EK 30) sowie EK01 und EK03.

Für die Gesamtheit dieser Rücklagen, die man auch neutrales Vermögen nennt, gilt, dass es bei Ausschüttungen nicht zu weiteren Körperschaftsteuerauswirkungen kommt. Es kommt daher zu keiner gesondert vorgeschriebenen steuerlichen Feststellung.

#### 4.1.1.3 Unversteuerte Altrücklagen (= EK02)

Hierunter fallen Alt-Rücklagen in Form von EK02. Beim EK02 handelt es sich um thesaurierte Gewinne, die nicht der Körperschaftsteuer unterlegen haben, dass heißt, die noch unversteuert sind. Positive Endbeträge in Form von EK02 sind zum Schluss des Wirtschaftsjahres gesondert festzustellen und fortzuschreiben nach § 38 Abs. 1 KStG.

EK 02

#### 4.1.1.4 Steuerliches Einlagekonto

Steuerliches Einlagenkonto

Nach § 27 Abs. 1 Satz 1 KStG hat die Körperschaft die nicht in das Nennkapital geleisteten Einlagen am Schluss eines Wirtschaftsjahres auf einem besonderen Konto - dem steuerlichen Einlagekonto - auszuweisen. Hierzu werden die Veränderungen und der Bestand der nicht in das Nennkapital geleisteten Einlagen außerhalb der Buchführung festgehalten und gesondert festgestellt (§ 27 Abs. 2 KStG). Das steuerliche Einlagekonto hat den Zweck, die Feststellung zu ermöglichen, ob und inwieweit es sich bei den Leistungen einer Gesellschaft an ihren Gesellschafter um eine Einlagerückgewähr handelt.

### 4.1.2 Verwendungsreihenfolge

Verwendungsreihenfolge

Die Gesellschaft kann bei einer Gewinnausschüttung nicht frei wählen, welche Rücklagen als verwendet gelten sollen.

Vielmehr ist folgende Reihefolge festgelegt:

1. Altrücklagen mit Körperschaftsteuerguthaben,
2. neutrales Vermögen,
3. Unversteuerte Altrücklagen (= EK02),
4. steuerliches Einlagekonto.

Die Konsequenzen dieser Verwendungsreihenfolge werden im Folgenden deutlich.

### 4.1.3 Nutzung des Körperschaftsteuerguthabens

Körperschaftsteuerguthaben

Wenn es zu Gewinnausschüttungen kommt und die ausschüttende Gesellschaft noch Altrücklagen mit Körperschaftsteuerguthaben hat, so war die ursprüngliche Gesetzeslage, dass das Körperschaftsteuerguthaben sich jeweils um 1/6 der offenen Gewinnausschüttungen mindert und auf die Körperschaftsteuerschuld der ausschüttenden Gesellschaft angerechnet wird.

1. Moratorium

Für die Nutzung des Körperschaftsteuerguthabens war ursprünglich eine Übergangsphase von 15 Jahren vorgesehen. In einem ersten Schritt wurde dann die Nutzung des Körperschafsteuerguthabens für den Zeitraum nach dem 11.4.2003 bis vor dem 1.1.2006 ausgesetzt. Man spricht hierbei vom sogenannten 1. Körperschaftsteuermoratorium. Die Nutzungsphase des Körperschaftsteuerguthabens wurde daraufhin verlängert auf 18 Jahre.

Deckelung

Außerdem wurde die Auflösung des Körperschaftsteuerguthabens begrenzt. So durfte höchstens der Betrag, der sich durch die lineare Verteilung des Körperschaftsteuerguthabens über den verbleibenden Übergangszeitraum ergibt, realisiert werden. Hierbei spricht man von der sogenannten Deckelung.

Diese Regelungen hätten dafür gesorgt, dass man bei der Planung von Gewinnausschüttungen immer auch das Körperschaftsteuerguthaben und seine Nutzung mit bedenken müsste. So hätte darauf geachtet werden müssen, dass 1/6 der Gewinnausschüttung genau dem jeweils errechneten Höchstbetrag entspricht. Bei Überausschüttungen hätte in dem jeweiligen Veranlagungszeitraum keine weitere Anrechung erfolgen können. Außerdem hätten Überausschüttungen dazu geführt, dass in den folgenden Jahren nicht genug ausschüttungsfähiges Kapital übergeblieben wäre, was unter Umständen bis zu einem vollständigen Verlust des dann noch verbleibenden Körperschaftsteuerguthabens am Ende der Nutzungsphase hätte führen können.

Durch das Gesetz über steuerliche Begleitmaßnahmen zur Einführung der Europäischen Gesellschaft und zur Änderung weiterer steuerlicher Vorschriften (kurz: SEStEG) wurden die Regelungen zur Nutzung des Körperschaftsteuerguthabens jedoch neu gefasst.

Das vorhandene Körperschaftsteuerguthaben wird nunmehr letztmalig zum 31.12.2006 festgestellt und sodann ab 2008 in zehn gleichmäßigen Jahresraten unverzinslich ausbezahlt. Hier wurde also ein 2. Körperschaftsteuermoratorium eingeführt, da es in 2007 nicht zu einer Auszahlung kommt.

2. Moratorium

Die Nutzung des Körperschaftsteuerguthabens ist nach dieser Regelung nunmehr ausschüttungsunabhängig. Die Gesellschaft braucht ihre Ausschüttungsplanung nicht mehr nach dem Körperschaftsteuerguthaben ausrichten. Dies ist insbesondere vorteilhaft für Gesellschaften, die zuvor kein Ausschüttungspotential hatten und so das Körperschaftsteuerguthaben nicht realisieren konnten.

Nachteilig ist diese Regelung für Umwandlungen von Körperschaften auf eine Personengesellschaft. Das Körperschaftsteuerguthaben konnte hier nach der alten Regelung sofort realisiert werden

### 4.1.4 Körperschaftsteuererhöhungen

Wenn unversteuerte Altrücklagen (=EK 02) offen oder verdeckt ausgeschüttet werden, kommt es in der 18-jährigen Übergangsphase zu Körperschaftsteuererhöhungen. Die Körperschaftsteuer wird in diesen Fällen um 3/7 des für die Ausschüttung verwendeten Betrags an EK02 erhöht (§ 38 Abs. 2 KStG).

Hierunter fallen insbesondere:

- offene Gewinnausschüttungen,
- verdeckte Gewinnausschüttungen,
- Vorabausschüttungen,
- sonstige Leistungen.

Die Verwendung von altem EK02 ist durch eine Differenzrechnung zu ermitteln. Diese baut auf Basis der Bestände zum Schluss des vorangegangenen Wirtschaftsjahres auf.

**Beispiel:**

| | |
|---|---|
| *Eigenkapital laut Steuerbilanz zum 31.12.08* | *200.000 €* |
| *./. Gezeichnetes Kapital* | *50.000 €* |
| *./. Bestand des (positiven) steuerlichen Einlagenkontos* | *60.000 €* |
| *Ausschüttbarer Gewinn 2009* | *90.000 €* |
| *./. Bestand des EK02 zum 31.12.08* | *50.000 €* |
| *Verminderter ausschüttbarer Gewinn* | *40.000 €* |
| *./. Summe aller Gewinnausschüttungen 2009* | *80.000 €* |
| *Differenz* | *./. 40.000 €* |

Körperschaftsteuererhöhung

Der verminderte ausschüttbare Gewinn ist gleich der Summe aus Altrücklagen mit Körperschaftsteuerguthaben und neutralem Vermögen. Erst wenn hiervon wie im Beispiel nichts mehr zur Verfügung steht, gilt das Alt-EK02 in Höhe der negativen Differenz als für die Gewinnausschüttung verwendet und es kommt zu einer Körperschaftsteuererhöhung. Diese ist begrenzt auf 7/10 des Bestandes an EK02, der zum Schluss des vorangegangenen Jahres festgestellt wurde.

**Lösung:**

| | |
|---|---|
| *Körperschaftsteuererhöhung ((40.000 € × 7/10) × 3/7))* | *12.000 €* |
| *und* | |
| *Bestand des EK02 zum 31.12.08* | *50.000 €* |
| *./. verwendetes EK02 (40.000 € × 7/10)* | *28.000 €* |
| *./. Körperschaftsteuererhöhung* | *12.000 €* |
| *Bestand des EK02 zum 31.12.09* | *10.000 €* |

Eine Minderung des Bestandes an Alt-EK 02 kommt nur bis zum vollständigen Verbrauch in Betracht. Ein Negativbetrag kann grundsätzlich nicht entstehen.

### 4.1.5 Kapitalertragsteuerabzug

Kapitalertragsteuer

Die Ausschüttungen unterliegen nach § 43 Abs. 1 Nr. 1 EStG der Kapitalertragsteuer. Von der Kapitalertragsteuer werden auch die steuerfreien Erträge i.S.d. § 3 Nr. 40 EStG bzw. des § 8b Abs. 1 KStG erfasst, da auf Ebene der Gesellschaft nicht unbedingt bekannt sein muss, welche Art von Gesellschafter vorliegt.

Die Kapitalertragsteuer beträgt 20 % des Ausschüttungsbetrages, wenn der Gläubiger die Kapitalertragsteuer trägt, bzw. 25 %, wenn der Schuldner die Kapitalertragsteuer übernimmt.

**Beispiel:**
*Gewinnausschüttung bei einer GmbH:*

| | |
|---|---|
| *Gewinn (nach GewSt)* | *100,0 T€* |
| *./. KSt Belastung (25 %)* | *25,0 T€* |
| *./. Solidaritätszuschlag auf KSt* | *1,4 T€* |
| *Gewinn nach Steuern* | *73,6 T€* |
| *./. KapESt (20 %)* | *14,7 T€* |
| *./. Solidaritätszuschlag auf KapESt* | *0,8 T€* |
| *Auszahlung an Anteilseigner* | *58,1 T€* |

## 4.2 Der Gesellschafter

### 4.2.1 Körperschaftsteuerpflichtiger Gesellschafter

Wenn es sich bei dem Gesellschafter um eine körperschaftsteuerpflichtige Gesellschaft handelt, werden die ausgeschütteten Gewinne nach § 8b KStG steuerbefreit (vgl. Kap. 2.6).

### 4.2.2 Einkommensteuerpflichtiger Gesellschafter

Hält der Gesellschafter seine Beteiligung im Privatvermögen oder im Betriebsvermögen eines Einzelunternehmens oder einer Personengesellschaft, so führt eine Gewinnausschüttung nach § 20 Abs. 1 Nr. 1 EStG zu einkommensteuerpflichtigen Einkünften, die jedoch nach § 3 Nr. 40 Satz 1 Buchst. d EStG nur zu 50 % der Besteuerung unterliegen.

**Beispiel:**
*Gewinnausschüttung auf Ebene einer natürlichen Person:*
*(ohne Solidaritätszuschlag)*

| | |
|---|---|
| *Ausbezahlte Dividende* | *60,0 €* |
| *+ einbehaltene Kapitalertragsteuer* | *15,0 €* |
| *Einnahme i.S.v. § 20 Abs. 1 Nr. 1 EStG* | *75,0 €* |
| *./. steuerfrei nach § 3 Nr. 40 Satz 1 Buchst. d EStG* | *37,5 €* |
| *Steuerpflichtig* | *37,5 €* |
| | |
| *ESt (bei 40 % Grenzsteuersatz)* | *15,0 €* |
| *./. anrechenbare Kapitalertragsteuer* | *15,0 €* |
| *ESt-Zahllast des Anteilseigners* | *0,0 €* |

Gewinnausschüttungen ins Privatvermögen

Bei einer Ausschüttung, für die das steuerliche Einlagekonto i.S.d. § 27 KStG ausgekehrt werden muss, hat ein Anteilseigner, der die Anteile im Privatvermögen hält und mindestens zu 1 % an der ausschüttenden Körperschaft beteiligt ist, einkommensteuerpflichtige Einkünfte nach § 17 Abs. 4 EStG, soweit die Ausschüttung aus dem

Einkünfte nach § 17 Abs. 4 EStG

Einlagekonto die Anschaffungskosten der Beteiligung übersteigt. Auch die Veräußerung von Anteilen an einer Körperschaft kann zu gewerblichen Einkünften führen, wenn der Veräußerer innerhalb der letzten fünf Jahre am Kapital der Gesellschaft unmittelbar oder mittelbar zu mindestens 1 % beteiligt war (§ 17 Abs. 1 EStG).

# 5 Organschaft

Bei der körperschaftsteuerlichen Organschaft handelt es sich um die Möglichkeit, das zu versteuernde Einkommen einer Körperschaft auf eine andere zu übertragen und dort zu versteuern. Steuerlich interessant ist eine solche Organschaft, wenn Gewinne und Verluste innerhalb eines Organkreises ausgeglichen werden sollen.

Voraussetzungen

Vorraussetzung hierfür ist, dass

1. eine untergeordnete Kapitalgesellschaft (Organgesellschaft)
2. in ein einziges übergeordnetes anderes gewerbliches Unternehmen (Organträger)
3. finanziell eingegliedert ist und
4. der ganze Gewinn der Organgesellschaft an den Organträger durch einen Gewinnabführungsvertrag i.S.d. § 291 Abs. 1 AktG abgeführt wird.

All diese Vorraussetzungen müssen gleichzeitig über das gesamte Wirtschaftsjahr vorliegen.

## 5.1 Organgesellschaft

Organgesellschaften können nur Kapitalgesellschaften sein (AG, KGaA, GmbH, nicht jedoch Genossenschaften oder GmbH & Co KG).

Die Gesellschaft muss ihren Sitz und ihre Geschäftsleitung im Inland haben, um eine inländische Besteuerung sicherzustellen.

## 5.2 Organträger

Der Organträger kann grundsätzlich jede Rechtsform haben, d.h. sowohl Körperschaften als auch Personengesellschaften können Organträger sein. Er muss aber ein gewerbliches Unternehmen i.S.d. § 2 GewStG sein.

## 5.3 Finanzielle Eingliederung

Finanzielle Eingliederung setzt voraus, dass der Organträger an der Organgesellschaft in einem solchen Maß beteiligt ist, dass ihm die Mehrheit der Stimmrechte aus den Anteilen an der Organgesellschaft mittelbar oder unmittelbar zusteht.

## 5.4 Gewinnabführungsvertrag

Gewinnabführungsvertrag

Die Organgesellschaft muss sich aufgrund eines Gewinnabführungsvertrages verpflichten, ihren ganzen Gewinn an den Organträger abzuführen. Der Gewinnabführungsvertrag muss für mindestens fünf Jahre abgeschlossen sein und tatsächlich durchgeführt werden. Die Organgesellschaft muss grundsätzlich den gesamten Gewinn abführen. Die Einstellung von Beträgen aus dem Jahresüberschuss in Rücklagen ist nur zulässig, wenn dies bei vernünftiger kaufmännischer Beurteilung wirtschaftlich begründbar ist. Wird der Gewinnabführungsvertrag innerhalb der ersten fünf Jahre nicht ordnungsgemäß durchgeführt, so ist er von Anfang an als steuerrechtlich unwirksam anzusehen.

Beginn der Organschaft

Der Abschluss des Gewinnabführungsvertrages hat noch eine weitere wesentliche Auswirkung: Die Organschaft und das Zurechnen des zu versteuernden Einkommens der Organgesellschaft beim Organträger beginnen erst in dem Kalenderjahr, in dem das Wirtschaftsjahr endet, in dem der Gewinnabführungsvertrag durch Eintragung im Handelsregister wirksam wird.

## 5.5 Die Einkommensermittlung in der Organschaft

Zum Zweck der Einkommensermittlung muss die Organgesellschaft zunächst ihr Einkommen eigenständig nach den üblichen Vorschriften ermitteln. Dieses Ergebnis wird dann dem Organträger außerhalb der Bilanz zugerechnet. Allerdings ist bei der Organgesellschaft der Verlustabzug i.S.d. § 10d EStG ausgeschlossen. Dadurch wird verhindert, dass vororganschaftliche Verluste der Organgesellschaft beim Organträger steuerlich erfasst werden. Der Verlustabzug kann erst nach Beendigung der Organschaft bei der Organgesellschaft wieder geltend gemacht werden.

Vororganschaftliche Verluste

Eine weitere Ausnahme vom Grundsatz der vollständigen Einkommenszurechnung liegt vor bei Ausgleichzahlungen an außen stehende Anteilseigner. Wenn solche Ausgleichszahlungen vorliegen, muss die Organgesellschaft ein Einkommen in Höhe von 4/3 der geleisteten Ausgleichszahlungen selber versteuern.

Ausgleichszahlungen

Der Organträger versteuert das zugerechnete Einkommen der Organgesellschaft.

# 6 Kaptitalveränderungen

## 6.1 Kapitalerhöhung

### 6.1.1 Formen der Kapitalerhöhung

Gesellschaftsrechtlich lassen sich grundsätzlich zwei Formen von Kapitalerhöhungen unterscheiden: Die effektive Kapitalerhöhung durch Einzahlung von neuem Kapital durch die Gesellschafter und die Kapitalerhöhung aus Gesellschaftsmitteln, bei der Gewinn- oder Kapitalrücklagen in neues Stammkapital umgewandelt werden.

### 6.1.2 Körperschaftsteuerliche Folgen der Kapitalerhöhung

Kapitalerhöhungen haben keine Auswirkung auf das zu versteuernde Einkommen der Gesellschaft.

Die weiteren körperschaftsteuerlichen Folgen sind von der Form der Kapitalerhöhung abhängig.

Effektive Kapitalerhöhung

Bei einer effektiven Kapitalerhöhung kommt es zu einer Zuführung von Stammkapital. Erfolgt die effektive Kapitalerhöhung gegen ein zusätzliches Aufgeld, ist dieses ergebnisneutral in die Kapitalrücklage einzustellen. In entsprechender Höhe kommt es zu einem Zugang auf dem steuerlichen Einlagekonto i.S.d. § 27 KStG.

Kapitalerhöhung aus Gesellschaftsmitteln

Bei einer Kapitalerhöhung aus Gesellschaftsmitteln ist in § 28 Abs. 1 KStG eine bestimmte Reihenfolge der Verwendung der Rücklagen vorgesehen. Danach gilt ein positiver Bestand des steuerlichen Einlagekontos i.S.v. § 27 KStG als zuerst und vor den übrigen Rücklagen in Nennkapital umgewandelt (§ 28 Abs. 1 Satz 1 KStG). Maßgeblich ist der Bestand des steuerlichen Einlagekontos zum Schluss des Wirtschaftsjahres der Rücklagenumwandlung, allerdings noch vor der Rücklagenumwandlung (§ 28 Abs. 1 Satz 2 KStG).

Nutzung des steuerlichen Einlagekontos

Nur wenn das steuerliche Einlagekonto nicht für die Kapitalerhöhung ausreicht, können auch die sonstigen Rücklagen für die Kapitalerhöhung verwendet werden. In diesem Fall ist der aus der Umwandlung von sonstigen Rücklagen entstandene Teil des Nennkapitals im Rahmen eines Sonderausweises der in Nennkapital umgewandelten Rücklagen gem. § 28 KStG getrennt auszuweisen und gesondert festzustellen.

Sonderausweis nach § 28 KStG

Diese Vorgehensweise ist notwendig, da auf diese Weise gesichert ist, dass es bei späteren Ausschüttungen des gesondert ausgewiesenen Betrages nach § 28 KStG bei den Gesellschaftern zu einer entsprechenden Besteuerung kommt. Hält der Gesellschafter seine Beteiligung nämlich im Privatvermögen oder im Betriebsvermögen einer Personengesellschaft oder eines Einzelunternehmens, so kommt es zu steuerpflichtigen Kapitalerträgen gem. § 20 Abs. 1 Nr. 1 EStG, auf die das Halbeinkünfteverfahren anzuwenden ist (§ 3 Nr. 40 Satz 1 Buchst. a EStG). Bei Beteiligungen im Betriebsvermögen von körperschaftsteuerpflichtigen Gesellschaften ist der Betrag nach § 8b Abs. 1 KStG steuerfrei.

## 6.2 Kapitalherabsetzung

### 6.2.1 Formen der Kapitalherabsetzung

Gesellschaftsrechtlich lassen sich grundsätzlich zwei Formen von Kapitalherabsetzungen unterscheiden.

Ordentliche Kapitalherabsetzung

Die ordentliche Kapitalherabsetzung, bei der Kapital an die Anteilseigner zurückgeführt wird, und die vereinfachte Kapitalherabsetzung, die nur dem Ausgleich von Wertminderungen oder sonstigen Verlusten dient.

Vereinfachte Kapitalherabsetzung

Beide Formen der Kapitalherabsetzung führen dazu, dass den Gläubigern Haftungsmasse entzogen wird. Von daher werden strenge formale Voraussetzungen an Kapitalherabsetzungen gestellt.

### 6.2.2 Körperschaftsteuerliche Folgen der Kapitalherabsetzung

Kapitalherabsetzungen haben, unabhängig von ihrer Art, keine Auswirkung auf das zu versteuernde Einkommen der Gesellschaft.

Auswirkungen auf den Sonderausweis nach § 28 KStG

Sie können aber Auswirkungen auf den Sonderausweis der in Nennkapital umgewandelten Rücklagen gem. § 28 KStG haben.

Nach § 27 Abs. 2 KStG gilt bei einer Kapitalherabsetzung der Sonderausweis gem. § 28 KStG als zuerst verwendet.

Wenn eine Körperschaft daher einen Sonderausweis nach § 28 KStG hat und es zu einer Kapitalherabsetzung kommt, dann wird dieser ganz oder teilweise verwendet und es kann zu steuerpflichtigen Kapitalerträgen beim Gesellschafter gem. § 20 Abs. 1 Nr. 1 EStG kommen.

Minderung des steuerlichen Einlagenkontos

Ein den Sonderausweis übersteigender Betrag erhöht den Bestand des steuerlichen Einlagekontos zum Schluss des Wirtschaftsjahres, in dem die Kapitalherabsetzung wirksam wird. Wenn der Kapitalherabsetzungsbetrag anschließend an die Anteilseigner ausgekehrt wird, vermindert der Auskehrungsbetrag im Jahr der Auszahlung den Bestand des steuerlichen Einlagekontos in entsprechender Höhe (§ 28 Abs. 2 Satz 2 KStG).

Körperschaftsteuerminderung bei Kapitalherabsetzungen

Außerdem kann es zu einer Körperschaftsteuererhöhung kommen, wenn für die Auszahlung Alt-EK 02 als verwendet gilt. Dies ist der Fall, soweit die Ausschüttung aus der Kapitalherabsetzung den um den Bestand des Alt-EK 02 verminderten ausschüttbaren Gewinn übersteigt.

# 7 Liquidation

## 7.1 Grundsätzliches

Vor der eigentlichen Liquidation steht zunächst der Beschluss über die Auflösung der Gesellschaft, die bewirkt, dass die Kapitalgesellschaft ihre gewerbliche Tätigkeit einstellt und damit der eigentliche Gesellschaftszweck weggefallen ist. Erst dann schließt sich in einem zweiten Schritt die Abwicklung = Liquidation an.

Nach der Liquidation erlischt die Gesellschaft und damit auch ihre Körperschaftsteuerpflicht. Auflösungsgründe sind gesetzlicher oder vertraglicher Art.

Gründe zur Auflösung

Gesetzliche Auflösungsgründe:

- Zeitablauf § 60 Abs. 1 Nr. 1 GmbHG,
- Gesellschafterbeschluss § 60 Abs. 1 Nr. 2 GmbHG,
- Auflösungsklage § 60 Abs. 1 Nr. 3 i.V.m. § 61 GmbHG ,
- Gefährdung des Gemeinwohls § 60 Abs. 1 Nr. 3 i.V.m. § 62 GmbHG,
- Eröffnung des Insolvenzverfahrens § 60 Abs. 1 Nr. 4 GmbHG,
- Beschlusses, durch den die Eröffnung des Insolvenzverfahrens mangels Masse abgelehnt worden ist § 60 Abs. 1 Nr. 5 GmbHG,
- Mangel im Gesellschaftsvertrag § 60 Abs. 1 Nr. 6 GmbHG,
- Löschung der Gesellschaft wegen Vermögenslosigkeit § 60 Abs. 1 Nr. 7 GmbHG.

Liquidation bedeutet, dass

- alle schwebenden Geschäfte abgewickelt werden,
- das Aktivvermögen veräußert wird,
- die Verbindlichkeiten bezahlt werden,
- Forderungen eingezogen werden und
- das übrige Vermögen an die Gesellschafter verteilt wird.

## 7.2 Einkommensermittlung in der Liquidation

Generell gilt, dass Steuerpflichtige, die nach den Vorschriften des HGB zur Führung von Büchern verpflichtet sind, den Gewinn nach dem Wirtschaftsjahr zu ermitteln haben, für das sie regelmäßig Abschlüsse machen (§ 7 Abs. 4 KStG). Der so ermittelte Gewinn ist der Einkommensermittlung zugrunde zu legen. Hiervon abweichend bestimmt § 11 KStG, dass in Fällen der Liquidation von unbeschränkt steuerpflichtigen Kapitalgesellschaften, Erwerbs- und Wirtschaftsgenossenschaften oder Versicherungsvereinen auf Gegenseitigkeit der im Abwicklungszeitraum erzielte Gewinn der Besteuerung zugrunde zu legen ist.

Der Abwicklungszeitraum beginnt mit dem Tag der Auflösung. Erfolgt die Auflösung während eines Wirtschaftsjahres, so kann ein

Rumpf-Wirtschaftsjahr gebildet werden, welches nicht in die Liquidationsbesteuerung einzubeziehen sondern nach den allgemeinen Vorschriften zu besteuern ist.

Der Abwicklungszeitraum soll drei Jahre nicht übersteigen. Dies ist eine Sollvorschrift, die im pflichtgemäßen Ermessen des Finanzamts liegt. Übersteigt der Liquidationszeitraum erheblich drei Jahre, so kann das Finanzamt zur jährlichen Veranlagung übergehen oder einen weiteren Besteuerungszeitraum bilden. Auf den Schluss eines jeden Besteuerungszeitraums ist jeweils eine Steuerbilanz aufzustellen.

Abwicklungszeitraum

Gemäß § 11 Abs. 2 KStG ermittelt sich der Abwicklungsgewinn wie folgt:

Abwicklungs-Endvermögen
./. Abwicklungs-Anfangsvermögen
= Abwicklungsgewinn

Abwicklungsgewinn

Dabei ist das Abwicklungs-Endvermögen das zur Verteilung kommende Vermögen, vermindert um die steuerfreien Vermögensmehrungen, die dem Steuerpflichtigen in dem Abwicklungszeitraum zugeflossen sind.

Der so ermittelte Abwicklungsgewinn ist dann der Körperschaftsteuer zu unterwerfen.

## 7.3 Vermögensverteilung

Bei der Vermögensverteilung sind die allgemeinen Verwendungsregeln zu beachten, die auch für gewöhnliche Gewinnausschüttungen und andere Leistungen der Gesellschaft an die Gesellschafter zu beachten sind.

Bei einer Schlussauskehrung im Rahmen einer Liquidation wird das Eigenkapital der Liquidationsschlussbilanz an die Gesellschafter ausgekehrt.

Es kommt folglich zu Körperschaftsteuererhöhungen, wenn Alt-EK02 verteilt wird.

Körperschaftsteuerminderungen

Eine Hebung des Körperschaftsteuerguthabens in einer Summe durch die Gesellschaft mittels einer Vermögensverteilung im Rahmen der Liquidation ist jedoch nicht mehr möglich für Vermögensverteilungen nach dem 12.12.2006 (Verkündung des SEStEG). Um zu vermeiden, dass das Körperschaftsteuerguthaben in diesen Fällen verloren geht, kann es in voller Höhe abgetreten werden.

Nutzung des Körperschaftsteuerguthabens

Der Gesetzgeber wollte durch diese Regelung unter anderem die sofortige Nutzung des Körperschaftsteuerguthabens durch Umwandlungen auf Personengesellschaften vermeiden.

# D Gewerbesteuer

## 1 Systematik der Gewerbesteuer

### 1.1 Steuerberechtigte

Rechtsgrundlagen

Das Grundgesetz bestimmt in Art. 106 Abs. 6, dass das Aufkommen der Gewerbesteuer den Gemeinden zusteht und dass die Gemeinden das Recht haben, Hebesätze festzusetzen. Auf dieser Grundlage erheben die Gemeinden eine Gewerbesteuer als Gemeindesteuer (§ 1 GewStG). Die stehenden Gewerbebetriebe unterliegen der Steuer in der Gemeinde, in der eine Betriebsstätte zur Ausübung des Gewerbes unterhalten wird. Befinden sich Betriebsstätten desselben Gewerbebetriebes in mehreren Gemeinden oder erstreckt sich eine Betriebsstätte über mehrere Gemeinden, so wird die Gewerbesteuer in jeder Gemeinde nach dem Teil des Steuermessbetrages erhoben, der auf sie entfällt (§ 4 Abs. 1 GewStG).

### 1.2 Steuergegenstand

Nach § 2 Abs. 1 Satz 1 GewStG unterliegt jeder stehende Gewerbebetrieb der Gewerbesteuer, soweit er im Inland betrieben wird. Die Gewerbesteuer ist damit grundsätzlich eine Objektsteuer.

Das GewStG selbst definiert nicht, was ein Gewerbebetrieb ist; es verweist vielmehr auf das EStG. Danach sind Einkünfte aus Gewerbebetrieb Einkünfte aus gewerblichen Unternehmen. In § 15 Abs. 1 Nr. 2 EStG sind unter den Einkünften aus Gewerbebetrieb auch die Gewinnanteile von Gesellschaftern aufgeführt, bei denen der Gesellschafter als Unternehmer oder Mitunternehmer des Betriebs anzusehen ist. Als Gewerbebetrieb gilt stets und in vollem Umfang die Tätigkeit der Kapitalgesellschaften. Ist allerdings eine Kapitalgesellschaft Organgesellschaft im Sinne der §§ 14, 17 oder 18 KStG, so gilt sie als unselbständige Betriebsstätte des Organträgers (§ 2 Abs. 2 Satz 2 GewStG, gewerbesteuerliche Organschaft). Dabei kann gemäß § 14 Abs. 2 Satz 2 KStG die Obergesellschaft auch eine natürliche Person oder eine Personengesellschaft sein, sofern sie eine gewerbliche Tätigkeit im Sinne des § 15 Abs. 1 Nr. 1 EStG ausübt.

Der Objektcharakter der Gewerbesteuer hat zur Folge, dass verschiedene gewerbliche Unternehmen einer natürlichen Person als eigenständige Betriebe anzusehen sind und jeder für sich der Gewerbesteuer unterliegt.

Anfang und Ende der Steuerpflicht

Beginn und Ende der Steuerpflicht unterscheiden sich je nach der Unternehmensform. Bei Einzel- und Personenunternehmen beginnt die Steuerpflicht mit der Beteiligung am allgemeinen wirtschaftlichen Verkehr. Gemäß § 15 Abs. 2 EStG muss diese Teilnahme selbständig, nachhaltig und mit Gewinnerzielungsabsicht unternommen werden. Wenn alle Merkmale erfüllt sind, beginnt die Steuerpflicht für Einzel- und Personenunternehmen. Das Ende der Steuerpflicht wird folglich herbeigeführt, wenn diese Merkmale nicht mehr vorliegen, der Betrieb eingestellt wird und die werbende Tätigkeit endgültig aufhört.

Unterschiede bei Beendigung der Steuerpflicht

Kapitalgesellschaften erhalten ihre Rechtsfähigkeit erst mit der Eintragung in das Handelsregister; für den Beginn der Steuerpflicht ist das jedoch ohne Bedeutung. Das Ende der Steuerpflicht ist aber erst mit dem Zeitpunkt der Liquidation erreicht. Für alle Betriebe ist zu beachten, dass nur vorübergehende Unterbrechungen eines Gewerbes, die durch die Art des Betriebs veranlasst sind, die Steuerpflicht für die Zeit bis zur Wiederaufnahme des Betriebs nicht aufheben (§ 2 Abs. 4 GewStG). Beginn und Ende der Steuerpflicht haben auch Bedeutung für die Besteuerung eines Veräußerungs- bzw. Aufgabegewinns. Bei Einzel- und Personenunternehmen unterliegt ein Veräußerungs- bzw. Aufgabegewinn nicht der Gewerbesteuer, weil weder eine Veräußerung noch eine Aufgabe zur werbenden Tätigkeit gerechnet wird. Eine Ausnahme ist hier in § 7 Satz 2 GewStG zu sehen, wonach die Veräußerung eines Anteils eines Gesellschafters, der als Unternehmer (Mitunternehmer) des Betriebes einer Mitunternehmerschaft anzusehen ist, der Gewerbesteuer unterliegt, soweit er nicht auf eine natürliche Person als unmittelbar beteiligter Mitunternehmer entfällt. Kapitalgesellschaften erhalten diese Vergünstigungen nicht.

## 1.3 Steuerbefreiungen

§ 3 GewStG zählt abschließend auf, welche Gesellschaften, Personenvereinigungen und andere Einrichtungen von der Gewerbesteuer befreit sind. Hier soll nicht weiter darauf eingegangen werden, weil die in dieser Vorschrift aufgezählten Gesellschaften für die weiteren Ausführungen keine Bedeutung haben.

## 1.4 Steuerschuldner

Es gilt der Grundsatz: Steuerschuldner ist der Unternehmer. Als Unternehmer gilt der, für dessen Rechnung das Gewerbe betrieben wird. Bei einer Kapitalgesellschaft ist diese selbst Steuerschuldnerin. Ist die Tätigkeit einer Personengesellschaft Gewerbebetrieb, so ist Steuerschuldnerin die Gesellschaft (§ 5 Abs. 1 GewStG).

Unternehmerwechsel

In § 2 Abs. 5 GewStG ist festgelegt, dass beim Übergang eines Gewerbebetriebs im Ganzen auf einen anderen Unternehmer der Gewerbebetrieb durch den bisherigen Unternehmer als eingestellt gilt. Durch den anderen Unternehmer gilt er als neu gegründet, wenn er nicht mit einem bereits bestehenden Gewerbebetrieb vereinigt wird. Entsprechend ist der bisherige Unternehmer bis zum Zeitpunkt des Übergangs Steuerschuldner; der andere Unternehmer ist folglich von diesem Zeitpunkt an Steuerschuldner.

## 2 Ermittlung der Besteuerungsgrundlagen

Besteuerungsgrundlage für die Gewerbesteuer ist der Gewerbeertrag. § 7 GewStG definiert, wie sich der Weg vom Gewinn aus Gewerbebetrieb zum Gewerbeertrag vollzieht.

Zur Verdeutlichung wird das Schema zur Ermittlung des Gewerbeertrages vorangestellt und werden im Folgenden die wesentlichen Komponenten näher erläutert.

| | |
|---|---|
| | Ergebnis aus Gewerbebetrieb nach den Vorschriften des EStG bzw. KStG |
| + | Hinzurechnungen nach § 8 GewStG |
| ./. | Kürzungen nach § 9 GewStG |
| = | maßgebender Gewerbeertrag |
| ./. | Gewerbeverlust aus Vorjahren |
| ./. | Freibetrag (Ausnahme Kapitalgesellschaften) |
| = | Gewerbeertrag (Abrundung auf volle 100 € nach unten) |

### 2.1 Gewinn aus Gewerbebetrieb

Ausgangspunkt der Ermittlung des Gewerbeertrages ist der Gewinn aus Gewerbebetrieb. Dieser bestimmt sich nach den Vorschriften des EStG (für Einzelunternehmen und Personengesellschaften) bzw. nach den Vorschriften des KStG in Verbindung mit denen des EStG für Kapitalgesellschaften.

#### 2.1.1 Einzelunternehmen und Personengesellschaften

Gewinnbestandteile

Das Ergebnis der Gewinnermittlung eines jeweiligen Jahres ist Ausgangspunkt für die Ermittlung des Gewerbeertrages. Für Personengesellschaften ist insbesondere § 15 Abs. 1 Nr. 2 EStG zu beachten. Dort wird bestimmt, dass Einkünfte aus Gewerbebetrieb auch die Gewinnanteile der Gesellschafter einer Personengesellschaft sind, bei der die Gesellschafter als Unternehmer (Mitunternehmer) des Betriebs anzusehen sind, und die Vergütungen, die der Gesellschafter von der Gesellschaft für seine Tätigkeit im Dienst der Gesellschaft erhält oder für die Hingabe von Darlehen oder für die Überlassung von Wirtschaftsgütern bezogen hat. Die Bedeutung dieser Vorschrift soll an einem Beispiel dargestellt werden.

**Beispiel:**
*Der Jahresüberschuss der A+B OHG, bestehend aus A und B mit je 50 % Beteiligung am Ergebnis und am Vermögen, beträgt 200.000 €. Darin ist bereits berücksichtigt, dass A als tätiger Gesellschafter eine Vergütung in Höhe von 80.000 € erhalten hat und B für die Überlassung eines Grundstücks eine Vergütung in Höhe von 60.000 €.*

**Lösung:**
*Der Gewinn aus Gewerbebetrieb der A+B OHG beträgt 340.000 €, weil sowohl die Tätigkeitsvergütung für A als auch die Aufwendungen für die Grundstücksüberlassung des B zu den Einkünften aus Gewerbebetrieb gehören und steuerlich nicht als betriebliche Aufwendungen abzugsfähig sind. Dieser Wert ist dann die Ausgangsgröße für die Ermittlung des Gewerbeertrags.*

### 2.1.2 Kapitalgesellschaften

Nichtabzugsfähige Aufwendungen

§ 2 Abs. 2 Satz 1 GewStG bestimmt, dass als Gewerbebetrieb stets und in vollem Umfang die Tätigkeit der Kapitalgesellschaften gilt. Eine Ausnahme gilt nur für solche Kapitalgesellschaften, die im Sinne der §§ 14, 17 und 18 KStG Organgesellschaften sind, da sie als unselbständige Betriebsstätten des Organträgers gelten (Fall der gewerbesteuerlichen Organschaft). Im KStG findet sich in § 10 die Vorschrift über die nichtabzugsfähigen Aufwendungen, worunter im Wesentlichen die Körperschaftsteuer, Geldstrafen und die Hälfte der Aufsichtsratsvergütungen fallen. Wenn entsprechende Aufwendungen das Jahresergebnis belastet haben, müssen diese dem Ergebnis wieder hinzugerechnet werden, um zur Ausgangsgröße für die Ermittlung des Gewerbeertrags zu kommen.

**Tipp**

Das amtliche Formular für die Angaben zur Gewerbesteuererklärung beginnt mit der Eintragung des Gewinns, der sich nach den einkommen- oder körperschaftsteuerrechtlichen Vorschriften ergibt. Die in diesen Gesetzen vorgeschriebenen Besonderheiten sind also in der Ausgangsgröße für die Ermittlung des Gewerbeertrags bereits berücksichtigt.

## 2.2 Hinzurechnungen

§ 8 GewStG zählt zur Zeit zehn Beträge auf, die dem Gewinn aus Gewerbebetrieb wieder hinzugerechnet werden müssen, soweit sie bei der Ermittlung des Gewinns abgesetzt worden sind.

Checkliste

**Zu den Hinzurechnungen zählen**

- ✔ die Hälfte der Entgelte für Schulden,
- ✔ Renten und dauernde Lasten,
- ✔ Gewinnanteile des stillen Gesellschafters,
- ✔ Gewinnanteile an persönlich haftende Gesellschafter einer KGaA,
- ✔ außer Ansatz bleibende Gewinnanteile (Dividenden),
- ✔ die Hälfte der Miet- und Pachtzinsen,
- ✔ Anteile am Verlust von Personengesellschaften,
- ✔ Spenden,
- ✔ bestimmte Gewinnminderungen,
- ✔ ausländische Steuern.

Nachfolgend werden nur die wesentlichen Positionen erläutert.

### 2.2.1 Hälfte der Entgelte für Schulden

Das Gesetz i.d.F. vom 13.12.2006 definiert diese Hinzurechnung wie folgt: »... Die Hälfte der Entgelte für Schulden, die wirtschaftlich mit der Gründung oder dem Erwerb des Betriebs (Teilbetriebs) oder eines Anteils am Betrieb oder mit einer Erweiterung oder Verbesserung des Betriebs zusammenhängen oder der nicht nur vorübergehenden Verstärkung des Betriebskapitals dienen«.

Umfang und Bedeutung der Dauerschuld

An dieser alternativen Aufzählung lässt sich erkennen, welche Bedeutung diese Vorschrift zum Schuldzinsenabzug für die Gewerbesteuer hat. Vereinfacht lässt sich feststellen, dass jeder Unternehmer die Hälfte der als Aufwand behandelten Entgelte dem Gewinn hinzuzurechnen hat, wenn sie im Zusammenhang mit der Gründung oder dem Erwerb eines Betriebs oder eines Anteils an einem Betrieb stehen oder sogar nur einer längeren Verstärkung des Betriebskapitals dienen. Diese allgemeinen und weiten Formulierungen führen immer wieder zu Auslegungsfragen, die mit der Finanzverwaltung geklärt werden müssen. Zu den Entgelten können unter bestimmten Voraussetzungen auch Kontokorrentschulden gehören. Bei der Beurteilung, ob eine Dauerschuld vorliegt, ist jedes selbständige Kreditgeschäft für sich zu sehen. Damit sind Saldierungen zwischen Festgeldanlagen und Darlehensschulden nicht zulässig, auch wenn es sich um Konten bei derselben Bank handelt. Ausnahmen lässt die Rechtsprechung in bestimmten Fällen zu.

Grundsätzlich ist davon auszugehen, dass jede Kreditaufnahme für den Betrieb eine Stärkung des Betriebskapitals bedeutet. Dabei ist unbedeutend, aus welchem Grund sie erfolgt ist. Entscheidend ist allein, dass dem Unternehmen Kapital zugeflossen ist. Hinzu kommt, dass neben dem Charakter der Schuld in zweiter Linie das zeitliche Moment zur Beurteilung der Frage nach einer Dauerschuld zu berücksichtigen ist. Die Rechtsprechung hat dazu Grundsätze herausgearbeitet, die eine Beurteilung erleichtern.

Beispiele für Dauerschulden

Beispiele:

- In der Regel kann davon ausgegangen werden, dass Schulden mit einer Laufzeit von mehr als einem Jahr Dauerschulden sind. Maßgebend für die Bestimmung der Laufzeit ist die tatsächliche Dauer der Verstärkung des Kapitals und nicht die vereinbarte Laufzeit.
- Verbindlichkeiten, die mit der Gründung oder dem Erwerb eines Betriebs oder eines Anteils an einem Betrieb zusammenhängen, sind auch bei einer kürzeren Laufzeit Dauerschulden, wenn sie nicht dem laufenden Geschäftsverkehr zuzurechnen sind. Entsprechendes gilt auch für Schulden, die für eine Erweiterung oder Verbesserung des Betriebs aufgenommen wurden. Dabei ist nicht jede Investition als Erweiterung oder Verbesserung anzusehen. Es muss sich dabei um solche Investitionen handeln, die denen bei einer Gründung eines Betriebs nahe kommen.
- Schulden, die mit dem Erwerb eines Anteils an einer Personengesellschaft zusammenhängen, werden immer zu den Dauerschulden gerechnet. Das gilt auch für den Erwerb von wesentlichen Beteiligungen an Kapitalgesellschaften.
- Wechselschulden und Kredite zur Finanzierung von Warenvorräten gehören grundsätzlich zum laufenden Geschäftsverkehr. Aber auch diese Schulden können zu Dauerschulden werden, wenn das zeitliche Moment zur Beurteilung herangezogen werden muss. Grundsätzlich liegt aber keine Dauerschuld vor, wenn eine Kreditaufnahme mit einem bestimmten Geschäftsvorfall in unmittelbarem Zusammenhang steht. Dabei ist natürlich zu beachten, dass der Kredit in einer Frist getilgt wird, die bei einem solchen Geschäftsvorfall üblicherweise eingehalten wird. Bei der Überschreitung von zwölf Monaten wird wegen der zeitlichen Grenzen dennoch eine Dauerschuld angenommen. Das gilt sogar für Steuerschulden, wenn sie nicht innerhalb von zwölf Monaten seit der Zahlungsaufforderung durch das Finanzamt gezahlt werden.
- Kontokorrentschulden sind i.d.R. laufende Schulden. Aber auch sie können zu Dauerschulden werden, wenn aus den Umständen

hervorgeht, dass dem Unternehmen ein Mindestkredit dauernd zur Verfügung gestellt werden soll. Das trifft dann zu, wenn die Schuld mehr als ein Jahr besteht und nur an wenigen Tagen ein Guthaben ausgewiesen wird. Der Mindestbetrag der Schuld ist in der Weise zu ermitteln, dass tageweise die sieben niedrigsten Kontostände des Wirtschaftsjahres ermittelt werden. Sofern der achtniedrigste Kontostand einen negativen Saldo ausweist, ist dieser als Mindestschuld anzusehen, die als Kredit dem Gewerbebetrieb zur Verfügung stand.

**Beispiel:**
*Die acht niedrigsten Kontostände der Kontokorrentschuld eines Gewerbebetriebs lauten im Wirtschaftsjahr wie folgt:*

| | |
|---|---|
| *3.4.* | *./. 1.700 €* |
| *23.6.* | *./. 3.200 €* |
| *12.1.* | *./. 5.800 €* |
| *9.9.* | *./. 11.600 €* |
| *29.7.* | *./. 15.300 €* |
| *30.7.* | *./. 18.000 €* |
| *15.9.* | *./. 19.700 €* |
| *4.8.* | *./. 21.600 €* |

**Lösung:**
*Der Kontokorrentzinssatz ist auf den Betrag von ./. 21.600 € anzuwenden und die Hälfte des sich so ergebenden Zinses wäre dem Gewinn wieder hinzuzurechnen.*

- Auch Wechselschulden können Dauerschulden sein. Das ist z.B. der Fall, wenn sie mit der Gründung eines Betriebs oder mit seiner Erweiterung oder Verbesserung zusammenhängen und die Laufzeit der Wechsel entsprechend lang ist. Auch die mehrfache Prolongation von Wechseln über mehr als ein Jahr hinaus führt zu Dauerschulden, wenn die Prolongation bei Vertragsabschluss vereinbart oder auch nur geplant war. Das in der Praxis häufig anzutreffende Wechsel-Scheck-Verfahren wird nicht als Vorliegen einer Dauerschuld angesehen.
- Vorfälligkeitsentschädigungen als Entgelt für den vorzeitig zurückgezahlten Kredit bei Verkürzung der Darlehenslaufzeit sind den Dauerschulden ebenfalls zuzurechnen.

### 2.2.2 Renten und dauernde Lasten

§ 8 Nr. 2 GewStG sieht vor, dass auch Renten und dauernde Lasten dem Gewinn hinzuzurechnen sind, wenn sie wirtschaftlich mit der Gründung oder dem Erwerb des Betriebs (Teilbetriebs) oder eines

Anteils am Betrieb zusammenhängen. Eine Hinzurechnung entfällt, wenn die Zahlungen beim Empfänger zur Gewerbesteuer nach dem Gewerbeertrag heranzuziehen sind. Schon der Gesetzeswortlaut sagt aus, dass eine Hinzurechnung nur erfolgt, wenn die Verpflichtung durch den Gründungs- oder Erwerbsvorgang neu entsteht; d.h. es muss ein entgeltlicher Erwerb stattgefunden haben. Die Entstehung der Rente oder dauernden Last muss die Entrichtung des Kaufpreises mindestens teilweise ersetzen. Davon zu trennen sind solche Verpflichtungen, die im laufenden Geschäftsverkehr eingegangen werden. Dazu gehören insbesondere Belastungen, die für Erweiterungs- oder Verbesserungsinvestitionen aufgenommen werden. Hier scheidet eine Hinzurechnung also aus. Zu den Renten und dauernden Lasten im Sinne dieser Vorschrift gehören auch die Erbbaulast, Versorgungsrenten und übernommene Pensionsverpflichtungen.

### 2.2.3 Gewinnanteile des stillen Gesellschafters

Hinzurechnung bei Gewinnanteilen des nur typisch stillen Gesellschafters

§ 8 Nr. 3 GewStG schreibt vor, dass die Gewinnanteile des stillen Gesellschafters dem Gewinn aus Gewerbebetrieb wieder hinzuzurechnen sind, wenn sie zuvor gewinnmindernd verbucht wurden. Eine Hinzurechnung entfällt, wenn die Gewinnanteile beim stillen Gesellschafter der Gewerbesteuer unterliegen; d.h. der stille Gesellschafter ist selbst Gewerbetreibender. Als Gewinnanteile des stillen Gesellschafters sind auch die gewinnabhängigen Beträge anzusehen, die nach Beendigung des stillen Gesellschaftsverhältnisses für die vom stillen Gesellschafter während des Bestehens des Gesellschaftsverhältnisses erbrachten Leistungen gewährt werden.

In der Praxis sind häufig Unterbeteiligungen an Mitunternehmeranteilen anzutreffen. Auch die Gewinnanteile eines Unterbeteiligten fallen unter die Hinzurechnungsvorschrift.

Die Gewinnanteile des stillen Gesellschafters sind zu unterteilen in solche aus typischer und solche aus atypischer stiller Gesellschaft. Die Hinzurechnung erfolgt nur bei den Gewinnanteilen aus einer typischen stillen Gesellschaft, während die Gewinnanteile aus einer atypischen stillen Gesellschaft stets wie eigene gewerbliche Einkünfte behandelt werden und daher den steuerlichen Gewinn des Gewerbebetriebs auch nicht gemindert haben. Eine Zurechnung ist deswegen nach der Systematik der Gewerbesteuer nicht mehr notwendig.

### 2.2.4 Hälfte der Miet- und Pachtzinsen

Hinzurechnung von Miet- und Pachtzinsen

Die Vorschrift des § 8 Nr. 7 GewStG ist auf den ersten Blick schwer zu verstehen. Bei näherer Betrachtung ist der Wille des Gesetzgebers jedoch deutlich abzulesen. Wie bei den vorangegangenen Hinzurechnungsvorschriften auch erfolgt die Hinzurechnung nur dann, wenn die Miet- und Pachtzinsen bei der Ermittlung des Gewinns abgesetzt worden sind. Allerdings erfolgt die Hinzurechnung nur mit der Hälfte der Miet- und Pachtzinsen für die Benutzung von Wirtschaftsgütern des Anlagevermögens, die nicht in Grundbesitz bestehen. Damit sollen also die Miet- und Pachtzinsen für fremde bewegliche Wirtschaftsgüter erfasst werden, die im eigenen Betrieb eingesetzt sind. Eine Hinzurechnung entfällt, wenn die Miet- und Pachtzinsen beim Vermieter oder Verpächter der Gewerbesteuer unterliegen. Das gilt aber nicht, wenn ein Betrieb oder Teilbetrieb vermietet oder verpachtet wird und zugleich der gesamte Betrag der Miet- oder Pachtzinsen 125.000 € im Geschäftsjahr übersteigt. Diese Vorschrift ist besonders bei Betriebsaufspaltungen zu beachten.

Benutzung von Wirtschaftsgütern des Anlagevermögens

Bei der Beurteilung, ob Miet- oder Pachtverträge im Sinne dieser Vorschrift vorliegen, ist auf das bürgerliche Recht abzustellen. Auf die Dauer des Vertrages oder die Angemessenheit des Miet- oder Pachtzinses kommt es nicht an. Eine Hinzurechnung von Miet- und Pachtzinsen kommt für Grundbesitz nicht in Betracht. Auch das Erbbaurecht und Gebäude, die auf fremden Grund und Boden errichtet sind, sind dem Grundbesitz zuzurechnen und fallen daher nicht unter die Hinzurechnungsvorschrift.

Was aber versteht das Gesetz unter »Benutzung von Wirtschaftsgütern des Anlagevermögens«?

Der Begriff des Wirtschaftsguts ist weit gefasst. Das Gewerbesteuerrecht stellt nur darauf ab, dass das fremde Wirtschaftsgut wirtschaftlich genutzt werden kann und dass dafür Miet- oder Pachtzinsen aufgewendet werden müssen.

Beispiele:

- Gegenstände aus dem Bereich der technischen Anlagen und Maschinen sowie der Betriebs- und Geschäftsausstattung sind Wirtschaftsgüter, deren Anmietung unter diese Vorschrift fällt. Dabei ist wieder daran zu denken, dass Betriebe gleichgestellt werden sollen, gleich ob sie mit im Eigentum befindlichen oder mit gemieteten Maschinen arbeiten.
- Die Überlassung von Know-how zählt dagegen nicht zu den hier beschriebenen Miet- oder Pachtverträgen.
- Lizenzverträge haben die Überlassung eines Rechts zum Gegenstand und fallen daher ebenfalls nicht unter diese Vorschrift.

**Beispiel:**
*Die Ermittlung des Hinzurechnungsbetrages könnte sich wie folgt darstellen:*

| | |
|---|---|
| *Pacht Grundbesitz* | *150.000 €* |
| *Pacht Know-how* | *100.000 €* |
| *Pacht bewegliches Anlagevermögen* | *600.000 €* |
| *Summe* | *850.000 €* |

**Lösung:**
*Der gewerbesteuerlichen Hinzurechnungsvorschrift unterliegen 600.000 €, von denen nach § 8 Nr. 7 GewStG die Hälfte (hier: 300.000 €) dem Gewinn aus Gewerbebetrieb hinzuzurechnen sind.*

Bei der Entscheidung, ob eine Hinzurechnung vorgenommen werden muss, ist immer zu prüfen, wie die Miete oder Pacht beim Empfänger zu behandeln ist. So entfällt eine Hinzurechnung, wenn sie beim Vermieter/Verpächter zur Gewerbesteuer heranzuziehen ist.

Zusammenfassend lässt sich Folgendes festhalten:

Drei Grundsätze der Hinzurechnung

- Wenn nur einzelne Wirtschaftsgüter gemietet oder gepachtet werden, und der Vermieter oder Verpächter zur Gewerbesteuer herangezogen wird, erfolgt beim Mieter oder Pächter keine Hinzurechnung. Dabei gibt es keine betragsmäßige Beschränkung.
- Unterliegt der Vermieter oder Verpächter, der einzelne Wirtschaftsgüter vermietet oder verpachtet, jedoch nicht der Gewerbesteuer, so muss die Hälfte der Miet- oder Pachtzinsen beim Mieter oder Pächter hinzugerechnet werden. Betragsmäßige Beschränkungen gibt es auch in diesem Fall nicht.
- Eine Hinzurechnung erfolgt aber dann, wenn ein Betrieb oder Teilbetrieb vermietet oder verpachtet wird und der Betrag der Miet- oder Pachtzinsen 125.000 € im Geschäftsjahr übersteigt. Die Hinzurechnung ist auch dann vorzunehmen, wenn der Vermieter oder Verpächter der Gewerbesteuer unterliegt.

### 2.2.5 Anteile am Verlust von in- oder ausländischen Personengesellschaften

Keine Minderung der Gewerbesteuer

Das Gewerbesteuerrecht stellt auf den stehenden Gewerbebetrieb ab; somit sind Personengesellschaften – anders als bei der Einkommensteuer – gewerbesteuerlich selbständige Steuersubjekte. Schon aus der Systematik heraus darf somit der Verlustanteil aus anderen Personengesellschaften, die wiederum selbst ein gewerbesteuerliches Steuersubjekt darstellen, keinen Einfluss auf die Gewerbesteuer des Betriebs haben, der die Beteiligung hält. Wenn also der Verlustanteil gewinnmindernd behandelt wurde, ist die entsprechende Hinzurechnung vorzunehmen (§ 8 Nr. 8 GewStG). Wichtig ist, dass die Hinzurechnung von Verlusten an in- und ausländischen Personengesellschaften zu erfolgen hat, sofern sie das Ergebnis beeinflusst haben.

**Beispiel:**
*Die A-KG ist zu 40 % an der Handels-KG in Köln und zu 20 % an der Produktions-KG in Amsterdam beteiligt. Im Jahresüberschuss der A-KG in Höhe von 200.000 € sind die Verlustanteile aus den Beteiligungen an der Handels-KG in Höhe von 20.000 € und an der Produktions-KG in Höhe von 10.000 € enthalten.*

**Lösung:**
*Zur Ermittlung des Gewerbeertrags sind somit 30.000 € dem Gewinn aus Gewerbebetrieb wieder hinzuzurechnen. Die Ergebnisse aus beiden Beteiligungen haben – wie das Gesetz es voraussetzt – den Jahresüberschuss der A-KG gemindert. Dagegen haben diese Verlustanteile die eigene gewerbliche Tätigkeit der A-KG nicht geschmälert. Durch die Hinzurechnung wird die A-KG gewerbesteuerlich so gestellt, als hätte sie keine Beteiligungen gehalten.*

Tipp

- Ergebnisse aus Beteiligungen an anderen Personengesellschaften führen zwar bei der Einkommen- und Körperschaftsteuer zu entsprechenden Auswirkungen; aus gewerbesteuerlicher Sicht haben die Ergebnisse jedoch keine Bedeutung, dass heißt sie berühren die Gewerbesteuer nicht. Eine Senkung der Gewerbesteuerbelastung durch Beteiligung an einer mit Verlust arbeitenden Personengesellschaft tritt somit nicht ein.
- Die Beteiligung an einer anderen Personengesellschaft führt gewerbesteuerlich weder zu Vor- noch zu Nachteilen; sie ist neutral.

### 2.2.6 Sonstige Hinzurechnungen

Spenden, die als Aufwand verbucht wurden, sind dem Gewinn wieder hinzuzurechnen. Diese Hinzurechnung von Ausgaben zur Förderung mildtätiger, kirchlicher, religiöser und anderer Zwecke soll erreichen, dass Gewerbebetriebe von Körperschaften und Gewerbebetriebe von natürlichen Personen und Personengesellschaften hinsichtlich des Abzugs solcher Spenden gleichgestellt werden. Eine entsprechende Kürzungsvorschrift findet sich in § 9 Nr. 5 GewStG.

Hinzurechnung ausländischer Steuern

Ausländische Steuern sind hinzuzurechnen, die nach § 34c EStG oder aufgrund eines Abkommens zur Vermeidung der Doppelbesteuerung bei der Ermittlung der Einkünfte abgezogen wurden, soweit sie auf Gewinne oder Gewinnanteile entfallen, die bei der Ermittlung des Gewerbeertrags außer Ansatz gelassen wurden oder nach § 9 GewStG gekürzt werden.

## 2.3 Kürzungen

Zur Ermittlung des Gewerbeertrages sind nach Vornahme obiger Hinzurechnungen diverse Kürzungen vorzunehmen, die exemplarisch in folgender Checkliste dargestellt sind:

Checkliste

**Kürzungen**

- ✔ 1,2 % für den zum Betriebsvermögen gehörenden Grundbesitz
- ✔ Anteile am Gewinn von Personengesellschaften
- ✔ Gewinne aus Anteilen an bestimmten Körperschaften
- ✔ Teil des Gewerbeertrages, der auf eine nicht im Inland belegene Betriebsstätte entfällt
- ✔ Hälfte der Miet- und Pachtzinsen soweit sie dem Gewinn des Mieters hinzugerechnet worden sind
- ✔ Spenden
- ✔ Bestimmte Zinsen
- ✔ Gewinne aus ausländischen Kapitalgesellschaften mit einer Beteiligung von mindestens 10 %
- ✔ Gewinne aus ausländischen Gesellschaften, die nach einem DBA von der Gewerbesteuer befreit sind
- ✔ Bestimmte Vergütungen für Fremdkapital

Nachfolgend werden nur die wesentlichen Positionen erläutert.

### 2.3.1 Kürzung für den zum Betriebsvermögen gehörenden Grundbesitz

Umfang der Kürzung

Nach § 9 Nr. 1 GewStG wird die Summe des Gewinns und der Hinzurechnungen, von Ausnahmen abgesehen, um 1,2 % des Einheitswerts des zum Betriebsvermögen des Unternehmens gehörenden Grundbesitzes gekürzt. Zielvorstellung des Gesetzgebers war es, Betriebe, die ihr Gewerbe auf eigenem Grundstück betreiben, den Betrieben gewerbesteuerlich gleichzustellen, die auf gemieteten Grundstücken arbeiten. Dieses Ziel wird nicht erreicht, weil zum einen der Kürzungsbetrag in Höhe von 1,2 % seit 1974 unverändert geblieben ist und zum anderen der Einheitswert der Grundstücke auf Basis der Bewertung zum 1.1.1964 ermittelt wird. Auch der Zuschlag in Höhe von 40 % darauf ändert daran nichts. Im Rahmen des Jahressteuergesetzes 2007 vom 13.12.2006 ist eine Änderung des Bewertungsgesetzes insofern erfolgt, als das mit Wirkung vom 1.1.2007 Grundbesitzwerte unter Berücksichtigung der tatsächlichen Verhältnisse und der Wertverhältnisse zum Besteuerungszeitpunkt festgestellt werden sollen (§ 138 BewG). Diese Änderung hat aber keinen Niederschlag im GewStG gefunden; es ist unverändert der Einheitswert heranzuziehen.

Umfang des Grundvermögens

Welcher Grundbesitz zum Betriebsvermögen des Unternehmens gehört, richtet sich nach den Vorschriften des EStG. Wichtig ist, dass für die Ermittlung des Kürzungsbetrags der Grundstücksbestand am Anfang des Kalenderjahres maßgebend ist, für den der Steuermessbetrag festzusetzen ist. Die Zuordnung zum Betriebsvermögen ist für Kapitalgesellschaften einfach, weil sie ausschließlich Betriebsvermögen haben. Bei Einzelunternehmen oder Personengesellschaften können dann Zweifel auftreten, wenn das Grundstück nur teilweise dem Betrieb dient. Auch wenn ein nur geringer Teil dem Betrieb dient und deshalb bewertungsrechtlich zum Privatvermögen gehört, kann die Kürzung für den betrieblich genutzten Teil vorgenommen werden, obwohl der Teil nicht bilanziert ist. Bei Personengesellschaften ist besonders darauf zu achten, ob das Grundstück allen Gesellschaftern oder nur einem oder einzelnen Gesellschaftern gehört. Die Zugehörigkeit zum Betriebsvermögen ist nicht von den zivilrechtlichen Eigentumsverhältnissen abhängig. Steuerrechtlich kommt es nur darauf an, ob das Grundstück dem Betrieb dient. Trifft das nur teilweise zu, so ist nur dieser Teil Betriebsvermögen bzw. Sonderbetriebsvermögen der Gesellschafter, in deren zivilrechtlichem Eigentum das Grundstück sich befindet.

**Beispiel:**
*Ein Grundstück, auf dem ein Gewerbe betrieben wird, gehört dem Unternehmer und seiner Ehefrau gemeinsam.*

**Lösung:**
*In diesem Fall zählt der Grundstücksanteil der Ehefrau, die nicht Mitunternehmerin ist, nicht zum Betriebsvermögen. Die Kürzung kann deshalb nur von dem auf den Ehemann entfallenden Teil am Einheitswert des Grundstücks vorgenommen werden.*

Kürzung auch ohne Bilanzierung

Die Kürzung können auch Einzelunternehmer vornehmen, die statt Bilanzierung eine Gewinnermittlung gemäß §4 Abs. 3 EStG als Überschuss der Betriebseinnahmen über die Betriebsausgaben erstellen. Auch wenn der betrieblich genutzte Grundstücksanteil von untergeordneter Bedeutung ist und somit nicht zum Betriebsvermögen gerechnet wird, ist die Kürzung zulässig.

Für Grundstücksunternehmen gibt es nach §9 Nr. 1 Sätze 2 bis 5 GewStG eine besondere Kürzungsvorschrift. Sie dürfen die Summe aus Gewinn und Hinzurechnungen um den Teil des Gewerbeertrags kürzen, der auf die Nutzung und Verwaltung des eigenen Grundbesitzes entfällt. Das bedeutet für diese Unternehmen eine wesentliche

Vergünstigung. Die erweiterte Kürzungsvorschrift gilt jedoch nicht, wenn der Grundbesitz ganz oder zum Teil dem Gewerbebetrieb eines Gesellschafters oder Genossen dient. Der Grundbesitz dient dem Gewerbebetrieb eines Gesellschafters oder Genossen, wenn der Grundbesitz von einer Personengesellschaft im Sinne des § 15 Abs. 3 EStG genutzt wird, an der Gesellschafter oder Genossen des Grundstücksunternehmens als Mitunternehmer beteiligt sind.

### 2.3.2 Anteile am Gewinn von in- oder ausländischen Personengesellschaften

Korrespondenzvorschrift

§ 9 Nr. 2 GewStG ist die korrespondierende Vorschrift zu § 8 Nr. 8 GewStG. Eine Kürzung um die Anteile am Gewinn von Personengesellschaften ist nur möglich, wenn die Gewinnanteile im Gewinn aus Gewerbebetrieb enthalten sind. Die Vornahme der Kürzung setzt also voraus, dass ein Unternehmen an einer Personengesellschaft beteiligt ist, diese Beteiligung sich also in seinem Betriebsvermögen befindet und die Gewinnanteile aus dieser Beteiligung als Erträge ausgewiesen sind. Grund für diese Kürzungsvorschrift ist, dass die Personengesellschaft, die ganz oder zum Teil zum eigenen Unternehmen gehört, selbst als Gewerbesteuerobjekt der Gewerbesteuer unterliegt. Eine Doppelbelastung des Gewerbeertrags mit Gewerbesteuer wird dadurch vermieden. Die Kürzungsvorschrift kann für Anteile am Gewinn einer in- oder ausländischen Personengesellschaft in Anspruch genommen werden. Für die Inanspruchnahme der Kürzung kommt es weder darauf an wie hoch die Beteiligung an der Personengesellschaft ist noch darauf, ob der zur Kürzung Berechtigte ein Einzelunternehmer, eine Personengesellschaft oder eine Kapitalgesellschaft ist.

Veräußerungsgewinn

Die Ausführungen bezogen sich bisher auf den laufenden Gewinnanteil. Wie verhält es sich aber, wenn die Beteiligung veräußert wird und ein Veräußerungsgewinn entsteht? Wenn ein Mitunternehmer seinen Anteil an einer Personengesellschaft veräußert, gehört der dabei erzielte Gewinn nicht zum laufenden Gewinn. Er berührt nicht den Gewerbeertrag der Personengesellschaft selbst. Veräußerungsgewinne, die auf diese Art entstehen, gehören schon nicht zum Gewerbeertrag wie er in § 7 GewStG beschrieben ist. Eine Kürzung kann schon deshalb unterbleiben.

### 2.3.3 Gewinne aus Anteilen an bestimmten Körperschaften

§ 9 Nr. 2a GewStG sieht eine Kürzung für Gewinne aus Anteilen an bestimmten Körperschaften vor, wenn die Beteiligung zu Beginn des Erhebungszeitraums mindestens 10 % des Grund- oder Stammkapitals beträgt und die Gewinnanteile bei der Ermittlung des Gewinns angesetzt worden sind. Die Beteiligung muss an nicht steuerbefreiten inländischen Kapitalgesellschaften bestehen. Ab dem Veranlagungszeitraum 2006 sind unmittelbar mit den Gewinnanteilen in Zusammenhang stehende Aufwendungen als Minderung des Kürzungsbetrages zu berücksichtigen, soweit entsprechende Beteiligungserträge vorhanden sind (§ 9 Abs. 2a Satz 3).

Eine Regelung für die Behandlung von Gewinnanteilen an ausländischen Körperschaften findet sich in § 9 Nr. 7 GewStG.

### 2.3.4 Hälfte der Miet- und Pachtzinsen

Korrespondenzvorschrift

Die entsprechende Korrespondenzvorschrift zu § 9 Nr. 4 GewStG findet man in § 8 Nr. 7 GewStG. Die Kürzungsvorschrift schreibt nun vor, dass die bei der Ermittlung des Gewinns aus Gewerbebetrieb des Vermieters oder Verpächters berücksichtigten Miet- oder Pachtzinsen für die Überlassung von nicht in Grundbesitz bestehenden Wirtschaftsgütern des Anlagevermögens zu kürzen sind, soweit sie nach § 8 Nr. 7 GewStG dem Gewinn aus Gewerbebetrieb des Mieters oder Pächters hinzugerechnet worden sind. Schwierigkeiten ergeben sich sowohl bei der Hinzurechnung als auch bei der Kürzung im Rahmen der tatsächlichen Durchführung. So hat der BFH in seinem Beschluss vom 19.1.1995, Az: I B 162/93, bestätigt, dass es für die Kürzung nach § 9 Nr. 4 GewStG auch auf die tatsächliche Hinzurechnung der Miet- oder Pachtzinsen beim Mieter oder Pächter ankommt.

### 2.3.5 Spenden

Kürzung des Gewinns um Ausgaben für Spenden

§ 9 Nr. 5 GewStG regelt die Kürzung des Gewinns aus Gewerbebetrieb um Ausgaben für Spenden, die aus dem Vermögen des Betriebs geleistet werden. Aus der Buchführung wird sich i.d.R. ergeben, ob die Spenden tatsächlich aus Mitteln des Betriebs geleistet wurden. Dieser Nachweis ist erbracht, wenn die Spenden als Betriebsausgaben oder als Privatentnahme verbucht wurden.

### 2.3.6 Sonstige Kürzungen

Die Kürzungsvorschriften in § 9 Nr. 7 und Nr. 8 GewStG betreffen Gewinne aus Anteilen an ausländischen Gesellschaften. In Nr. 7 wird vorausgesetzt, dass die Beteiligung an der ausländischen Kapitalgesellschaft mindestens 10 % betragen muss. Ein möglicher Gewinn aus der Veräußerung der Anteile zählt nicht zu den Gewinnanteilen und darf daher nicht gekürzt werden.

§ 9 Nr. 8 GewStG lässt eine Kürzung um Gewinne von Anteilen an einer ausländischen Gesellschaft zu, die nach einem Abkommen zur Vermeidung der Doppelbesteuerung unter der Voraussetzung einer Mindestbeteiligung von der Gewerbesteuer befreit sind. Unabhängig von der im Doppelbesteuerungsabkommen geregelten Mindestbeteiligung wird die Kürzung bereits bei einer Mindestbeteiligung von 10 % gewährt.

## 2.4 Gewerbeverlust

Kein Verlustrücktrag

Der aus dem um Hinzurechnungen und Kürzungen korrigierten Ergebnis aus Gewerbebetrieb ermittelte »maßgebende Gewerbeertrag« erfährt eine Verlustkürzung: Diese findet nach § 10a GewStG bis zu einem Betrag von 1 Mio. € um die Fehlbeträge statt, die sich bei der Ermittlung für die vorangegangenen Erhebungszeiträume ergeben haben, soweit diese nicht bei der Ermittlung des Gewerbeertrages für die vorangegangenen Veranlagungszeiträume berücksichtigt wurden. Nach § 10a Satz 6 GewStG ist die Höhe der vortragsfähigen Fehlbeträge jedes Jahr gesondert festzustellen. Der Gewerbeverlust ist zeitlich unbeschränkt vortragsfähig. Der 1 Mio. € übersteigende Gewerbeertrag ist bis zu 60 % um nicht berücksichtigte Fehlbeträge der vorangegangenen Veranlagungszeiträume zu kürzen. Im Falle der Mitunternehmerschaft ist der sich insgesamt ergebende Fehlbetrag den Mitunternehmern entsprechend den sich gesellschaftsvertraglich ergebenden Gewinnverteilungsschlüsseln zuzurechnen. Dieser Verlustabzug ähnelt sachlich dem bei der Einkommen- und der Körperschaftsteuer; er wird als Gewerbeverlust bezeichnet. Ein entscheidender Unterschied zur Einkommen- oder Körperschaftsteuer besteht darin, dass es für den Gewerbeverlust keinen Verlustrücktrag gibt. Ein anderer Unterschied soll an einem Beispiel aufgezeigt werden:

**Beispiel:**

*Bei der Gewerbesteuer kann das Ergebnis aus Gewerbebetrieb negativ sein und dennoch, bedingt durch Kürzungs- und Hinzurechnungsvorschriften ein positiver Gewerbeertrag zu versteuern sein und umgekehrt.*

| | |
|---|---|
| *a) Gewinn aus Gewerbebetrieb* | *30.000 €* |
| *Hinzurechnungen nach § 8 GewStG* | *5.000 €* |
| *Summe des Gewinns und der Hinzurechnungen* | *35.000 €* |
| *Kürzungen nach § 9 GewStG* | *./. 40.000 €* |
| *Gewerbeverlust* | *./. 5.000 €* |

| | |
|---|---|
| *b) Verlust aus Gewerbebetrieb* | *./. 30.000 €* |
| *Hinzurechnungen nach § 8 GewStG* | *50.000 €* |
| *Summe des Gewinns und der Hinzurechnungen* | *20.000 €* |
| *Kürzungen nach § 9 GewStG* | *10.000 €* |
| *Gewerbeertrag* | *10.000 €* |

Eine Verrechnung des Gewerbeverlustes muss nicht beantragt werden, sondern wird von Amts wegen im erstmöglichen Jahr berücksichtigt. Die Geltendmachung des Gewerbeverlustes weist Besonderheiten auf, weil er nur bei demselben Steuergegenstand (Unternehmensidentität) und von der Person geltend gemacht werden kann, die den Verlust erlitten hat (Unternehmeridentität). Vereinfachend kann gesagt werden, dass Unternehmen und Unternehmer gleich sein müssen, um den Gewerbeverlust in Anspruch nehmen zu können.

Berücksichtigung von Amts wegen

### 2.4.1 Unternehmensidentität

Ein Gewerbeverlust kann nur in dem Unternehmen geltend gemacht werden, in dem er entstanden ist. Unternehmensidentität bedeutet, dass der im Anrechnungsjahr des Gewerbeverlustes bestehende Gewerbebetrieb identisch ist mit dem Gewerbebetrieb, der im Jahr der Entstehung des Verlustes bestanden hat (R 67 Abs. 1 Satz 1 GewStR). Mit der Bezeichnung Gewerbebetrieb ist die ausgeübte gewerbliche Betätigung gemeint.

Ob die ausgeübte gewerbliche Betätigung die gleiche geblieben ist, muss nach den wesentlichen Merkmalen beurteilt werden, die einen Gewerbebetrieb ausmachen. So rechnen dazu insbesondere die Art der gewerblichen Betätigung, der Kunden- und Lieferantenkreis, die Arbeitnehmerschaft, die Geschäftsleitung, die Betriebsstätten sowie der Umfang und die Zusammensetzung des Aktivvermögens. Auch die Finanzierung des Aktivvermögens durch Eigen- oder Fremdkapital ist ein Merkmal für die Bestimmung der wirtschaftlichen Eigenart eines Gewerbebetriebs. Allerdings sind die aufgeführten Kriterien nicht gleichgewichtig zu beurteilen. Die Rechtsprechung lässt auch Veränderungen in den Bereichen Geschäftsleitung, Umfang und Finanzierung des Aktivvermögens zu, um Veränderungs- und Anpassungsprozesse in den Unternehmen nicht zu unterbinden.

Merkmale der gewerblichen Betätigung

Die Voraussetzung der Unternehmensidentität gilt für Einzelunternehmen, Personengesellschaften und Kapitalgesellschaften gleichermaßen.

Beispiele für den Erhalt der Unternehmensidentität:

- Die aus einer Betriebsaufspaltung hervorgegangene Vertriebs-GmbH wird auf die Besitz-KG umgewandelt.
- Verschmelzung von zwei Personengesellschaften; dabei ist es ausreichend, wenn die Identität des eingebrachten Betriebs innerhalb der Gesamttätigkeit des aufnehmenden Betriebs gewährleistet bleibt, was dadurch erkennbar wird, dass die Geschäftstätigkeit in wirtschaftlicher, organisatorischer und finanzieller Hinsicht fortgesetzt wird.

Beispiele für den Wegfall der Unternehmensidentität:

- Ein Gewerbebetrieb mit mehreren sachlich selbständigen Tätigkeiten betreibt nach § 2 Abs. 1 GewStG folglich auch mehrere eigenständige Gewerbebetriebe.
  Ein Ausgleich des Gewerbeverlustes des einen Betriebs mit dem Gewerbeertrag eines anderen Betriebs ist nicht möglich.
- Wird der Gewerbebetrieb einer OHG auf ihre beiden Gesellschafter übertragen, indem beide getrennte Einzelunternehmen gründen und weiterführen, so ist es nicht möglich, die Gewerbeverluste der OHG bei den beiden Einzelunternehmen ertragsmindernd geltend zu machen.
- Ein Wechsel der gewerblichen Tätigkeit kann auch zu einem Wechsel des Unternehmens führen, weil neben der Gleichartigkeit der gewerblichen Betätigung auch die Gleichartigkeit der eingesetzten Betriebsmittel gefordert wird.

### 2.4.2 Unternehmeridentität

**Bedeutung der Unternehmeridentität**

Das Vorliegen der Unternehmeridentität ist weitere Voraussetzung für die Geltendmachung eines Gewerbeverlustes. Da die Unternehmeridentität auf Personen abstellt, ist das Prinzip der Objektbesteuerung an dieser entscheidenden Stelle durchbrochen. Unternehmeridentität bedeutet, dass der Gewerbetreibende, der den Verlust in Anspruch nehmen will, den Gewerbeverlust auch in eigener Person erlitten haben muss.

**Unternehmerwechsel**

Ein Unternehmerwechsel hat somit zur Folge, dass der Abzug des im übergegangenen Unternehmen entstandenen Verlustes fortfällt, auch wenn das Unternehmen vom neuen Inhaber unverändert fortgeführt wird. Es kommt auch nicht darauf an, ob der Unternehmerwechsel entgeltlich oder unentgeltlich erfolgt. Zu den Auswirkungen der Voraussetzung der Unternehmeridentität sollen folgende Fälle zum besseren Verständnis beitragen.

**Beispiel 1:**
*Unternehmer A hat seinen Gewerbebetrieb wegen anhaltender Verluste aufgegeben und an B übertragen. B führt zwar den Betrieb des A unverändert fort, so dass die Unternehmensidentität gewahrt bleibt, die Unternehmeridentität jedoch nicht mehr gegeben ist.*

**Lösung:**
*B kann den Gewerbeverlust des A nicht geltend machen.*
*Die gleichen Folgen treten ein, wenn das Einzelunternehmen des A durch Tod auf B übergeht.*

Der anteilige Gewerbeverlust kann ebenfalls nicht geltend gemacht werden, wenn der Gesellschaftsanteil eines Mitunternehmers einer Personengesellschaft im Wege der Erbfolge auf den oder die verbleibenden Gesellschafter übergeht. Es spielt dabei keine Rolle, ob es sich um die gesetzliche oder eine testamentarische Erbfolge handelt. Die Rechtsfolgen sind bei der Gewerbesteuer also anders als bei der Einkommensteuer. Der Verlustabzug entfällt bei der Gewerbesteuer mit der Quote, mit der der ausgeschiedene Gesellschafter im Jahr der Verlustentstehung am Ergebnis der Gesellschaft beteiligt war.

Unterschiedliche Rechtsfolgen

Tritt ein Gesellschafter in eine bestehende Personengesellschaft ein, ist der vor dem Eintritt des neuen Gesellschafters entstandene Fehlbetrag weiterhin insgesamt abziehbar, jedoch nur von dem Betrag, der von dem gesamten Gewerbeertrag entsprechend dem Gewinnverteilungsschlüssel auf die bereits vorher beteiligten Gesellschafter entfällt.

**Beispiel 2:**
*An der A-KG sind die Gesellschafter A, B und C zu je 1/3 beteiligt. Der vortragsfähige Gewerbeverlust der KG zum 31.12.02 beträgt 900.000 €. Zum 31.12.03 scheidet C aus der Gesellschaft aus und veräußert seinen Anteil an D. Im Jahr 03 erzielt die KG einen Gewerbeertrag von 600.000 €, im Jahr 04 einen solchen von 150.000 €.*

**Lösung:**
*Behandlung im Jahr 03:*

| | |
|---|---|
| *Gewerbeertrag vor Verlustabzug* | *600.000 €* |
| *./. Verlustabzug aus Jahr 02* | *600.000 €* |
| *Gewerbesteuermessbetrag im Jahr 03* | *0 €* |

*Zum 31.12.03 beträgt der verbleibende Gewerbeverlust 300.000 €. Davon entfallen auf C 1/3 = 100.000 €.*
*Somit beträgt der tatsächlich vortragsfähige Fehlbetrag nur 200.000 €.*

*Behandlung im Jahr 04:*

| | |
|---|---|
| *Gewerbeertrag vor Verlustabzug* | *150.000 €* |
| *./. Verlustabzug für A und B je 1/3 des Gewerbeertrags* | *100.000 €* |
| *Gewerbesteuermessbetrag im Jahr 04* | *50.000 €* |

*Der auf D entfallende Teil des Gewerbeertrags darf nicht um den Verlustabzug gemindert werden, weil D aus diesem Betrieb bisher keinen Verlust erlitten hat. Zum 31.12.04 verbleibt somit noch ein Verlustabzug in Höhe von 100.000 €, der A und B je zur Hälfte zusteht.*

Wird eine Kapitalgesellschaft, die Gesellschafterin einer Personengesellschaft ist, auf eine andere Kapitalgesellschaft verschmolzen, bleibt die für den Verlustabzug bei der Personengesellschaft erforderliche Unternehmeridentität erhalten (§ 19 Abs. 2 UmwStG).

**Beispiel Doppelstöckige Personengesellschaft (R 68 Abs. 3 Nr. 8 GewStR):**
*An der X-OHG (Untergesellschaft) sind je zur Hälfte A und die Y-OHG (Obergesellschaft) beteiligt. Gesellschafter der Y-OHG sind zu gleichen Teilen B und C. B veräußert seine Beteiligung an der Y-OHG an D.*

**Lösung:**
*Einen Gewerbeverlust kann die X-OHG in voller Höhe mit einem positiven Gewerbeertrag ausgleichen. Der BFH hat in seinem Beschluss vom 3.5.1993 (BStBl II 1993 S. 616) erklärt, dass der Gesellschafterwechsel bei der Y-OHG die Unternehmeridentität der X-OHG nicht berührt und somit die Verrechnung des Gewerbeverlustes uneingeschränkt vorgenommen werden kann.*

## 2.5 Freibetragsregelung

Unterschiede zwischen Einzel-, Personenunternehmen und Kapitalgesellschaften

An dieser Stelle ist zunächst eine Unterscheidung zwischen natürlichen Personen und Personengesellschaften sowie für Kapitalgesellschaften zu treffen. Bestimmte Kapitalgesellschaften können einen Freibetrag in Höhe von 3.900 € geltend machen. Auf diese Gesellschaften soll hier nicht weiter eingegangen werden. Den übrigen Kapitalgesellschaften steht ein Freibetrag nicht zu.

Einzelunternehmern und Personengesellschaften steht ein Freibetrag in Höhe von 24.500 € zu. Der Abzug eines fixen Betrags soll einen fiktiven Unternehmerlohn berücksichtigen, um Einzel- und Personenunternehmen den Kapitalgesellschaften gleichzustellen, die ihren eigenen Gewinn durch die Abzugsfähigkeit der Geschäftsführergehälter mindern können. Hat ein Unternehmer mehrere selbständige Gewerbebetriebe, so kann er für jeden einzelnen Gewerbebetrieb den Freibetrag in Höhe von 24.500 € in Anspruch nehmen. Die Inanspruchnahme des Freibetrags führt aber nicht zu einem Gewerbeverlust.

# 3 Festsetzung des Steuermessbetrags

Die gesetzliche Grundlage ist § 11 GewStG. Ausgangspunkt zur Ermittlung der Gewerbesteuer ist der Steuermessbetrag. Dieser ist durch Anwendung eines Prozentsatzes (Steuermesszahl) auf den Gewerbeertrag zu ermitteln. Für die Berechnung ist der Gewerbeertrag auf volle 100 € nach unten abzurunden.

## 3.1 Staffeltarif

Der Steuermessbetrag wird auf Grund einer Steuermesszahl ermittelt (§ 11 Abs. 2 GewStG). Sie ist ein Prozentsatz, der auf den Gewerbeertrag anzuwenden ist. Seit 1991 gibt es diesen Staffeltarif, der zur Förderung mittelständischer Gewerbebetriebe von natürlichen Personen und Personengesellschaften eingeführt wurde.

Der Staffeltarif stellt sich wie folgt dar:

Die Stufen des Staffeltarifs

| Gewerbeertrag nach Berücksichtigung des Freibetrages: | Steuermesszahl |
|---|---|
| Für die ersten 12.000 € | 1 % |
| Für die weiteren 12.000 € | 2 % |
| Für die weiteren 12.000 € | 3 % |
| Für die weiteren 12.000 € | 4 % |
| Für alle weiteren Beträge | 5 % |

Unter Berücksichtigung des allgemeinen festen Freibetrags in Höhe von 24.500 € werden also insgesamt Gewerbeerträge von mehr als 72.500 € der Steuermesszahl von 5 % unterworfen.

**Beispiel:**
*Bei Gewerbeerträgen von mehr als 72.500 € kann der Steuermessbetrag auch in der Weise ermittelt werden, dass der Gewerbeertrag vor Abzug des Freibetrags in Höhe von 24.500 € mit 5 % multipliziert wird und vom Ergebnis der Betrag in Höhe von 2.425 € abgezogen wird.*

**Lösung:**

| | |
|---|---|
| *Gewerbeertrag* | *100.000 €* |
| *davon 5 %* | *5.000 €* |
| *abzüglich Freibetrag* | *./. 2.425 €* |
| *Messbetrag* | *2.575 €* |

Dieser Staffeltarif gilt ebenso wie der feste Freibetrag nur für Gewerbebetriebe von natürlichen Personen und Personengesellschaften. Bei anderen Gewerbebetrieben beträgt die Steuermesszahl für den Gewerbebetrieb generell 5 % (ohne Staffeltarif). Sonderregelungen gibt es für Hausgewerbetreibende und Heimarbeiter.

**Tipp**

- Bei Existenzgründungen bzw. jungen Unternehmen ist gründlich zu überlegen, in welcher Rechtsform das neue Unternehmen geführt werden soll. Dazu gehören selbstverständlich vielfältige Gründe, die nicht allein in steuerlichen Beweggründen gefunden werden dürfen.
- Durch die Freibetragsregelung und den Staffeltarif kann bei Einzel- und Personenunternehmen ein Vorteil gegenüber Kapitalgesellschaften erzielt werden.

## 3.2 Steuermessbetrag

Nach § 11 GewStG ist bei der Berechnung der Gewerbesteuer von einem Steuermessbetrag auszugehen. Dieser ist dadurch zu ermitteln, dass die Steuermesszahl (Prozentsatz) auf den Gewerbeertrag angewendet wird. Der Steuermessbetrag wird für den Erhebungszeitraum (= Kalenderjahr) festgesetzt. Bei kürzerer Steuerpflicht, z.B. Gründung oder Einstellung eines Gewerbebetriebs, wird der entsprechend kürzere Zeitraum zu Grunde gelegt.

*Festsetzung des Gewerbesteuermessbescheids*

Der Steuermessbetrag wird vom Finanzamt auf Basis der Gewerbesteuererklärung des Unternehmers durch einen Gewerbesteuermessbescheid festgesetzt. Zuständig für die Festsetzung des Steuermessbetrags ist das Betriebsfinanzamt; das ist i.d.R. das Finanzamt, in dessen Bezirk sich die Geschäftsleitung des Gewerbebetriebs befindet. Hat ein Gewerbetreibender mehrere selbständige Gewerbebetriebe, so hat er für jeden Gewerbebetrieb eine Gewerbesteuererklärung abzugeben und folglich hat auch das Finanzamt für jeden Betrieb einen eigenen Gewerbesteuermessbescheid zu erlassen. Zur Abgabe der Steuererklärung ist der Steuerschuldner nach § 5 GewStG verpflichtet. Die Steuererklärungen sind eigenhändig zu unterzeichnen.

*Zerlegung des Steuermessbetrags bei Betrieben in mehreren Gemeinden*

Eine Zerlegung des Steuermessbetrags kommt in Betracht, wenn von einem Unternehmer Betriebsstätten zur Ausübung des Gewerbes in mehreren Gemeinden unterhalten werden. In diesen Fällen ist der Steuermessbetrag, der für den Gewerbebetrieb einschließlich der unselbständigen Betriebsstätten festgesetzt wurde, auf die verschiedenen Gemeinden aufzuteilen. Für die Zerlegung hat das Finanzamt einen Zerlegungsbescheid zu erlassen. Ein solcher Zerlegungsbescheid ist ein Folgebescheid des Gewerbesteuermessbescheids und zugleich Grundlagenbescheid für die Gewerbesteuerbescheide der Gemeinde. Was soll das bedeuten? Der Zerlegungsbescheid ändert nicht die Höhe des Steuermessbetrags. Einwendungen gegen den Gewerbesteuerbescheid der Gemeinde können nicht wegen Fehlerhaftigkeit des Steuermessbetrags oder des Zerlegungsanteils vorgebracht werden; Einwendungen dagegen sind nur gegenüber dem Finanzamt zulässig, das den Steuermessbetrag und die Zerlegungsanteile festgesetzt hat.

§ 29 GewStG bestimmt den Zerlegungsmaßstab; das sind die Arbeitslöhne der jeweiligen Betriebsstätte. Dabei ist das Verhältnis entscheidend, in welchem die gesamten Arbeitslöhne zu den Arbeitslöhnen in den einzelnen Gemeinden mit Betriebsstätten stehen. Unter Arbeitslöhnen sind Entgelte zu verstehen, die der Gewerbebetrieb an eigene Arbeitnehmer zahlt. Entgelte an Leiharbeiter gehören nicht dazu. Nähere Erläuterungen sind in § 31 GewStG sowie R 79 GewStR zu finden. Bei der Ermittlung der Verhältniszahlen sind die Arbeitslöhne auf volle 1.000 € abzurunden.

## 3.3 Anrechnung des Gewerbesteuermessbetrags auf die Einkommensteuer

Durch die Möglichkeit der Anrechnung des Gewerbesteuermessbetrages auf Unternehmerebene soll die mehrfache Besteuerung der gewerblichen Einkünfte abgemildert werden. Das 1,8-fache des Gewerbesteuermessbetrages kann auf die Einkommensteuer angerechnet werden, die auf die im zu versteuernden Einkommen enthaltenen gewerblichen Einkünfte entfällt. Bei Personengesellschaften mit mehreren Beteiligten ist für jeden Gesellschafter der anteilige Gewerbesteuermessbetrag zu berücksichtigen.

## 3.4 Festsetzung der Gewerbesteuer

Gewerbesteuer-Bescheid

Wenn der Steuermessbetrag vom Betriebsstättenfinanzamt ermittelt und gegebenenfalls zerlegt ist, wird er durch einen Steuerbescheid (Gewerbesteuermessbescheid) festgesetzt. In der Praxis werden unterschiedliche Methoden in der Art der Bekanntmachung des Bescheids angetroffen. Ein Weg besteht darin, dass das zuständige Finanzamt den Steuerbescheid direkt an den Unternehmer oder den gesetzlichen Vertreter sendet; ein anderer darin, dass dem Unternehmer oder dem gesetzlichen Vertreter der Steuerbescheid über die Gemeinde gemeinsam mit dem Heranziehungsbescheid zur Gewerbesteuer bekannt gemacht wird. Die Gemeinde wendet auf den Steuermessbetrag ihren gemeindeindividuellen Hebesatz an und setzt die Gewerbesteuer per Gewerbesteuerbescheid fest. Mit § 16 Abs. 4 Satz 2 GewStG ist durch Gesetz vom 23.12.2003 für Erhebungszeiträume ab 2004 ein Mindesthebesatz von 200 % festgelegt worden, sofern die Gemeinde nicht einen höheren Hebesatz bestimmt hat. Unter Berücksichtigung der für den Erhebungszeitraum geleisteten Vorauszahlungen wird die zu leistende Nachzahlung oder auch ein Erstattungsbetrag festgesetzt (§ 20 GewStG). Die Gewerbesteuer entsteht grundsätzlich mit Ablauf des Erhebungszeitraums, für den die Festsetzung vorgenommen wird.

Grundlagenbescheid

Noch einmal zur Erinnerung: Die Besteuerungsgrundlagen werden im Bescheid über den Gewerbesteuermessbetrag festgesetzt. Er ist Grundlagenbescheid für die Festsetzung der Gewerbesteuer. Einwendungen sind nur gegen den Gewerbesteuermessbetrag möglich, es sei denn, sie richten sich gegen die Abrechnung, weil z. B. falsche Vorauszahlungen angesetzt wurden.

## 3.5 Vorauszahlungen

Der Steuerschuldner hat nach § 19 Abs. 1 GewStG vierteljährliche Vorauszahlungen zum jeweils 15. der Monate Februar, Mai, August und November zu entrichten. Diese Steuervorauszahlungen betragen in der Regel je ein Viertel der Steuerhöhe, die sich bei der letzten Veranlagung ergeben hat (§ 19 Abs. 2 GewStG). Die einzelne Vorauszahlung wird allerdings nur festgesetzt, wenn sie mindesten 50 € beträgt.

**Checkliste**

- ✔ Das zuständige Betriebsfinanzamt setzt aufgrund der Angaben in der Gewerbesteuererklärung den Gewerbesteuermessbetrag fest.
- ✔ Dabei werden der Freibetrag sowie der Staffeltarif für Einzelunternehmen und Personengesellschaften von Amts wegen berücksichtigt.
- ✔ Über den Gewerbesteuermessbetrag erlässt das Finanzamt einen Bescheid, der in der Regel direkt an die zuständige Gemeinde weitergeleitet wird.
- ✔ Bei Einwendungen gegen die Festsetzung der Besteuerungsgrundlagen kann nur gegen den Bescheid des Finanzamtes vorgegangen werden.
- ✔ Die Gemeinde verschickt in der Regel den Gewerbesteuermessbescheid zusammen mit dem Heranziehungsbescheid zur Gewerbesteuer.

## 4 Zusammenfassung/Ausblick

Bis zur Festsetzung der Gewerbesteuer durch die Gemeinde werden also diverse Schritte durchlaufen.

Ermittlung des Gewinns aus Gewerbebetrieb

| | |
|---|---|
| | Gewinn aus Gewerbebetrieb nach den Vorschriften des EStG bzw. KStG |
| + | Hinzurechnungen nach § 8 GewStG |
| ./. | Kürzungen nach § 9 GewStG |
| = | maßgebender Gewerbeertrag |
| ./. | Gewerbeverlust aus Vorjahren |
| ./. | Freibetrag (Ausnahme Kapitalgesellschaften) |
| = | Gewerbeertrag (Abrundung auf volle 100 € nach unten) |
| × | Steuermesszahl |
| = | Steuermessbetrag (gegebenenfalls Zerlegung) |
| × | Hebesatz der Gemeinde |
| = | Gewerbesteuerschuld (vorläufig) |
| ./. | Gewerbesteuervorauszahlungen |
| = | endgültige Gewerbesteuernachzahlung oder -erstattung für den Erhebungszeitraum |

Dieser etwas kompliziert erscheinende Weg hat sich in der Praxis jedoch bewährt. Grundsätzliche Änderungen sind bereits durch Abschaffung der Gewerbesteuer auf das Gewerbekapital seit dem Erhebungszeitraum 1998 eingetreten. Weitere Änderungen sind im Rahmen der Unternehmensteuerreform 2008 zu erwarten. Hier rückt zum Beispiel die mögliche Erweiterung der Hinzurechnung von Zinsen und Zinsanteilen in den Fokus. Ebenso wird die Umbenennung der Gewerbesteuer in kommunale Unternehmenssteuer sowie eine Änderung des bisherigen 1,8fachen Faktors bei der Anrechnung der Gewerbesteuer auf die Einkommensteuer oder die Änderung der Steuermesszahl (Prozentsatz) diskutiert. Für einen weiteren Ausblick wird auf Teil H verwiesen.

# E Umsatzsteuer

## 1 Systematik der Umsatzsteuer

Die Umsatzsteuer, die zu den Verkehrssteuern zählt, gilt neben den Ertragsteuern als wesentliche Einnahmequelle für die öffentlichen Haushalte (Bund, Länder und Gemeinden). Das Steueraufkommen aus der Umsatzsteuer betrug für das Jahr 2006 rd. 146 Mrd. €, dies entspricht etwa einem Drittel der gesamten Steuereinnahmen.

Von der Umsatzsteuer erfasst werden nur Umsätze, die von Unternehmern ausgeführt werden. Der Unternehmer als Schuldner der Umsatzsteuer hat die Steuerabwicklung vorzunehmen. Seine Funktion als Steuerschuldner bedeutet aber nicht, dass er die Umsatzsteuer auch wirtschaftlich trägt. Steuerschuldner und Steuerträger fallen bei der Umsatzsteuer, die zu den indirekten Steuern zählt, auseinander. Der vorsteuerabzugsberechtigte Unternehmer wird nicht durch die ihm in Rechnung gestellte Umsatzsteuer belastet, denn er kann sie grundsätzlich als Vorsteuer geltend machen. In der Steuerlehre spricht man von der Allphasen-Netto-Umsatzsteuer mit Vorsteuerabzug. Die Belastungswirkung der Umsatzsteuer tritt erst bei demjenigen auf, der die ihm in Rechnung gestellte Umsatzsteuer nicht als Vorsteuer abziehen kann. In der Regel ist dies der Endverbraucher, dessen privater Konsum mit Umsatzsteuer belastet werden soll (Steuerträger).

Allphasen-Netto-Umsatzsteuer mit Vorsteuerabzug

**Beispiel:**
*Der Maschinenhersteller M liefert an den Großhändler G eine Maschine für 1.190 €. In dem Rechnungsbetrag befinden sich 190 € Umsatzsteuer, die M bei seiner Umsatzsteuervoranmeldung erklären und abführen muss. Der G verkauft die Maschine an den Einzelhändler E für 1.785 €. Den hierin enthaltenen Umsatzsteuerbetrag von 285 € muss er abzüglich der ihm von M in Rechnung gestellten Umsatzsteuer in Höhe von 190 € an das Finanzamt abführen. Der E verkauft die Maschine an den Hobbyschreiner V zu einem Preis von 2.380 €. E hat den Umsatz in seiner Umsatzsteuervoranmeldung zu erklären und muss den Betrag von 95 € (380 € ./. 285 €) an das Finanzamt überweisen.*

**Lösung:**

*Der V trägt über den gezahlten Preis von 2.380 € wirtschaftlich die Umsatzsteuer in Höhe von 380 €, die auf den verschiedenen Unternehmensstufen an das Finanzamt entrichtet wurde. Per Saldo ist nur V als Endverbraucher mit der Umsatzsteuer belastet.*

| | Einkaufspreis inklusive USt | Verkaufspreis inklusive USt | Umsatzsteuer | Vorsteuer | USt-Zahllast |
|---|---|---|---|---|---|
| | € | € | € | € | € |
| M | 0 | 1.190 | 190 | 0 | 190 |
| G | 1.190 | 1.785 | 285 | 190 | 95 |
| E | 1.785 | 2.380 | 380 | 285 | 95 |
| Summe | | | 855 | 475 | 380 |

Wie in dem Beispiel verdeutlicht wurde, beruht die Systematik des Umsatzsteuersystems auf zwei Fundamenten:

- Besteuerung der Ausgangsumsätze mit Hilfe der Umsatzsteuer,
- Vorsteuerabzug aus Eingangsumsätzen des Unternehmers.

Gliederung des UStG

Diese Zweiteilung wird im Gesetzesaufbau wie folgt systematisiert:

Die §§ 1 bis 13d UStG beschäftigen sich mit der Besteuerung der Ausgangsumsätze. In den §§ 15 und 15a UStG finden sich die einschlägigen Vorschriften zum Vorsteuerabzug. Die §§ 13c und 13d regeln die Haftungsverhältnisse in bestimmten Fällen. Bedeutung für die Ausgangsumsätze als auch für die Eingangsumsätze haben die Regelungen der §§ 14 und 14c UStG. Hier werden Anforderungen an die Ausstellung und Aufbewahrung von Rechnungen geregelt. Die §§ 16 bis 22e UStG behandeln im Zusammenhang mit der Umsatzsteuer stehende Verfahrensfragen. Hier ist auch die Besteuerung von Kleinunternehmern normiert (§ 19 UStG). Besondere Besteuerungsformen, etwa für die Land- und Forstwirtschaft, die Besteuerung von Reiseleistungen und die Besteuerung von innergemeinschaftlichen Dreiecksgeschäften, finden sich in den §§ 23 bis 25d UStG. Die §§ 26 bis 29 UStG beschäftigen sich mit Übergangs-, Straf-, Verfahrens und Schlussvorschriften. Einen Überblick über die Gliederung des UStG soll die folgende Tabelle vermitteln:

| | | |
|---|---|---|
| I. | Steuergegenstand und Geltungsbereich | §§ 1 bis 3g |
| II. | Steuerbefreiungen und Steuervergütungen | §§ 4 bis 9 |
| III. | Bemessungsgrundlagen | §§ 10 bis 11 |
| IV. | Steuer und Vorsteuer | §§ 12 bis 15a |
| V. | Besteuerung | §§ 16 bis 22e |
| VI. | Sonderregelungen | §§ 23 bis 25d |
| VII. | Durchführung, Bußgeld-, Straf-, Verfahrens-, Übergangs- und Schlussvorschriften | §§ 26 bis 29 |

Steuerbarer Umsatz

Der Ausgangspunkt einer umsatzsteuerlichen Fallbeurteilung liegt in der Entscheidung, ob es sich bei einem Ausgangsumsatz um einen umsatzsteuerlich beachtlichen Vorgang handelt (steuerbarer Umsatz). Aufgrund der hier zum Teil sehr diffizilen gesetzlichen Regelungen wird der Behandlung der steuerbaren Umsätze in der folgenden Darstellung besonderes Augenmerk geschenkt (vgl. Kap. 2).

Der Umsatzsteuer unterliegen die abschließend aufgezählten steuerbaren Umsätze:

- Lieferungen und sonstige Leistungen eines Unternehmers im Inland gegen Entgelt im Rahmen seines Unternehmens,
- Einfuhr von Gegenständen aus dem Drittlandsgebiet in das Inland (Einfuhrumsatzsteuer),
- innergemeinschaftlicher Erwerb im Inland gegen Entgelt.

Liegt ein steuerbarer Umsatz vor, so ist er auch als steuerpflichtig zu behandeln, wenn nicht eine ausdrückliche Steuerbefreiung vorliegt. Die Steuerpflicht eines steuerbaren Umsatzes stellt den Grundsatz dar. Die Steuerbefreiung eines steuerbaren Umsatzes hingegen bildet den Ausnahmetatbestand (Regel-Ausnahme-Prinzip). Ob ein steuerbarer Umsatz von der Umsatzsteuerpflicht befreit ist, steht im weiteren Sinne mit wettbewerbspolitischen (z.B. Exportumsätze), sozialen, kulturellen und steuersystematischen Fragen im Zusammenhang. Die Regelungen für die steuerbefreiten Umsätze werden in Kap. 3 erläutert. Liegt keine Steuerbefreiung vor, so löst ein steuerbarer und dann auch steuerpflichtiger Umsatz Umsatzsteuer aus. Die Höhe der Umsatzsteuer ergibt sich, indem der Umsatzsteuersatz – der Regelsteuersatz beträgt zur Zeit 19 % (seit 1.1.2007) – auf die Bemessungsgrundlage (Entgelt) angewandt wird. Neben dem Regelsteuersatz gilt für bestimmte Umsätze ein ermäßigter Steuersatz von zur Zeit 7 %.

Kap. 4 beschäftigt sich mit dem Vorsteuerabzug des Unternehmers aus seinen Eingangsumsätzen. Hier werden die Voraussetzungen für den Vorsteuerabzug, nichtabziehbare Vorsteuerbeträge und die Vorsteuerkorrektur behandelt.

Im Rahmen des Besteuerungsverfahrens hat der Unternehmer die aus seiner Geschäftstätigkeit resultierende Umsatzsteuerzahllast selber zu ermitteln. In Kap. 5 werden die grundsätzlichen Voranmeldungs- und Erklärungspflichten des Unternehmers näher erläutert.

## 2 Steuerbare Umsatzarten

### 2.1 Lieferungen und sonstige Leistungen eines Unternehmers im Inland gegen Entgelt im Rahmen seines Unternehmens

#### 2.1.1 Leistungsaustausch

Leistung und Gegenleistung

Zur ersten Gruppe der steuerbaren Umsätze zählen die Lieferungen und sonstigen Leistungen, die ein Unternehmer im Inland gegen Entgelt im Rahmen seines Unternehmens ausführt (§ 1 Abs. 1 Nr. 1 UStG). Für das Begriffspaar der Lieferungen und sonstigen Leistungen bildet die Leistung den Oberbegriff. Einer Lieferung oder sonstigen Leistungen muss als Besteuerungsvoraussetzung ein Leistungsaustausch zugrunde liegen. Dieser liegt vor, wenn der leistende Unternehmer dem Empfänger der Leistung einen wirtschaftlichen Vorteil verschafft, wobei der Leistungsempfänger seinerseits für die erbrachte Leistung eine Gegenleistung in Form eines Entgelts erbringt. Die erbrachte Leistung und die Gegenleistung müssen eine innere Verknüpfung aufweisen. Die Leistung wird wegen des Entgelts erbracht und das Entgelt wird für die Erbringung der Leistung hingegeben. Ein Leistungsaustausch ist regelmäßig bei vertraglichen Vereinbarungen (z.B. Kaufvertrag) gegeben.

Zur Gegenleistung im Sinne der Umsatzsteuer zählt alles, was der Leistungsempfänger aufwendet, um die Leistung zu erhalten. Im Regelfall besteht die Gegenleistung des Leistungsempfängers in einer Geldzahlung. Als Gegenleistung für eine Lieferung wäre aber ebenso eine Lieferung denkbar (Tausch). Erhält der Leistende für seine Lieferung von seinem Abnehmer eine Dienstleistung, so werden solche Umsätze als tauschähnliche Umsätze bezeichnet.

Entgelt

Bemessungsgrundlage bei Lieferungen und Leistungen ist das Entgelt. Hierzu zählt alles, was der Leistungsempfänger aufwendet, um die Leistung zu erhalten, abzüglich der Umsatzsteuer (§ 10 Abs. 1 Satz 2 UStG). Ferner gehört zum Entgelt auch das, was ein anderer als der Leistungsempfänger dem Unternehmer für die Leistung gewährt. Hierzu zählen insbesondere die unechten Zuschüsse, die als zusätzliches Entgelt eines Dritten anzusehen sind (R 150 Abs. 3 UStR). Nicht zum Entgelt gehören durchlaufende Posten, also solche Beträge, die der Unternehmer im Namen und für Rechnung eines anderen vereinnahmt und verausgabt

### 2.1.2 Fehlender Leistungsaustausch

Echter Schadensersatz

Mangelt es bei wirtschaftlichen Vorgängen an den Voraussetzungen für einen Leistungsaustausch, etwa bei einer echten Schenkung, so ist der Vorgang nicht als Lieferung oder sonstige Leistung steuerbar. Für die unternehmerische Praxis ist insbesondere der Fall des echten Schadensersatzes bedeutsam. Beim echten Schadensersatz ist der Schädiger aufgrund vertraglicher oder rechtlicher Bestimmungen verpflichtet, den herbeigeführten Schaden zu beseitigen. Er hat die Möglichkeit, dies durch Schadensbeseitigung oder durch eine Geldentschädigung zu bewirken. Im ersten Fall erbringt der Schädiger eine Leistung, für die er vom Geschädigten keine Gegenleistung erhält. Folglich liegt kein Leistungsaustausch vor. Erfolgt die Entschädigung in Form einer Geldzahlung, so mangelt es an der nicht erbrachten Leistung des Geschädigten. Der Geldeingang ist für den Geschädigten ein nicht steuerbarer Vorgang. Zu den Fällen des echten Schadensersatzes zählt auch die Inrechnungstellung von Mahnkosten und Verzugszinsen aufgrund säumiger Zahlungen eines Kunden (R 3 Abs. 3 UStR). Nicht jeder wirtschaftliche Vorgang ist somit steuerbar. Für die Fälle der Lieferungen und Leistungen ist also zunächst zu überprüfen, ob ein Leistungsaustausch vorliegt.

### 2.1.3 Unternehmer und Unternehmen im Umsatzsteuerrecht

Unternehmereigenschaft

Der Umsatzsteuer unterliegen nur Umsätze, die ein Unternehmer im Rahmen seines Unternehmens ausführt. Der Unternehmerbegriff im Umsatzsteuerrecht ist vom Unternehmerbegriff, wie er z.B. auf dem Gebiet der Ertragsteuern gilt, zu unterscheiden. Unternehmer ist, wer eine gewerbliche oder berufliche Tätigkeit selbständig ausübt. Gewerblich oder beruflich ist hiernach jede nachhaltig ausgeübte Tätigkeit verbunden mit einer Einnahmenerzielungsabsicht (§ 2 Abs. 1 UStG). Eine Einnahmenerzielungsabsicht ist im UStG ausreichend, besteuert werden ja auch die Umsätze als Einnahmen. Eine Gewinnerzielungsabsicht wie im Ertragsteuerrecht ist nicht erforderlich.

Neben der selbständigen Ausübung der Tätigkeit als Voraussetzung für das Vorliegen einer Unternehmereigenschaft gilt als weiteres Kriterium die nachhaltige Betätigung. Ob eine Betätigung nachhaltig ausgeübt wird, richtet sich nach den Gesamtverhältnissen des jeweiligen Einzelfalls. Nachhaltigkeit ergibt sich z.B. aus einer auf Wiederholung angelegten Tätigkeit im Rahmen eines Leistungsaustausches. Durch die Vermietung einer Wohnung erfüllt der Vermieter die Voraussetzungen der Unternehmereigenschaft. Umsatzsteuerlich ist er ebenso als Unternehmer anzusehen wie der gewerbetreibende Unternehmer, der Arzt oder der Rechtsanwalt. Der Vermieter als selbständig handelnde Person, der keinen fremden

Weisungen unterworfen ist, vermietet eine ihm gehörende Wohnung zweifelsohne in der Absicht, Mieteinnahmen zu erzielen, wobei die Vermietung als nachhaltige Betätigung gilt. Ein Briefmarkensammler hingegen, der aus privater Leidenschaft seinem Hobby nachgeht und in dessen Rahmen Einzelstücke oder gar die gesamte Sammlung veräußert, wird durch diese Tätigkeit nicht zum umsatzsteuerlichen Unternehmer. Die Unternehmereigenschaft würde er erst dadurch erlangen, dass er sich am Markt wie ein Briefmarkenhändler beteiligt (BFH vom 29.6.1987, BStBl II 1987 S. 744).

Innenumsätze

Das Unternehmen umfasst die gesamte gewerbliche oder berufliche Tätigkeit des Unternehmers (§ 2 Abs. 1 Satz 2 UStG). Gehören einem Einzelunternehmer verschiedene Betriebe, aus eventuell unterschiedlichen Branchen oder Tätigkeitsgebieten, so bilden diese Betriebe zusammen das eine Unternehmen, sie fügen sich in eine Unternehmenseinheit zusammen. Umsätze zwischen den einzelnen Betrieben sind nicht steuerbare Innenumsätze.

Organschaft

Bei Unternehmensverflechtungen ist zu prüfen, ob eine umsatzsteuerliche Organschaft zwischen den Unternehmen vorliegt. Bei einer Organschaft ist der Organträger der umsatzsteuerliche Unternehmer. Ihm werden alle Umsätze zugeordnet. Bei den Umsätzen innerhalb der Organschaft liegen nicht steuerbare Innenumsätze vor. Für den gesamten Organkreis wird auch nur eine Umsatzsteuererklärung abgegeben. Eine Organschaft ist im umsatzsteuerlichen Sinne gegeben, wenn eine juristische Person wirtschaftlich, finanziell und organisatorisch in ein anderes Unternehmen eingegliedert ist. Von einer finanziellen Eingliederung der Organgesellschaft kann ausgegangen werden, wenn der Organträger Beschlüsse in der Organgesellschaft durchsetzen kann. Beträgt die Beteiligung an der Organgesellschaft mehr als 50 %, liegt regelmäßig eine finanzielle Eingliederung vor. Eine wirtschaftliche Eingliederung ist gegeben, wenn die Organgesellschaft fördernd und ergänzend für das Gesamtgebilde, dem Willen des Organträgers folgend, tätig wird. Werden organisatorische Maßnahmen seitens des Organträgers getroffen, die seine Willensausführung gewährleisten, etwa durch eine einheitliche Geschäftsleitung oder durch die Erledigung der Tätigkeiten des Rechnungswesens durch Personal des Organträgers, so liegt eine organisatorische Eingliederung vor.

### 2.1.4 Kleinunternehmerregelung

Unternehmer im Sinne des UStG unterliegen der allgemeinen Besteuerung ihrer steuerbaren und steuerpflichtigen Umsätze (Regelbesteuerung). Das UStG sieht aber für Unternehmer, die bestimmte Umsatzgrenzen nicht übersteigen, eine Vereinfachungsregelung vor. Hierbei handelt es sich um die Besteuerung der sogenannten

Kleinunternehmer. Für die ausgeführten Umsätze (Lieferungen und sonstige Leistungen) wird die geschuldete Umsatzsteuer für im Inland ansässige Unternehmer nicht erhoben, wenn der maßgebliche Umsatz

Umsatzgrenzen

- im vorangegangen Kalenderjahr 17.500 € nicht überstiegen hat und
- im laufenden Kalenderjahr 50.000 € nicht übersteigen wird.

Für die Anwendung der Kleinunternehmerregelung ist die Erfüllung beider Umsatzgrenzen erforderlich. Auf Verlangen des Finanzamtes hat der Unternehmer einen Nachweis zu erbringen, aus dem sich seine Umsatzprognose nachvollziehen lässt. Bei Aufnahme der unternehmerischen Tätigkeit im laufenden Kalenderjahr ist allein auf den voraussichtlichen Umsatz des laufenden Jahres abzustellen. Hierbei ist nur die Grenze von 17.500 € maßgebend, die der Unternehmer aller Voraussicht nach hochgerechnet auf das gesamte Jahr nicht überschreiten sollte.

Kleinunternehmerregelung

Erfüllt der Unternehmer die Umsatzgrenzen und entscheidet sich für die Besteuerung nach der Kleinunternehmerregelung, so sind hieran bestimmte Rechtsfolgen geknüpft. Zum einen wird die Umsatzsteuer auf die Umsätze nicht erhoben. Der Kleinunternehmer darf auch dementsprechend keine Steuer auf seinen Rechnungen ausweisen. Jedoch entfällt andererseits für den Kleinunternehmer die Möglichkeit, die ihm in Rechnung gestellte Umsatzsteuer als Vorsteuer geltend zu machen (Ausschluss des Vorsteuerabzugs). Um die sich gegebenenfalls hieraus ergebenden Nachteile zu vermeiden, kann der Kleinunternehmer auf die Anwendung der Kleinunternehmerregelung verzichten (§ 19 Abs. 2 UStG), indem er gegenüber dem Finanzamt die Option zur Regelbesteuerung erklärt. Die Verzichtserklärung bindet den Unternehmer für mindestens fünf Kalenderjahre.

Tipp

Tätigt ein Unternehmer, der unter Kleinunternehmerregelung fällt, hauptsächlich Umsätze mit vorsteuerabzugsberechtigten Unternehmen, so bewirkt die Option keine Verteuerung der von ihm ausgeführten Leistungen. Der optierende Kleinunternehmer kann dann aber die ihm in Rechnung gestellte Umsatzsteuer als Vorsteuer abziehen. Dieses führt zu einer Verbesserung seiner Kostensituation.

## 2.2 Lieferungen

### 2.2.1 Begriff der Lieferung

Bei einer Lieferung verschafft ein Unternehmer seinem Abnehmer die Verfügungsmacht an dem Liefergegenstand. Hierbei kann er sich der Hilfe eines Dritten (Frachtführer, Spediteur) bedienen.

**Verschaffung der Verfügungsmacht**

Wer liefert und wer Empfänger der Lieferung ist, ergibt sich aus den Verpflichtungen, die dem jeweiligen Geschäft zugrunde liegen. Die Verschaffung der Verfügungsmacht an Gegenständen vollzieht sich in der Regel durch den zivilrechtlichen Eigentumsübergang. Im bürgerlichen Recht wird zwischen dem Verpflichtungsgeschäft und dem Erfüllungsgeschäft unterschieden.

Für die Umsatzsteuer ist das Erfüllungsgeschäft relevant, bei dem der Gegenstand übergeben wird und somit der Käufer Verfügungsmacht an dem Gegenstand erhält. Die Verschaffung der Verfügungsmacht ist aber nicht zwingend mit dem zivilrechtlichen Eigentumsübergang verbunden. Wird z. B. eine Maschine an eine Bank sicherungsübereignet, um einen Kredit zu erhalten, so wird durch die Eigentumsübertragung der Maschine an die Bank noch keine Verfügungsmacht verschafft. Bei der bloßen Vereinbarung der Sicherungsübereignung handelt es sich um keine Lieferung. Andererseits liegt jedoch eine Lieferung vor, wenn ein unter dem Eigentumsvorbehalt (§ 449 BGB) stehender Gegenstand an einen Käufer veräußert wird (R 24 Abs. 2 UStR). Für die Verschaffung der Verfügungsmacht kann somit der Übergang der wirtschaftlichen Substanz auf den Käufer als wesentlich gelten (Sachherrschaft als wirtschaftlicher Eigentümer). Gegenstand einer Lieferung können körperliche Gegenstände, Sachgesamtheiten oder solche nichtkörperlichen Gegenstände sein, die im Wirtschaftsleben so behandelt werden wie körperliche Gegenstände (z. B. Energielieferungen).

**Werklieferung und Werkleistung**

Im Zusammenhang mit Lieferungen wird von einer Werklieferung gesprochen, wenn der Unternehmer die Be- oder Verarbeitung eines Gegenstandes übernommen hat und er hierbei Hauptstoffe verwendet, die er selbst beschafft hat. Von einer Werkleistung spricht man, wenn der Unternehmer bei der Be- oder Verarbeitung eines Gegenstandes nur Stoffe des Auftraggebers verwendet oder aber eigene Stoffe verwendet, die jedoch nur als Zutaten oder Nebensachen des Be- oder Verarbeitungsprozesses gelten. Im Umsatzsteuerrecht gilt der Grundsatz der Einheitlichkeit der Leistung. Wirtschaftliche Vorgänge, die zusammengehörig sind, werden auch in der Umsatzsteuer als zusammengehörig betrachtet und beurteilt. Eine Werklieferung, die wie eine Lieferung zu behandeln ist, wird nicht in eine Lieferung und in eine sonstige Leistung aufgeteilt. Ebenso werden Nebenleistungen im Zusammenhang mit der Hauptleistung betrachtet. Sie teilen das Schicksal der Hauptleistung. Eine Nebenleistung ist eine Leistung, die mit der erbrachten Hauptleistung in einem engen Zusammenhang steht, die also die Hauptleistung ergänzt und abrundet.

Kommissionsgeschäfte

Zu den Lieferungen gehören auch die Kommissionsgeschäfte. Hier verkauft der Kommissionär im eigenen Namen und auf Rechnung des Kommittenten Waren (Verkaufskommission). Obwohl zivilrechtlich das Eigentum der Ware direkt vom Kommittenten auf den Käufer der Ware übergeht, ist umsatzsteuerlich von einer Lieferung des Kommittenten an den Kommissionär und von einer Lieferung des Kommissionärs an den Käufer der Ware auszugehen. Der Kommissionär wird in der Umsatzsteuer wie ein Eigenhändler betrachtet, der Waren abzüglich seiner Verkaufsprovision vom Kommittenten erwirbt und die Waren an Dritte weiterveräußert. Bei der Einkaufskommission kauft der Kommissionär im eigenen Namen und für Rechnung des Kommittenten. Auch hier liegen zwei Lieferungen vor: die Lieferung des Verkäufers an den Kommissionär und die Lieferung des Kommissionär an den Kommittenten.

## 2.2.2 Ort der Lieferung

Die Ortsbestimmung einer Lieferung hat für ihre Steuerbarkeit eine entscheidende Bedeutung. Aus dem Ort der Lieferung ergibt sich, ob die Ausführung der Leistung im Inland erfolgt ist und somit im Inland ein steuerbarer Umsatz vorliegt.

Warenbewegte Lieferung

Für die Ortsbestimmung der Lieferung ist zunächst die Unterscheidung zu treffen, ob es sich um eine warenbewegte Lieferung oder um eine Lieferung ohne Warenbewegung handelt. Wird der Gegenstand der Lieferung durch eine Warenbewegung an den Kunden geliefert, so befindet sich der Ort der Lieferung dort, wo die Beförderung oder Versendung beginnt. »Befördern« ist hier jedes Fortbewegen eines Gegenstandes. Eine Versendungslieferung liegt vor, wenn die Beförderung durch einen selbständigen Beauftragten (z.B. Spediteur) durchgeführt wird. Die Versendung beginnt mit der Übergabe des Gegenstandes an den Beauftragten (§ 3 Abs. 6 Satz 4 UStG). Für die Ortsbestimmung ist es unwesentlich, ob der Verkäufer oder der Käufer befördert oder versenden lässt.

Beispiele:

- Fährt der Abnehmer aus Essen zum Lieferanten nach Hagen, um die gekaufte Maschine mit seinem eigenen Fahrzeug zu transportieren, so liegt der Lieferort ebenso in Hagen wie im Falle einer Beförderung der Maschine durch den Lieferanten.
- Übergibt der Hagener Lieferant die Maschine auf seinem Fabrikgelände an einen Spediteur, der die Maschine nach Essen transportiert, so liegt der Ort der Lieferung in Hagen, denn in Hagen wurde die Maschine übergeben.

Ort der Lieferung bei ruhenden Lieferungen

Wird der Liefergegenstand nicht befördert oder versendet, so befindet sich der Ort der Lieferung dort, wo sich der Gegenstand zum Zeitpunkt der Verschaffung der Verfügungsmacht befindet (§ 3 Abs. 7 UStG). Diese Ortsbestimmung gilt für die Lieferungen ohne Warenbewegung (ruhende Lieferungen).

Eine Sonderregelung gilt für Beförderungs- oder Versendungslieferungen aus dem Drittlandsgebiet in das Inland, wenn der Lieferer der Schuldner der Einfuhrumsatzsteuer ist (§ 3 Abs. 8 UStG). In diesen Fällen liegt in Abweichung zu dem Normalfall der Beförderungs- oder Versendungslieferung der Ort der Lieferung nicht dort, wo die Beförderung oder Versendung beginnt, sondern der Ort der Lieferung wird in das Inland verlagert.

**Beispiel:**
*Befördert der schweizerische Unternehmer eine Maschine nach Dortmund zu den Lieferkonditionen »verzollt und versteuert« (Lieferant ist Schuldner der EUSt), so ist der Ort der Lieferung Dortmund. Der schweizerische Lieferant kann die entrichtete EUSt als Vorsteuer in Deutschland abziehen. Der Unternehmer aus Dortmund erhält eine Rechnung mit deutscher Umsatzsteuer.*
*Erfolgt die Lieferung nicht unter der Bedingung, dass der Lieferant Schuldner der EUSt ist, so liegt der Ort der Lieferung in der Schweiz. Die Lieferung wäre nicht steuerbar nach § 1 Abs. 1 UStG, sondern es läge eine steuerbare Einfuhr aus dem Drittlandsgebiet in das Inland vor (vgl. Kap. 2.5).*

### 2.2.3 Reihengeschäft

Schließen mehrere Unternehmer über denselben Liefergegenstand Umsatzgeschäfte ab und gelangt der Liefergegenstand unmittelbar vom ersten Unternehmer an den letzten Abnehmer, so spricht man von einem Reihengeschäft. Bei den Reihengeschäften wird die Warenbewegung (warenbewegte Lieferung) nur einer der Lieferungen in der Reihe der Lieferungen zugeordnet (§ 3 Abs. 6 Satz 5 UStG). Der Ort der warenbewegten Lieferung liegt dort, wo die Beförderung oder Versendung beginnt. Insofern ergibt sich keine Unterscheidung zu dem Ort der Lieferung bei einer normalen Beförderungs- oder Versendungslieferung.

Ort der Lieferung beim Reihengeschäft

Bei den übrigen Lieferungen, bei denen es sich um ruhende Lieferungen handelt, bestimmt sich der Ort der Lieferung danach, ob die jeweilige Lieferbeziehung der warenbewegten Lieferung vorangeht oder ob sie der warenbewegten Lieferung nachfolgt. Für die Ortsbestimmung der ruhenden Lieferungen bei Reihengeschäften gilt Folgendes: Lieferungen, die der warenbewegten Lieferung vorangehen, gelten dort als ausgeführt, wo die Beförderung oder Versendung beginnt (§ 3 Abs. 7 Satz 2 Nr. 1 UStG); Lieferungen, die der warenbewegten Lieferung folgen, gelten als dort ausgeführt, wo die

Beförderung oder Versendung endet (§ 3 Abs. 7 Satz 2 Nr. 2 UStG). Bei der Beurteilung von Reihengeschäften ist somit zunächst festzustellen, welche Lieferbeziehung in der Reihe die warenbewegte Lieferung ist.

**Beispiel:**
*Der Einzelhändler D aus Dortmund bestellt bei dem Großhändler C aus Chemnitz eine Fräsmaschine. Der Großhändler C seinerseits hat die Fräsmaschine nicht vorrätig und bestellt deshalb die Maschine bei dem Maschinengroßhandel B in Berlin. Der B ordert die Maschine beim Fräsmaschinenhersteller A in Augsburg. Vereinbarungsgemäß befördert A die Fräsmaschine von Augsburg unmittelbar zu D nach Dortmund.*

| *Unternehmer A* | *Unternehmer B* | *Unternehmer C* | *Unternehmer D* |
|---|---|---|---|
| *Augsburg* | *Berlin* | *Chemnitz* | *Dortmund* |

**Lösung:**
*Bei diesem Reihengeschäft liegen drei Lieferungen vor. Die Lieferung von A an B, die Lieferung von B an C und die Lieferung von C an D. Die warenbewegte Lieferung ist die Lieferung von A an B. Der Ort der warenbewegten Lieferung liegt in Augsburg, da hier die Beförderung beginnt. Bei den beiden anderen Lieferungen handelt es sich um die ruhenden Lieferungen. Da sie der warenbewegten Lieferung folgen, liegt der Ort der Lieferung in Dortmund.*
*Würde hingegen der Großhändler C aus Chemnitz die Fräsmaschine in Augsburg mit seinem LKW abholen, dann wäre die warenbewegte Lieferung grundsätzlich die Lieferung von B an C (§ 3 Abs. 6 Satz 6 1. Halbsatz UStG). Der Ort der Lieferung von B an C (warenbewegte Lieferung) befände sich nun in Augsburg. Der Ort der ruhenden Lieferung von A an B, die der warenbewegten Lieferung vorangeht, läge auch in Augsburg. Die der warenbewegten Lieferung folgende Lieferung von C an D wird in Dortmund ausgeführt.*

## 2.3 Sonstige Leistungen

### 2.3.1 Begriff der sonstigen Leistung

Definition des Begriffs »Sonstige Leistung«

Den zweiten Teil der Leistungen als steuerbare Umsatzart stellen die sonstigen Leistungen dar. Das UStG fasst hierunter all jene wirtschaftlichen Vorgänge, die keine Lieferung darstellen (§ 3 Abs. 9 UStG).

Beispiele für sonstige Leistungen:

- Dienstleistungen,
- Vermietung und Verpachtung,
- Darlehensgewährung,
- Beratungsleistungen, z.B. Leistungen der Steuerberater, Rechtsanwälte oder Ingenieure,

- Werkleistungen, z.B. Handwerkerleistungen mit geringem Materialeinsatz,
- Einräumung und Übertragung von Rechten, zB. von Patenten oder Markenzeichenrechten,
- Reiseleistungen (§ 25 UStG),
- Beförderungsleistungen (§ 3b UStG),
- Abgabe von Speisen und Getränken zum Verzehr an Ort und Stelle,
- Vermittlungsleistungen, z.B. die Vermittlung von Geschäften durch Handelsvertreter,
- Überlassung von technischen Zeichnungen,
- Überlassung von Know-how.

Sonstige Leistungen können in Handlungen (Tun), Duldungen oder in einem Unterlassen einer Handlung bestehen. Der Rechtsanwalt erbringt durch eine Rechtsberatung an seinen Mandanten eine sonstige Leistung. Durch die Vermietung seiner Eigentumswohnung erbringt der Vermieter eine sonstige Leistung an den Mieter, die in einem Dulden besteht. Verzichtsleistungen (Unterlassen einer Handlung) liegen etwa bei Wettbewerbsverzichten (§ 3a Abs. 4 Nr. 9 UStG) vor.

Der Umsatzsteuer unterliegen die sonstigen Leistungen als steuerbare Umsätze, die der Unternehmer im Inland gegen Entgelt im Rahmen seines Unternehmens ausführt. Den sonstigen Leistungen liegt ein Leistungsaustausch zugrunde. Der Unternehmer erbringt eine Dienstleistung an den Leistungsempfänger und erhält vom Leistungsempfänger für die erbrachte Leistung eine Gegenleistung in Form eines Entgelts. Die sonstige Leistung wird an denjenigen erbracht, der Auftraggeber der Leistung ist.

### 2.3.2 Firmenwagenbesteuerung bei Arbeitnehmern

Privatnutzung von Firmen-Pkw

Zu den sonstigen Leistungen eines Unternehmers zählt auch die Firmenwagenüberlassung an Arbeitnehmer zur privaten Nutzung, wenn die Privatnutzung des Kfz nicht nur gelegentlich erfolgt, d.h. mehr als fünf Tage im Monat beträgt. Die Finanzverwaltung geht in diesen Fällen von einer entgeltlichen sonstigen Leistung des Arbeitgebers an seinen Arbeitnehmer aus (BMF vom 27.8.2004, BStBl I 2004, S. 864, Tz. 4.2.1.1). Die Gegenleistung des Arbeitnehmers für die private Kfz-Nutzung liegt in der anteilig erbrachten Arbeitsleistung. Der Arbeitnehmer verzichtet zugunsten der Nutzungsmöglichkeit des Kfz auf Barlohn, den er andernfalls erhalten hätte, wenn ihm kein Dienstwagen zu Privatnutzung zur Verfügung stünde (tauschähnlicher Umsatz). Das Entgelt für die sonstige Leistung (private Pkw-Nutzung) besteht in Form des Barlohnverzichts. Die

Bemessungsgrundlage für die sonstige Leistung kann mittels eines Fahrtenbuches nachgewiesen werden. Ebenso kann die Besteuerung auf Grundlage einer Kostenschätzung erfolgen. Aus Vereinfachungsgründen wird in der Praxis jedoch häufig der lohnsteuerlich zugrunde gelegte Wert aus der 1 %-Regelung verwendet. Bei dem lohnsteuerlichen Wert handelt es sich jedoch um einen Bruttowert, aus dem die Umsatzsteuer herauszurechnen ist. Ein Abschlag von 20 % für nicht mit Vorsteuern belasteten Kosten ist bei der Firmenwagenbesteuerung an Arbeitnehmer nicht zulässig.

**Beispiel 1 %-Regelung bei entgeltlicher sonstiger Leistung:**
*Ein Arbeitnehmer nutzt den Firmenwagen auch für Privatfahrten und für die Fahrten von seiner Wohnung zur Arbeitsstätte (Entfernung 20 km). Der Bruttolistenpreis des PKW beträgt 25.000 €. Der Arbeitnehmer nutzt das Kfz zwölf Monate.*

| **Lösung:** | | | | | € |
|---|---|---|---|---|---|
| ***Privatfahrten*** | | | | | |
| *Bruttolistenpreis* | *Prozent* | *Monate* | | | |
| *25.000 €* | *1 %* | *12* | | | *3.000,00* |
| | | | | | |
| ***Fahrten zwischen Wohnung und Arbeitsstätte*** | | | | | |
| *Bruttolistenpreis* | *Prozent* | *Monate* | *km* | | |
| *25.000 €* | *0,03 %* | *12* | *20* | | *1.800,00* |
| *= Bruttowert* | | | | | *4.800,00* |
| *× 100/119* | | | | *Bemessungsgrundlage* | *4.033,61* |
| *× 19 %* | | | | *Umsatzsteuer* | *766,39* |

**Beispiel Fahrtenbuchmethode:**
*Der Arbeitnehmer nutzt den Firmenwagen mit einer Jahresgesamtfahrleistung von 30.000 km an 200 Tagen im Jahr für die Fahrten von seiner Wohnung zur Arbeitsstätte (20 km). Darüber hinaus nutzt er das Fahrzeug für weitere Privatfahrten 2000 km im Jahr. Der Arbeitnehmer führt ein ordnungsgemäßes Fahrtenbuch. Die gesamten Kfz-Kosten betragen 10.000 € (Nettowert inklusive der Fahrzeug-Abschreibung).*

**Lösung:**
*Zunächst ist hier das Nutzungsverhältnis der Privatfahrten zur Jahresgesamtfahrleistung zu ermitteln. Auf die Privatfahrten entfallen 8000 km (200 Tage × 40 km) für Fahrten Wohnung – Arbeitsstätte und weitere 2000 km für die restlichen privaten Fahrten. Es ergibt sich eine Privatnutzung von 33 %. Für die umsatzsteuerliche Bemessungsgrundlage ergibt sich ein Wert von 33 % von 10.000 € also 3.300 €. Die sich ergebende Umsatzsteuer aus der Privatnutzung beträgt 627 €.*

### 2.3.3 Ort der sonstigen Leistung

Ortsbestimmung

Ebenso wie bei den Lieferungen ist auch für die Beurteilung einer sonstigen Leistung von Bedeutung, wo die sonstige Leistung ausgeführt wird. Der Leistungsort entscheidet darüber, ob die Erbringung der sonstigen Leistung im Inland steuerbar ist und somit der deutschen Umsatzsteuer unterworfen werden kann. Der Ort der sonstigen Leistung wird im UStG durch die §§ 3a, 3b UStG und § 1 UStDV bestimmt. Bei der Ortsbestimmung empfiehlt sich eine enge Orientierung an die hierfür geltenden gesetzlichen Bestimmungen, da hier eine Vielzahl von Sonderregelungen greifen.

Folgende Leistungsorte sind bei sonstigen Leistungen zu unterscheiden:

a) Lage- oder Belegenheitsort bei Leistungen im Zusammenhang mit einem Grundstück,
b) Tätigkeitsort bei künstlerischen, wissenschaftlichen, sportlichen und ähnlichen Leistungen,
c) Ort der Leistung bei Arbeiten an beweglichen körperlichen Gegenständen,
d) Ort der Vermittlungsleistung,
e) Ort der sonstigen Leistung bei Erbringung einer Katalogleistung (§ 3a Abs. 4 UStG),
f) Beförderungsort bei Beförderungsleistungen (§ 3b UStG),
g) Sitzort des leistenden Unternehmers als Leistungsort (§ 3a Abs. 1 UStG).

#### 2.3.3.1 Sonstige Leistungen im Zusammenhang mit einem Grundstück

Lage- oder Belegenheitsort

Der Ort von sonstigen Leistungen, die im Zusammenhang mit einem Grundstück stehen, bestimmt sich nach dem Lageort des Grundstücks (§ 3a Abs. 2 Nr. 1 UStG). Zu dieser Gruppe der sonstigen Leistungen zählen insbesondere die Vermietung und Verpachtung von Grundstücken und die Leistungen der Notare und Makler, die im Zusammenhang mit der Veräußerung und dem Erwerb von Grundstücken erbracht werden. Ebenso fallen hierunter die Leistungen im Zusammenhang mit der Grundstückserschließung, der Bauvorbereitung und der Bausausführung. Diesen sonstigen Leistungen ist gemeinsam, dass der Lage- oder Belegenheitsort als Leistungsort gilt.

**Beispiel:**
*Das Maklerbüro Wohnungs-GmbH in Dortmund verkauft für den Privatmann Müller gegen Zahlung einer Provision sein Ferienhaus in den Niederlanden.*

**Lösung:**
*Die sonstige Leistung ist in Deutschland nicht steuerbar, da sich der Ort nach dem Belegenheitsort des Ferienhauses richtet.*

### 2.3.3.2 Künstlerische, wissenschaftliche, sportliche und ähnliche Leistungen

Ort der Tätigkeit

Der Leistungsort der künstlerischen, wissenschaftlichen, sportlichen und ähnlichen Leistungen einschließlich der Leistungen der jeweiligen Veranstalter bestimmt sich nach § 3a Abs. 2 Nr. 3a UStG. Hiernach liegt der Ort der sonstigen Leistung dort, wo der Unternehmer jeweils ausschließlich oder zum wesentlichen Teil tätig wird. Der Leistungsort richtet sich hier nach dem Ort der Tätigkeit.

**Beispiel:**
*Der spanische Künstler K gibt in Deutschland eine Tournee und tritt in 13 deutschen Städten auf. Die Vorbereitungen für seine Tournee traf er in Spanien.*

**Lösung:**
*Die künstlerische Leistung des spanischen Künstlers bei seinen Tourneeauftritten in Deutschland ist in Deutschland steuerbar und hier der Umsatzsteuer zu unterwerfen.*

### 2.3.3.3 Leistungen an beweglichen körperlichen Gegenständen

Ort der sonstigen Leistung

Der Ort der sonstigen Leistung bei Arbeiten an beweglichen körperlichen Gegenständen und die Begutachtung dieser Gegenstände wird ebenfalls an dem Ort erbracht, an dem der Unternehmer jeweils ausschließlich oder zum wesentlichen Teil tätig wird. Auch hier ist der Tätigkeitsort maßgebend. Durch die Verwendung der USt-Id-Nr. des Leistungsempfängers kann der Ort der sonstigen Leistung jedoch abweichend vom Tätigkeitsort, in einen anderen Mitgliedstaat verlagert werden, unter der Voraussetzung, dass der Gegenstand im Anschluss an die Leistung den Mitgliedstaat des Tätigkeitsorts verlässt. Der Ort der sonstigen Leistung bestimmt sich in diesen Fällen nach dem Ort der USt-Id-Nr. des Leistungsempfängers.

**Beispiel:**
*Der niederländische Unternehmer U bringt seine defekte Maschine zur Reparatur nach Dortmund, um sie dort von dem deutschen Unternehmer reparieren zu lassen. U legt keine USt-Id-Nr. vor. Die Maschine wird nach erfolgter Reparatur vom niederländischen Unternehmer zurücktransportiert.*

**Lösung:**
*Der Ort der sonstigen Leistung liegt in Dortmund und ist somit im Inland steuerbar. Würde U seine niederländische USt-Id-Nr. vorlegen, so läge der Ort der sonstigen Leistung nach § 3a Abs. 2 Nr. 3c Satz 2 UStG in den Niederlanden. Die Reparaturleistung wäre damit im Inland nicht steuerbar.*

### 2.3.3.4 Vermittlungsleistungen

Ort der Vermittlungsleistung

Eine Vermittlungsleistung liegt vor, wenn jemand ein Umsatzgeschäft im fremden Namen und für fremde Rechnung durchführt. Vermittlungsleistungen liegen typischerweise bei Handelsvertretern oder Handelsmaklern vor. Eine Vermittlungsleistung kann jedoch auch im Rahmen eines Hilfsgeschäftes von jedem anderen Unternehmer vorgenommen werden. Der Vermittler, auch Agent genannt, vermittelt ein Geschäft zwischen seinem Auftraggeber und einem Dritten mit dem Ziel, dass ein Vertrag zwischen den Beteiligten unmittelbar zustande kommt. Eine Vermittlungsleistung wird gemäß § 3a Abs. 2 Nr. 4 Satz 1 UStG grundsätzlich an dem Ort erbracht, an dem der vermittelte Umsatz ausgeführt wird. Über die Verwendung einer USt-Id-Nr. eines anderen Mitgliedstaates kann der Leistungsempfänger den Ort der Vermittlungsleistung verlagern. Verwendet der Empfänger der Vermittlungsleistung (Auftraggeber) gegenüber dem Vermittler (Agenten) eine USt-Id-Nr. eines anderen Mitgliedstaates, in dem nicht der Ort des vermittelten Umsatzes liegt, so gilt die Vermittlungsleistung als in dem Mitgliedstaat der verwendeten USt-Id-Nr. erbracht. Hierdurch ist gewährleistet, dass der Leistungsempfänger den Vorsteuerabzug in dem Mitgliedstaat geltend machen kann, in dem er üblicherweise seine Umsatzsteuererklärung abgibt. Die Steuerschuld geht im sogenannten »Reverse-Charge-Verfahren« auf den Leistungsempfänger über (§ 13b UStG).

**Beispiel:**
*Der Handelsvertreter H aus Hamburg vermittelt auf Provisionsbasis im Namen und für Rechnung des Maschinenbauunternehmens M aus Köln die Lieferung einer Maschine an einen Unternehmer in der Schweiz. Die Maschine wird von Köln nach Bern befördert.*

**Lösung:**
*Der Ort des vermittelten Umsatzes (Lieferung der Maschine) liegt in Köln, da es sich um eine warenbewegte Lieferung handelt. Der Ort der Vermittlungsleistung liegt in Köln, da hier die Beförderung der Maschine beginnt (Ort des vermittelten Umsatzes). Die Vermittlungsleistung ist im Inland steuerbar, aber nach § 4 Nr. 5a UStG steuerfrei, da es sich um die Vermittlung einer Ausfuhrlieferung handelt.*

Ausnahmeregelungen gelten bei der Vermittlung von innergemeinschaftlichen Güterbeförderungen (§ 3b UStG), bei der Vermittlung von sogenannten Katalogleistungen (§ 3a Abs. 4 Nr. 10 UStG) und bei Vermittlungsleistungen im Zusammenhang mit der Veräußerung oder dem Erwerb von Grundstücken(§ 3a Abs. 2 Nr. 1 UStG).

Ausnahmeregelungen

### 2.3.3.5 Ort der sonstigen Leistung nach § 3a Abs. 3, 4 UStG

In § 3a Abs. 4 UStG werden eine Reihe von bestimmten Leistungen aufgeführt (sog. Katalogleistungen). Hierzu zählen beispielhaft die folgenden sonstigen Leistungen:

Katalogleistungen

- Einräumung, Übertragung und Wahrnehmung von Patenten, Urheberrechten, Markenrechten und ähnlichen Rechten (Nr. 1),
- Werbung und Öffentlichkeitsarbeit (Nr. 2),
- Beratungsleistungen der Anwälte, Steuerberater und Ingenieure (Nr. 3), sowie ähnliche Leistungen anderer Unternehmer, insbesondere die rechtliche, wirtschaftliche und technische Beratung,
- Gestellung von Personal (Nr. 7),
- Vermittlung einer in § 3a Abs. 4 UStG genannten Leistung (Nr. 10),
- Vermietung beweglicher körperlicher Gegenstände, ausgenommen Beförderungsmittel (Nr. 11),
- sonstige Leistungen auf dem Gebiet der Telekommunikation (Nr. 12),
- auf elektronischem Weg erbrachte sonstige Leistungen (Nr. 14).

Der Ort dieser Katalogleistungen ist in Abhängigkeit vom Leistungsempfänger zu bestimmen:

Ort der Katalogleistungen

a) Der Leistungsempfänger ist Unternehmer:
   Ist der Empfänger der sonstigen Leistung ein Unternehmer, dann bestimmt sich der Ort der sonstigen Leistung danach, wo der Empfänger sein Unternehmen betreibt (§ 3a Abs. 3 UStG).

**Beispiel:**
*Der Rechtsanwalt aus Dortmund berät seinen Mandanten, einen Unternehmer aus Utrecht, in rechtlichen Fragen.*

**Lösung:**
*Die Beratungsleistung ist in Deutschland nicht steuerbar, da der Leistungsempfänger nicht seinen Sitz im Inland hat.*

b) Der Leistungsempfänger ist kein Unternehmer und hat seinen Sitz im Drittland
Handelt es sich bei dem Leistungsempfänger um keinen Unternehmer und hat er seinen Wohnsitz im Drittlandsgebiet, so liegt der Ort der sonstigen Leistung an dem Wohnsitz des Leistungsempfängers.

#### 2.3.3.6 Grundsatz für die Ortsbestimmung einer sonstigen Leistung

Auffangtatbestand

In Kap. 2.3.3.1 bis 2.3.3.5 wurden die speziellen Regelungen des Ortes der sonstigen Leistung dargelegt. Kann eine sonstige Leistung nicht unter die vorgenannten Kapitel eingeordnet werden, so wird die sonstige Leistung vorbehaltlich des § 3b UStG (Beförderungsleistungen) an dem Ort ausgeführt, von dem aus der Unternehmer sein Unternehmen betreibt (§ 3a Abs. 1 UStG). Diese Grundsatzregel hat die Funktion eines Auffangtatbestandes.

**Beispiel:**
*Der Privatmann P aus Köln mietet sich von der Autovermietung Pkw-Vermietungs-GmbH, Köln, ein Kfz der gehobenen Mittelklasse, um entspannt sein Reiseziel (Metz) erreichen zu können.*

**Lösung:**
*Der Ort der sonstigen Leistung (Vermietung eines Beförderungsmittels) liegt in Köln und ist somit im Inland steuerbar. Für die sonstige Leistung greift keine andere Vorschrift, so dass die Generalnorm des § 3a Abs. 1 UStG anzuwenden ist.*

## 2.4 Tatbestände, die einer Lieferung oder sonstigen Leistung gegen Entgelt gleichgestellt sind

### 2.4.1 Allgemeines

Unentgeltliche Wertabgaben

Seit dem 1.4.1999 wurde der Bereich der unentgeltlichen Wertabgaben im Umsatzsteuerrecht grundsätzlich neu geregelt. In § 3 Abs. 1b und Abs. 9a UStG werden die Eigenverbrauchstatbestände einer Lieferung oder sonstigen Leistung gegen Entgelt gleichgestellt. Mit dieser Fiktion fallen diese Sachverhalte unter den Tatbestand des § 1 Abs. 1 Nr. 1 UStG.

Der Ort der unentgeltlichen Lieferungen und Leistungen ist seitdem in einer eigenen Vorschrift geregelt (§ 3f UStG). Die unentgeltliche Wertabgabe wird an dem Ort ausgeführt, von dem aus der Unternehmer sein Unternehmen betreibt. Eine Ortsverlagerung von unentgeltlichen Wertabgaben ins Ausland ist somit nunmehr ausgeschlossen.

### 2.4.2 Einer Lieferung gegen Entgelt gleichgestellte Tatbestände

Folgende Tatbestände werden einer Lieferung gegen Entgelt gleichgestellt (§ 3 Abs. 1b Nr. 1, 2, 3 UStG):

1. die Entnahme eines Gegenstandes durch einen Unternehmer aus seinem Unternehmen für Zwecke, die außerhalb des Unternehmens liegen,
2. die unentgeltliche Zuwendung eines Gegenstandes durch einen Unternehmer an sein Personal für dessen privaten Bedarf, sofern keine Aufmerksamkeiten vorliegen,
3. jede andere unentgeltliche Zuwendung eines Gegenstandes, ausgenommen Geschenke von geringem Wert und Warenmuster für Zwecke des Unternehmens.

Voraussetzung für die Besteuerung der vorgenannten Tatbestände ist, dass der Gegenstand oder seine Bestandteile zum vollen oder teilweisen Vorsteuerabzug berechtigt haben. Die in einen Gegenstand eingegangenen Bestandteile sind hierbei mit zu berücksichtigen.

**Zu 1.: Gegenstandsentnahme**

Gegenstandsentnahme

**Beispiel:**
*Der Juwelier J aus Dortmund entnimmt aus seinem Geschäft ein Armband, das er seiner Frau anlässlich des anstehenden Hochzeitstages schenken möchte. Aus der Anschaffung des Armbandes hatte J zu Recht Vorsteuer geltend gemacht.*

**Lösung:**
*Die Entnahme des Armbandes erfolgt für außerunternehmerische Zwecke. J muss die Entnahme der Umsatzsteuer unterwerfen.*

**Beispiel:**
*Der Unternehmer U aus Aachen erwarb in 2006 für sein Unternehmen ein gebrauchtes Kfz von einem Privatmann. Am 4.8.2006 entnimmt er das Unternehmens-Kfz, da seine Tochter für ihr Studium dringend ein Auto benötigt.*

**Lösung:**
*Da U aus dem Erwerb des Kfz keinen Vorsteuerabzug geltend machen konnte, er erwarb ja das Kfz von einer Privatperson, liegt bei der Entnahme des Kfz kein steuerbarer Umsatz im Sinne des § 3 Abs. 1b Nr. 1 UStG vor.*

**Tipp**

> Würde der ohne Steuerausweis erworbene Pkw im Rahmen der Unternehmenstätigkeit verkauft, so läge eine steuerbare Lieferung des Unternehmers vor. Der Pkw-Verkauf wäre zu 100 % der Umsatzsteuer zu unterwerfen, daher wäre eine vorherige Entnahme des Pkw aus dem Unternehmen sinnvoll.

Unentgeltliche Sachzuwendungen

**Zu 2.: Unentgeltliche Sachzuwendungen an Arbeitnehmer**
Die unentgeltliche Sachzuwendung wird als eigener steuerbarer Tatbestand im Gesetz berücksichtigt. Wegen der Unentgeltlichkeit liegt diesen Sachzuwendungen kein Leistungsaustausch zugrunde. Hier erfolgt eine Besteuerung, da die zugewendeten Gegenstände den unternehmerischen Bereich verlassen und in den privaten Bereich des Arbeitnehmers überführt werden. Gelegentliche Sachzuwendungen bis zu einem Wert von 40 € (Aufmerksamkeiten) sind von der Steuerbarkeit ausgenommen. Als Bemessungsgrundlage für die Besteuerung der unentgeltlichen Sachzuwendungen wird der Einkaufspreis des Gegenstandes, zuzüglich der Nebenkosten zugrunde gelegt. Liegt für den Gegenstand kein Einkaufspreis vor, so sind die Selbstkosten als Bemessungsgrundlage zugrunde zu legen.

**Beispiel:**
*Der Juwelier J aus Dortmund schenkt seiner langjährigen Mitarbeiterin ein Armband als Zeichen seiner besonderen Sympathie. Aus dem Kauf des verschenkten Armbandes machte J Vorsteuer geltend.*

**Lösung:**
*Umsatzsteuerlich liegt in diesem Fall eine gleichgestellte Lieferung gegen Entgelt vor, die J der Umsatzsteuer unterwerfen muss.*

Andere unentgeltliche Zuwendungen

**Zu 3.: Andere unentgeltliche Zuwendungen**
Die dritte Gruppe der Tatbestände, die einer Lieferung gegen Entgelt gleichgestellt werden, betrifft die anderen unentgeltlichen Zuwendungen eines Gegenstandes für Unternehmenszwecke (Werbezwecke, Imagepflege). Ausgenommen sind Geschenke von geringem Wert und Warenmuster. Unter diese Regelung fallen z.B. Sachspenden an Vereine oder Warenabgaben anlässlich von Preisausschreiben. Mitunter kann sich aus dieser Regelung für den Unternehmer, der ausgedientes aber noch funktionstüchtiges Betriebsinventar spendet, ein steuerbarer Tatbestand ergeben. Die Sachspende wird einer Lieferung gegen Entgelt gleichgestellt und löst somit Umsatzsteuer in Höhe des Wiederbeschaffungswertes des gespendeten Gegenstandes aus.

### 2.4.3 Einer sonstigen Lieferung gegen Entgelt gleichgestellte Tatbestände

Fiktive sonstige Leistung

Die folgenden steuerbaren Umsätze werden einer sonstigen Leistung gegen Entgelt gleichgesetzt (§ 3 Abs. 9a Nr. 1, 2 UStG):

- die Verwendung eines dem Unternehmen zugeordneten Gegenstandes, der zum vollen oder teilweisen Vorsteuerabzug berechtigt hat, durch einen Unternehmer für Zwecke, die außerhalb des Unternehmens liegen, oder für den privaten Bedarf seines Personals, sofern keine Aufmerksamkeiten vorliegen;
- die unentgeltliche Erbringung einer anderen sonstigen Leistung durch den Unternehmer für Zwecke, die außerhalb des Unternehmens liegen, oder für den privaten Bedarf seines Personals, sofern keine Aufmerksamkeiten vorliegen.

Zwei Tatbestandsgruppen sind zu unterscheiden

Die fiktiven sonstigen Leistungen werden in zwei Tatbestandsgruppen eingeteilt. Ursächlich für die Differenzierung ist die unterschiedliche Behandlung der Bemessungsgrundlage für die steuerbaren Umsätze. Die Gegenstandsverwendung ist nur mit den entstandenen Kosten, die zum Vorsteuerabzug berechtigt haben, zu versteuern, die unentgeltliche sonstige Leistung hingegen ist mit den bei Ausführung der sonstigen Leistung entstandenen sämtlichen Kosten zu versteuern, auch wenn die Kosten nicht mit Umsatzsteuer belastet waren (§ 10 Abs. 4 Nr. 2, 3 UStG).

#### 2.4.3.1 Gegenstandsverwendung

Besteuert wird die Gegenstandsverwendung von dem Unternehmen zugeordneten Wirtschaftsgütern für private, außerunternehmerische Zwecke. Im Gegensatz zur Gegenstandsentnahme liegt bei der privaten Gegenstandsverwendung nur eine zeitlich befristete Nutzung vor. Der Gegenstand bleibt weiterhin dem betrieblichen Bereich zugeordnet.

Unentgeltliche Kfz-Nutzung

Eine unentgeltliche Gegenstandsverwendung durch Arbeitnehmer liegt etwa bei einer unentgeltlichen Kfz-Nutzung vor. In der Praxis bilden diese Fälle der unentgeltlichen Kfz-Nutzung jedoch die Ausnahme. Bei der Firmenwagenüberlassung an Arbeitnehmer geht die Finanzverwaltung regelmäßig von einer sonstigen Leistung gegen Entgelt aus, da der Arbeitnehmer auf eine Entlohnung zugunsten der privaten Firmenwagennutzung verzichtet (tauschähnlichen Umsatz, vgl. Kap. 2.3.2). Eine unentgeltliche Kfz-Nutzung liegt nur dann vor, wenn dem Arbeitnehmer das Fahrzeug gelegentlich aus besonderem Anlass oder zu einem besonderen Zweck an nicht mehr als fünf Kalendertagen je Monat für private Zwecke überlassen wird (BMF-Schreiben vom 27.8.2004). Bemessungsgrundlage für die unentgeltliche Fahrzeugüberlassung sind nur die Kosten, die zum vollen oder teilweisen Vorsteuerabzug berechtigt haben. Werden aus Vereinfachungsgründen die lohnsteuerlichen Werte zugrunde gelegt, so kann vom lohnsteuerlichen Wert in diesem Fall ein pauschaler Abschlag von 20 % für die nicht mit Vorsteuern belasteten Kosten vorgenommen werden.

Voraussetzung für die Möglichkeit einer Zuordnung des Pkw zum Unternehmen ist eine zehnprozentige Mindestnutzung für Unternehmenszwecke (§15 Abs. 1 Satz 2 UStG).

Gegenstandsverwendung des Unternehmers

Häufigster Anwendungsfall für die private Gegenstandsverwendung des Unternehmers ist die private Nutzung des betrieblichen Kfz.

**Beispiel:**
*Der Unternehmer nutzt den Firmenwagen zu 75 % zu betrieblichen Zwecken, was er anhand geeigneter Unterlagen nachweist. Er führt kein Fahrtenbuch. Der Bruttolistenpreis beträgt 50.000 €. Im Kalenderjahr 07 sind für den Pkw insgesamt Kosten in Höhe von 20.000 € i.S.v. § 10 Abs. 4 Nr. 2 UStG angefallen (davon Kosten ohne Vorsteuerabzug 5.000 €).*

**Lösung:**

*1 %-Methode*

*Privatfahrten*

| | | | |
|---|---|---|---|
| *Bruttolistenpreis* | *Prozent* | *Monate* | |
| *50.000 €* | *1 %* | *12* | *6.000 €* |
| *./. 20%iger Abschlag* | | | *./. 1.200 €* |
| *= Nettowert* | | *Bemessungsgrundlage* | *4.800 €* |
| *× 19 %* | | *Umsatzsteuer* | *912 €* |

Wird die private Nutzung mittels der 1 %-Methode errechnet, ist ein 20%iger Abschlag für die nicht mit Vorsteuer belasteten Kosten zulässig. Die Finanzverwaltung sieht in dem dann ermittelten Wert einen Nettowert, auf den die Umsatzsteuer aufzuschlagen ist (vgl. BMF-Schreiben vom 27.8.2004, BStBl I 2004 S. 864). Ungeachtet dessen ist festzustellen, dass die 1 %-Methode von dem Bruttolistenpreis ausgeht, wodurch Umsatzsteuer auf die Umsatzsteuer erhoben wird. Die Anwendung der 1%-Regelung setzt voraus, dass sie auch ertragsteuerlich angewendet wird. Dies ist aber nur möglich, wenn das Fahrzeug wie im vorliegenden Fall überwiegend unternehmerisch genutzt wird.

Schätzung des nichtunternehmerischen Nutzungsanteils

Als weitere Möglichkeit der Ermittlung des Privatanteils der Pkw-Nutzung für umsatzsteuerliche Zwecke kann der private Nutzungsanteil anhand geeigneter Unterlagen im Wege einer sachgerechten Schätzung ermittelt werden. Die nicht mit Vorsteuer belasteten Kosten sind aus den gesamten Betriebskosten zu eliminieren (vgl. BMF-Schreiben vom 27.8.2004, BStBl I 2004 S. 864).

**Fortsetzung Beispiel:**
*Im vorangegangenen Beispiel beträgt die nachgewiesene betriebliche Nutzung 25 %.*

| | |
|---|---|
| *Gesamtkosten* | *20.000 €* |
| *abzüglich nicht vorsteuerbelastete Kosten* | *./. 5.000 €* |
| *verbleiben* | *15.000 €* |
| *hiervon verbleiben anteilig auf die Privatnutzung* | *3.750 €* |
| *USt 19 % von 3.750 €* | *712,50 €* |

*Da die 1 %-Methode ungünstiger ist, wird sich der Unternehmer für die Methode der sachgerechten Schätzung entscheiden.*

### 2.4.3.2 Andere sonstige Leistung

Unentgeltliche Erbringung einer anderen sonstigen Leistung

Unter den zweiten steuerbaren Tatbestand, der einer sonstigen Leistung gegen Entgelt gleichgestellt wird (§ 3 Abs. 9a Nr. 2 UStG), fällt die unentgeltliche Erbringung einer anderen sonstigen Leistung durch den Unternehmer für außerunternehmerische Zwecke oder für den privaten Bedarf seiner Angestellten, sofern keine Aufmerksamkeiten vorliegen. Einzuordnen sind hier die Fälle der Inanspruchnahme von unternehmerischen Dienstleistungen für Zwecke, die außerhalb des Unternehmens liegen.

**Beispiel:**
*Der Gartenbauunternehmer G aus Schwelm beauftragt seinen gewerblichen Mitarbeiter M damit, den Garten seines Privathauses zu pflegen.*

**Lösung:**
*Die Gartenpflege durch den Mitarbeiter M ist ein steuerbarer Umsatz des Gartenbauunternehmers G gemäß § 3 Abs. 9a Nr. 2 UStG.*

Im Unterschied zu den Fällen der Gegenstandsverwendung (vgl. Kap. 2.4.3.1) gehören hier nicht nur die vorsteuerentlasteten Kosten zur Bemessungsgrundlage des steuerbaren Umsatzes, sondern sämtliche Kosten, die bei der Ausführung des Umsatzes entstanden sind. Eine etwaige Nichtbelastung der Kosten mit Umsatzsteuer ist für diese Fälle unerheblich.

## 2.5 Einfuhr von Gegenständen aus dem Drittlandsgebiet in das Inland

### 2.5.1 Begriffsabgrenzung; Inland – Ausland, Drittlandsgebiet – Gemeinschaftsgebiet

Für umsatzsteuerliche Zwecke ist eine räumliche Aufteilung in die geographischen Kategorien Inland, Ausland, Drittlandsgebiet und Gemeinschaftsgebiet vorzunehmen, da sich für die geographischen Regionen bei grenzüberschreitenden Umsätzen hinsichtlich der Steuerbarkeit und Steuerpflicht unterschiedliche Schlussfolgerungen ergeben.

**Inlandsgebiet**

Zum Inlandsgebiet (vgl. § 1 Abs. 2 UStG) zählt im Wesentlichen das Gebiet der Bundesrepublik Deutschland mit Ausnahme des Gebiets von Büsingen, der Insel Helgoland und der Freihäfen (z. B. Duisburg, Emden, Hamburg u. Bremen). Auslandgebiet ist das Gebiet, das nicht zum umsatzsteuerlichen Inlandsgebiet zählt. Das Auslandsgebiet gliedert sich weiter auf in das Drittlandsgebiet und in das übrige Gemeinschaftsgebiet. Diese Aufteilung ist eine Folge des EU-Binnenmarktes, der diese Differenzierung ab dem 1.1.1993 erforderlich machte. Das gesamte Gemeinschaftsgebiet umfasst sowohl das Inlandsgebiet als auch das übrige Gemeinschaftsgebiet, wozu im Wesentlichen die anderen EU-Mitgliedstaaten zählen. Zum Drittlandsgebiet zählt demnach alles, was weder zum Inlandsgebiet noch zum übrigen Gemeinschaftsgebiet zählt.

**Gemeinschaftsgebiet und Drittland**

Bei gewerblichen Warenbewegungen vom Inland in das übrige Gemeinschaftsgebiet liegt eine innergemeinschaftliche Lieferung vor. Gelangt eine Lieferung aus dem übrigen Gemeinschaftsgebiet in das Inland, so spricht man von einem innergemeinschaftlichen Erwerb (vgl. Kap. 2.6). Warenbewegungen zwischen dem Inlandsgebiet und dem Drittlandsgebiet werden als Ausfuhrlieferung bezeichnet, wenn die Ware für das Drittland bestimmt ist und als Einfuhr, wenn die Ware aus dem Drittlandsgebiet in das Inland verbracht wird.

### 2.5.2 Einfuhr aus dem Drittlandsgebiet

**Einfuhr als steuerbarer Umsatz**

Zu der dritten Gruppe der steuerbaren Umsätze zählt die Einfuhr von Gegenständen aus dem Drittlandsgebiet ins Inland (§ 1 Abs. 1 Nr. 4 UStG). Für die Steuerbarkeit der Einfuhr ist hierbei nicht entscheidend, ob derjenige, der die Ware einführt, Unternehmer ist oder Privatperson. Die steuerbare Einfuhr von Gegenständen unterliegt der Einfuhrumsatzsteuer, die als Verbrauchsteuer von den Zollbehörden bei der Grenzabfertigung erhoben wird. Die auf die Einfuhr von Gegenständen aus dem Drittland erhobene Einfuhrumsatzsteuer soll die eingeführten Gegenstände mit Umsatzsteuer belasten, so dass keine Wettbewerbsvorteile für eingeführte Waren im Vergleich zu den mit Umsatzsteuer belasteten inländischen Waren entstehen. Die aus Sicht des Ausfuhrlieferers gelieferte Ware ist im Ausfuhrland von der Umsatzsteuer befreit. Im Ursprungsland liegt eine steuerbare, aber steuerfreie Ausfuhrlieferung vor. Bei der Einfuhr ins Inland (Bestimmungsland) ist die Einfuhrumsatzsteuer an das Zollamt abzuführen. Die Ware wird einfuhrumsatzsteuerrechtlich zum freien Verkehr abgefertigt. Der Unternehmer, für dessen Unternehmen die Ware in das Inland eingeführt wird, kann die entrichtete Einfuhrumsatzsteuer als Vorsteuer abziehen (§ 15 Abs. 1 Nr. 2 UStG). Entscheidend ist hierfür, dass der Unternehmer im Zeitpunkt der Einfuhr die Verfügungsmacht über den eingeführten Gegenstand besitzt (R 199 Abs. 4 UStR). Wer die Einfuhrumsatzsteuer tatsächlich entrichtet hat, oder wer bei der Zollbehörde als Einführer (z.B. Spediteur) aufgetreten ist, kann hierbei als unbeachtlich gelten. Für den Vorsteuerabzug benötigt der vorsteuerabzugsberechtigte Unternehmer den zollamtlichen Beleg oder einen zollamtlich bescheinigten Ersatzbeleg (R 199 Abs. 7 UStR).

Abfertigung zum freien Verkehr

**Beispiel:**
*Der Unternehmer I aus Hagen bestellt bei dem Unternehmer E in der Schweiz (Drittland) einen Lastenkran, den E im Auftrag des I nach Hagen transportiert zu den Lieferkonditionen »unverzollt und unversteuert«. I entrichtet die Einfuhrumsatzsteuer.*

**Lösung:**
*E erbringt als Leistender eine Lieferung gemäß § 3 Abs. 6 Satz 1, 2 UStG an I. Die Verfügungsmacht an dem Lastenkran wurde mit Beginn der Beförderung verschafft. I hat folglich in der Schweiz und somit auch am deutschen Grenzübergang die Verfügungsmacht an dem Gegenstand. I kann die entrichtete Einfuhrumsatzsteuer als Vorsteuer abziehen. Wäre der Lastenkran durch einen Beauftragten (Spediteur) des I transportiert worden, so läge auch hier die Abzugsberechtigung der Einfuhrumsatzsteuer bei I (R 199 Abs. 4 Satz 3 UStR).*

Wird die Ware aus dem Drittland in das Inland durch den Lieferer zu den Lieferkonditionen verzollt und versteuert eingeführt, so schuldet der Lieferer die Einfuhrumsatzsteuer. Der Ort der Lieferung verlagert sich dann gemäß § 3 Abs. 8 UStG in das Inland (vgl. Kap. 2.2.2). In diesem Fall wird die Verfügungsmacht an der Ware erst im Inland verschafft. Hier kann der Empfänger der Lieferung nicht die Einfuhrumsatzsteuer als Vorsteuer geltend machen, da die Ware nicht für sein Unternehmen eingeführt wurde. Er wird in diesem Fall auch nicht mit der Einfuhrumsatzsteuer belastet.

### 2.5.3 Reihengeschäfte bei Einfuhr aus dem Drittland

Reihengeschäfte

Liegt der Einfuhr aus dem Drittland in das Inlandsgebiet ein Reihengeschäft zugrunde, so ist das Reihengeschäft in warenbewegte und in ruhende Lieferungen aufzuteilen (vgl. Kap. 2.2.3). Hinsichtlich dieser Reihengeschäfte ergibt sich eine Vereinfachung bezüglich der Umsatzsteuererhebung für die im Inland ausgeführten Lieferungen. Gelangt der Gegenstand aus dem Drittlandsgebiet im Rahmen eines Reihengeschäftes in das Inland, wobei ein Abnehmer in dem Reihengeschäft der Schuldner der Einfuhrumsatzsteuer ist, so ist die Lieferung steuerbar und unter den Voraussetzungen des § 4 Nr. 4b UStG steuerfrei (R 31a Abs. 16 UStR, BMF-Schreiben vom 28.1.2004, BStBl I 2004 S. 242).

**Beispiel:**
*Der deutsche Unternehmer C aus Chemnitz bestellt bei dem Berliner Unternehmer B eine Maschine. Da B seine letzte fertiggestellte Maschine schon verkauft hat und aufgrund von Lieferengpässen den C nicht zeitig genug aus der Eigenfertigung bedienen kann, ordert B die Maschine bei A aus Aargau (Schweiz). B beauftragt den A, die Maschine direkt nach Chemnitz zu C zu befördern. C ist Schuldner der deutschen Einfuhrumsatzsteuer.*

| | | |
|---|---|---|
| *Unternehmer A* | *Unternehmer B* | *Unternehmer C* |
| *Schweiz* | *Deutschland* | *Deutschland* |

**Lösung:**
*Dem Reihengeschäft liegen zwei Lieferungen zugrunde. Bei der Lieferung von A an B handelt es sich um die warenbewegte Lieferung gem. § 3 Abs. 6 Satz 5 und Satz 1 UStG. Der Ort der Lieferung von A an B liegt in der Schweiz, da hier die Beförderung beginnt. Die Lieferung unterliegt bei der Einfuhr in Deutschland der Einfuhrumsatzsteuer. Bei der Lieferung von B an C liegt eine ruhende Lieferung vor. Der Ort der Lieferung von B an C liegt in Deutschland, da die ruhende Lieferung der Beförderung nachfolgt (§ 3 Abs. 7 Satz 2 Nr. 2 UStG). Die Lieferung ist in Deutschland steuerbar und steuerfrei. Erteilt der B dem C eine Rechnung mit Umsatzsteuer, ist C nicht berechtigt, diese Steuer als Vorsteuer abzuziehen (A 31a Abs. 16 Sätze 13 und 14 UStR). Da C die Einfuhrumsatzsteuer entrichtet hat, darf er sie als Vorsteuer geltend machen, obgleich B bei der Einfuhr in das Inland die Verfügungsmacht an dem Gegenstand besaß.*

## 2.6 Innergemeinschaftlicher Erwerb im Inland gegen Entgelt

### 2.6.1 Grundlagen der Binnenmarktbesteuerung

Mit der Einführung eines gemeinsamen Binnenmarktes zum 1.1.1993 und dem damit verbundenen Wegfall der Steuergrenzen innerhalb des Gemeinschaftsgebiets ist die Abfertigung zum freien Verkehr bei Einfuhren an den Grenzen zwischen den Mitgliedstaaten entfallen. Im Rahmen der Binnenmarktbesteuerung ist die Erhebung der Einfuhrumsatzsteuer von den Grenzabfertigungsstellen in die Unternehmen verlagert worden. Der Unternehmer hat seinen innergemeinschaftlichen Erwerb im Inland der Besteuerung zu unterwerfen (Bestimmungslandprinzip). Der Erwerber kann als vorsteuerabzugsberechtigter Unternehmer die Erwerbsteuer als Vorsteuer geltend machen (§ 15 Abs. 1 Nr. 3 UStG). Der Lieferer der Ware wird grundsätzlich von der Besteuerung im Ursprungsland befreit. Er tätigt eine innergemeinschaftliche Lieferung (§ 4 Nr. 1b i.V.m. § 6a UStG).

Bestimmungslandprinzip

### 2.6.2 Erwerbsbesteuerung

Die Voraussetzungen für einen innergemeinschaftlichen Erwerb im Inland gegen Entgelt sind in § 1 Abs. 1 Nr. 5 i.V.m. § 1a Abs. 1 UStG geregelt. Hiernach liegt ein steuerbarer innergemeinschaftlicher Erwerb vor, wenn folgende Punkte erfüllt sind:

- Lieferung eines Gegenstandes erfolgt aus dem Gebiet eines Mitgliedstaates der EU in das Inland;
- Lieferung eines Gegenstandes erfolgt durch einen Unternehmer gegen Entgelt im Rahmen seines Unternehmens, und die Lieferung ist nicht in dem Mitgliedstaat, der für die Besteuerung des Lieferers zuständig ist, aufgrund der Sonderregelung für Kleinunternehmer steuerfrei;
- Lieferung eines Gegenstandes erfolgt an einen Abnehmer, der Unternehmer ist und den Gegenstand für sein Unternehmen erwirbt; oder
- Lieferung eines Gegenstandes erfolgt an einen Abnehmer, der eine juristische Person ist, die nicht Unternehmer ist oder nicht für ihr Unternehmen erwirbt;
- der Erwerb erfolgt im Inland;
- der Erwerber fällt nicht unter die Ausnahmeregelung des § 1a Abs. 3 bis 5 UStG (z.B. Kleinunternehmerregelung).

Die Erwerbsteuer entsteht gem. § 13 Abs. 1 Nr. 6 UStG mit Ausstellung der Rechnung, spätestens jedoch mit Ablauf des dem Erwerb folgenden Kalendermonats. Der erwerbende Unternehmer erhält das Recht zum Vorsteuerabzug der Erwerbsteuer in dem Zeitpunkt, in dem die Er-

Keine Belastung durch die Erwerbsteuer

werbsteuer entsteht. Die Erwerbsbesteuerung und der Vorsteuerabzug können in dem gleichen Umsatzsteuervoranmeldungszeitraum geltend gemacht werden. Der Lieferant muss in seiner Rechnung auf die Steuerfreiheit der von ihm getätigten innergemeinschaftlichen Lieferung hinweisen. Ferner hat die Rechnung die Umsatzsteueridentifikationsnummer (USt-Id-Nr.) des Lieferanten und die des Erwerbers zu enthalten (§ 14a UStG). Der innergemeinschaftliche Erwerb gilt grundsätzlich in dem Mitgliedstaat ausgeführt, in dem sich der Gegenstand am Ende der Beförderung oder Versendung befindet (§ 3d Satz 1 UStG).

Ort des innergemeinschaftlichen Erwerbs

**Beispiel:**
*Der Unternehmer E aus Essen bestellt bei dem französischen Unternehmer L aus Lyon eine Maschine für 50.000 €, die L nach Essen befördert. Die Rechnung von L ist ordnungsgemäß ausgestellt (USt-Id-Nr., Steuerfreiheit).*

**Lösung:**
*L erbringt in Frankreich eine steuerbare aber nach § 4 Nr. 1b UStG i.V.m. § 6a UStG steuerfreie innergemeinschaftliche Lieferung in Frankreich. Bei E liegt ein steuerbarer innergemeinschaftlicher Erwerb nach § 1 Abs. 1 Nr. 5 UStG i.V.m. § 1a UStG vor. Der Ort des innergemeinschaftlichen Erwerbs liegt nach § 3d Satz 1 UStG in Deutschland. Der Erwerbsvorgang ist hier von E mit 19 % von 50.000 € zu versteuern. E kann die Erwerbsteuer in seiner Umsatzsteuervoranmeldung als Vorsteuer abziehen (§ 15 Abs. 1 Nr. 3 UStG).*

Für die Besteuerung ist es unerheblich, ob die Ware durch L befördert oder versendet wird, oder ob der Erwerber E die Ware abholt oder abholen lässt. Verwendet der Erwerber gegenüber dem Lieferer eine USt-Id-Nr. eines anderen Mitgliedstaates, so gilt der Erwerb in diesem Mitgliedstaat als bewirkt, es sei denn, er weist nach, dass der Erwerb in dem Mitgliedstaat besteuert worden ist, in dem die Beförderung oder Versendung endet (§ 3d Satz 2 UStG).

**Beispiel:**
*Der Unternehmer E aus Essen bestellt bei dem französischen Unternehmer L aus Lyon eine Maschine, die L von Frankreich in die Zweigniederlassung des E nach Österreich befördern soll. E benennt dem L seine deutsche USt-Id-Nr.*

**Lösung:**
*Obwohl sich die Maschine am Ende der Beförderung in Österreich befindet, hat E den Erwerb in Deutschland zu besteuern. Weist E die Besteuerung in Österreich nach, so ist die Besteuerung in Deutschland nach § 17 Abs. 2 Nr. 4 UStG aufzuheben.*

Die hier dargestellte Erwerbsbesteuerung ist nicht anwendbar, wenn der Erwerber

Erwerbsschwelle

- als Unternehmer nur steuerfreie Umsätze ausführt, die zu einem Vorsteuerausschluss führen (z.B. Ärzte),
- unter die Kleinunternehmerregelung nach § 19 Abs. 1 UStG fällt,
- seine Umsätze nach den Durchschnittsätzen des § 24 UStG versteuert (Land- und Forstwirte),
- eine juristische Person ist, die nicht Unternehmer ist oder den Gegenstand nicht für ihr Unternehmen erwirbt,

und der Gesamtbetrag der innergemeinschaftlichen Erwerbsvorgänge im vorangegangenen Kalenderjahr 12.500 € nicht überstiegen hat und diesen Betrag im laufenden Kalenderjahr voraussichtlich nicht übersteigen wird. Dieser Betrag wird als sogenannte Erwerbsschwelle bezeichnet (vgl. § 1a Abs. 3 UStG). Fällt der Erwerber unter die oben genannte Personengruppe und übersteigt nicht die Erwerbsschwelle, so ist die Lieferung grundsätzlich von dem Lieferer im Ursprungsland zu versteuern. Die o.g. Erwerber haben jedoch die Möglichkeit, bei Nichtüberschreiten der Erwerbsschwelle zur Erwerbsbesteuerung zu optieren. Die Option nach § 1a Abs. 4 UStG ist dann für zwei Kalenderjahre bindend. Sinnvoll scheint dieses Vorgehen in Fällen, bei denen der Umsatzsteuersatz im Bestimmungsland unter dem Steuersatz des Ursprungslandes liegt. Unabhängig von der Erwerbsschwelle ist die Erwerbsbesteuerung für diese Personengruppe bei dem Erwerb neuer Fahrzeuge und dem Erwerb von verbrauchsteuerpflichtigen Waren durchzuführen (§ 1a Abs. 5 UStG).

Option zur Erwerbsbesteuerung

Einem innergemeinschaftlichen Erwerb gegen Entgelt gleichgesetzt wird das innergemeinschaftliche Verbringen eines Gegenstandes innerhalb eines Unternehmens zur nicht nur vorübergehenden Verwendung, wenn der Gegenstand aus dem übrigen Gemeinschaftsgebiet in das Inland verbracht wird. Dieser Vorgang, der bei einem Verbringen im Inland nur ein nicht steuerbarer Innenumsatz wäre, wird hier zu einem steuerbaren Vorgang, der eine Erwerbsbesteuerung auslöst.

Innergemeinschaftliches Verbringen

**Beispiel:**
*Der Unternehmer K aus Köln verbringt aus seinem Betrieb in den Niederlanden Transformatoren in sein Stammunternehmen nach Köln, um dort die Transformatoren zu verkaufen.*

**Lösung:**
*K hat in den Niederlanden eine Lieferung nach § 3 Abs. 1a UStG bewirkt, die in den Niederlanden gemäß § 4 Nr. 1b i.V.m. § 6a Abs. 2 UStG steuerfrei ist. In Deutschland hat K einen innergemeinschaftlichen Erwerb gemäß § 1a Abs. 2 UStG getätigt.*

### 2.6.3 Innergemeinschaftliche Reihengeschäfte

Zur umsatzsteuerlichen Beurteilung von innergemeinschaftlichen Reihengeschäften ist die in Kap. 2.2.3 aufgezeigte Herangehensweise zur Ortsbestimmung der Lieferung zugrunde zu legen. Bei den verschiedenen Lieferungen bei einem Reihengeschäft ist eine Differenzierung in die warenbewegte Lieferung und in die nicht warenbewegten Lieferungen vorzunehmen. Zu beachten ist bei innergemeinschaftlichen Reihengeschäften, dass bei der Beförderung oder Versendung aus dem Inland in das übrige Gemeinschaftsgebiet nur eine innergemeinschaftlich Lieferung nach § 6a UStG bewirkt werden kann, also nur eine Lieferung gemäß § 4 Nr. 1b UStG steuerbefreit ist. Korrespondierend damit kann bei einer Warenbewegung aus dem übrigen Gemeinschaftsgebiet in das Inland nur ein Abnehmer Erwerber i.S.d. § 1a UStG sein (innergemeinschaftlicher Erwerber).

Erklärungs- und Registrierungspflichten

Bei Reihengeschäften werden jedoch mehrere Lieferungen bewirkt, die hinsichtlich Lieferort, Steuerpflicht, Steuerbefreiung und Abnehmer der Lieferung zu unterscheiden sind. Für den in der Mitte eines Reihengeschäftes stehenden Unternehmer entstehen bei einem innergemeinschaftlichen Reihengeschäft hinsichtlich der umsatzsteuerlichen Pflichten erhebliche bürokratische Anstrengungen. Er muss sich in einem anderen Mitgliedstaat umsatzsteuerlich registrieren lassen und seinen dortigen Steuerpflichten nachkommen. Hierzu wird er sich zur Erfüllung seiner Pflichten eines Fiskalvertreters bedienen müssen, wenn er nicht in dem anderen Mitgliedstaat eine Betriebstätte unterhält. Zur Vermeidung dieser bürokratischen Anstrengungen, die mitunter erhebliche Kosten verursachen, wurde mit dem § 25b UStG für innergemeinschaftliche Dreiecksgeschäfte eine Vereinfachungsregelung eingeführt, die in Kap. 2.6.4 erörtert wird. Zunächst wird ein Fall ohne Anwendung der Vereinfachungsregelung nach § 25b UStG behandelt, um die steuerlichen Auswirkungen beispielhaft zu verdeutlichen.

**Beispiel:**
*Der italienische Unternehmer C bestellt bei dem deutschen Unternehmer B eine Maschine, die der B aufgrund von Lieferengpässen bei dem niederländischen Unternehmer A bestellt. A befördert die Maschine von den Niederlanden direkt nach Italien zu dem Unternehmer C. Alle Beteiligten treten unter der USt-Id-Nr. ihres Landes auf.*

| | | |
|---|---|---|
| *Unternehmer A* | *Unternehmer B* | *Unternehmer C* |
| *Niederlande* | *Deutschland* | *Italien* |

**Lösung:**

*Die erste Lieferung von A an B ist die Beförderungslieferung. Der Lieferort liegt in den Niederlanden, da dort die Beförderung beginnt (§ 3 Abs. 6 Satz 5 i.V.m. Satz 1 UStG). A tätigt in den Niederlanden eine steuerbare aber steuerfreie innergemeinschaftliche Lieferung. Unternehmer B tätigt einen innergemeinschaftlichen Erwerb nach § 1a UStG. Der Ort des innergemeinschaftlichen Erwerbs liegt nach § 3d Satz 1 UStG in Italien, da sich die Maschine am Ende der Beförderung in Italien befindet. Da B seine deutsche USt-Id-Nr. verwendet, gilt der Erwerb nach § 3d Satz 2 UStG in Deutschland ausgeführt und ist in Deutschland zu versteuern (Ort des innergemeinschaftlichen Erwerbs), solange er nicht den Nachweis über die Besteuerung des innergemeinschaftlichen Erwerbs in Italien nachweisen kann. Der Besteuerungstatbestand wird also zugleich auch in Deutschland bewirkt, solange ein Nachweis über Versteuerung in Italien nicht erbracht wird.*

*Die zweite Lieferung von B an C ist eine ruhende Warenlieferung. Sie folgt der warenbewegten Lieferung. Dementsprechend liegt der Ort der ruhenden Lieferung gemäß § 3 Abs. 7 Satz 2 Nr. 2 UStG in Italien, da dort die Beförderung der Maschine endet. B tätigt in Italien eine steuerbare und steuerpflichtige Inlandslieferung. Die Lieferung ist nach italienischem Recht zu beurteilen. B muss sich in Italien umsatzsteuerlich registrieren lassen.*

## 2.6.4 Innergemeinschaftliche Dreiecksgeschäfte

Voraussetzungen für innergemeinschaftliche Dreiecksgeschäfte

Unter bestimmten Voraussetzungen ist bei innergemeinschaftlichen Reihengeschäften die Vereinfachungsregelung nach § 25b UStG anwendbar. Bei diesen Reihengeschäften spricht man von innergemeinschaftlichen Dreiecksgeschäften.

Folgende Voraussetzungen (§ 25b Abs. 1 UStG) sind zu erfüllen:

- Drei Unternehmer müssen beteiligt sein, die über denselben Gegenstand Umsatzgeschäfte abschließen, wobei der Gegenstand unmittelbar vom ersten Lieferer an den letzten Abnehmer gelangt,
- die Unternehmer sind in jeweils verschiedenen Mitgliedstaaten für Zwecke der Umsatzsteuer erfasst,
- der Liefergegenstand gelangt aus dem Gebiet eines Mitgliedstaates in das Gebiet eines anderen Mitgliedstaates,
- der Gegenstand der Lieferung wird durch den ersten Lieferer oder den ersten Abnehmer befördert oder versendet.

Für den mittleren Unternehmer entfallen bei Anwendung der Vereinfachungsregelung in dem Mitgliedstaat, in dem die Warenbewegung endet (Bestimmungsland), jegliche umsatzsteuerliche Erklärungs- und Registrierungspflichten. Die Lieferung an den letzten Abnehmer ist umsatzsteuerlich durch diesen zu erklären, wodurch der innergemeinschaftliche Erwerb des ersten Abnehmers als versteuert gilt. Diese fiktive Besteuerung des innergemeinschaftlichen Erwerbs beim ersten Abnehmer (mittlerer Unternehmer) in der Reihe (Dreieck) gilt sowohl für die Erwerbsbesteuerung im Bestimmungsland (§ 3d Satz 1 UStG) als auch für die Beurteilung der Erwerbsbesteuerung in dem Mitgliedstaat, unter dessen USt-Id-Nr. der erste Abnehmer auftritt (§ 3d Satz 2 UStG). Bei der Vereinfachungsregelung ergibt sich ein Übergang der Steuerschuldnerschaft auf den letzten Abnehmer. Der letzte Abnehmer wird Steuerschuldner für die vom ersten Abnehmer an ihn ausgeführte Lieferung. Hierfür sind aber weitere Erfordernisse zu erfüllen (§ 25b Abs. 2 UStG):

Voraussetzungen für den Übergang der Steuerschuldnerschaft

- der Lieferung an den letzten Abnehmer ist ein innergemeinschaftlicher Erwerb vorausgegangen;
- der erste Abnehmer ist in dem Mitgliedstaat, in dem die Beförderung oder Versendung endet, nicht ansässig. Er verwendet gegenüber dem ersten Lieferer und dem letzten Abnehmer dieselbe USt-Id-Nr., die ihm von einem anderem Mitgliedstaat erteilt worden ist als dem, in dem die Beförderung oder Versendung beginnt oder endet;
- der erste Abnehmer erteilt dem letzten Abnehmer eine Rechnung, in der die Steuer nicht gesondert ausgewiesen wird und bei der auf das Vorliegen eines innergemeinschaftlichen Dreiecksgeschäftes sowie auf die Steuerschuld des letzten Abnehmers hinzuweisen ist (§ 14a Abs. 7 UStG);
- der letzte Abnehmer verwendet eine USt-Id-Nr. des Mitgliedstaates, in dem die Beförderung oder Versendung endet.

**Beispiel:**
*Der italienische Unternehmer C bestellt bei dem deutschen Unternehmer B eine Maschine, die B aufgrund von Lieferengpässen bei dem niederländischen Unternehmer A bestellt. A befördert die Maschine von den Niederlanden direkt nach Italien zu dem Unternehmer C. Alle Beteiligten treten unter der USt-Id-Nr. ihres Landes auf. B erteilt dem C eine Rechnung i.S.d. § 14a Abs. 7 UStG. B kommt seinen Erklärungspflichten gem. § 18a Abs. 4 Satz 1 Nr. 3 UStG für die zusammenfassende Meldung nach und beachtet in Deutschland seine Erklärungspflichten nach § 18b Satz 1 UStG für die Umsatzsteuervoranmeldung und für die Umsatzsteuerjahreserklärung (Angabe der Bemessungsgrundlage für seine Lieferung an C).*

*Unternehmer A* *Niederlande* — *Unternehmer B* *Deutschland* — *Unternehmer C* *Italien*

**Lösung:**

*Dem Beispielfall liegt ein innergemeinschaftliches Dreiecksgeschäft gem. § 25b Abs. 1 UStG zugrunde.*

*Die Beförderungslieferung ist der Lieferung von A an B zuzuordnen. Der Ort der Lieferung von A an B liegt in den Niederlanden, da dort die Beförderung beginnt (§ 3 Abs. 6 Satz 5 und Satz 1 UStG). Bei der Lieferung handelt es sich um eine innergemeinschaftliche Lieferung die in den Niederlanden steuerbefreit ist. Unternehmer B tätigt grundsätzlich einen innergemeinschaftlichen Erwerb in Italien, da dort die Beförderung der Maschine endet (§ 3d Satz 1 UStG) und in Deutschland, da B seine deutsche USt-Id-Nr. verwendet.*

*Die zweite Lieferung von B an C ist eine ruhende Warenlieferung. Sie folgt der warenbewegten Lieferung. Dementsprechend liegt der Ort der ruhenden Lieferung gemäß § 3 Abs. 7 Satz 2 Nr. 2 UStG in Italien, da dort die Beförderung der Maschine endet. B bewirkt in Italien eine steuerbare und steuerpflichtige Warenlieferung. Aufgrund der vorliegenden Voraussetzungen des § 25b Abs. 2 UStG wird die Steuerschuld für die italienische Inlandslieferung des B auf den C übertragen. Der italienischen Inlandslieferung ist ein innergemeinschaftlicher Erwerb des B vorausgegangen. B tritt gegenüber dem A und dem C mit seiner deutschen USt-Id-Nr. auf und ist nicht in Italien ansässig. Der Unternehmer B hat dem Unternehmer C eine Rechnung i.S.d. § 14a Abs. 7 UStG erteilt. Der Unternehmer C verwendet als letzter Abnehmer die USt-Id-Nr. des Staates, in dem die Beförderung endet. Auf den Unternehmer C geht die Steuerschuldnerschaft für die Lieferung des B über und C ist verpflichtet, die Steuer in seiner italienischen Erklärung anzumelden. B ist von den umsatzsteuerlichen Pflichten seiner italienischen Lieferung in Italien befreit. Ebenso gilt auch der innergemeinschaftliche Erwerb des B in Italien durch die Übertragung der Steuerschuld auf den C als in Italien besteuert. Auch hier wird B von seinen Erklärungspflichten in Italien entbunden. Durch die fiktive Erwerbsbesteuerung in Italien entfällt auch für B die Besteuerung des innergemeinschaftlichen Erwerbs in Deutschland gemäß § 3d Satz 2 UStG. B erfüllt seine Pflichten für die zusammenfassende Meldung nach § 18a Abs. 4 Satz 1 Nr. 3 UStG (vgl. BMF-Schreiben vom 18.4.1997, BStBl I 1997 S. 529).*

## 2.7 Zusammenfassung

1. Lieferungen und sonstige Leistungen eines Unternehmers im Inland gegen Entgelt bilden die erste Gruppe der steuerbaren Umsätze im UStG. Die Leistung bildet den Oberbegriff für Lieferungen und sonstige Leistungen. Voraussetzung für die Besteuerung ist das Vorliegen eines Leistungsaustauschs.
2. Bei einer Lieferung verschafft der Lieferer dem Empfänger der Lieferung die Verfügungsmacht an einem Gegenstand. Der Emp-

fänger der Lieferung kann über den Gegenstand im eigenen Namen verfügen.

3. Zur Ermittlung von im Inland steuerbaren Lieferungen ist der Ort der Lieferung zu bestimmen. Bei warenbewegten Lieferungen liegt der Ort der Lieferung dort, wo die Beförderung oder Versendung beginnt. Der Ort der Lieferung von Waren ohne Warenbewegung befindet sich dort, wo sich der Gegenstand zum Zeitpunkt der Verschaffung der Verfügungsmacht befindet.
4. Sonstige Leistungen sind Leistungen, die keine Lieferungen darstellen. Hierunter fallen Handlungen, Duldungen oder das Unterlassen einer Handlung.
5. Zu den sonstigen Leistungen zählt auch die Firmenwagenüberlassung zur Privatnutzung an Arbeitnehmer.
6. Der Ort der sonstigen Leistung liegt grundsätzlich dort, wo der Unternehmer als Leistungserbringer sein Unternehmen betreibt. Abweichend von dem Grundsatz bestimmt sich der Leistungsort in den folgenden Fällen. Stehen sonstige Leistungen im Zusammenhang mit einem Grundstück, so ist der Lageort des Grundstücks der Leistungsort. Der Ort von künstlerischen, wissenschaftlichen, sportlichen und ähnlichen Leistungen bestimmt sich nach dem Ort der Tätigkeit. Wird eine sonstige Leistung an beweglichen körperlichen Gegenständen erbracht, so ist auch hier der Tätigkeitsort maßgebend. Verwendet der Leistungsempfänger seine Umsatzsteueridentifikationsnummer, so ist eine Verlagerung des Leistungsortes möglich, wenn der Gegenstand den Tätigkeitsort nach der Leistungserbringung verlässt. Vermittlungsleistungen werden grundsätzlich an dem Ort erbracht, an dem der vermittelte Umsatz ausgeführt wird. Eine Verlagerung des Leistungsortes mit Hilfe der USt-Id-Nr. ist möglich. Ist der Leistungsempfänger einer sogenannten Katalogleistung ein Unternehmer, so liegt der Ort der Leistung dort, wo der Unternehmer sein Unternehmen betreibt. Handelt es sich bei dem Leistungsempfänger der Katalogleistung um einen in einem Drittland ansässigen Nicht-Unternehmer, dann bestimmt sich der Leistungsort nach dem Wohnsitz des Leistungsempfängers.
7. Die Entnahme eines Gegenstandes durch einen Unternehmer aus seinem Unternehmen für Zwecke, die außerhalb des Unternehmens liegen, werden einer Lieferung gegen Entgelt gleichgestellt.
8. Die private Gegenstandsverwendung (z.B. private Nutzung des betrieblichen Pkw) wird einer sonstigen Leistung gegen Entgelt gleichgesetzt.
9. Die Einfuhr von Gegenständen aus dem Drittlandsgebiet in das Inland unterliegt als steuerbarer Umsatz der Einfuhrumsatzsteuer. Durch die Einfuhrumsatzsteuer werden die eingeführten

Gegenstände mit Umsatzsteuer belastet, so dass keine Wettbewerbsverzerrungen entstehen. Der Unternehmer, für dessen Unternehmen die Ware eingeführt wird, kann die Einfuhrumsatzsteuer als Vorsteuer geltend machen.

10. Erwirbt ein Unternehmer einen Gegenstand aus einem EU-Mitgliedstaat, so liegt ein innergemeinschaftlicher Erwerb im Inland gegen Entgelt vor. Der innergemeinschaftliche Erwerb wird als steuerbarer Umsatz im Inland der Besteuerung unterworfen. Ebenso wie die Einfuhrumsatzsteuer ist die Erwerbsteuer als Vorsteuer abziehbar, wenn der Unternehmer vorsteuerabzugsberechtigt ist.
11. Innergemeinschaftliche Reihengeschäfte führen für den mittleren Unternehmer zu erheblichen umsatzsteuerlichen Erklärungs- und Registrierungspflichten. Um eine Erleichterung für den mittleren Unternehmer zu erreichen, wurde mit dem innergemeinschaftlichen Dreiecksgeschäft eine sogenannte Vereinfachungsregelung eingeführt. Werden die Voraussetzungen für das innergemeinschaftliche Dreiecksgeschäft erfüllt, so entfallen für den mittleren Unternehmer im Bestimmungsland der Ware jegliche Erklärungs- und Registrierungspflichten. Der letzte Abnehmer wird bei dem Dreiecksgeschäft Steuerschuldner für die an ihn ausgeführte Lieferung.

# 3 Steuerbefreiungen bei Lieferungen und sonstigen Leistungen

## 3.1 Überblick über die steuerfreien Umsätze

Drei Gruppen steuerfreier Umsätze

Im Umsatzsteuerrecht ist zwischen steuerbefreiten Umsätzen und nicht-steuerbaren Umsätzen zu unterscheiden. Von der Umsatzsteuer befreit sein können nur Umsätze, die steuerbar sind (vgl. Kap. 2). Ob ein steuerbarer Umsatz von der Umsatzsteuer befreit ist, muss in einem zweiten Schritt geprüft werden, nachdem die Steuerbarkeit festgestellt wurde. Die Steuerbefreiungen von Lieferungen und sonstigen Leistungen werden in § 4 Nr. 1–28 UStG einzeln aufgeführt. Bei den Steuerbefreiungen ergeben sich hinsichtlich des Vorsteuerabzugs aus bezogenen Eingangsleistungen Unterschiede, die in der folgenden Systematisierung der steuerfreien Umsätze ersichtlich sind:

1. der Unternehmer tätigt steuerfreie Umsätze, die einen Vorsteuerabzug der ihm in Rechnung gestellten Vorsteuer zulassen (steuerfreie Umsätze mit Vorsteuerabzug),
2. der Unternehmer tätigt steuerfreie Umsätze und hat die Möglichkeit, zur Steuerpflicht zu optieren, um dann die ihm in Rechnung

gestellte Vorsteuer geltend zu machen (steuerfreie Umsätze mit Optionsmöglichkeit),
3. der Unternehmer tätigt steuerfreie Umsätze, wobei er die ihm in Rechnung gestellte Vorsteuer nicht geltend machen kann (steuerfreie Umsätze ohne Vorsteuerabzug).

## 3.2 Steuerfreie Umsätze mit Vorsteuerabzug

Zur Gruppe der steuerfreien Umsätze mit Vorsteuerabzug zählen insbesondere die Tatbestände des §4 Nr. 1–7 UStG. Im Folgenden werden aus dieser Gruppe der steuerfreien Umsätze die innergemeinschaftlichen Lieferungen und die Ausfuhrlieferungen in das Drittlandsgebiet näher betrachtet, da sie regelmäßig im Geschäftsbetrieb eines mittelständischen Unternehmens eine bedeutende Rolle spielen. Die Ausführung dieser steuerfreien Umsätze führt nicht zum Ausschluss des Vorsteuerabzugs aus den bezogenen Eingangsleistungen (§ 15 Abs. 3 UStG). Die Möglichkeit des Vorsteuerabzuges verfolgt den Zweck, den Unternehmer nicht mit der ihm in Rechnung gestellten Vorsteuer zu belasten. Wettbewerbsnachteile, die sich aus einem Ausschluss des Vorsteuerabzugs ergeben würden, sollen somit vermieden werden.

### 3.2.1 Innergemeinschaftliche Lieferung

Steuerbefreiung im Ursprungsland

Zielsetzung der Besteuerung des innergemeinschaftlichen Warenverkehrs ist die Versteuerung des Erwerbs im Bestimmungsland (vgl. Kap. 2.6). Die innergemeinschaftliche Warenlieferung, die ja zunächst als Lieferung im Inland steuerbar ist, wird als Lieferung aus dem Inland in das übrige Gemeinschaftsgebiet von der Umsatzsteuer befreit (§4 Nr. 1b i.V.m. §6a UStG). Die Steuerbefreiung der innergemeinschaftlichen Lieferung im Inland ist symmetrisch verbunden mit der Besteuerung des Erwerbs im Bestimmungsland. Für die Steuerfreiheit der innergemeinschaftlichen Lieferung müssen folgende Voraussetzungen erfüllt sein:

Voraussetzungen für die Steuerfreiheit

- der Unternehmer oder der Abnehmer hat den Liefergegenstand in das übrige Gemeinschaftsgebiet befördert oder versendet,
- der Abnehmer der Lieferung ist Unternehmer, der den Gegenstand für sein Unternehmen erworben hat,
- der Erwerb des Liefergegenstandes unterliegt beim Abnehmer in einem anderen Mitgliedstaat der Erwerbsbesteuerung.

Nachweispflichten für die Steuerfreiheit

Aus der symmetrischen Beziehung – Steuerfreiheit der Lieferung im Ursprungsland und Steuerpflicht des Erwerbs im Bestimmungsland – ergeben sich für den liefernden Unternehmer Nachweispflichten, die seine Steuerfreiheit begründen. Der Unternehmer kann grundsätzlich davon ausgehen, dass der Erwerber für sein Unternehmen erwirbt und er den Erwerb der Erwerbsbesteuerung unterwirft, wenn der Abnehmer unter seiner USt-Id-Nr. auftritt. Hinsichtlich der Richtigkeit der Angaben des Abnehmers besteht für den liefernden Unternehmer ein Gutglaubensschutz, wonach er auch bei einem tatsächlichen Nicht-Vorliegen der Voraussetzungen für die Steuerfreiheit auf die Richtigkeit der Angaben, unter Beachtung seiner kaufmännischen Sorgfaltspflichten, vertrauen kann.

**Tipp**

Bestehen Zweifel an der Richtigkeit der Angaben des Abnehmers, sollte sich der Unternehmer beim Bundeszentralamt für Steuern in Saarlouis, Telefon 0 68 31/4 56-0, die Richtigkeit der Adresse und der USt-Id-Nr. des Erwerbers bestätigen lassen.

Die Lieferung des Gegenstandes in das übrige Gemeinschaftsgebiet erfordert vom liefernden Unternehmer auch bestimmte zu erfüllende Buch- und Belegnachweispflichten (§ 17a und § 17c UStDV).

**Checkliste**

**Erforderliche Buch- und Belegnachweise im innergemeinschaftlichen Handel**

**Belegnachweise**

- ✔ Rechnungsdoppel
- ✔ Lieferschein, aus dem sich der Bestimmungsort ergibt
- ✔ Empfangsbestätigung des Abnehmers oder seines Beauftragten
- ✔ Bei Beförderung durch den Abnehmer eine Bestätigung über die Beförderung in das übrige Gemeinschaftsgebiet

**Buchnachweise**

- ✔ USt-Id-Nr. des Erwerbers
- ✔ Name, Anschrift und Gewerbe des Abnehmers
- ✔ Handelsübliche Bezeichnung und Menge des Gegenstandes
- ✔ Bestimmungsort und Tag der Lieferung
- ✔ Entgelt
- ✔ Beförderung oder Versendung in das übrige Gemeinschaftsgebiet
- ✔ Art und Umfang einer Bearbeitung oder Verarbeitung vor der Beförderung oder Versendung in das übrige Gemeinschaftsgebiet

USt-Id-Nr.

Zur Kontrolle des innergemeinschaftlichen Warenverkehrs und zur Vermeidung von Steuerausfällen wurde die Umsatzsteuer-Identifikationsnummer, kurz USt-Id-Nr., eingeführt, die der Unternehmer schriftlich beim Bundeszentralamt für Steuern beantragen kann. Zusätzlich zur Umsatzsteuervoranmeldung muss der am innergemeinschaftlichen Warenverkehr beteiligte Unternehmer vierteljährlich eine Zusammenfassende Meldung an das Bundesamt für Finanzen

Zusammenfassende Meldung

einreichen. In dieser Zusammenfassenden Meldung sind auf einem Vordruck nach amtlich vorgeschriebenem Muster die im Meldezeitraum (Kalendervierteljahr) ausgeführten innergemeinschaftlichen Lieferungen unter Angabe der USt-Id-Nr. des Erwerbers und die Bemessungsgrundlage der an ihn ausgeführten Warenlieferungen anzugeben.

Versandhandelsumsätze

Für die Versandhandelsumsätze im innergemeinschaftlichen Warenverkehr gelten spezielle Regelungen (§ 3c UStG). Unter die Versandhandelsumsätze fallen die Beförderungs- oder Versendungslieferungen an Abnehmer im übrigen Gemeinschaftsgebiet, die nicht der Besteuerung des innergemeinschaftlichen Erwerbs unterliegen. Unter diese Gruppe fallen Privatpersonen und die in Kap. 2.6.2 erwähnte Gruppe der Schwellenerwerber, bei denen die Erwerbsschwelle nicht überschritten wird und die auch nicht die Option zur Erwerbsbesteuerung ausgeübt haben. Überschreitet der Lieferer bei den Versandhandelsumsätzen die Lieferschwelle in dem jeweiligen Mitgliedsland (vgl. hierzu R 42j UStR), so wird der Ort der Lieferung vom Ort des Beginns der Beförderung (Ursprungsland) in das Bestimmungsland verlagert. In diesen Fällen hat der Ort der Lieferung gemäß § 3c UStG Vorrang vor dem Ort der Lieferung nach § 3 Abs. 6 bis 8 UStG.

**Beispiel:**
*Der Unternehmer U aus Dortmund versendet an den belgischen Unternehmer B drei Videorecorder. Einen Videorecorder benötigt B für Werbevorführungen in seinem Unternehmen. Die beiden anderen Videorecorder sind für die Kinder von B bestimmt, die sich ihre Freizeit gerne mit Videofilmen vertreiben. Da U sehr viele Elektroartikel nach Belgien an Privatleute versendet, hat er die Lieferschwelle in Belgien überschritten.*

**Lösung:**
*Bei der Lieferung des betrieblichen Videorecorders handelt es sich um eine in Deutschland steuerbare Lieferung nach § 1 Abs. 1 Nr. 1 UStG, wobei der Ort der Lieferung in Deutschland liegt (§ 3 Abs. 6 UStG). Die innergemeinschaftliche Lieferung ist gemäß § 4 Nr. 1b UStG i.V.m. § 6 a UStG steuerfrei. Die Lieferung der beiden Videorecorder, die für private Zwecke bestimmt sind, ist nach § 3c UStG in Belgien steuerbar und steuerpflichtig. U muss sich in Belgien umsatzsteuerlich registrieren lassen und die Steuer in Belgien abführen. Hierzu kann er sich eines Fiskalvertreters bedienen.*
*Hätte U die Lieferschwelle in Belgien nicht überschritten, so läge der Ort der Lieferung für die beiden privat genutzten Videorecorder in Deutschland. Die Lieferung wäre in Deutschland steuerpflichtig, da die Voraussetzungen des § 6a Abs. 1 nicht vorliegen. Der Ort der Lieferung würde nicht in das Bestimmungsland verlegt, da wegen des Unterschreitens der Lieferschwelle § 3c UStG keine Anwendung fände.*

### 3.2.2 Steuerfreie Ausfuhrlieferung

Zur Gruppe der steuerfreien Umsätze zählt ebenfalls die Ausfuhrlieferung gemäß § 4 Nr. 1a UStG i.V.m. § 6 UStG. Hiernach liegt eine Steuerbefreiung der Ausfuhrlieferung in folgenden Fällen vor:

Voraussetzungen für die Steuerfreiheit

- der Unternehmer befördert oder versendet den Liefergegenstand vom Inland in das Drittlandsgebiet,
- der ausländische Abnehmer befördert oder versendet den Gegenstand in das Drittland,
- der Unternehmer oder der Abnehmer befördern oder versenden den Gegenstand in die Gebiete des § 1 Abs. 3 UStG (Freihäfen), und der Abnehmer ist Unternehmer, der den Gegenstand für sein Unternehmen erworben hat, oder der Abnehmer ist ein ausländischer Nichtunternehmer und der Gegenstand gelangt in das übrige Drittlandsgebiet.

Nichtkommerzieller Reiseverkehr

Bei Ausfuhrlieferungen im nichtkommerziellen Reiseverkehr gelten besondere Regelungen für die Steuerfreiheit der Ausfuhr (§ 6 Abs. 3a UStG). Zu den Ausfuhrlieferungen im nichtkommerziellen Reiseverkehr zählen die Fälle, bei denen der Abnehmer für private Zwecke den Liefergegenstand im Reisegepäck ausführt. Folgende Voraussetzungen sind hier für die Steuerbefreiung zu erfüllen:

- der Abnehmer muss seinen Wohnort oder Sitz im Drittlandsgebiet haben und
- der Liefergegenstand muss vor Ablauf des dritten Kalendermonats, der auf den Monat der Lieferung folgt, ausgeführt werden.

Auch im nicht kommerziellen Reiseverkehr sind vom liefernden Unternehmer die erforderlichen Nachweispflichten zu erfüllen (Ausfuhr- und Abnehmernachweis sowie Frist- und Buchnachweise).

Checkliste

**Erforderliche Ausfuhr- und Buchnachweise bei einer Ausfuhrlieferung**

- ✔ Ist ein Ausfuhrnachweis vorhanden, der belegt, dass der Gegenstand in das Drittland befördert oder versendet wurde (z. B. Rechnungsdurchschrift)?
- ✔ Enthält der Ausfuhrnachweis Namen und Anschrift des Unternehmers, die handelsübliche Bezeichnung und Menge des ausgeführten Gegenstandes, Ort und Tag der Ausfuhr sowie die Ausfuhrbestätigung der Grenzzollstelle mit dem entsprechenden Ausfuhrvermerk?
- ✔ Wird die Ausfuhr durch einen Frachtführer vorgenommen, so ist der Ausfuhrnachweis durch einen Versendungsbeleg (z. B. Frachtbrief oder Posteinlieferungsschein) zu führen.
- ✔ Wird die Ausfuhr des Gegenstandes durch den Abnehmer bewirkt, so ist die Übergabe der Ausfuhrnachweise durch den Abnehmer an den Lieferer zu veranlassen.

> ✔ Hinsichtlich der zu erbringenden Buchnachweise hat der Lieferer darauf zu achten, dass die Voraussetzungen für die Steuerbefreiung in den laufenden Aufzeichnungen zu erkennen sind, so z. B. die handelsübliche Bezeichnung und Menge des Gegenstandes, Name und Anschrift des Abnehmers, Tag der Lieferung und ein Hinweis auf die Ausfuhr.

## 3.3 Steuerfreie Umsätze mit Optionsmöglichkeit

Verzicht auf die Steuerfreiheit (Option)

Bei der zweiten Gruppe der steuerfreien Umsätze kann der Unternehmer gemäß § 9 UStG auf die Steuerfreiheit von ansonsten steuerfreien Umsätzen verzichten. Durch die Möglichkeit des Verzichts auf die Steuerfreiheit (Option) erhält er das Recht zum Vorsteuerabzug aus Eingangsrechnungen, die im Zusammenhang mit diesen Umsätzen stehen. Hieraus kann sich ein nicht unbedeutender Steuervorteil für den Unternehmer ergeben. Stellt er seinem Abnehmer, bei dem es sich im Falle der Optionsmöglichkeit immer um einen Unternehmer handeln muss, Umsatzsteuer in Rechnung, so ist die Umsatzsteuer für den Abnehmer über die Möglichkeit des Vorsteuerabzugs ein durchlaufender Posten. Der optierende Unternehmer erhält aber nun die Möglichkeit des Vorsteuerabzugs aus seinen Eingangsrechnungen. Die von ihm abzuführende Umsatzsteuer führt zu keiner Belastung, da er ja von seinem Abnehmer den Bruttobetrag inklusive Umsatzsteuer erhält.

Optionsfähige Umsätze

Die Option zur Steuerpflicht ist auf die Fälle der optionsfähigen Umsätze beschränkt. Im Einzelnen sind dies die folgenden Umsätze:

- bestimmte Geld- und Kreditumsätze (§ 4 Nr. 8a bis g UStG),
- Umsätze, die unter das Grunderwerbsteuergesetz fallen (§ 4 Nr. 9a UStG),
- Umsätze im Zusammenhang mit Grundstücken, insbesondere die Vermietung und Verpachtung von Grundstücken (§ 4 Nr. 12 UStG),
- Leistungen der Wohnungseigentümergemeinschaften (§ 4 Nr. 13 UStG),
- Umsätze von Blindenwerkstätten und Blinden (§ 4 Nr. 19 UStG).

Verzicht auf die Steuerbefreiung

Als steuerpflichtig können diese Umsätze jedoch nur dann behandelt werden, wenn der Umsatz an einen anderen Unternehmer für dessen Unternehmen ausgeführt wird (§ 9 Abs. 1 UStG). Der Verzicht auf die Steuerbefreiung führt in den genannten Fällen dazu, dass bei Umsätzen innerhalb der Unternehmerkette die in Rechnung gestellte Vorsteuer nicht zu einem Kostenbestandteil wird. Wäre eine Option zur Steuerpflicht nicht gegeben, so würde ein Unternehmer mit Umsatzsteuer belastet, was steuersystematisch nicht erwünscht ist.

**Beispiel:**
*Der Vermieter V vermietet sein in Essen gelegenes Ladenlokal an den Einzelhändler E. Bei der Vermietung handelt es sich um eine steuerbare Leistung, die nach § 4 Nr. 12 UStG steuerfrei ist. Bei der Kalkulation der Miete kommt V zu dem Ergebnis, dass aufgrund der einzelnen Kostenbestandteile pro Monat 100 € Vorsteuer auf die Monatsmiete umzulegen wären (Strom, Aufzugwartung etc.).*

**Lösung:**
*Verzichtet V auf die Steuerbefreiung seiner Vermietungsleistung (§ 9 UStG), so könnte er die ihm in Rechnung gestellte Vorsteuer geltend machen. Im Gegenzug müsste er dem E die Monatsmiete in Höhe von 10.000 € zuzüglich 19 % Umsatzsteuer in Rechnung stellen. Die Umsatzsteuer hätte V abzüglich der ihm in Rechnung gestellten Vorsteuer an das Finanzamt abzuführen. Durch die Option tritt bei V keine Belastung mit Umsatzsteuer auf, da er dem E die Umsatzsteuer in Rechnung gestellt hat. Sie ist für ihn nur ein durchlaufender Posten. Ebenso ist für E die Umsatzsteuer nicht belastend, da er die an V gezahlte Umsatzsteuer als Vorsteuer abzieht. Hätte nun V nicht optiert, so könnte er die ihm in Rechnung gestellte Vorsteuer nicht geltend machen und müsste sie auf die Miete umlegen. Die monatliche Mietbelastung des E betrüge dann nicht 10.000 € pro Monat, sondern 10.100 €. Die Vorsteuer würde bei E zu einem Kostenbestandteil.*

Die Option zur Steuerpflicht ist an keine besondere Form geknüpft. Der Optionswille des Unternehmers wird durch einen offenen Steuerausweis in den Ausgangsrechnungen und durch die Meldung der Umsätze als steuerpflichtige Umsätze zum Ausdruck gebracht. Die Option ist bis zur Unanfechtbarkeit der Steuerfestsetzung möglich. Steht die Steuerfestsetzung unter dem Vorbehalt der Nachprüfung, oder wird sie aufgehoben oder geändert, so ist in diesen Fällen auch noch eine Option nach dem Eintritt der formellen Bestandskraft möglich.

Optionsausübung

Bei den optionsfähigen Umsätzen ist zu beachten, dass der Gesetzgeber die Optionsmöglichkeit in den Fällen des § 4 Nr. 9a und Nr. 12 UStG auf die Fälle beschränkt hat, bei denen der Leistungsempfänger (Mieter) das Grundstück ausschließlich für Umsätze verwendet, die bei ihm einen Vorsteuerabzug nicht ausschließen (keine Ausschlussumsätze). Dem optierenden Unternehmer wurde vom Gesetzgeber hierfür die Nachweispflicht auferlegt (§ 9 Abs. 2 Satz 2 UStG). In Zweifelsfällen, bei denen für den Vermieter nicht eindeutig ersichtlich ist, ob der Mieter steuerpflichtige Leistungen ausführt, sind eine schriftliche Bestätigung des Mieters oder Vereinbarungen im Mietvertrag über die vom Mieter steuerpflichtig ausgeführten Umsätze sinnvoll. Hintergrund dieser gesetzlichen Einschränkung der Optionsmöglichkeit waren steuerliche Gestaltungsmodelle, die bis zum 01.01.1994 über eine sogenannte Zwischenvermietung an Zwischenunternehmer einen Vorsteuerabzug des Erstvermieters erlaubten, obgleich der Zwischenvermieter das Gebäude für Wohnzwecke weitervermietet hat. Nutzt der mietende Unternehmer das Grundstück zur Ausführung steuerfreier Umsätze (z.B. Arzt), so ist in diesen Fällen ab dem 1.1.1994 eine Optionsausübung des Vermieters ebenfalls nicht mehr möglich. Diese Optionseinschränkung des § 9 Abs. 2 UStG gilt nicht für Altfälle. Hier ist der Termin der Gebäudefertigstellung bzw. der Baubeginn des Gebäudes entscheidend (§ 27 Abs. 2 UStG).

Optionseinschränkung bei Neubauten

In den Fällen, in denen die Optionseinschränkung des § 9 Abs. 2 UStG greift (Neubauten), ist allein die Verwendung des Endnutzers entscheidend, der steuerpflichtige Umsätze ausführen muss. Für die steuerpflichtige Vermietung können sich bei der Optionsausübung für den Vermieter Vorteile ergeben, da durch die Möglichkeit des Vorsteuerabzugs aus den Eingangsrechungen bei der Gebäudeherstellung eine erhebliche Vergünstigung der Investition eintritt.

**Beispiel:**
*Der Vermieter V errichtet in Dortmund ein Bürogebäude, welches er nach Baufertigstellung ausschließlich an Unternehmer vermietet, die ihre Büroräume für Umsätze verwenden, die den Vorsteuerabzug nicht ausschließen. Die Gebäudeherstellungskosten betragen 500.000 € zuzüglich 95.000 € Umsatzsteuer. V hat bezüglich seiner Vermietung zur Steuerpflicht optiert. Die aus dem Gebäude an V fließende Jahresmiete beträgt 40.000 € zuzüglich 7.600 € Umsatzsteuer.*

**Lösung:**
*Vermietet V die Bürogebäude über einen Zeitraum von zehn Jahren - dieses ist der Mindestzeitraum -, um keine Vorsteuerkorrektur gem. § 15a UStG vornehmen zu müssen, so erhält er aus den Eingangsrechnungen der Gebäudeherstellung eine Vorsteuererstattung von 95.000 €. Die Investition von V vergünstigt sich durch die Optionsausübung um 95.000 €.*

## 3.4 Steuerfreie Umsätze ohne Vorsteuerabzug

Bei Ausführung der unter diese Gruppe fallenden steuerfreien Umsätze erhält der Unternehmer keinen Vorsteuerabzug aus den auf diese Leistungen entfallenden Eingangsrechnungen. Bei diesen steuerfreien Umsätzen handelt es sich zumeist um Umsätze, die an Endverbraucher erbracht werden. Der Wegfall der Umsatzbesteuerung auf der Umsatzstufe zum Endverbraucher soll zu einer steuerlichen Entlastung des Endverbrauchs hinsichtlich dieser Leistungen führen. Zur Gruppe dieser steuerfreien Umsätze (§ 4 Nr. 8 bis 28 UStG) zählen insbesondere die folgenden Leistungen:

Ausschluss des Vorsteuerabzugs

- Leistungen der Krankenversorgung und heilberufliche Tätigkeiten (§ 4 Nr. 14, 16 und 17 UStG),
- Versicherungsumsätze (§ 4 Nr. 10 UStG),
- Geld, Kapital- und Kreditumsätze (§ 4 Nr. 8 UStG),
- Vermietung und Verpachtung (§ 4 Nr. 12 UStG),
- Umsätze kultureller Einrichtungen (§ 4 Nr. 20 UStG),
- Leistungen, die dem Schul- u. Bildungszweck dienen (§ 4 Nr. 21 UStG).

## 3.5 Zusammenfassung

1. Steuerbare Umsätze sind zu unterteilen in steuerpflichtige Umsätze und in Umsätze, die von der Umsatzsteuer befreit sind. Steuerfreie Umsätze können weiterhin danach unterteilt werden, ob es sich um steuerfreie Umsätze mit Vorsteuerabzug, um steuerfreie Umsätze mit Optionsmöglichkeit oder um steuerfreie Umsätze ohne Vorsteuerabzug handelt.
2. Zu der Gruppe der steuerfreien Umsätze mit Vorsteuerabzug zählen innergemeinschaftliche Warenlieferungen und Ausfuhrlieferungen in das Drittlandsgebiet. Tätigt ein Unternehmer diese Umsätze, so kann er die ihm in Rechnung gestellte Umsatzsteuer als Vorsteuer abziehen.
3. Die innergemeinschaftliche Lieferung ist im Inland grundsätzlich von der Umsatzsteuer befreit, da dem Grundgedanken des innergemeinschaftlichen Warenverkehrs folgend der Erwerb der Ware im Bestimmungsland von dem erwerbenden Unternehmer der Besteuerung zu unterwerfen ist. Zur Begründung seiner Steuerfreiheit muss der liefernde Unternehmer Aufzeichnungs- und Nachweispflichten beachten.
4. Ebenfalls von der Umsatzsteuer befreit sind die Ausfuhrlieferungen. Zum Nachweis der Steuerbefreiung benötigt der Unternehmer einen Ausfuhrnachweis.
5. Tätigt ein Unternehmer steuerfreie Umsätze mit Optionsmöglichkeit, so hat er die Möglichkeit, mit einer Option hin zur Steuerpflicht die ihm in Rechnung gestellte Umsatzsteuer als Vorsteuer geltend zu machen. Die Optionsmöglichkeit ist nur in den gesetzlich eingeschränkten Fällen möglich.
6. Die dritte Gruppe der steuerfreien Umsätze schließt einen Vorsteuerabzug bei dem leistungserbringenden Unternehmer aus. Die dem Unternehmer in Rechnung gestellte Vorsteuer wird für ihn zu einem Kostenbestandteil.

# 4 Vorsteuerabzug

## 4.1 Voraussetzungen für den Vorsteuerabzug

Bedingungen für den Vorsteuerabzug

Der Unternehmer kann die ihm in Rechnung gestellte Umsatzsteuer für Leistungen, die für sein Unternehmen ausgeführt worden sind, als Vorsteuer abziehen (§ 15 Abs. 1 UStG). Die Unternehmereigenschaft ist für den Vorsteuerabzug eine notwendige Voraussetzung. Durch das Vorsteuerabzugsrecht wird steuertechnisch eine Kumulation der Umsatzsteuer vermieden. Die dem Unternehmer in Rechnung gestellte Umsatzsteuer führt somit grundsätzlich nicht zu einem Kostenbestandteil in seiner Kalkulation. Für den Vorsteuerabzug benötigt der Unternehmer eine ordnungsgemäße Rechnung, die ihm der leistende Unternehmer auszustellen hat. In dieser Rechnung ist die Umsatzsteuer gesondert auszuweisen. Die Anforderungen an den Inhalt der Rechnung sind seit dem 1.1.2004 wesentlich erhöht worden. Im Einzelnen handelt es sich um folgende Angaben (§ 14 Abs. 4 Nr. 1 bis 9 UStG).

Checkliste

**Erforderliche Angaben auf einer ordnungsgemäßen Rechnung**

- ✔ Namen und Anschrift des leistenden Unternehmers
- ✔ Namen und Anschrift des Leistungsempfängers
- ✔ Steuernummer oder USt-Id.-Nr. des leistenden Unternehmers
- ✔ Ausstellungsdatum
- ✔ Fortlaufende Rechnungsnummer
- ✔ Im Voraus vereinbarte Entgeltminderung
- ✔ Menge und handelsübliche Bezeichnung des Gegenstandes der Lieferung oder die Art und der Umfang der sonstigen Leistung
- ✔ Zeitpunkt der Lieferung oder der sonstigen Leistung
- ✔ Das Entgelt für die Lieferung oder sonstige Leistung
- ✔ Der auf das Entgelt entfallende Steuerbetrag und Steuersatz
- ✔ In besonderen Fällen einen Hinweis auf die Aufbewahrungsfrist des Leistungsempfängers

Darüber hinaus sind nach § 14a UStG in besonderen Fällen weitere Angaben in der Rechnung erforderlich.

Die Rechnung gilt als Nachweisdokument für den vorgenommenen Vorsteuerabzug. Kleinbetragsrechnungen – Rechnungen, deren Gesamtbetrag 150 € nicht übersteigt (§ 33 UStDV) – müssen nur folgende Mindestangaben enthalten: den Namen und die Anschrift des leistenden Unternehmers, das Ausstellungsdatum, die Menge und die Art der gelieferten Gegenstände oder den Umfang und die

Art der sonstigen Leistungen und das Entgelt und den darauf entfallenden Steuerbetrag für die Lieferung oder sonstige Leistung in einer Summe sowie den anzuwendenden Steuersatz oder im Fall einer Steuerbefreiung einen entsprechenden Hinweis

Zeitpunkt des Vorsteuerabzuges

Die in Rechnung gestellte Vorsteuer kann der Unternehmer in dem Besteuerungszeitraum geltend machen, in dem folgende Voraussetzungen erstmals gemeinsam vorliegen:

- der Umsatz wurde an den Unternehmer ausgeführt und
- dem Unternehmer liegt eine ordnungsgemäße Rechnung mit gesondertem Steuerausweis vor.

**Beispiel:**
*Im Dezember 2006 erbringt der Unternehmer U1 an den Unternehmer U2 eine steuerpflichtige Leistung. Die Rechnung über die erbrachte Leistung geht dem U1 erst im Januar 2007 zu. U3 erbringt an U4 im Januar 2007 eine steuerpflichtige Leistung. Die Rechnung über die noch zu erbringende Leistung geht bei dem U4 im Dezember 2006 ein.*

**Lösung:**
*Sowohl U2 als auch U4 können die Vorsteuer erst in ihrer Umsatzsteuervoranmeldung 1/2007 geltend machen.*

Abschlagszahlungen

Eine abweichende Regelung ergibt sich bei Abschlags- oder à-Konto-zahlungen. Hier kann der Unternehmer die Vorsteuer schon vor der Leistungserbringung geltend machen, wenn er die Abschlagszahlung an den leistenden Unternehmer gezahlt hat und wenn ihm eine Rechnung über die angeforderte Abschlagszahlung mit gesondertem Steuerausweis vorliegt. In der Schlussrechnung sind von dem leistenden Unternehmer die vereinnahmten Teilentgelte und die darauf entfallenden Steuerbeträge abzusetzen.

Der Unternehmer verwirklicht seinen Vorsteuerabzug, indem er in seiner Steueranmeldung (Umsatzsteuervoranmeldung, Umsatzsteuerjahreserklärung) die in den entsprechenden Besteuerungszeitraum fallenden Vorsteuerbeträge von der auf seine Umsätze entfallenden Umsatzsteuer abzieht. Aus dem Saldo der Umsatzsteuer und der Vorsteuer ergibt sich entweder eine Umsatzsteuerschuld oder eine Umsatzsteuerzahlung.

Einfuhrumsatzsteuer

Ebenfalls als Vorsteuer abziehbar ist die Einfuhrumsatzsteuer für Gegenstände, die der Unternehmer für sein Unternehmen in das Inland eingeführt hat. Hierbei ist zu beachten, dass ein Abzug als Vorsteuer erst dann möglich ist, wenn die Einfuhrumsatzsteuer tatsächlich entrichtet worden ist. Dem Unternehmer muss über die Zahlung der Einfuhrumsatzsteuer eine Steuerquittung der Zollbehörde vorliegen.

Erwerbsteuer

Die bei einem innergemeinschaftlichen Erwerb anfallende Erwerbsteuer ist bei dem Erwerber als Vorsteuer abziehbar, wenn der Unternehmer die Gegenstände für sein Unternehmen erworben hat. Der Zeitpunkt des Vorsteuerabzugs ist identisch mit dem Zeitpunkt, zu dem die Erwerbsteuer entsteht. Dieser bestimmt sich nach dem Datum der Rechnungsstellung. Spätestens fällt die Erwerbsteuer jedoch mit Ablauf des dem Erwerb folgenden Kalendermonats an. Durch das Zusammenfallen der beiden Steuerzeitpunkte ergibt sich für den Erwerber kein Vorfinanzierungsnachteil.

Mindest-nutzungsgrenze

Für Gegenstände, die der Unternehmer zu weniger als 10 % für sein Unternehmen nutzt, ist ein Vorsteuerabzug aus der Anschaffung dieser Gegenstände nicht möglich.

Vorsteueraufteilung

Führt der den Vorsteuerabzug begehrende Unternehmer sowohl Umsätze aus, die zum Vorsteuerabzug berechtigen, als auch Umsätze, die einen Vorsteuerabzug ausschließen (vgl. Kap. 3), so hat er eine Aufteilung der Vorsteuer aus seinen Eingangsleistungen vorzunehmen. Sind die Eingangsleistungen eindeutig den verschiedenen Umsatzarten zuzuordnen, ergibt sich kein Aufteilungsbedarf. Eine Aufteilung der Vorsteuer in einen abziehbaren und in einen nichtabziehbaren Teil ist erforderlich, wenn die bezogenen Eingangleistungen nur zum Teil für die Umsätze verwendet werden, die den Vorsteuerabzug ermöglichen. Die Aufteilung der Vorsteuer ist dann nach Kostenzurechnungsgesichtspunkten oder nach dem Prinzip der wirtschaftlichen Zuordnung vorzunehmen. Beispielsweise kann bei einer zum Teil steuerbefreiten und steuerpflichtigen Gebäudevermietung der Aufteilungsmaßstab in der Regel aus dem Nutzflächenverhältnis gewählt werden.

## 4.2 Nichtabziehbare Vorsteuerbeträge

Vorsteuer-ausschluss

Vorsteuerbeträge auf Aufwendungen, für die das Abzugsverbot des § 4 Abs. 5 Satz 1 Nr. 1 bis 4, 7, Abs. 7 oder des § 12 Nr. 1 EStG gilt, sind nicht abziehbar. Folgende Aufwendungen sind hiervon hauptsächlich betroffen:

- Geschenke an Geschäftsfreunde über 35 €;
- 30% der nichtabziehbaren Bewirtungskosten; die Einschränkung des Vorsteuerabzugs verstößt jedoch gegen Art. 17 Abs. 2 der 6. EG-Richtlinie. Aus diesem Grund lässt die Verwaltung bis zu einer gesetzlichen Neuregelung den vollen Vorsteuerabzug aus den angemessenen Bewirtungsaufwendungen zu (BMF vom 23.7.2005, BStBl II 2005, S. 816);
- nicht abziehbare Aufwendungen für Gästehäuser, Jagd, Fischerei, Segel- oder Motorjachten.

Nicht vom Vorsteuerausschluss erfasst wurden die Fahrten des Unternehmers von seiner Wohnung zur Betriebsstätte, Mehraufwendungen bei einer doppelten Haushaltsführung, die über die Dauer von zwei Jahren hinaus aufrechterhalten wird, und die Aufwendungen für ein betriebliches Arbeitszimmer. Bei diesen nichtabziehbaren Betriebsausgaben kann der Vorsteuerabzug weiterhin vorgenommen werden.

## 4.3 Vorsteuerberichtigung

Vorsteuerrelevante Nutzungsänderungen

Der Anwendungsbereich der Vorsteuerberichtigung nach § 15a UStG wurde durch Gesetzesänderung ab dem 1.1.2005 erweitert. Der Vergleich der tatsächlichen Nutzung mit der Nutzungsabsicht entscheidend. Ändern sich bei einem Wirtschaftsgut die beabsichtigten Nutzungsverhältnisse in den Folgejahren derart, dass sie einen erstmaligen Vorsteuerabzug ausschließen würden, so ist innerhalb des maßgebenden Berichtigungszeitraumes seit Beginn der erstmaligen Verwendung die Vorsteuer für jedes Jahr der Nutzungsänderung zu korrigieren.

Berichtigungszeitraum

Der Berichtigungszeitraum beträgt bei Grundstücken zehn Jahre. Er gilt auch für nachträgliche Anschaffungs- oder Herstellungskosten in Bezug auf ein Grundstück, für grundstücksgleiche Rechte und auch für Gebäude auf fremden Grund und Boden. In allen anderen Fällen beträgt der Berichtigungszeitraum fünf Jahre.

Zu den Berichtigungsobjekten im Sinne des § 15a UStG gehören die Anschaffungskosten bzw. Herstellungskosten sämtlicher Wirtschaftsgüter des Anlagevermögens und des Umlaufvermögens einschließlich aller nachträglicher Anschaffungskosten und Herstellungskosten auf diese Wirtschaftsgüter. Weiterhin fallen unter diese Gesetzesregelung auch Erhaltungsaufwendungen auf Wirtschaftsgüter. Werbeleistungen und gutachterliche Leistungen, als Leistungen, die nicht sofort verbraucht werden (Rn. 44, BMF-Schreiben vom 6.12.2005, BStBl I 2005, S. 1068), gehören ebenfalls zu den Berichtigungsobjekten. Auch Vorauszahlungen, z.B. im Fall eines Mietleasings können bei abweichender tatsächlicher Nutzung zu einer Vorsteuerberichtigung führen.

**Beispiel:**

*Der Vermieter V errichtet im Kalenderjahr 01 ein Bürogebäude, welches er an steuerpflichtigen Gewerbetreibenden vermieten will. Die im Kalenderjahr 01 angefallenen Vorsteuern in Höhe von 100.000 € hat er entsprechend seiner Verwendungsabsicht als Vorsteuer abgezogen. Ab Januar 03 vermietet er das Gebäude steuerfrei an einen Arzt.*

**Lösung:**
*V hat entsprechend seiner Nutzungsabsicht den Vorsteuerabzug in Höhe von 100.000 € zu Recht geltend gemacht. Die tatsächliche Nutzung entspricht jedoch nicht der Nutzungsabsicht. Aus diesem Grund muss V ab dem Kalenderjahr der tatsächlichen Nutzung 03 jährlich bis zum Ende des zehnjährigen Berichtigungszeitraums eine Vorsteuerberichtigung zu seinen Ungunsten in Höhe von 1/10 = 10.000 € vornehmen.*

Mit der Erweiterung der Anwendungsfälle für die Vorsteuerberichtigung nach § 15a UStG wurden gleichzeitig die Bagatellgrenzen in § 44 UStDV wesentlich angehoben. Demnach wird nicht bei jedem Eingangsumsatz, bei dem sich eine Nutzungsänderung ergibt, eine Berichtigung ausgelöst, sondern nur auf Berichtigungsobjekte, deren Vorsteuer nach § 15 Abs. 1 UStG mehr als 1.000 € beträgt (§ 44 Abs. 1 UStDV).

## 4.4 Zusammenfassung

1. Wird einem Unternehmer für bezogene Leistungen Umsatzsteuer in Rechnung gestellt, so kann er sie als Vorsteuer geltend machen. Hierfür benötigt er eine ordnungsgemäß ausgestellte Rechnung.
2. Die Vorsteuer kann grundsätzlich erst dann geltend gemacht werden, wenn die Leistung an den Unternehmer erbracht wurde und eine ordnungsgemäße Rechnung vorliegt. Eine Ausnahme hiervon ergibt sich bei Abschlagszahlungen. Für den Vorsteuerabzug muss hier eine Abschlagsrechnung vorliegen und die Abschlagszahlung muss erfolgt sein.
3. Führt der Unternehmer neben steuerpflichtigen Umsätzen auch steuerfreie Umsätze aus, die einen Vorsteuerabzug ausschließen, so ist eine Aufteilung der Vorsteuer in einen abziehbaren und in einen nicht abziehbaren Teil vorzunehmen.
4. Vorsteuerbeträge aus »Geschenken über 35,00 €« und aus »nichtabziehbaren Aufwendungen für Gästehäuser, Jagd, Fischerei, Segel- und Motorjachten« (§ 4 Abs. 5 EStG) sind nicht abziehbar.
5. Ergibt sich im Rahmen des Vorsteuerberichtigungszeitraumes eine vorsteuerrelevante Nutzungsänderung, so ist die Vorsteuer ab dem Beginn der Nutzungsänderung für den Rest des Berichtigungszeitraumes zu korrigieren.

# 5 Besteuerungsverfahren

## 5.1 Entstehungszeitpunkt der Umsatzsteuer

Im Rahmen des Besteuerungsverfahrens hat der Unternehmer die an das Finanzamt abzuführende Steuer selbst zu berechnen. Gleiches gilt, wenn die abziehbare Vorsteuer in einem Besteuerungszeitraum die geschuldete Umsatzsteuer übersteigt und sich ein Erstattungsanspruch gegenüber dem Finanzamt ergibt. Die Steuererrechnung erfolgt in zwei Schritten:

Steuererrechnung

| | | | |
|---|---|---|---|
| **1. Schritt** | steuerbare Umsätze | × Steuersatz | geschuldete Umsatzsteuer |
| **2. Schritt** | abziehbare Vorsteuer | | ./. Vorsteuer |
| | | | = **Umsatzsteuerzahlung/ Erstattungsanspruch** |

Zunächst erfolgt die Berechnung der Umsatzsteuer, die im Besteuerungszeitraum für die eigenen Umsätze entstanden ist. Hiervon in Abzug zu bringen sind die in den Besteuerungszeitraum fallenden Vorsteuerbeträge aus den Eingangsumsätzen. Als Residualgröße verbleibt die abzuführende Umsatzsteuer, bzw. der Erstattungsanspruch.

Zur Ermittlung der Umsatzsteuer, die aus den ausgeführten Umsätzen resultiert, ist für den Unternehmer die Kenntnis über den Entstehungszeitpunkt der Umsatzsteuer wichtig. Das UStG unterscheidet hier zwischen der Besteuerung nach vereinnahmten Entgelten und der Besteuerung nach vereinbarten Entgelten. Bei der Besteuerung nach vereinbarten Entgelten (Sollbesteuerung) entsteht die Steuer mit Ablauf des Voranmeldungszeitraums, in dem die Leistung erbracht wurde. Ausschlaggebend ist hier allein der Zeitpunkt der Leistungsausführung. Bei der Sollbesteuerung ist es unbeachtlich, ob schon eine Rechnung erstellt wurde, oder ob der Leistungsempfänger den Rechnungsbetrag bezahlt hat. Hier kann es somit zu einem Vorfinanzierungseffekt der noch nicht vereinnahmten Umsatzsteuerbeträge durch den leistenden Unternehmer kommen. Wird ein Entgelt vor Leistungsausführung vereinnahmt (Anzahlungen), so entsteht die Umsatzsteuer mit Ablauf des Voranmeldungszeitraumes, in dem das Entgelt oder Teilentgelt vereinnahmt worden ist (Mindest-Istbesteuerung).

Sollbesteuerung

Mindest-Istbesteuerung

**Istbesteuerung**

Auf Antrag ermöglicht das UStG in bestimmten Fällen eine Besteuerung nach vereinnahmten Entgelten (Istbesteuerung). Erfüllt ein Unternehmer eine der drei folgenden Voraussetzungen, so kann er die Istbesteuerung beantragen:

**Voraussetzungen für die Istbesteuerung**

- Gesamtumsatz des Vorjahres betrug nicht mehr als 250.000 €, in Ausnahmefällen 500.000 € (§ 20 Abs. 2 UStG);
- Unternehmer ist von der Verpflichtung, Bücher zu führen und aufgrund jährlicher Bestandsaufnahmen regelmäßig Abschlüsse zu machen, nach § 148 AO befreit;
- Unternehmer führt Umsätze als Freiberufler nach § 18 Abs. 1 Nr. 1 EStG aus.

Bei der Istbesteuerung entsteht die vom Unternehmer geschuldete Steuer mit Ablauf des Voranmeldungszeitraumes, in dem die Entgelte vereinnahmt worden sind. Der Zeitpunkt der Leistungserbringung ist bei dieser Besteuerungsart nicht entscheidend. Ein Vorfinanzierungseffekt kann insofern bei der Istbesteuerung nicht auftreten. Der sich hieraus ergebende Liquiditätsvorteil im Vergleich zur Sollbesteuerung sollte genutzt werden, wenn eine Antragstellung möglich ist.

## 5.2 Umsatzsteuervoranmeldung und Umsatzsteuererklärung

**Umsatzsteuer-Voranmeldung**

Im Rahmen seiner umsatzsteuerlichen Erklärungspflichten hat der Unternehmer bis zum zehnten Tag nach Ablauf jedes Voranmeldungszeitraumes eine Umsatzsteuervoranmeldung über die selbst errechnete Steuer abzugeben. Die Umsatzsteuervoranmeldungen für die Zeit ab Januar 2005 sind gemäß § 18 Abs. 1 Satz 1 UStG grundsätzlich auf elektronischem Wege abzugeben. Die mit der Voranmeldung entrichtete Steuer gilt als Vorauszahlung auf die Steuer für die Umsatzsteuerjahreserklärung. In der Jahreserklärung wird eine Abrechnung für das gesamte Kalenderjahr durchgeführt.

**Voranmeldungszeitraum**

Grundsätzlich ist das Kalendervierteljahr der maßgebende Voranmeldungszeitraum. Beträgt die Steuer für das vorangegangene Kalenderjahr mehr als 6.136 €, so tritt an die Stelle des vierteljährlichen Voranmeldungszeitraums der Kalendermonat als Voranmeldungszeitraum.

Den Unternehmer, der im vorangegangenen Kalenderjahr nicht mehr als 512 € Umsatzsteuer an das Finanzamt zahlen musste, kann das Finanzamt zur Abgabe von Umsatzsteuervoranmeldungen und zur Entrichtung der Vorauszahlungen befreien .

Die an das Betriebsfinanzamt zu entrichtende Vorauszahlung wird am zehnten Tag nach Ablauf des Voranmeldungszeitraumes fällig. Der Abgabezeitpunkt der Voranmeldung und der Fälligkeitszeitpunkt der vorangemeldeten Vorauszahlung sind identisch. Bei verspäteter Abgabe der Voranmeldung können Säumniszuschläge daher frühestens am Tag der Abgabe der Voranmeldung entstehen.

Fälligkeit der Vorauszahlung

Maßgebender Zeitpunkt ist bei Bar- und Scheckzahlung der Tag des Eingangs bei der Finanzkasse. Für Zahlungen durch einen Überweisungsauftrag ist der Tag der Gutschrift entscheidend. Die durch den § 240 Abs. 3 AO eingeräumte Zahlungs-Schonfrist von drei Tagen, bei der auf die Festsetzung von Säumniszuschlägen verzichtet wird, gilt nicht für Bar- und Scheckzahlungen.

Bei der Umsatzsteuervoranmeldung handelt es sich um eine Steueranmeldung. Die Wirkung einer Steueranmeldung entspricht einer Steuerfestsetzung unter dem Vorbehalt der Nachprüfung (§ 164 AO). Ergibt sich aus der Steueranmeldung eine Erstattung, so liegt eine Steuerfestsetzung unter dem Vorbehalt der Nachprüfung erst dann vor, wenn das Finanzamt der Steueranmeldung zustimmt. Bis zur Zustimmung der Finanzbehörde ist die Voranmeldung dann lediglich ein Antrag auf Steuerfestsetzung. Solange der Vorbehalt der Nachprüfung wirksam ist, kann das Finanzamt die Steuerfestsetzung von sich aus ändern.

Dauerfristverlängerung

Stellt der Unternehmer bei seinem zuständigen Finanzamt einen Antrag auf Dauerfristverlängerung, so verlängert sich die Frist für die Abgabe der Umsatzsteuervoranmeldung und für die Entrichtung der Vorauszahlung um einen Monat. Den Antrag hat der Steuerpflichtige bis zu dem Zeitpunkt einzureichen, an dem die Voranmeldung abzugeben wäre, für die die Dauerfristverlängerung erstmals gelten soll (§ 48 UStDV).

**Beispiel:**
*Soll die Dauerfristverlängerung von Beginn an für ein Kalenderjahr gelten, so hat der Monatszahler den Antrag bis zum 10.2. des Jahres zu stellen.*

Gleichzeitig hat er die selbsterrechnete Sondervorauszahlung, 1/11 der Vorauszahlungen für das vorangegangene Kalenderjahr, an die Finanzkasse zu entrichten.

Umsatzsteuerjahreserklärung

Für das Kalenderjahr hat der Unternehmer eine Umsatzsteuerjahreserklärung abzugeben. Die Umsatzsteuerjahreserklärung ist im Unterschied zur Umsatzsteuervoranmeldung eigenhändig vom Unternehmer zu unterschreiben. Ergibt sich aus der Umatzsteuerjahreserklärung für den Unternehmer eine Nachzahlung, so ist diese spätestens einen Monat nach Eingang der Jahreserklärung bei der zuständigen Finanzbehörde zu entrichten.

## 5.3 Übergang der Steuerschuld nach § 13b UStG auf den Leistungsempfänger (Reverse-Charge-Verfahren)

### 5.3.1 Allgemeines

Ablösung des Abzugsverfahrens

Mit Wirkung zum 1.1.2002 wurde das bisherige Abzugsverfahren nach §§ 51 bis 58 UStDV abgeschafft. Eine entsprechende Regelung wurde in § 13b UStG eingeführt. Im Unterschied zum Abzugsverfahren beinhaltet das Reverse-Charge-Verfahren den Übergang der Steuerschuldnerschaft vom leistenden Unternehmer auf den Leistungsempfänger. Damit fallen die Steuerschuld und gegebenenfalls der Vorsteuerabzug in der Person des Leistungsempfängers zusammen.

### 5.3.2 Anwendungsbereich

Nach § 13b UStG unterliegen folgende Umsätze dem Reverse-Charge-Verfahren:

- Werklieferungen und sonstige Leistungen eines im Ausland ansässigen Unternehmers,
- Lieferungen sicherungsübereigneter Gegenstände durch den Sicherungsgeber an den Sicherungsnehmer außerhalb des Insolvenzverfahrens,
- Umsätze, die unter das Grunderwerbsteuergesetz fallen,
- Werklieferungen und sonstige Leistungen, die der Herstellung, Instandsetzung, Instandhaltung, Änderung und Beseitigung von Bauwerken dienen, mit Ausnahme von Planungs- und Überwachungsarbeiten,
- Lieferungen von Gas und Elektrizität eines im Ausland ansässigen Unternehmers.

In den oben genannten Fällen ist nicht mehr der leistende Unternehmer Steuerschuldner, sondern der Leistungsempfänger. Die Rechnung enthält keine Umsatzsteuer. Zudem muss der leistende Unternehmer in der Rechnung auf die Steuerschuld des Leistungsempfängers hinweisen (§ 14a Abs. 5 UStG).

**Beispiel:**
*Der Unternehmer U lässt sich von einem ausländischen Unternehmer A die betrieblichen Räumlichkeiten renovieren.*

**Lösung:**
*A erbringt als ein im Ausland ansässiger Unternehmer eine sonstige Leistung, die im Inland steuerbar und steuerpflichtig ist. U ist Schuldner der Umsatzsteuer.*

Durch die Regelung des § 13b UStG wird das Risiko des Fiskus, dass im vorliegenden Beispiel der ausländische Unternehmer die Umsatzsteuer nicht abführt, aber der Leistungsempfänger den Vorsteuerabzug geltend macht, reduziert.

## 5.4 Zusammenfassung

Sollbesteuerung

1. Bei der Besteuerung nach vereinbarten Entgelten entsteht die Umsatzsteuer mit Ablauf des Voranmeldungszeitraumes, in dem die Leistung erbracht wurde (Sollbesteuerung).
2. Erfüllt der Unternehmer die Voraussetzungen für eine Besteuerung nach vereinnahmten Entgelten (Istbesteuerung), so entsteht die geschuldete Umsatzsteuer mit Ablauf des Voranmeldungszeitraumes, in dem die Entgelte vereinnahmt wurden.
3. Für vereinnahmte Anzahlungen entsteht die Umsatzsteuer mit Ablauf des Voranmeldungszeitraumes, in dem das Teilentgelt vereinnahmt wurde (Mindest-Istbesteuerung).

Mindest-Ist-Besteuerung

4. Der Unternehmer hat bis zum zehnten Tag nach Ablauf eines Voranmeldungszeitraumes eine Umsatzsteuervoranmeldung abzugeben. Zu unterscheiden ist ein vierteljährlicher oder monatlicher Voranmeldungszeitraum.
5. Wird ein Antrag auf Dauerfristverlängerung gestellt, so erhält der Unternehmer für die Abgabe seiner Umsatzsteuervoranmeldung eine verlängerte Frist von einem Monat.
6. Neben den Umsatzsteuervoranmeldungen hat der Unternehmer für das Kalenderjahr eine Umsatzsteuerjahreserklärung abzugeben.
7. Bei bestimmten Lieferungen und Leistungen geht die Steuerschuldnerschaft auf den Leistungsempfänger über.

# F Erbschaftsteuer

## 1 Zivilrechtliche Grundlagen

### 1.1 Gesetzliche Erbfolge

Beim Versterben ohne letztwillige Verfügung in Form eines Testaments oder Erbvertrags tritt automatisch die in den §§ 1924 bis 1936 BGB geregelte gesetzliche Erbfolge ein. Weil kein expliziter Wille des Erblassers vorliegt, muss der Gesetzgeber einen mutmaßlichen Willen fingieren. Erben werden die Verwandten des Erblassers und der Ehegatte (gesetzliche Erben). Die Erbfolge der Verwandten richtet sich nach bestimmten Ordnungen (§§ 1924 ff. BGB), während für den überlebenden Ehegatten §§ 1931 ff. BGB einschlägig sind. Die Einteilung der Verwandten des Erblassers in verschiedene Ordnungen hat zur Folge, dass Verwandte einer vorhergehenden Ordnung Verwandte nachfolgender Ordnungen von der Erbfolge ausschließen.

Fiktion des mutmaßlichen Willens

Zu den Erben erster Ordnung (§ 1924 BGB) gehören Abkömmlinge des Erblassers, also Kinder, Enkel, Urenkel. Kinder erben zu gleichen Teilen. Ein lebender Abkömmling schließt die von ihm abstammenden Personen von der Erbfolge aus. Zu den gesetzlichen Erben zweiter Ordnung gehören die Eltern und deren Kinder und Kindeskinder, also Geschwister, Neffen und Nichten des Erblassers. Gesetzliche Erben dritter Ordnung sind die Großeltern des Erblassers und deren Abkömmlinge, also Onkel und Tanten, Vettern und Cousinen des Erblassers.

Erben 1. Ordnung

Beim Nichttestieren und Vorhandensein von mehreren Erben entsteht unweigerlich eine häufig problembehaftete Erbengemeinschaft. Wichtige Entscheidungen bei der Verwaltung des Nachlassvermögens und die Auseinandersetzung des Nachlasses müssen dann einstimmig getroffen werden.

Nach Aufklärung über die Folgen des gesetzlichen Regelungsmodells wollen zukünftige Erblasser nur selten auf die Errichtung eines Testaments und damit eine individuelle Gestaltung ihrer Erbfolge verzichten. Dem Verzicht auf ein Testament liegt somit regelmäßig keine bewusste Entscheidung zu Grunde, sondern sie erfolgt aus Nachlässigkeit oder Unkenntnis.

## 1.2 Gewillkürte Erbfolge in Form des Testaments

Wer das Schicksal seines Nachlasses selbst gestalten will, kann die gesetzlichen Vorschriften zur Regelung der Erbfolge – in gewissen Grenzen – durch seine eigenen Vorstellungen ersetzen und über die Verteilung seines Erbes eigenverantwortlich durch Testament entscheiden.

Ein Testament kann durch eigenhändig geschriebene Erklärung (eigenhändiges Testament) oder durch Niederschrift eines Notars (notarielles Testament) errichtet werden.

Formerfordernisse

Voraussetzung für die Wirksamkeit beider Testamentsformen ist, dass der Erblasser testierfähig war und das Testament formgerecht und persönlich errichtet hat. Unabdingbare Formerfordernisse für ein eigenhändiges Testament sind, dass der Erblasser den gesamten Wortlaut eigenhändig schreibt und dann den Text unterschreibt. Computerausdrucke und Schreibmaschinentexte sind nicht ausreichend. Empfehlenswert ist es, Ort und Zeitpunkt im Testament aufzunehmen. Um Verlust, Verfälschung oder Unterdrückung des Testaments zu vermeiden, ist es häufig sinnvoll, das Testament in die Verwahrung eines Amtsgerichts zu geben. Das Amtsgericht stellt für das in Verwahrung genommene Testament einen Hinterlegungsschein aus. Die Herausgabe des Testaments aus der amtlichen Verwahrung kann jederzeit verlangt werden.

Notarielles Testament

Aufgrund der Schwierigkeit und Komplexität des Erbrechts ist eine rechtskundige Beratung häufig sinnvoll. Hier bietet das notarielle Testament Vorteile. Erbstreitigkeiten, weil der Erblasser sich unklar ausgedrückt oder wichtige Punkte vergessen hat, lassen sich durch diese Testamentsform vermeiden. Da das notarielle Testament vor einem Notar errichtet wird, ist fachkundiger Rat und Kontrolle garantiert. Üblicherweise erklärt der Erblasser dem Notar seinen letzten Willen, den der Notar – ggf. nach Beratung – in einer Niederschrift festhält. Die Niederschrift wird dem Erblasser anschließend vorgelesen, um sodann von ihm genehmigt und unterschrieben zu werden. Alternativ kann eine offene oder verschlossene Schrift vom Erblasser an den Notar übergeben werden, jeweils mit der Erklärung, dass darin sein letzter Wille enthalten sei. Die übergebene Schrift bedarf keiner Formvorschriften. Eine offene Schrift hat der Notar zur Kenntnis zu nehmen und zu prüfen, so dass auch hier eine Kontrolle gewährleistet ist.

Vorteilhaft ist das notarielle Testament auch im Hinblick darauf, dass der Notar im Rahmen seiner Möglichkeiten die Testierfähigkeit des Erblassers überprüft und in der Urkunde feststellt. Benachteiligten Erben wird dadurch weitgehend die Möglichkeit genommen, das Testament mit der Behauptung anzugreifen, der Erblasser sei bei Errichtung des Testaments nicht mehr testierfähig gewesen.

Das notarielle Testament wird in die besondere amtliche Verwahrung beim Amtsgericht genommen, so dass es im Fall des Ablebens des Erblassers gefunden und nicht von enterbten oder benachteiligten Personen vernichtet bzw. verfälscht werden kann.

Die Kosten eines notariellen Testaments bemessen sich nach dem Reinwert des Nachlasses (Verkehrswert nach Abzug von Schulden) und sind häufig deutlich niedriger als angenommen wird. Das notarielle Testament genügt in Verbindung mit dem Eröffnungsprotokoll des Nachlassgerichts dem Grundbuchamt und auch den meisten Banken als Erbnachweis und macht die Beantragung eines gebührenpflichtigen Erbscheins somit entbehrlich.

In vielen Fällen ist bei Testamentseröffnung festzustellen, dass als Erben oder Vermächtnisnehmer eingesetzte Personen bereits verstorben sind oder Gegenstände vermacht wurden, die bereits verkauft sind. Häufig wird dann darüber gestritten, ob der Bedachte anstatt dieses Gegenstandes einen gleichwertigen Ersatz oder den Erlös aus dem Verkauf erhält oder ob das Vermächtnis ganz entfällt. Testamente sollten deshalb regelmäßig etwa in einem drei bis fünf Jahresrhythmus überprüft werden, um festzustellen, ob die im Testament bedachten Personen, die Rahmenbedingungen und die Gegenstände, die vermacht werden sollen, noch stimmen.

# 2 Sachliche und persönliche Steuerpflicht, Entstehungszeitpunkt, Berechnung der Steuer

## 2.1 Sachliche und persönliche Steuerpflicht

Sachliche Steuerpflicht

Der sachlichen Steuerpflicht unterliegen insbesondere Erwerbe von Todes wegen und Schenkungen unter Lebenden. Zum Erwerb von Todes wegen gehören u.a. der Erwerb durch Erbanfall (§1922 BGB), Vermächtnis (§§ 2147 ff. BGB), aufgrund eines geltend gemachten Pflichtteils (§§ 2303 ff. BGB) oder Erbersatzanspruchs (§§ 1934a ff. BGB) und auch aufgrund einer Schenkung auf den Todesfall (§ 2301 BGB).

Persönliche Steuerpflicht

Bei der persönlichen Steuerpflicht ist die Unterscheidung zwischen der unbeschränkten und der beschränkten Erbschaftsteuerpflicht zur Abgrenzung des Umfangs der Steuerpflicht für den jeweiligen Vermögensanfall von Bedeutung. Unbeschränkte Steuerpflicht liegt vor, wenn entweder der Erblasser/Schenker oder der Erwerber zum Zeitpunkt der Entstehung der Steuer Inländer sind. Als Inländer gelten insbesondere natürliche Personen, die im Inland einen Wohnsitz oder gewöhnlichen Aufenthalt haben. Die unbeschränkte Erbschaftsteuerpflicht erstreckt sich auf den gesamten Vermögensanfall, d.h. sowohl auf das Auslands- als auch auf das Inlandsvermögen. Die beschränkte Steuerpflicht tritt ein, wenn weder der Erblasser zur Zeit seines Todes noch der Schenker bei der Ausführung der Schenkung noch der Erwerber zur Zeit der Entstehung der Steuer Inländer ist. In diesem Fall beschränkt sich die Besteuerung auf den Vermögensanfall, der in Inlandsvermögen i.S.d. § 121 BewG besteht. Nur das in § 121 BewG aufgezählte Vermögen unterliegt der beschränkten Steuerpflicht in Deutschland.

## 2.2 Entstehungszeitpunkt

Gemäß § 9 Abs. 1 ErbStG entsteht die Erbschaftsteuerschuld bei Erwerben von Todes wegen mit dem Tod des Erblassers. Der Tag des Todes ergibt sich aus der Sterbeurkunde. Etwas anderes gilt für den Pflichteilsberechtigten: Hier entsteht die Steuerschuld - anders als im Zivilrecht - erst mit der Geltendmachung des Pflichteilsanspruches. Die Schenkungsteuerschuld entsteht mit dem Zeitpunkt der Ausführung der Zuwendung, d. h. zu dem Zeitpunkt, ab dem der Beschenkte frei über das zugewendete Vermögen verfügen kann. Die Bewertung des geschenkten bzw. vererbten Vermögens, die der Besteuerung zu Grunde liegt, erfolgt auf die genannten Entstehungszeitpunkte.

## 2.3 Berechnung der Steuer

Im Erbfall gilt als Bereicherung das im Nachlass befindliche Vermögen, bewertet nach § 12 ErbStG nach Berücksichtigung der sachlichen und persönlichen Freibeträge, vermindert um die nach § 10 Abs. 3 bis 9 ErbStG abzugsfähigen Nachlassverbindlichkeiten.

Bewertungsstichtag ist der Zeitpunkt, der für die Entstehung der Steuer maßgebend ist. Beim Erwerb von Todes wegen der Tod des Erblassers und bei Schenkungen der Zeitpunkt der Ausführung der Zuwendung.

Freibeträge/Steuerbefreiungen

Die sachlichen Freibeträge/Steuerbefreiungen sind in § 13 und 13a ErbStG aufgezählt. Zu den wichtigsten mittels Freibetrag begünstigten Vermögensgegenständen gehören der Freibetrag für Hausrat i.H.v. 41.000 € für Steuerklasse I bzw. 10.300 € für die Steuerklassen II und III und für sonstige bewegliche Gegenstände (z.B. für PKW) i.H.v. 10.300 € für Steuerklasse I.

Vergünstigungen Betriebsvermögen

Für den Übergang von Betriebsvermögen sind in § 13a ErbStG noch folgende Vergünstigungen vorgesehen, die mit dem Gesetz zur Erleichterung der Unternehmensnachfolge abgeschafft werden sollen:

- ein besonderer Freibetrag von 225.000 € (§ 13a Abs. 1 ErbStG),
- ein Bertungsabschlag von 35 % für den nach Abzug des Freibetrags verbleibenden Wert (§ 13a Abs. 2 ErbStG).

Zum begünstigten Betriebsvermögen gehört nach § 13a Abs. 4 ErbStG u.a.

- inländisches Betriebsvermögen beim Erwerb eines ganzen Gewerbebetriebes, ein Teilbetriebes, ein (Teil-) Mitunternehmeranteiles
- inländisches land- und forstwirtschaftliches Vermögen
- Anteile an Kapitalgesellschaften, an denen mehr als 25 % des Nennkapitals gehalten wird.

Nach § 13a ErbStG sind als Erwerbsvorgänge sowohl der Erwerb von Todes wegen als auch der Erwerb durch Schenkung unter Lebenden begünstigt. Die Bedeutung dieser Unterscheidung liegt in der Gewährung des Freibetrags. Beim Erwerb von Todes wegen wird der Freibetrag auf die Erwerber aufgeteilt. Dabei wird wie folgt verfahren:

- Der Erblasser kann eine schriftliche Verfügung über die Aufteilung treffen, die zu befolgen ist.
- Hat der Erblasser keine schriftliche Verfügung getroffen, so kommt es darauf an, ob nur Erben oder auch andere Erwerber bspw. Vermächtnisnehmer Produktivvermögen erwerben. Soweit nur Erben Produktivvermögen erben, wird der Freibetrag entsprechend der Erbquote aufgeteilt. Erben zusätzlich auch Nichterben, wird der Freibetrag nach Köpfen aufgeteilt.

Bei einer Schenkung erhält der Erwerber einen Freibetrag nur dann, wenn der Schenker dies dem Finanzamt gegenüber unwiderruflich erklärt. Werden mehrere Erwerber bedacht, so muss die unwiderrufliche Erklärung auch die Aufteilung des Freibetrags enthalten.

Behaltensregeln

§ 13a Abs. 5 ErbStG stellt Behaltensregeln auf, die erreichen sollen, dass das Unternehmen nach dem Übergang auf den Nachfolger zumindest für eine bestimmte Zeit weitestgehend unverändert fortgeführt wird. Soweit der Erwerber innerhalb von fünf Jahren nach dem Erwerb das Vermögen insbesondere veräußert oder aufgibt, entfallen die Gewährung des Freibetrags und des Bewertungsabschlags rückwirkend.

Die Höhe der Erbschaft- und Schenkungsteuer ist einerseits von der Höhe der Bereicherung beim Erben bzw. Beschenkten abhängig und andererseits vom Verwandtschaftsgrad der Beteiligten. § 15 ErbStG teilt die Erwerber nach dem persönlichen Verhältnis zum Erblasser oder Schenker in drei Steuerklassen ein:

| | |
|---|---|
| Steuerklasse I gilt für: | Ehegatten, Kinder und Stiefkinder, Enkelkinder, Eltern und Voreltern bei Erwerben von Todes wegen |
| Steuerklasse II gilt für: | Eltern und Voreltern bei Schenkungen, Geschwister, Neffen und Nichten, Stiefeltern, Schwiegerkinder und Schwiegereltern, geschiedene Ehegatten |
| Steuerklasse III gilt für: | alle übrigen Erwerber |

Bedeutung haben die Steuerklassen sowohl für die Höhe der persönlichen Freibeträge nach § 16 ErbStG als auch für den jeweiligen Steuersatz nach § 19 ErbStG.

**Persönliche Freibeträge**

Gemäß § 16 ErbStG liegen die persönlichen Freibeträge zurzeit

- für Ehegatten bei 307.000 €
- für Kinder und Kinder verstorbener Kinder (Enkel) bei 205.000 €
- für übrige Personen der Steuerklasse I bei 51.200 €
- für Personen der Steuerklasse II bei 10.300 €
- für Personen der Steuerklasse III bei 5.200 €

Je nach Steuerklasse und Höhe der Bereicherung variieren die Steuersätze gem. § 19 ErbStG wie folgt:

| Wert des steuerpflichtigen Erwerbs (§ 10 ErbStG) bis einschließlich | Prozentsatz in der Steuerklasse | | |
|---|---|---|---|
| | I | II | III |
| 52.000 € | 7 | 12 | 17 |
| 256.000 € | 11 | 17 | 23 |
| 512.000 € | 15 | 22 | 29 |
| 5.113.000 € | 19 | 27 | 35 |
| 12.783.000 € | 23 | 32 | 41 |
| 25.565.000 € | 27 | 37 | 47 |
| über 25.565.000 € | 30 | 40 | 50 |

In § 19a ErbStG wird für bestimmtes Betriebsvermögen eine Begünstigung durch eine Tarifbegrenzung gewährt. Wird begünstigtes Betriebsvermögen übertragen, finden für einen Anteil von 88 % die Steuersätze der Steuerklasse I Anwendung, auch wenn der Erwerber zu den Steuerklassen II oder III gehört. Im Rahmen des Gesetzes zur Erleichterung der Unternehmensnachfolge soll diese Regelung abgeschafft werden.

## 2.4 Schema Erbschaftsteuerermittlung

Unter Zugrundelegung der in den Kapiteln 2.1 bis 2.3 gemachten Ausführungen ist bei der Erbschaftsteuerermittlung wie folgt vorzugehen:

1. Feststellung des steuerpflichtigen Vorgangs nach § 1 i.V.m. §§ 3 bis 8 ErbStG.
2. Feststellung der persönlichen Steuerpflicht gem. § 2 ErbStG.
3. Feststellung des Zeitpunkts für das Entstehen der Steuerschuld der zugleich der Bewertungsstichtag ist, §§ 9 und 11 ErbStG.
4. Ermittlung der Steuerklasse des oder der Erben bzw. des Beschenkten, persönlicher Freibetrag, Versorgungsfreibetrag.
5. Ermittlung des Reinerwerbs (§§ 10 Abs. 1 und 12 ErbStG)
   - Bewertung der einzelnen Nachlassgegenstände abzüglich
   - Berücksichtigung der sachlichen Steuerbefreiungen gem. §§ 13 und 13a ErbStG bei dem einzelnen Nachlassgegenstand (ergibt sog. »Bruttoerwerb«), dabei insbesondere
   - gem. § 13a ErbStG der Freibetrag von 225.000 € bei der Vererbung bzw. Schenkung von Betriebsvermögen, Anteilen an Kapitalgesellschaften und land- und forstwirtschaftlichem Vermögen sowie der Bewertungsabschlag von 35 % gem. § 13a Abs. 2 ErbStG,
   - der Freibetrag von 41.000 € für Steuerklasse I bzw. 10.300 € für Steuerklassen II und III bei Hausrat gem. § 13 Abs. 2 Nr. 1a und c ErbStG,
   - der Freibetrag von 10.300 € für Steuerklasse I gem. § 13 Abs. 1 Nr. 1b ErbStG bei sonstigen beweglichen Gegenständen (z.B. bei Vererbung oder Schenkung eines Pkw oder eines ähnlichen Gegenstandes),
   - der abzugsfähigen Nachlassverbindlichkeiten gem. §§ 10 und 12 ErbStG (= »Nettoerwerb«).
6. Ermittlung des steuerpflichtigen Erwerbs: Reinerwerb abzüglich der persönlichen Freibeträge gem. §§ 16 und 17 ErbStG, und zwar
   - der persönlichen Freibeträge gem. § 16 Abs. 1 ErbStG, insbesondere der Freibetrag von 307.000 € für den Ehegatten, von 205.000 € für Kinder und Kinder verstorbener Eltern und

51.200 € für die übrigen Personen der Steuerklasse I,
- der Versorgungsfreibeträge gem. § 17 ErbStG von 256.000 € für den überlebenden Ehegatten und, nach Altersstufen gestaffelt, von 10.300 € bis 51.200 € für Kinder des Erblassers,
- Abrundung des steuerpflichtigen Erwerbs nach § 10 Abs. 1 Satz 5 ErbStG auf volle 100 €.

7. Ermittlung der Steuerklasse, Berechnung der Erbschaftsteuer gem. §§ 15 und 19 ErbStG; ggf. Härteausgleich gem. § 19 Abs. 3 ErbStG
8. Tarifbegrenzung beim Erwerb von Produktivvermögen durch Personen der Steuerklassen II und III durch Abzug eines Entlastungsbetrags gem. § 19a ErbStG.

# 3 Wertermittlung des Vemögensanfalls

Gemeiner Wert

Die allgemeinen Bewertungsgrundsätze im Erbschafts- bzw. Schenkungsfall sind in den §§ 10 bis 12 ErbStG geregelt. Gem. § 12 Abs. 1 ErbStG richtet sich die Bewertung grundsätzlich zunächst nach den allgemeinen Bewertungsvorschriften des Bewertungsgesetzes. Dies bedeutet, dass regelmäßig der gemeine Wert, eine Art »Verkehrswert«, i.S.d. § 9 BewG maßgebend ist. Dieser allgemeine Wertmaßstab wird jedoch durch die speziellen Vorschriften des § 12 Abs. 2–5 und 5 ErbStG durchbrochen. Eine spezielle Wertermittlung hat insbesondere für Grundbesitz (Bedarfsbewertung), Betriebsvermögen und Anteile an Kapitalgesellschaften zu erfolgen.

## 3.1 Grundbesitzbewertung

Grundstücke versus bebaute Grundstücke

Bezüglich der Grundbesitzbewertung wird insbesondere zwischen unbebauten Grundstücken (§ 145 BewG) und bebauten Grundstücken (§§ 146 bis 150 BewG) unterschieden. Den Wert unbebauter Grundstücke erhält man, indem man die Grundstücksfläche mit 80 % des aktuellen Bodenrichtwertes, der von den Gutachterausschüssen für den letzten Stichtag vor dem Besteuerungszeitpunkt festgelegt worden ist, multipliziert. Für die Bewertung bebauter Grundstücke ist ein vereinfachtes Ertragswertverfahren anzuwenden. Dabei ermittelt sich der Wert eines bebauten Grundstücks aus dem 12,5fachen der zum Beteuerungszeitpunkt vereinbarten Jahres(kalt)miete. Bei Gebäuden, die Angehörigen überlassen oder eigengenutzt werden, tritt an die Stelle der tatsächlichen Miete die übliche Miete. Von dem so ermittelten Betrag ist zur Berücksichtigung der Alterswertminderung des Gebäudes für jedes Jahr seit Bezugsfertigkeit ein Abschlag von 0,5 % zu berücksichtigen, maximal aber 25 %. Weist der Steuerpflichtige bei unbebauten und bebauten Grundstücken einen niedrigeren gemeinen Wert (Verkehrswert) nach, ist dieser Wert maßgebend.

### 3.2 Bewertung von Anteilen an Kapitalgesellschaften

Anteile an Kapitalgesellschaften sind, soweit kein Börsenkurs existiert, mit dem gemeinen Wert anzusetzen. Der gemeine Wert ist in erster Linie aus Verkäufen abzuleiten, die am Bewertungsstichtag weniger als ein Jahr zurückliegen. Wenn ausreichende und brauchbare Verkäufe zur Ableitung des gemeinen Wertes der Anteile nicht vorliegen, muss der gemeine Wert unter Berücksichtigung des Vermögens und der Ertragsaussichten geschätzt werden. Die Schätzung des gemeinen Wertes erfolgt nach dem sog. »Stuttgarter Verfahren«. Die Grundsätze des Stuttgarter Verfahrens sind ausführlich in den ErbStR dargestellt.

### 3.3 Bewertung des Betriebsvermögens

Grundsatz der Bewertungsidentität

Der Bestand und die Bewertung des Betriebsvermögens richten sich gemäß § 12 Abs. 5 ErbStG nach den §§ 95 bis 109 BewG. Nach § 109 BewG sind für die Bewertung grundsätzlich die Steuerbilanzwerte maßgebend. Dieser Grundsatz der Bewertungsidentität wird bei folgenden Bilanzpositionen durchbrochen:

- Betriebsgrundstücken: Ansatz mit dem Bedarfswert (Ermittlung siehe oben),
- notierten Anteilen an Kapitalgesellschaften: Börsenkurs,
- nichtnotierten Anteilen an Kapitalgesellschaften: gemeiner Wert ermittelt aus Verkäufen bzw. nach dem Stuttgarter Verfahren,
- Beteiligungen an Personengesellschaften: Anteile am Wert des Betriebsvermögens,
- ausländischesm Betriebsvermögen: gemeiner Wert.

## 4 Das Urteil des Bundesverfassungsgerichts vom Januar 2007

In der Entscheidung des Bundesverfassungsgerichts ging es im Wesentlichen um die Zulässigkeit der unterschiedlichen Bewertungsregeln für verschiedene Vermögensarten wie Grundbesitz, Betriebsvermögen und Anteile an Kapitalgesellschaften (dargestellt in Kapitel drei), die häufig zu zufälligen oder zu gestaltbaren Werten führen, die weit entfernt vom Verkehrswert dieser Vermögensgegenstände liegen.

Quintessenz des Urteils ist, dass die bisherigen Bewertungsregeln zur Ermittlung der Bemessungsgrundlage der Erbschaftsteuer nicht verfassungsgemäß sind. Der Gesetzgeber wird vom Bundesverfassungsgericht angehalten, Bewertungsregeln zu schaffen, die bei allen Vermögensarten zu Werten führen, die annähernd dem tatsächlichen Verkehrswert des jeweiligen Vermögens entsprechen. Der Gesetzgeber darf zwar weiter Begünstigungen vorsehen, die Begünstigungen dürfen aber nicht über die Bewertung der Vermögensarten erfolgen, sondern müssen sich an eine verkehrswertnahe Bewertung anschließen. Begünstigungen wie bspw. Bewertungsabschläge, Freibeträge, Stundungsregeln oder Steuersatzunterschiede müssen durch das Gemeinwohl legitimiert sein, zielgenau treffen und nicht missbrauchsanfällig sein. Dem Gesetzgeber wurde aufgetragen, bis spätestens zum 31.12.2008 geeignete Bewertungsverfahren zu finden. Bis zum Inkrafttreten eines neuen Bewertungs- und Erbschaftsteuerrechts gilt das bisherige Recht fort. Aufgrund der Gewährung der Übergangszeit wurde erbschaftsteuerliche Rechtssicherheit für in diesem Zeitraum erfolgte Erbschaften und Schenkungen geschaffen. Bis zur Neuregelung des Bewertungs- und Erbschaftsrechts können deshalb Schenkungen nach geltendem (vom Verfassungsgericht als verfassungswidrig eingestuften) Recht gestaltet werden.

## 5 Das geplante »Gesetz zur Erleichterung der Unternehmensnachfolge«

Durch einen Gesetzesentwurf vom 25.10.2006 hat die Große Koalition die Reform der Erbschafts- und Schenkungsteuer auf den Weg gebracht. Die Ergebnisse des Bundesverfassungsgerichtsurteils vom Januar 2007 sollen im laufenden Gesetzgebungsverfahren berücksichtigt werden. Der Bundesrat hat am 9.3.2007 eine Entschließung verabschiedet, nach der er es für notwendig erachtet, die Bewertungsfragen kurzfristig neu zu regeln. Gemäß der Entschließung werden die Länder einen eigenen Vorschlag zur Bewertung innerhalb von sechs Monaten unterbreiten, sodass ein Abschluss des formellen Gesetzgebungsverfahrens bis zum Jahresende 2007 erreicht wird. Der Bundesrat spricht sich für ein Inkrafttreten des Gesetzes nach Verkündigung aus. Er befürwortet eine rückwirkende Anwendung des neuen Rechts mit Wirkung vom 1.1.2007 auf Antrag des Steuerpflichtigen.

**Stundungs- und Erlassregelung**

Nach dem Gesetzentwurf sollen die bisherigen Begünstigungen des Betriebsvermögens in Form des Freibetrags von 225.000 €, des Bewertungsabschlags von 35 % (§ 13a ErbStG) und die Tarifbegrenzung für entfernt Verwandte und Nichtverwandte (§ 19a ErbStG) wegfallen. Stattdessen soll von der Grundidee her, eine völlige Steuerfreistellung des Erwerbs unternehmerischen Vermögens durch die Einführung einer Stundungs- und Erlassregelung (§ 28 ErbStG-

Entw.) auf begünstigtes produktives unternehmerisches Vermögen eingeführt werden. Die zunächst von Gesetzes wegen auf produktives unternehmerisches Vermögen unverzinslich über zehn Jahre gestundete Steuer soll in zehn Jahresraten – unter der Voraussetzung, dass der Betrieb im Wesentlichen unverändert fortgeführt wird – erlöschen. Gelingt dem Erwerber die Betriebsfortführung in einem vergleichbaren Umfang über zehn Jahre, entfällt die Steuer ganz. Andernfalls wird die gestundete und noch nicht erloschene Steuer in voller Höhe fällig. Wie nach bisheriger Gesetzeslage fällt die Begünstigung bei Veräußerung oder Aufgabe – gegebenenfalls anteilig – weg.

Die auf das begünstigte Vermögen entfallende Steuer, die bis zum Ende des 10. Jahres seit Entstehung der Steuer zinslos gestundet wird, soll in der Weise ermittelt werden, dass der Steuersatz für den steuerpflichtigen Erwerb auf den Wert des begünstigten Vermögens angewendet werden soll.

Gesamtsteuer, zu stundende und zu zahlende Steuer

Die Gesamtsteuer, die zu stundende Steuer und die zu zahlende Steuer sollen sich nach dem ErbStG-Entw. wie folgt berechnen:

| | | |
|---|---|---|
| Gesamterwerb | | |
| ./. | persönliche Freibeträge nach § 16 ErbStG | |
| × | Steuersatz gem. § 19 ErbStG | = Gesamtsteuer |
| | | |
| Begünstigtes Vermögen gem. § 28a ErbStG-Entw. | | |
| ./. | noch nicht bei der Ermittlung des begünstigten Vermögens abgezogene, aber mit ihm wirtschaftlich zusammenhängende Schulden | |
| = | Stundungsbemessungsgrundlage | |
| × | Steuersatz gem. § 19 ErbStG für Gesamterwerb | = zu stundende Steuer |
| Gesamtsteuer | | |
| ./. | zu stundende Steuer = | = zu zahlende Steuer |

Der persönliche Freibetrag mindert vorrangig die Steuer auf das nicht begünstigte Vermögen. Gleichzeitig führt die Einbeziehung der begünstigten Bemessungsgrundlage in den Gesamterwerb zu einem höheren Steuersatz für die nicht begünstigten Erwerbsteile. Die Regelung wirkt deshalb progressionstreibend.

Begünstigt werden soll der Erwerb von gewerblichen, freiberuflichen oder land- und forstwirtschaftlichen Betrieben, Teilbetrieben, (Teil-) Mitunternehmeranteilen oder Anteilen an Kapitalgesellschaften die mehr als 25 % betragen. Im Gegensatz zur bisherigen

Unproduktives Vermögen

Gesetzeslage soll sowohl inländisches Produktivvermögen als auch Produktivvermögen im EU- und EWR-Ausland begünstigt werden. Der ErbStG-Entw. sieht vor, Vermögensgegenstände, die der weitgehend risikolosen Renditeerziehung dienen, nicht in die Stundungs- und Erlassregelung einzubeziehen. Insbesondere sollen folgende Vermögensgegenstände nicht einbezogen werden dürfen, soweit die Summe ihrer Werte den Wert der gesamten betrieblichen Schulden und sonstigen Abzüge nach §§ 103, 104 BewG übersteigt:

- Dritten zur Nutzung überlassene Grundstücke, grundstücksgleiche Rechte und Bauten, Seeschiffe, Flugzeuge, Konzessionen, gewerbliche Schutzrechte und ähnliche Rechte und Werte sowie Lizenzen an solchen Rechten und Werten.
- Anteile an Kapitalgesellschaften, wenn die unmittelbare Beteiligung am Nennkapital dieser Gesellschaft 25 % oder weniger beträgt,
- Beteiligungen an Personengesellschaften und vergleichbaren Gesellschaften im EG beziehungsweise EWR-Gebiet sowie Kapitalgesellschaften mit einer Beteiligungsquote von mehr als 25 %, soweit zum Vermögen dieser Gesellschaften nicht begünstigtes Vermögen gehört,
- Geldbestände, Geldforderungen gegen Kreditinstitute sowie vergleichbare Forderungen und Wertpapiere
- Kunstgegenstände, Kunstsammlungen, wissenschaftliche Sammlungen, Bibliotheken und Archive, Münzen, Edelmetalle und Edelsteine

Da die Summe der nicht begünstigten Vermögensgegenstände nur von der Stundung und dem späteren Erlöschen ausgenommen werden soll, soweit die Summe sämtliche Betriebsschulden und Abzüge übersteigt, wird regelmäßig kein nicht begünstigtes Vermögen zu besteuern sein. Eine Besteuerung tritt nur ein, soweit hohes nicht eigenbetrieblich genutztes Vermögen und gleichzeitig geringe Schulden vorliegen.

Steuerschädliche Ereignisse

Mit Eintritt von steuerschädlichen Ereignissen (Veräußerung oder Aufgabe begünstigten Vermögens), wird die in diesem Zeitpunkt noch nicht erloschene gestundete Steuer fällig. Steuerschädlich soll auch sein, wenn das Unternehmen nicht »in einem nach dem Gesamtbild der wirtschaftlichen Verhältnisse vergleichbaren Umfang fortgeführt wird«. Eine Nachweispflicht zu den jährlichen Erlöschenstichtagen ist vorgesehen. Als Maßstab der Vergleichbarkeit sollen kumulativ der »Umsatz«, das »Auftragsvolumen«, das »Betriebsvermögen« und die »Anzahl der Arbeitnehmer« dienen. Nach dem Wortlaut des Gesetzentwurfs, kommt es bei wesentlichen Abweichungen nach unten zu einer gänzlichen Aufhebung der Stundung. Die zwischenzeitlich erloschenen Steuerteile leben jedoch nicht mehr auf.

Die geplante Regelung ist an dieser Stelle sehr unkonkret und begründet deshalb unkalkulierbare Risiken für Unternehmensnachfolger. Unklar ist beispielsweise, ob bei allen vier genannten Kriterien (also kumulativ) eine wesentliche Veränderung eintreten muss oder was bei Veränderungen geschieht, die nicht nachhaltig sind, sondern sich lediglich als eine Schwankung herausstellen. Besteht Unsicherheit darüber, ob sich der Betrieb im bisherigen Umfang fortführen lässt, sollte überlegt werden, den Betriebsumfang bereits vor der geplanten Unternehmensnachfolge zu reduzieren oder in verschiedene Betriebseinheiten zu spalten.

Eine Verschlechterung ist bzgl. der Abzugsfähigkeit von Schulden geplant, die mit Grundbesitz zusammenhängen. Sie soll künftig auf die Höhe des Bedarfswerts beschränkt werden.

Für begünstigtes Vermögen, das einen Wert von 100.000 € nicht übersteigt ist eine Freigrenze vorgesehen, bei der eine Eliminierung nicht begünstigter Vermögensteile nicht notwendig sein soll. Bei Überschreiten der Freigrenze entfällt die Vergünstigung insgesamt. Die Regelung soll alle zehn Jahre erneut anwendbar sein.

## 6 Handlungsbedarf für Unternehmer vor dem Hintergrund des BVerfG-Urteil und dem geplanten Gesetz zur Erleichterung der Unternehmensnachfolge

Altes oder neues Recht?

Unternehmer stehen vor der schwierigen Frage, ob sie jetzt zügig nach altem Recht verschenken oder die Verabschiedung des Gesetzes zur Unternehmensnachfolgeerleichterung abwarten sollen. Das jetzige Recht bietet – wie ausgeführt – u.a. den Freibetrag, den Bewertungsabschlag sowie das Steuerklassenprivileg. Auch gewillkürtes Betriebsvermögen wird nach geltender Rechtslage begünstigt. Gleichzeitig wird aber nach den Gesetzesplänen eine völlige Steuerfreistellung bei zehnjähriger Fortführung des Unternehmens in Aussicht gestellt; diese Regelung geht weit über die bestehenden Vergünstigungen hinaus. Allein auf diesen Vergleich sollte die Entscheidung des Unternehmers aber nicht reduziert werden. In die Überlegungen muss vielmehr einfließen, wie groß die Chancen und wie hoch die Risiken des neuen Rechts sind. Während die oben genannten Vorteile der alten Rechtslage sicher sind, ist die endgültige Fassung des Unternehmensnachfolgeerleichterungsgesetzes unsicher. Schon jetzt kann aber abgesehen werden, dass die Vorteile der Stundung und des Erlasses mit einigen wesentlichen Nachteilen erkauft werden müssen. So wird die Begünstigung an eine zehnjährige Fortführung des Betriebs in einem nach dem Gesamtbild der wirtschaftlichen Verhältnisse vergleichbaren Umfang gekoppelt und lediglich auf produktives Betriebsvermögen beschränkt.

Problem Fortführungsklausel

Gelingt es dem Unternehmensnachfolger nicht, den Betrieb in den nächsten zehn Jahren in vergleichbarem Umfang fortzuführen, dann wird die bis dahin gestundete noch nicht erlassene Erbschaftsteuer – die sich nach der hohen Bemessungsgrundlage und Progression im Zeitpunkt des Erbfalls oder der Vermögensübergabe bemisst – sofort fällig.

Insbesondere die gravierende Unsicherheit der Fortführungsklausel kann ein Argument dafür sein, die Unternehmensnachfolge noch nach alter Rechtslage zu vollziehen, weil die dort geregelte fünfjährige Behaltsfrist gem. § 13a Abs. 5 ErbStG (ohne Fortführungsklausel) deutlich überschaubarer und beherrschbar ist.

Zu berücksichtigen ist ferner, dass das Steuerklassenprivileg wegfallen soll. Wird also an Nichtverwandte geschenkt oder vererbt, so bestimmt sich die zu stundende Steuer sowohl nach einer hohen Bemessungsgrundlage als auch nach einem hohen Steuersatz in der ungünstigen Steuerklasse II bzw. III.

Problem Wertanhebung

Durch die vom Bundesverfassungsgericht geforderte Anhebung des Werts für unternehmerisches Vermögen wird die sofort fällige Steuer auf das Privatvermögen und das nicht produktive Vermögen deutlich steigen. Dieselbe Überlegung gilt auch für möglicherweise zunächst gestundete, dann aber noch mit einem Restbetrag fällig werdende Steuer für unternehmerisches Vermögen. Neben einer erhöhten Bemessungsgrundlage wirkt sich auch eine höhere Progression negativ aus.

Tendenziell wird das bisherige Recht insbesondere in kleineren bis mittleren Erbschafts- und Schenkungsfällen vorteilhafter sein. Der Freibetrag, der Bewertungsabschlag und der persönliche Freibetrag in Steuerklasse I führen bei kleinen und mittleren Erwerben regelmäßig zu einer Nullfestsetzung.

Gewerbliche Betriebe und Mitunternehmerschaften mit einem erheblichen Anteil von nicht begünstigten Vermögen und geringerem Schuldenanteil, insbesondere Geprägegesellschaften und gewerbliche und landwirtschaftliche Verpachtungsbetriebe werden von der geplanten Neuregelung nicht mehr begünstigt. Vorweggenommene Erbfolgen sollten deshalb noch nach altem Recht vorgenommen werden.

Abwägung des individuellen Einzelfalls

Festzuhalten bleibt, dass Steuerpflichtige, die aktuell Betriebsvermögen übertragen wollen, bezogen auf den individuellen Einzelfall abwägen müssen, ob die zur Zeit bestehenden oder die vom Gesetzgeber noch zu gestaltenden Erbschaftsteuerregelungen größere Vorteile bringen. Ein Beratungsgespräch mit dem Steuerberater ist in jedem Fall angeraten. Neben einem überschlägigen Belastungsvergleich zwischen alten und geplanten Recht sollte in einem Gespräch die Risikoneigung des Mandanten geprüft werden. So kann es sinnvoll sein, für das geltende Recht zu optieren, auch wenn dies möglicherweise zu einer hören Steuerbelastung führt, diese aber deutlich kalkulierbarer ist.

# G Grunderwerbsteuer

## 1 Systematik der Grunderwerbsteuer

Art der Steuer

Die Grunderwerbsteuer zählt steuersystematisch zu den (Rechts-) Verkehrsteuern. Sie knüpft an Vorgänge des Rechtsverkehrs an, d.h. an vertragliche oder gesetzliche Beziehungen, auf Grund derer Personen einen bestimmten Rechtsanspruch erhalten. Dabei handelt es sich um den Anspruch auf Übereignung eines inländischen Grundstücks.

Das Aufkommen der GrESt steht den Bundesländern zu (s. Art. 106 Abs. 2 Nr. 4 GG).

Die GrESt ist verfassungsgemäß (BVerfG, Beschluss vom 08.01.1999, 1 BvL 14/98).

## 2 Gegenstand der Steuer

Der Besteuerungsgegenstand ist der Übergang eines Grundstücks auf Grund eines Rechtsvorgangs.

### 2.1 Erwerbsvorgänge

Es sind im GrEStG verschiedene Erwerbsvorgänge klassifiziert, die im Folgenden dargestellt werden (s. § 1 GrEStG).

#### 2.1.1 Kaufvertrag und andere Rechtsgeschäfte

Kaufvertrag

Der Kaufvertrag (s. § 433 BGB) bildet den Haupttatbestand des § 1 Abs. 1 Nr. 1 GrEStG. Der Kaufvertrag bedarf der notariellen Beurkundung und wird im Zeitpunkt der Beurkundung wirksam. Aus dem Kaufvertrag resultieren ein Anspruch des Verkäufers auf Zahlung des Kaufpreises und ein Anspruch des Käufers auf Übereignung des Grundstücks. Das bürgerlich-rechtliche Eigentum an dem Grundstück wird durch Auflassung und Eintragung ins Grundbuch übertragen (s. §§ 873, 925 BGB). Wirtschaftlicher Eigentümer wird der Erwerber durch den Übergang von Besitz, Gefahr, Nutzen und Lasten. Das GrEStG knüpft den Besteuerungstatbestand aber nicht an diesen zivilrechtlichen Aspekt, sondern an das eigentliche Rechtsgeschäft, d.h. den Kaufvertrag.

Andere Vertragsarten

Neben dem Kaufvertrag wird von § 1 Abs. 1 Nr. 1 GrEStG aber auch »ein anderes Rechtsgeschäft, das den Anspruch auf Übereignung begründet« erfasst. In diesem Zusammenhang sind folgende Verträge in der Praxis von Bedeutung.

Bei einem Tauschvertrag entsteht für beide Vertragsparteien ein Anspruch auf Übereignung eines Grundstücks. Folglich entstehen zwei steuerbare Vorgänge. Bemessungsgrundlage ist jeweils der Wert des übernommenen Grundstücks samt evtl. zusätzlicher Leistungen, wie z. B. übernommene Hypotheken.

Ein weiteres mögliches Rechtsgeschäft ist der Übergabevertrag. Diese Vertragsgestaltung wird in der Praxis zur Vorwegnahme der Erbfolge verwandt. Der Wert der Gegenleistung des Übernehmers liegt meistens unter dem Wert des übernommenen Grundstücks. In diesem Fall handelt es sich um eine gemischte Schenkung. Die GrESt bemisst sich nach dem Wert der Gegenleistung. Ist dieser gleich null, wird die Übertragung vom Erbschaft- und Schenkungsteuergesetz erfasst, nicht jedoch vom GrEStG.

Bei einer (teilentgeltlichen) Schenkung unterliegt der Erwerb in Höhe der Entgeltlichkeit mit Beurkundung des Vertrages über das Schenkungsversprechen der GrESt.

Durch einen Einbringungsvertrag wird ein Grundstück auf eine Gesellschaft übertragen, wofür im Gegenzug diese dem Übertragenden Gesellschaftsrechte gewährt. Dabei kann der Übertragende bereits Gesellschafter sein. Dieses Rechtsgeschäft unterliegt ebenso wie ein Auseinandersetzungsvertrag der GrESt, durch den Bruchteils- oder Gesamthandsgemeinschaften aufgelöst werden.

Vorverträge, Kaufanwartschaftsverträge oder Kaufangebote sind nicht steuerpflichtig. Lediglich die Annahme eines Kaufangebotes löst GrESt aus.

### 2.1.2 Auflassung

Übereignung ohne Kaufvertrag

Es besteht die Möglichkeit, dass ein Grundstück ohne den Abschluss eines Kaufvertrages übereignet wird, wie z. B. bei einem Grundstücksbeschaffungsauftrag (s. § 667 BGB) oder bei Übereignung eines Grundstücks als Schadensersatz (s. § 249 Abs. 1 BGB). In diesen Fällen unterliegt die Auflassung der GrESt (s. § 1 Abs. 1 Nr. 2 GrEStG), d.h. die von den Beteiligten gewollte Einigung, dass das Eigentum an dem Grundstück übergehen soll (s. § 925 Abs. 1 BGB). Diese Eigentumsübergänge stellen Nebentatbestände dar.

**Beispiel:**
*Herr X beauftragt Herrn Y, in dessen Namen, aber auf Rechnung von Herrn X, ein Grundstück von Herrn Z zu erwerben.*

**Lösung:**
*Herr X erwirbt gegen Herrn Y einen Anspruch auf Übereignung des Grundstücks, sobald Herr Y dieses erworben hat. Die Auflassung, d.h. die Einigung zwischen den Herren Y und Z, dass das Eigentum an dem Grundstück an Herrn Y übergehen soll, unterliegt der GrESt, obwohl ihr kein Rechtsgeschäft zwischen Herrn X und Herrn Y zu Grunde liegt.*

## 2.1.3 Eigentumsübergang kraft Gesetz

In den ersten beiden Fällen wurde der Übergang des Eigentums grunderwerbsteuerlich entweder auf Basis eines Rechtsgeschäfts oder einer Auflassung erfasst. Fehlt es an beiden, handelt es sich um einen weiteren Nebentatbestand, nämlich die Übertragung des Eigentums kraft Gesetz. Hauptanwendungsfall dieses von § 1 Abs. 1 Nr. 3 GrEStG erfassten Tatbestandes ist in der Praxis der Erbanfall (s. § 1922 BGB), der jedoch von der GrESt befreit ist. Charakteristisch dabei ist die einseitige, nicht empfangsbedürftige Willenserklärung des Übertragenden (Erblassers), dass das Eigentum an dem Grundstück auf den Erben übergehen soll. Auch bei der Übertragung eines Anteils an einem Nachlass, zu dem ein Grundstück gehört, stellt einen Eigentumsübergang kraft Gesetz dar. Die Höhe der GrESt bemisst sich an dem Wert der Gegenleistung für die Anteilsübertragung, soweit sie sich auf das Grundstück bezieht.

Erbanfall

Weitere Fälle des Eigentumsübergangs kraft Gesetzes sind die möglichen Formen der Umwandlung nach dem UmwG, auf die unter Gliederungspunkt Kap. 9.3 näher eingegangen wird.

## 2.1.4 Gesellschafterwechsel bei Personengesellschaften

Die Veräußerung von Anteilen an einer Personengesellschaft ist grunderwerbsteuerlich grundsätzlich unbeachtlich (Umkehrschluss aus § 1 Abs. 3 GrEStG), jedoch gelten zwei Ausnahmen:

Neue Gesellschafter

1. vollständiger oder wesentlicher Wechsel der Gesellschafter (s. § 1 Abs. 2a GrEStG),
2. Vereinigung aller Anteile in einer Hand (s. § 1 Abs. 3 GrEStG).

Ein wesentlicher Wechsel der Gesellschafter ist gegeben, wenn innerhalb von fünf Jahren mindestens 95 % der Anteile auf neue Gesellschafter übertragen werden. Dabei bleiben Erwerbe von Todes wegen unberücksichtigt.

**Beispiel:**
*An der XY-OHG, die u.a. auch über Grundbesitz verfügt, sind X und Y je zur Hälfte beteiligt. X veräußert im Jahr 01 seinen Anteil an Z. Y veräußert im Jahr 02 45 % seines Anteils an W, behält aber seinen Anteil von 5 %.*

**Lösung:**
*Es liegt grunderwerbsteuerlich ein steuerbarer Erwerb vor, denn 95 % der Anteile sind innerhalb von fünf Jahren auf neue Gesellschafter übergegangen. Bemessungsgrundlage für die GrESt ist der Kaufpreis, soweit er auf das Grundstück entfällt (s. § 9 GrEStG). Schuldner der Steuer ist die Personengesellschaft (s. § 13 Nr. 6 GrEStG).*

Anteilsvereinigung

Bei der Anteilsvereinigung werden mindestens 95 % der Anteile an einer Personengesellschaft (oder Kapitalgesellschaft) in der Hand eines Erwerbers vereinigt.

**Beispiel:**
*Herr A hält 80 % der Anteile an der grundbesitzenden A-GmbH und kauft die restlichen 20 % dazu.*

**Lösung:**
*Durch den Zukauf vereinigt Herr A alle Anteile an der A-GmbH in seiner Hand.*

Dabei ist es unerheblich, ob die Anteile mittelbar oder unmittelbar gehalten werden.

**Beispiel:**
*Herr X ist alleiniger Gesellschafter der Grundbesitz haltenden X-GmbH, die wiederum an der Y-GmbH 70 % der Anteile hält. Herr X erwirbt die restlichen 30 % an der Y-GmbH.*

**Lösung:**
*Herr X vereinigt alle Anteile an der Y-GmbH in seiner Hand. Die GrESt bemisst sich am Bedarfswert der Grundstücke der Y-GmbH (s. § 138 BewG/§ 8 Abs. 2 GrEStG).*

Bei Erwerb aller Anteile an einer Personengesellschaft durch einen Gesellschafter wird die Gesellschaft aufgelöst oder als Einzelunternehmen (s. § 142 HGB) fortgeführt.

Tipp

Um GrESt zu vermeiden, sollten bei einer Personengesellschaft entweder 95 % der Anteile in mehr als fünf Jahren oder innerhalb von fünf Jahren lediglich 94 % der Anteile auf neue Gesellschafter übergehen.

### 2.1.5 Sonstige Tatbestände

Zwangsversteigerung

Das GrEStG unterwirft in § 1 Abs. 1 Nr. 4 auch das Meistgebot im Zwangsversteigerungsverfahren (s. § 81 ZVG) der Besteuerung. Der Meistbietende wird durch den Zuschlag Eigentümer des Grundstücks. Jedoch unterliegt nicht die Erteilung des Zuschlages der GrESt, sondern bereits die Abgabe des Meistgebotes (s. BFH vom 6.6.1984, BStBl II 1985 S. 261), weil der Meistbietende durch sein Gebot den Anspruch auf das Eigentum an dem Grundstück erwirbt. Das Meistgebot steht damit dem Abschluss eines schuldrechtlichen Verpflichtungsgeschäfts gleich.

Abtretung von Rechten

In § 1 Abs. 1 Nr. 5–6 GrEStG sind die sogenannten »Zwischengeschäfte« geregelt. Diese regeln die Fälle, in denen eine Person ihren Anspruch auf Übereignung des Grundstücks an einen anderen abtritt.

Durch ein Rechtsgeschäft kann

- ein Recht aus einem Übereignungsanspruch,
- ein Recht aus einem Meistgebot,
- ein Recht aus einem Kaufangebot

abgetreten werden.

**Beispiel:**
*Herr X macht Herrn Y ein Kaufangebot über ein Grundstück. Herr Y nimmt das Angebot nicht an, tritt aber die Rechte aus dem Angebot an Herrn Z ab.*

**Lösung:**
*Das Angebot von Herrn X an Herrn Y ist nicht steuerpflichtig. Die Abtretung wird aber bei Herrn Y steuerpflichtig. Durch die Annahme durch Herrn Z kommt es zu einem Kaufvertrag zwischen Z und X, welcher erneut die GrESt-Pflicht auslöst.*

Diese Rechtsgeschäfte werden der GrESt ebenso unterworfen wie derartige Abtretungen, ohne dass ein Rechtsgeschäft zu Grunde liegt (s. § 1 Abs. 1 Nr. 7 GrEStG).

**Erwerb der wirtschaftlichen Verfügungsmacht**

Ein Ersatztatbestand wird von § 1 Abs. 2 GrEStG erfasst. Es ist möglich, dass jemand, ohne den Anspruch auf Übereignung eines Grundstücks erworben zu haben, dieses rechtlich oder wirtschaftlich auf eigene Rechnung verwerten kann. Der Erwerb der wirtschaftlichen Verfügungsmacht erfasst also Grundstückserwerbe, bei denen zwar nicht das zivilrechtliche Eigentum übergeht, jedoch eine Person, die Verwertungsbefugnis erhält. So kann z.B. auch ein der Form wegen nichtiger Kaufvertrag, zu einem solchen Rechtsvorgang werden. Die Verwertungsbefugnis versetzt den Berechtigten in eine eigentümerähnliche Stellung.

Hauptanwendungsfälle sind: Treuhandverhältnis, Erwerb von Gebäuden auf fremdem Boden, Grundstückseinbringung in Personengesellschaften ohne Eigentumsübergang und atypische Maklerverträge, wonach der Makler das Verkaufsrisiko trägt oder den Mehrerlös erhält.

**Beispiel:**
*Herr X lässt die XYZ-GmbH ein Gebäude auf seinem Grundstück errichten und erhält dafür eine jährliche Pacht von 25.000 €. Die XYZ-GmbH verlängert den Vertrag nicht, sondern lässt sich von Herrn X, wie im Vertrag fixiert, den Verkehrswert des Gebäudes auszahlen.*

**Lösung:**
*Bürgerlich-rechtlich ist Herr X der Eigentümer des Gebäudes, weil ihm der Grund und Boden gehört (s. § 94 BGB). Das Grundstück ist grunderwerbsteuerlich ein inländisches Grundstück gem. § 2 GrEStG. Durch das Vertragsende wird kein Erwerbstatbestand des § 1 Abs. 1 GrEStG erfüllt, jedoch liegt eine Erlangung der Verwertungsbefugnis i.S.v. § 1 Abs. 2 GrEStG vor.*

Ein Kreditinstitut, das planmäßig Grundstücke durch eine Tochtergesellschaft ersteigern lässt, um grundpfandrechtliche gesicherte, aber ausfallgefährdete Darlehen zu retten, erlangt ebenfalls die Verwertungsbefugnis an den entsprechenden Grundstücken (s. FG Nürnberg vom 20.11.1997, EFG 1999 S. 347).

## 2.2 Grundstücke

Inlandsgebiet

Nach § 1 Abs. 1 GrEStG unterliegen nur inländische Grundstücke der Steuer. Als Inland i.S.d. GrEStG gilt das Hoheitsgebiet der Bundesrepublik Deutschland. Obwohl der Begriff des Grundstücks auf den ersten Blick klar zu sein scheint, soll kurz auf einige Besonderheiten eingegangen werden.

In § 2 Abs. 1 Satz 1 GrEStG wird der Begriff an das Bürgerliche Recht angelehnt. Das BGB gibt jedoch keine Definition des Grundstücks. In Literatur und Rechtsprechung hat sich deshalb eine allgemeine Beschreibung herausgebildet, der zu Folge ein Grundstück ein abgegrenzter Teil der Erdoberfläche ist, der im Grundbuch als selbständiges Grundstück eingetragen ist.

Bestandteile des Grundstücks

Wesentliche Grundstücksbestandteile (s. §§ 93, 94 BGB) unterliegen ebenfalls der Besteuerung. Als solche kommen neben dem Gebäude auch Bäume mit den Früchten, Pflanzen, Kies- oder Sandausbeuten in Betracht. Eine Ausnahme bilden die Betriebsvorrichtungen, die zwar zu den wesentlichen Grundstücksbestandteilen zählen, jedoch im Steuerrecht grundsätzlich als bewegliche Wirtschaftsgüter behandelt werden und somit nicht der GrESt unterliegen. Als Betriebsvorrichtungen gelten z. B. Alarmanlagen, Kräne, Lastenaufzüge, Schornsteine, Silos oder Tankanlagen. In Zweifelsfragen kann zur Qualifikation, ob eine Betriebsvorrichtung vorliegt oder nicht, auf § 68 Abs. 2 Nr. 2 BewG und die dazu ergangenen Verwaltungsanweisungen zurückgegriffen werden (s. Gleichlautende Ländererlasse vom 31.3.1992, BStBl I 1992 S. 342). Ebenfalls nicht zu einem Grundstück gehören die Scheinbestandteile (s. § 95 BGB) und Zubehör (s. § 97 BGB). Ein Scheinbestandteil kann z.B. eine Lagerhalle sein, die nur zu einer vorübergehenden Nutzung und aus Fertigbauteilen errichtet wurde. Zum Grundstück zählt auch das Zubehör. Zubehör sind unbewegliche Sachen, die der Hauptsache dienen, wie z.B. das Inventar bei einem Gebäude. Die Werte für das Zubehör können nicht vom Gesamtpreis abgezogen werden, sondern der Gesamtpreis ist nach dem Verhältnis der Verkehrswerte aufzuteilen (s. BFH vom 8.12.1965, BStBl III 1966 S. 54).

Miteigentumsanteile und Erbbaurechte stehen dem Grundstück gleich (s. § 2 Abs. 2 GrEStG, § 741 BGB). Die Bestellung, Übertragung, Aufhebung und Verlängerung eines Erbbaurechtes unterliegt somit der GrESt. Steuerpflichtig ist auch die Veräußerung von Teileigentum und Eigentum auf fremden Grund und Boden. Errichtet ein Pächter auf fremdem Grund und Boden ein Gebäude mit Zustimmung des Grundstückseigentümers, wird durch den Übergang des Gebäudes auf einen anderen Pächter oder auf den Grundstückseigentümer GrESt ausgelöst (s. BFH vom 27.3.1985, BStBl II 1985 S. 526).

Checkliste

**Bei folgenden Erwerbsvorgängen entsteht GrESt:**

- ✔ Kaufvertrag
- ✔ Tauschvertrag
- ✔ Übergabevertrag
- ✔ Schenkung
- ✔ Einbringungsvertrag
- ✔ Auseinandersetzungsvertrag
- ✔ Grundstücksbeschaffungsvertrag (Auflassung ohne Kaufvertrag)
- ✔ Übereignung eines Grundstücks als Schadensersatz (Auflassung ohne Kaufvertrag)
- ✔ Erbanfall
- ✔ Umwandlung
- ✔ Gesellschafterwechsel bei Personengesellschaften
- ✔ Meistgebot im Zwangsversteigerungsverfahren
- ✔ Erwerb der Verwertungsbefugnis

## 3 Steuervergünstigungen

Das Gesetz gewährt eine Reihe von Vergünstigungen insoweit, als bestimmte steuerbare Erwerbsvorgänge von der Steuer befreit werden.

Zunächst gilt die Freigrenze des § 3 Nr. 1 GrEStG, nach der Erwerbe bis 2.500 € steuerfrei bleiben. Im Umkehrschluss sind Erwerbe über 2.500 € in voller Höhe steuerpflichtig.

Befreit ist auch der Erwerb eines Grundstücks durch einen Miterben aus dem Nachlass im Zuge der Auseinandersetzung der Erbengemeinschaft (§ 3 Nr. 3 GrEStG).

Ansonsten beziehen sich die Vergünstigungen auf bestimmte Beziehungen zwischen Veräußerer und Erwerber oder den Erwerber allein.

Erwerb vom Ehepartner

Erstens handelt es sich um den Erwerb des Ehegatten des Veräußerers, der von der GrESt befreit ist (§ 3 Nr. 4 GrEStG). Der Erwerb vom früheren Ehegatten im Rahmen der Vermögensauseinandersetzung nach einer Scheidung ist ebenfalls befreit (§ 3 Nr. 5 GrEStG). In Frage kommt dabei ein Erwerb unter Anrechnung auf Ansprüche nach der Scheidung, wie z. B. Zugewinn-, Versorgungsausgleich oder Unterhaltsanspruch. Nicht begünstigt ist per Definition der Erwerb vom nichtehelichen Lebenspartner. Ebenfalls unter die Steuerbefreiung fallen die Erwerbe unter Verwandten in gerader Linie, wie Kinder, Enkel, Urenkel, Eltern oder Großeltern (§ 3 Nr. 6 GrEStG).

Erwerb von Verwandten

Die wichtigsten auf den Erwerber bezogenen Vergünstigungen betreffen den Erwerb von Todes wegen und die Schenkung unter Lebenden i.S.d. Erbschaftsteuer- und Schenkungsteuergesetzes. Grund für die Befreiung ist die Vermeidung der Doppelbesteuerung durch ErbSt/Schenkungsteuer einerseits und GrESt andererseits. Das Gesetz bestimmt für Schenkungen unter Auflage, dass diese Schenkungen in der Höhe grunderwerbsteuerbar sind, in der die Auflage bei der Schenkungsteuer abziehbar ist. Möglich sind Schenkungen unter Leistungs- und unter Duldungsauflage.

Keine Doppelbesteuerung

**Beispiel Schenkung unter Duldungsauflage:**
*Ein Vater schenkt seinem Sohn ein Haus unter der Auflage, dass die Schwester ein lebenslanges Wohnrecht erhält.*

**Lösung:**
*Die Schenkungsteuer berechnet sich aus dem Steuerwert des Hauses verringert um den Kapitalwert des Wohnrechts. Bemessungsgrundlage für die GrESt ist allein der Kapitalwert des Wohnrechts.*

Bei der Schenkung unter Leistungsauflage ist diese Auflage als Gegenleistung i.S.d. § 9 GrEStG für die Übertragung des Grundstücks anzusehen. Die GrESt bemisst sich folglich an dem Wert der Auflage.

Auflagen bei einer Schenkung

**Beispiel Schenkung unter Leistungsauflage:**
*Ein Vater schenkt seinem Sohn ein Haus unter der Auflage, die bestehenden Hypotheken zu übernehmen.*

**Lösung:**
*Die GrESt entsteht aus dem Nennwert der noch abzulösenden Grundschulden.*

Es gibt weitere besondere Ausnahmen von der Besteuerung (§ 4 GrEStG), auf die in dieser Abhandlung nicht weiter eingegangen werden soll.

Die Steuervergünstigungen der §§ 5, 6 GrEStG werden im Rahmen der Gliederungspunkte Kap. 9.1 und 9.2 erläutert.

Auf die Steuervergünstigung des § 7 GrEStG (Umwandlung von gemeinschaftlichem Eigentum in Flächeneigentum) wird hier nur hingewiesen.

# 4 Bemessungsgrundlage

## 4.1 Regelfall: Gegenleistung

Der Regelfall für die Bemessungsgrundlage ist die Gegenleistung (s. §8 Abs. 1 GrEStG). Diese umfasst jede Leistung, die der Erwerber als Entgelt für ein Grundstück dem Veräußerer gewährt, oder die der Veräußerer als Entgelt für die Veräußerung erhält (s. BFH vom 25.11.1992, BStBl II 1993 S. 308).

Entgelt und andere Leistungen

Beim Kauf eines Grundstücks ist der Kaufpreis die Gegenleistung. Der Kaufpreis setzt sich zusammen aus dem Preis zuzüglich Nebenkosten und der vom Verkäufer vorbehaltenen Nutzungen. Nebenkosten sind z.B. Vermessungskosten, Provisionen für Makler oder übernommene Verbindlichkeiten. Kosten, die der Käufer ohnehin (s. §448 BGB) übernehmen muss, wie z.B. Notargebühren für die Beurkundung des Kaufvertrages, gehören selbst dann nicht zum Kaufpreis, wenn sich der Käufer hierzu vertraglich verpflichtet hat. Die möglichen vorbehaltenen Nutzungen des Verkäufers, wie z.B. ein Wohnrecht des Veräußerers, zählen dagegen zum Kaufpreis. Diese Nutzungen sind mit dem Kapitalwert anzusetzen (s. §14 BewG, Anlage 9 BewG). Die Umsatzsteuer ist nur dann Bestandteil des Kaufpreises, wenn auf die USt-Befreiung verzichtet wird (s. §4 Nr. 9 UStG).

Aufteilung des Kaufpreises

Werden mehrere Gegenstände oder Sachinbegriffe veräußert, die auch ein Grundstück enthalten, und wird der Kaufpreis nicht differenziert, so ist die Bemessungsgrundlage für die GrESt nach folgender Formel zu ermitteln:

$$\frac{\text{Gesamtgegenleistung} \times \text{gemeiner Wert des Grundstücks}}{(\text{gemeiner Wert des Grundstücks} + \text{gemeiner Wert der übrigen Gegenstände})}$$

Tauschleistung

Beim Tausch besteht die Gegenleistung im Wert des hingenommenen Grundstücks, d.h. in der Tauschleistung des Vertragspartners einschließlich einer vereinbarten zusätzlichen Leistung. Die Bewertung der Tauschleistung des anderen Vertragsteils erfolgt nach den §§2–16 BewG. Ein Kaufpreis i.e.S. fehlt beim Tauschvorgang. In einem Versteigerungsverfahren bildet das Meistgebot (s. §81 ZVG) die Gegenleistung. Bei Abtretung der Rechte aus dem Versteigerungsverfahren stellt die Übernahme der Verpflichtung samt eventueller Nebenleistungen des Erwerbers die Gegenleistung dar. Wird ein Übereignungsanspruch abgetreten, so bestimmt §9 Abs. 1 Nr. 6 GrEStG als Gegenleistung die Übernahme der Verpflichtung aus dem Rechtsgeschäft, das dem Anspruch zu Grunde liegt. Bei einer Enteignung gilt als Gegenleistung die Entschädigung (s. §9 Abs. 1 Nr. 7 GrEStG). Die Grunderwerbsteuer, die für den zu besteuernden

Erwerbsvorgang zu entrichten ist, wird der Gegenleistung weder hinzugerechnet noch von ihr abgezogen (§ 9 Abs. 3 GrEStG).

## 4.2 Ausnahmefall: Grundbesitzwert

Änderung durch Bundesverfassungsgericht

Auf Grund des Beschlusses des BVerfG vom 22.6.1995 wurde die Bewertung von Grundstücken für Zwecke der GrESt ab dem 1.1.1997 neugeregelt. Infolgedessen bestehen zu dem o.a. Regelfall, dass die Steuer sich nach dem Wert der Gegenleistung bestimmt, vier mögliche Ausnahmen (s. § 8 Abs. 2 GrEStG), bei denen der Grundbesitzwert die Bemessungsgrundlage darstellt (s. § 138 BewG). Dieser Wert wird im Bedarfsfall vom zuständigen Finanzamt gesondert festgestellt (s. §§ 179, 180 AO), weshalb auch vom Bedarfswert gesprochen wird. Die Feststellung erfolgt durch einen Grundlagenbescheid. Der Bedarfswert wird auf den Zeitpunkt der Entstehung der Steuer festgestellt.

In folgenden Fällen bemisst sich die Steuer nach dem Bedarfswert:
- eine Gegenleistung ist nicht vorhanden oder nicht zu ermitteln,
- Verschmelzung oder Spaltung (s. §§ 2, 123 UmwG),
- Einlage eines Grundstücks,
- Anteilsvereinigung (s. § 1 Abs. 2a und 3 GrEStG).

Jahressteuergesetz 2007

Im Rahmen des Jahressteuergesetz 2007 vom 13.12.2006 (BGBl. I S. 2878) wurde der § 138 BewG neu gefasst. Danach sind Grundbesitzwerte ab 01.01.2007 unter Berücksichtigung der **tatsächlichen Verhältnisse und der Wertverhältnisse zum Besteuerungszeitpunkt festzustellen**.

Weist der Steuerpflichtige nach, dass der gemeine Wert der wirtschaftlichen Einheit im Besteuerungszeitpunkt niedriger ist als der nach den §§ 143, 145 bis 149 BewG ermittelte Wert, ist der gemeine Wert als Grundbesitzwert festzustellen.

### 4.2.1 Unbebaute Grundstücke

Bewertung unbebauter Grundstücke

Auf einem unbebauten Grundstück steht kein nutzbares Gebäude, es sei denn das Gebäude ist nur von unbedeutendem Nutzen. Das ist dann anzunehmen, wenn die erzielbare Jahresmiete oder die übliche Miete (§ 146 Abs. 2 oder 3 BewG) weniger als 1 % des Wertes des unbebauten Grundstücks beträgt (s. § 145 BewG).

Ein unbebautes Grundstück wird nach folgender Regel bewertet:

Anzahl Quadratmeter × (Bodenrichtwert ./. 20 % Abschlag) = Grundbesitzwert

Wertbeeinflussende Merkmale des Grundstücks, wie z.B. Ecklage oder Belästigung durch Lärm oder Staub, gelten durch diesen 20 %igen Abschlag als abgegolten.

Bodenrichtwerte

Der Grundbesitzwert wird auf volle 500 € nach unten abgerundet (§ 139 BewG).

Die Bodenrichtwerte sind aktuelle Lagewerte, die von den Gutachterausschüssen der Gemeinden aus den von ihnen zu führenden Kaufpreissammlungen abgeleitet werden (§ 193 Abs. 3 i.V.m. § 196 Abs. 1 BauGB). Die Bodenrichtwerte werden alle zwei Jahre ermittelt. Die Bodenrichtwerte sind den Finanzämtern mitzuteilen.

Kann der Steuerpflichtige nachweisen, dass der gemeine Wert des Grundstücks niedriger als der Grundbesitzwert ist, so wird der gemeine Wert festgestellt. Ein Nachweis kann regelmäßig durch ein Gutachten eines vereidigten Bausachverständigen oder eines Gutachterausschusses erbracht werden. Eine Glauhaftmachung reicht nicht aus.

### 4.2.2 Bebaute Grundstücke

Ertrags-wertverfahren

Grundstücke gelten als bebaut, wenn sich auf dem Grundstück nutzbare Gebäude befinden. Für die Bewertung gilt das in § 146 BewG beschriebene Ertragswertverfahren. Danach wird wie folgt vorgegangen:

| | |
|---|---|
| | Jahres-Nettokaltmiete × Multiplikator 12,5 |
| ./. | Wertminderung wegen Alters des Gebäudes 0,5 % pro Jahr, max. 25 % |
| = | Grundbesitzwert |
| + | 20 % Zuschlag für Wohngrundstücke mit Ein-/Zweifamilienhäusern |

Verprobung

Dieser Wert wird auf volle 500 € nach unten abgerundet. Der so ermittelte Wert darf gem. § 146 Abs. 6 BewG nicht geringer sein als der Wert des Grundstücks ohne Gebäude. Es gilt also durch den 20 %igen Abschlag bei unbebauten Grundstücken ein Mindestwert in Höhe von 80 % des Bodenrichtwertes multipliziert mit der Quadratmeterzahl. Der Steuerpflichtige kann auch beim bebauten Grundstück den Beweis erbringen, dass der gemeine Wert niedriger als der Grundbesitzwert ist. Zum Nachweis vgl. Kap. 4.2.1. Der Wert eines bebauten Grundstücks richtet sich nicht mehr nach der durchschnittlichen Jahresmiete der letzten drei Jahre, sondern nach der zum Besteuerungszeitpunkt vereinbarten Miete (§ 146 Abs. 2 BewG).

Jahre-Nettokaltmiete

Die Jahres-Nettokaltmiete ist das Gesamtentgelt, das ein Mieter aufgrund des Mietvertrages für zwölf Monate zu entrichten hat. Dazu gehören keine Nebenkosten, wie z.B. Grundsteuer, Straßenreinigungsgebühren oder Abfallentsorgung. Der 0,5 %ige Altersabschlag wird für jedes volle Jahr seit der Bezugsfertigkeit bis zum Erwerb gewährt. Der Bewertungszuschlag von 20 % gilt nur für Gebäude, die ausschließlich Wohnzwecken dienen und nicht mehr als zwei Wohnungen enthalten.

**Beispiel:**
*Herr X baut und bezieht sein Haus im Jahr 1992. Die Wohnfläche beträgt 150 qm, das Grundstück ist 1.000 qm groß. Der Bodenrichtwert beträgt 300 € pro qm, die ortsübliche, erzielbare Miete beträgt 1.000 € pro Monat. Der Verkehrswert (gemeiner Wert) des bebauten Grundstücks liegt bei 1.500.000 €.*

**Lösung:**
*Der Grundbesitzwert zum 1.1.2002 beträgt:*

| | |
|---|---|
| | *Jahres-Nettokaltmiete 12 × 1.000 € = 12.000 €* |
| × | *Multiplikator 12,5 = 150.000 €* |
| ./. | *Wertminderung wegen Alters (1992–2001 = 10 Jahre)* |
| | *10 × 0,5 % × 150.000 € = 7.500 €* |
| = | *142.500 €* |
| + | *Zuschlag für Einfamilienhaus 20 % von 142.500 € = 28.500 €* |
| = | *Grundbesitzwert 171.000 €* |

*Vergleich mit Mindestwert: 80 % von (1.000 qm × Bodenrichtwert 300 €/qm) = 240.000 €*

*Der Grundbesitzwert von 171.000 € ist kleiner als der Mindestwert. Es wird deshalb der Mindestwert herangezogen.*

An die Stelle der Jahremiete tritt die übliche Miete für solche Grundstücke, die eigengenutzt, ungenutzt, zu vorübergehendem Gebrauch oder unentgeltlich überlassen sind oder die der Eigentümer dem Mieter zu einer mehr als 20 % von der üblichen Miete abweichenden tatsächlichen Miete überlassen hat.

Die übliche Miete ist die Miete, die für nach Art, Lage, Größe, Ausstattung und Alter vergleichbare, nicht preisgebundene Grundstücke von fremden Mietern bezahlt wird. Betriebskosten sind hierbei nicht einzubeziehen. Ungewöhnliche oder persönliche Verhältnisse bleiben dabei außer Betracht (§ 146 Abs. 3 BewG).

### 4.2.3 Bebaute Grundstücke in Sonderfällen

Grundstücke in Sonderfällen

Es können einige Sonderfälle (s. § 147 BewG) auftreten, in denen nach den zuvor beschriebenen Verfahren nicht vorgegangen werden kann. Obwohl diese in der Praxis eher selten vorkommen, sollen sie hier nicht unerwähnt bleiben. Lässt sich für bebaute Grundstücke die übliche Miete (s. Kap. 4.2.2) nicht ermitteln, bestimmt sich der Wert abweichend von § 146 BewG nach der Summe des Werts des Grund und Bodens und des Werts der Gebäude.

| |
|---|
| Grundstücksfläche (in qm) multipliziert mit 70 % des Bodenrichtwertes |
| + Gebäude mit dem ertragsteuerlichen Wert im Besteuerungszeitpunkt |
| = Grundbesitzwert |

Die maßgeblichen Gebäudewerte sind bei Bilanzierenden die Werte aus der Bilanz, bei Einnahmen-Überschussrechnern (s. § 4 Nr. 3 EStG) die Restbuchwerte und bei Gebäuden im Privatvermögen die fortgeführten Anschaffungs- oder Herstellungskosten.

Auch hierbei ist es dem Steuerpflichtigen möglich, einen niedrigeren gemeinen Wert für den Grund und Boden nachzuweisen (s. Kap. 4.2.1).

Das Verfahren nach § 147 BewG gilt insbesondere für Gebäude zur Durchführung bestimmter Fertigungsverfahren, zu Spezialnutzungen oder zur Aufnahme bestimmter technischer Einrichtungen.

### 4.2.4 Grundstücke im Zustand der Bebauung

Grundstücke im Zustand der Bebauung

Grundstücke im Zustand der Bebauung liegen vor, wenn mit den Bauarbeiten begonnen wurde und Gebäude oder Gebäudeteile noch nicht bezugsfertig sind. Der Grundbesitzwert wird in diesen Fällen wie folgt ermittelt (s. §§ 145–149 BewG):

| |
|---|
| Grundbesitzwert ohne Gebäude im Bau (vor Beginn der Baumaßnahmen) |
| + Gebäudewert nach Grad der Fertigstellung |
| = Grundbesitzwert im Zustand der Bebauung |

Der Grundbesitzwert beträgt für

| | |
|---|---|
| unbebaute Grundstücke: | Fläche in qm × Bodenrichtwert × 80 % (§ 145 BewG) |
| bebaute Grundstücke: | entweder Ertragswertverfahren oder 80 % des Bodens + Steuerbilanzwert (§ 146 BewG) |

Der Gebäudewert beträgt 80 % des Grundbesitzes nach Fertigstellung, er darf jedoch den Grundbesitzwert nach Fertigstellung nicht übersteigen. Der Grad der Fertigstellung errechnet sich aus dem Quotienten

$$\frac{\text{entstandene Herstellungskosten zum Besteuerungszeitpunkt}}{\text{gesamte Herstellungskosten}}$$

**Beispiel:**

*Ein unbebautes Grundstück wird mit einem Mehrfamilienhaus bebaut. Nach Fertigstellung sind 40.000 € Miete zu erzielen, die gesamten Herstellungskosten betragen 1.000.000 €, bisher sind 450.000 € angefallen. Die Grundstücksfläche soll 600 qm, der Bodenrichtwert 300 € betragen.*

*Wie hoch ist der Grundbesitzwert auf den 1.7.2006?*

**Lösung:**

| | | |
|---|---|---|
| *Grundbesitzwert:* | *Fläche in qm × Bodenrichtwert* | |
| | *600 × 300 € = 180.000 €* | |
| | *davon 80 % =* | *144.000 €* |
| *Gebäudewert:* | *40.000 € × 12,5 = 500.000 €* | |
| | *davon 80 % =* | *400.000 €* |
| *Grad der Fertigstellung* | *450.000 € : 1.000.000 € = 45 %* | |
| | *45 % von 400.000 € =* | *180.000 €* |
| *Grundbesitzwert im Zustand der Bebauung:* | | |
| | *(144.000 € + 180.000 €) =* | *324.000 €* |
| *Vergleich mit Höchstwert: (40.000 € × 12,5) =* | | *500.000 €* |

*Der Höchstwert wird nicht überschritten, d.h. es bleibt bei dem Ansatz des Grundbesitzwertes in Höhe von 324.000 €.*

## 4.2.5 Erbbaurecht und Gebäude auf fremdem Grund und Boden

Bezüglich der Berechnung des Grundbesitzwertes wird auf § 143 BewG verwiesen. Erbbaurecht

Bewertungsrechtlich bilden das erbbaurechtsbelastete Grundstück und das Erbbaurecht je eine selbständige wirtschaftliche Einheit des Grundvermögens.

Der Wert des erbbaurechtsbelasteten Grundstücks betrug das 18,6-fache des nach den vertraglichen Bestimmungen im Besteuerungszeitpunkt zu zahlenden jährlichen Erbbauzinses.

Der Wert des Erbbaurechts war der im Ertragswertverfahren (§ 146 BewG) oder im Sonderfallverfahren (§ 147 BewG) ermittelte Wert des Grundstücks im Besteuerungszeitpunkt abzüglich des 18,6-fachen des nach den vertraglichen Bestimmungen im Besteuerungszeitpunkt zu zahlendem jährlichen Erbbauzinses.

Im Rahmen des Jahresteuergesetzes 2007 (JStG 2007) vom 13.12.2006 wurde **§ 148 BewG komplett neu gefasst**. Ab 1.1.2007 spielt das 18,6-fache des zu zahlenden jährlichen Erbbauzinses keine Rolle mehr.

Vielmehr ist bei der Ermittlung der Grundbesitzwerte für die wirtschaftliche Einheit des belasteten Grundstücks und für die wirtschaftliche Einheit des Erbbaurechts von dem Gesamtwert auszugehen, der sich für den Grund und Boden einschließlich der Gebäude ergäbe, wenn die Belastung nicht bestünde. Der Wert des Grund und Bodens entfällt auf die wirtschaftliche Einheit des belasteten Grundstücks. Bezüglich des Gebäudewerts gibt es eine komplexe Regelung in § 148 Abs. 3 BewG in Abhängigkeit von der Laufzeit des Erbbaurechts und einer möglichen Entschädigungsleistung. Auf § 148 Abs. 4 BewG ist besonders zu achten.

Gebäude auf fremden Grund und Boden

Für **Gebäude auf fremdem Grund und Boden** wurde ein **neuer § 148a BewG** eingefügt. Danach ist bei diesen Gebäuden § 148 Abs. 1 BewG entsprechend anzuwenden. Der Bodenwert ist dem Eigentümer des Grund und Bodens, der Gebäudewert dem Eigentümer des Gebäudes zuzurechnen.

## 5 Steuerberechnung

Steuersatz seit 1997

Der Steuersatz beträgt 3,5 % (s. § 11 Abs. 1 GrEStG). Nachdem der Steuersatz auf die Bemessungsgrundlage angewandt wurde, ist die sich so ergebende Steuer (-schuld) auf € nach unten abzurunden (s. § 11 Abs. 2 GrEStG).

Pauschalsteuer möglich

Die Steuer kann auch im Einvernehmen zwischen Steuerpflichtigen und Finanzamt pauschal ermittelt werden, wenn dadurch die Besteuerung vereinfacht wird. Die so festgesetzte Steuer darf nicht wesentlich von der Steuer abweichen, die sich nach der herkömmlichen Methode ergibt (s. § 12 GrEStG).

## 6 Steuerschuld

Steuerschuldner als Gesamtschuldner

Steuerschuldner (§ 13 GrEStG) sind regelmäßig bei einem Erwerbsvorgang alle Beteiligten als Gesamtschuldner. Das sind bei einem Kaufvertrag Käufer und Verkäufer. Der Meistbietende schuldet die Steuer bei Erwerb im Rahmen einer Zwangsversteigerung und der Erwerber bei Vereinigung von mindestens 95 % der Anteile an einer Gesellschaft in seiner Hand. Bei vollständiger oder wesentlicher Änderung des Gesellschafterbestandes an einer Personengesellschaft schuldet die Gesellschaft die Steuer. Gesamtschuldnerschaft bedeutet, dass jeder das Ganze schuldet, aber alle zusammen nur einmal. Das Finanzamt kann sich also an jeden der Schuldner halten und von ihm die Steuer fordern. Der Schuldner, der die Steuer entrichtet hat, erwirbt dann einen Ausgleichsanspruch gegen die anderen Gesellschafter. Die Steuer entsteht mit dem Eintritt der Bedingung, wenn die Wirksamkeit eines Erwerbsvorgangs von dem Eintritt der Bedingung abhängig ist. Sie entsteht auch mit der Genehmigung, wenn ein Erwerbsvorgang einer Genehmigung bedarf (§ 14 GrEStG).

Die Steuer wird einen Monat nach der Bekanntgabe des Steuerbescheids fällig. Das Finanzamt darf eine längere Zahlungsfrist setzen (§ 15 GrEStG).

Eine Stundung der Steuer ist in Ausnahmefällen mit einer Verzinsung von 0,5 % pro Monat möglich.

## 7 Nichtfestsetzung der Steuern, Aufhebung oder Änderung der Steuerfestsetzung

Abweichung von der Steuer

Sind die Tatbestände zur Steuerfestsetzung gegeben, so kann der Steuerschuldner die Durchsetzung des Steueranspruchs seitens des Finanzamtes auf drei Arten beeinflussen (s. § 16 GrEStG).

Er kann beantragen,

a) die Steuer nicht festzusetzen,
b) die bereits festgesetzte Steuer zu ändern,
c) die bereits festgesetzte Steuer aufzuheben.

In allen drei Fällen muss sich der der Besteuerung zu Grunde liegende Sachverhalt im Nachhinein geändert haben. Der Antrag kann formlos gestellt werden, d.h. er ist mündlich, schriftlich oder durch konkludentes Handeln möglich.

Mögliche Fälle für Aufhebung oder Nichtfestsetzung der Steuer sind:

a) ein Erwerbsvorgang wird innerhalb von zwei Jahren rückgängig gemacht, bevor das Eigentum am Grundstück auf den Erwerber übergegangen ist (§ 16 Abs. 1 GrEStG),
b) Rückerwerb des Eigentums an dem veräußerten Grundstück durch den Veräußerer (§ 16 Abs. 2 GrEStG).

Im Fall b) wird für den Rückerwerb und für den vorausgegangenen Erwerbsvorgang die GrESt nicht festgesetzt oder die Steuerfestsetzung aufgehoben.

Die GrESt wird niedriger festgesetzt oder die Steuerfestsetzung geändert, falls die Gegenleistung für das übertragene Grundstück nachträglich herabgesetzt wird, weil sich dadurch die Bemessungsgrundlage gemindert hat (§ 16 Abs. 3 GrEStG).

Der Antrag auf Nichtfestsetzung, Aufhebung oder Änderung der Steuer muss innerhalb der Festsetzungsfrist (§§ 169 bis 171 AO) gestellt werden, denn nach Ablauf der Frist ist eine Änderung nicht mehr möglich. Die Festsetzungsfrist endet nicht vor Ablauf eines Jahres nach dem Eintritt des Ereignisses, das die Aufhebung begründet.

## 8 Örtliche Zuständigkeit, Feststellung von Besteuerungsgrundlagen, Anzeigepflichten und Erteilung der Unbedenklichkeitsbescheinigung

Zuständiges Finanzamt

Örtlich zuständig für die Besteuerung ist grundsätzlich das Finanzamt, in dessen Bezirk sich das Grundstück befindet, das Gegenstand des Erwerbsvorgangs ist. Erstreckt sich das Grundstück über mehrere Bundesländer, so ist jedes Finanzamt, in dessen Bezirk ein Teil des Grundstücks liegt, für seinen Teil für die Besteuerung zuständig. Im letztgenannten Fall erfolgt eine gesonderte Feststellung (s. § 179 AO) der auf die einzelnen Finanzämter entfallenden Besteuerungsgrundlagen. Von einer solchen gesonderten Feststellung kann abgesehen werden, wenn der Erwerb steuerfrei ist, oder die anteilige Besteuerungsgrundlage für den Erwerb des in einem anderen Land liegenden Grundstücksteils unter der Bagatellgrenze von 2.500 € liegt.

Meldepflichten

Gerichte, Ämter und Notare trifft eine Anzeigepflicht gegenüber dem zuständigen Finanzamt, wenn sie Kaufverträge, Änderungen im Grundbuch, Zuschlagsbeschlüsse im Zwangsversteigerungsverfahren o.Ä. beurkundet oder beglaubigt haben. Die Anzeige muss innerhalb von zwei Wochen nach Beurkundung oder Beglaubigung nach amtlich vorgeschriebenen Vordrucken erfolgen. Der Anzeige ist eine Abschrift der Urkunde über den Rechtsvorgang, den Antrag, den Beschluss oder die Entscheidung beizufügen.

Eine Anzeigepflicht kann auch den Steuerpflichtigen treffen, z.B. in den Fällen, in denen er eine Verwertungsbefugnis an einem Grundstück erlangt, in denen der Gesellschafterbestand einer Personengesellschaft wechselt, bei Vereinigung von 95 % der Anteile an einer Personengesellschaft, oder bei nachträglicher Erhöhung der Gegenleistung. Bzgl. weiterer Anzeigepflichten von Beteiligten wird auf § 19 GrEStG hingewiesen.

Inhalt der Anzeige

Gemäß § 20 GrEStG müssen die Anzeigen folgenden Inhalt haben:
1. Vorname, Zuname und Anschrift des Veräußeres und des Erwerbers,
2. Grundstücksbezeichnung (Grundbuch, Kataster, Straße, Hausnummer),
3. Größe und Art der Bebauung des Grundstücks,
4. Bezeichnung des anzeigepflichtigen Vorgangs und Tag der Beurkundung,
5. Kaufpreis oder sonstige Gegenleistung,
6. Name der Urkundsperson,
7. evtl. Firma, Ort der Geschäftsleitung der Gesellschaft,
8. evtl. Bezeichnung des oder der Geschäftsanteile.

Neuer Eingentümer

Der Erwerber darf erst dann als neuer Eigentümer eines Grundstücks in das Grundbuch eingetragen werden, wenn das zuständige Finanzamt eine Unbedenklichkeitsbescheinigung erstellt, d.h. dass der Grundbucheintragung steuerliche Bedenken nicht entgegenstehen. Die Bescheinigung muss das Finanzamt erteilen, sobald die GrESt entrichtet, gestundet, sichergestellt oder wenn Steuerfreiheit gegeben ist. Die Unbedenklichkeitsbescheinigung ist schriftlich zu erteilen.

# 9 Erläuterung ausgewählter Problembereiche

## 9.1 Übergang auf eine Gesamthand

Verkauf an die Gesellschaft

Charakteristisch für eine Gesamthand ist, dass das Vermögen gesamthänderisch gebunden ist, d.h. ein Gesellschafter kann nicht über einzelne Vermögensgegenstände der Gesamthand verfügen. Träger von Rechten und Pflichten im zivilrechtlichen Sinne sind bei der Gesamthandsgemeinschaft die Gesellschafter.

Als Gesamthandsgemeinschaften können folgende Gesellschaftsformen vorkommen:
- die Offene Handelsgesellschaft (s. § 105 HGB),
- die Kommanditgesellschaft (s. § 161 HGB),
- die Partnerschaft (s. § 1 PartG),
- die Gesellschaft bürgerlichen Rechts (s. § 705 BGB).

Die stille Gesellschaft ist keine Gesamthandsgemeinschaft, weil die Einlage des stillen Gesellschafters in das Eigentum des Geschäftsherrn übergeht. Es existiert weder bei der typisch noch bei der atypisch stillen Gesellschaft ein Gesamthandsvermögen.
Wird ein Grundstück von einem oder von mehreren Gesellschaftern entgeltlich auf die Gesamthandsgemeinschaft übertragen, so ist dies

ein grunderwerbsteuerbarer Vorgang (s. § 5 GrEStG). Die GrESt wird aber nicht erhoben, soweit der Anteil des Übertragenden am Gesamthandsvermögen seinem Anteil am Grundstück entspricht. Geht ein Grundstück von einem Alleineigentümer auf eine Gesamthand über, so wird die Steuer in Höhe des Anteils nicht erhoben, zu der der Veräußerer am Vermögen der Gesamthand beteiligt ist.

Die Gegenleistung, die auch hier die Bemessungsgrundlage zur Ermittlung der GrESt darstellt, ist der gezahlte Kaufpreis. Bei einer Einlage eines Grundstücks in eine Gesellschaft ist der Wert der erhaltenen Anteile die Gegenleistung. Die Steuer schuldet die Gesamthand.

**Beispiel:**
*An einer Kommanditgesellschaft sind Herr X mit 60 % und Herr Y mit 40 % beteiligt. Herr Y besitzt ein Grundstück und bringt dieses in die Gesellschaft ein.*

**Lösung:**
*Die Steuerpflicht entsteht mit 100 % ./. 40 %, d.h. mit 60 % von der Gegenleistung.*

## 9.2 Übergang von einer Gesamthand

Kauf von der Gesellschaft

Der umgekehrte Fall, dass ein Grundstück einer Gesamthand in das Allein- oder Miteigentum eines Gesellschafters übergeht, bleibt in Höhe des Anteils des Erwerbers an der Gesamthand steuerfrei (s. § 6 GrEStG). Dies gilt jedoch nur, wenn der Gesellschafter seinen Anteil an der Gesellschaft vor mehr als fünf Jahren erworben hat, oder seit der Gründung der Gesellschaft an dieser beteiligt ist. Diese Sperrfrist gilt nicht beim Übergang auf eine Gesamthand. Die Gegenleistung ist der Kaufpreis, den der Gesellschafter für die Übertragung des Grundstücks zahlt.

**Beispiel:**
*An einer Offenen Handelsgesellschaft (OHG) sind Herr X mit 60 % und Herr Y mit 40 % beteiligt. Die OHG überträgt ein Grundstück auf Herrn X.*

**Lösung:**
*Dieser ist steuerpflichtig mit 100 % ./. 60 % = 40 % der Gegenleistung.*

## 9.3 Grunderwerbsteuer in Umwandlungsfällen

Rechtsformänderungen sind in der Praxis von großer Bedeutung.

Folgende Formen der Umwandlung kommen nach dem UmwG in Betracht:

- Verschmelzung,
- Spaltung,
- Vermögensübertragung,
- Formwechsel.

Im Rahmen einer Umwandlung entsteht GrESt, wenn zum Vermögen der übertragenden bzw. der umgewandelten Gesellschaft Grundvermögen gehört. Ein solcher Erwerbsvorgang fällt unter § 1 Abs. 1 Nr. 3 GrEStG.

### 9.3.1 Verschmelzung

Eintragung der Verschmelzung

Im Rahmen einer Verschmelzung (s. §§ 2–122 UmwG) geht das ganze Vermögen eines Rechtsträgers auf einen anderen Rechtsträger über. Es handelt sich um einen Fall der Gesamtrechtsnachfolge. Dabei entsteht GrESt, wenn zum übertragenen Vermögen inländischer Grundbesitz gehört. Die Steuerschuld entsteht dann, wenn die Verschmelzung im Handelsregister des Sitzes des übernehmenden Rechtsträgers eingetragen ist. Für die Verschmelzung von Personengesellschaften gilt die Steuerbefreiung des § 6 GrEStG. Bemessungsgrundlage für die GrESt ist die Gegenleistung.

Zur Gegenleistung gehören grundsätzlich:

- der Wert der den bisherigen Anteilseignern des übertragenden Rechtsträgers vom übernehmenden Rechtsträger gewährten Anteile (BFH vom 18.7.1979, BStBl II 1979 S. 683),
- der Wert der übergegangenen Schulden und Lasten (BFH vom 18.7.1979, BStBl II 1979 S. 683),
- zu zahlende Leistungen, die nicht in Anteilen beglichen werden können,
- der Wert der nach § 29 UmwG gewährten Abfindungen (BFH vom 25.7.1979, BStBl II 1979 S. 692),
- die Steuer schulden beide Gesellschaften, d.h. sowohl die übertragende als auch die übernehmende Gesellschaft.

Checkliste

**Liegt einer der folgenden Fälle einer Verschmelzung vor:**

- ✔ Verschmelzung durch Aufnahme von GmbH,
- ✔ Verschmelzung einer AG oder KGaA mit einer GmbH,
- ✔ Verschmelzung von zwei Genossenschaften,

so kommt es für die Entstehung der GrESt auf die Eintragung in das Register des übernehmenden Rechtsträgers an.

### 9.3.2 Spaltung

Drei Arten der Spaltung

Bei der Spaltung (s. §§ 123-173 UmwG) entsteht ebenfalls GrESt, wenn Grundstücke übergehen. Bei der Spaltung erfolgt die Übertragung des Vermögens auf den übernehmenden Rechtsträger im Wege der Sonderrechtsnachfolge. Die nachfolgend angeführten Grundsätze gelten für die Aufspaltung, die Abspaltung und für die Ausgliederung in gleicher Weise. Die Steuer entsteht in allen drei Fällen mit der Eintragung der Spaltung in das Register des Sitzes des übernehmenden Rechtsträgers.

Bei der Spaltung von Personengesellschaften gilt wiederum die teilweise Steuerbefreiung des § 6 GrEStG.

**Beispiel:**
*An der XYZ-OHG, die u.a. ein inländisches Grundstück besitzt, sind die X-GmbH und die Y-AG jeweils mit 50 % beteiligt. Die XYZ-OHG wird auf die beiden Kapitalgesellschaften aufgespalten.*

**Lösung:**
*Der Vorgang ist steuerbar, aber nach § 6 Abs. 2 GrEStG in Höhe von 50 % befreit.*

Als Bemessungsgrundlage gilt wiederum die Gegenleistung. Dazu gehören

- der Wert der Anteile, die den bisherigen Anteilseignern des übertragenden Rechtsträgers am übernehmenden (neuen) Rechtsträger gewährt werden,
- zu leistende bare Zuzahlungen,
- der Wert der übergegangenen Schulden und Lasten.

### 9.3.3 Vermögensübertragung

Vermögensübertragung

Bei der Vermögensübertragung (s. §§ 174–189 UmwG) kommt es für die Entstehung der GrESt auf den Zeitpunkt der Eintragung in das Handelsregister des Sitzes des übernehmenden Rechtsträgers an.

Als Bestandteile der Gegenleistung, die die Bemessungsgrundlage darstellt, gelten:

- die an den übertragenden Rechtsträger bzw. deren Anteilsinhaber gewährte Gegenleistung, die nicht in Anteilen besteht,
- der Wert der übergegangenen Schulden und Lasten.

### 9.3.4 Formwechsel

Neuregelung bei einem Formwechsel

Bei einem Formwechsel (s. §§ 190–304 UmwG), d.h. einer Umwandlung einer Personengesellschaft in eine Kapitalgesellschaft oder umgekehrt, war die Grunderwerbsteuerbarkeit lange Zeit umstritten. Nach Ansicht des BFH kam es durch einen Formwechsel weder zu einer Einzel- noch zu einer Gesamtrechtsnachfolge (s. BFH vom 4.12.1996, BStBl. II 1997, S. 661). Insofern sollte kein grunderwerbsteuerbarer Rechtsträgerwechsel vorliegen. Mit Erlass des Finanzministeriums Baden-Württemberg vom 18.9.1997 (DStR 1997 S. 1576) schloss sich auch die Finanzverwaltung der herrschenden Meinung an und behandelt die formwechselnde Umwandlung fortan nicht mehr als einen grunderwerbsteuerbaren Rechtsträgerwechsel.

## 10 Zusammenfassung

1. Die GrESt knüpft als Verkehrsteuer an einen Rechtsvorgang an. Gegenstand der Besteuerung ist der Übergang eines inländischen Grundstücks. Das Aufkommen der Grunderwerbsteuer steht den Bundesländern zu. Die GrESt ist verfassungsgemäß.
2. Als Erwerbsvorgänge kommen vor allem der Kaufvertrag, aber auch die Auflassung, der Eigentumsübergang kraft Gesetz, der Gesellschafterwechsel bei Personengesellschaften oder sonstige Tatbestände, wie z. B. das Meistgebot im Zwangsversteigerungsverfahren, in Betracht.
3. Als »inländisches Grundstück« i.S.d. GrEStG gelten solche des Hoheitsgebietes der Bundesrepublik Deutschland. Wesentliche Grundstücksbestandteile gehören zum Grundstück, nicht jedoch Betriebsvorrichtungen, Scheinbestandteile und Zubehör.
4. Miteigentumsanteile und Erbbaurechte stehen dem Grundstück gleich.
5. Bis zu einer Freigrenze von 2.500 € bleibt der Erwerb steuerfrei.
6. Der Regelfall der Bemessungsgrundlage ist die Gegenleistung. Diese ist bei einem Kaufvertrag der Kaufpreis. Der Ausnahmefall der Bemessungsgrundlage ist der Grundbesitzwert.
7. Der Steuersatz beträgt 3,5 %. Die Steuerschuld ist auf Euro nach unten abzurunden. Die Steuer kann auch im Einvernehmen zwischen Steuerpflichtigem und Finanzamt pauschal ermittelt werden.
8. Steuerschuldner sind bei einem Erwerbsvorgang alle Beteiligten als Gesamtschuldner. Das Finanzamt kann die Steuer stunden.
9. Der Steuerpflichtige kann beantragen, die GrESt nicht festzusetzen, aufzuheben oder zu ändern.
10. Zuständig für die Besteuerung ist das Finanzamt, in dessen Bezirk sich das betreffende Grundstück befindet, das Gegenstand der Übertragung ist. Gerichte, Ämter und Notare trifft eine Anzeigepflicht gegenüber dem Finanzamt, wenn Kaufverträge, Änderungen im Grundbuch o.Ä. vollzogen wurden. Erst

nach Erteilen einer Unbedenklichkeitsbescheinigung seitens des Finanzamtes darf der neue Eigentümer in das Grundbuch eingetragen werden.

11. Der Übergang eines Grundstücks von einer bzw. auf eine Gesamthand ist ein grunderwerbsteuerbarer Vorgang.
12. Bei Verschmelzung, Spaltung und Vermögensübertragung fällt ebenfalls GrESt an, wenn zum übertragenden Vermögen auch Grundbesitz gehört. Ein Formwechsel ist kein grunderwerbsteuerbarer Vorgang.

## 11 Ausblick

Neuregelung

Am 31.1.2007 hat das Bundesverfassungsgericht die teilweise Verfassungswidrigkeit der wesentlichen Regelungen des seit dem 1.1.1996 geltenden Erbschaftsteuer- und Bewertungsrechts verkündet. Danach muss der Gesetzgeber bis spätestens zum 31.12.2008 Neuregelungen treffen. Diese betreffen u.a. die §§ 138–149 BewG im Hinblick auf die Berechnung des Grundbesitzwertes. Danach wird es zu deutlich höheren Wertansätzen kommen. Demzufolge kann es auch Änderungen im Hinblick auf die Grunderwerbsteuer geben (vgl. Kap. 4.2 bis 4.2.5.).

# H Ausblick auf die Unternehmenssteuerreform 2008

Das Unternehmensteuerreformgesetz (2008) ist am 17.8.2007 im Bundesgesetzblatt bekanntgegeben worden und tritt am 1. Januar 2008 in Kraft.

## 1 Besteuerung der Kapitalgesellschaften

Steuersatz von 15 %

Mit Beginn des Veranlagungsjahres 2008 soll der Körperschaftsteuersatz von derzeit 25 % auf 15 % abgesenkt werden. Unter Berücksichtigung der geplanten Absenkung der Gewerbesteuermesszahl von bisher 5 % auf 3,5 % unter Einbeziehung des Solidaritätszuschlags ergibt sich bei einem Gewerbesteuerhebesatz von 400 % eine Steuerbelastung von knapp unter 30 % (bisher ca. 38,5 %). In Abhängigkeit der tatsächlichen Höhe des Gewerbesteuerhebesatzes wird in der Praxis der reale Steuersatz in der Mehrzahl der Fälle etwas höher liegen, da viele Gemeinden einen Gewerbesteuerhebesatz von mehr als 400 % haben.

Abgeltungssteuer

Ab dem Jahr 2009 unterliegen die Kapitaleinkünfte (Dividenden, aber auch Zinserträge und Erträge aus Investmentfonds) einer Abgeltungssteuer von 25 %. Diese Steuer ist von dem die Dividende ausschüttenden Unternehmen einzuhalten und an das Finanzamt abzuführen. Damit unterliegt beim Gesellschafter die Ausschüttung keiner weiteren Besteuerung mehr. Allerdings hat der Gesellschafter die Möglichkeit, in seiner persönlichen Einkommensteuererklärung die Gewinnausschüttungen unter Anrechnung der gezahlten Abgeltungssteuer zu deklarieren. Dies wird immer dann Sinn machen, wenn der Steuerpflichtige einen persönlichen Steuersatz (unter Berücksichtigung der Dividenden) von weniger als 25 % hat. Für Ausschüttungen im Jahr 2008 bleibt es bei dem derzeitigen Grundsatz der Besteuerung nach dem Halbeinkünfteverfahren.

Gesamtsteuerbelastung

Unter Berücksichtigung der Besteuerung der Kapitalgesellschaft auf Unternehmensebene, der geänderten Bemessung der Gewerbesteuer und der Ausschüttung ergibt sich zusammengerechnet bei

Annahme eines Spitzensteuersatzes von 45 % für den Gesellschafter eine steuerliche Gesamtbelastung von 48,4 %.

Abschaffung des Halbeinkünfteverfahrens

Das sogenannte Halbeinkünfteverfahren für natürliche Personen wird ab dem Veranlagungsjahr 2009 abgeschafft. Bei Dividenden, deren Empfänger eine Kapitalgesellschaft ist, verbleibt es (mit weiter bestehender Einschränkung nach § 8b Abs. 1, 5 KStG) grundsätzlich bei der bisherigen Steuerbefreiung.

## 2 Besteuerung der Mitunternehmer

Die Besteuerung aus Gewinnen als Mitunternehmer (an Personengesellschaften, gewerbliche Einkünfte) wird durch die Änderungen der Gewerbesteuer beeinflusst. Weiterhin ist eine komplexe Regelung geplant, durch die eine Gleichstellung der Steuerlast einer Kapitalgesellschaft erreicht werden soll.

Besteuerung nicht entnommener Gewinne

Zukünftig soll der Steuerpflichtige hinsichtlich seiner gewerblichen Einkünfte für nicht entnommene Gewinne zu einer besonderen Einkommensbesteuerung mit einem Satz von 28,25 % optieren können. Das wird immer dann sinnvoll sein, wenn der Steuerpflichtige auf Grund seines hohen Einkommens im Spitzensteuersatz-Tarif liegt und eine Entnahme eines Teils des Gewinns für eine längere Zeit nicht beabsichtigt ist. Letzteres ist deshalb von Bedeutung, weil bei einer späteren Entnahme eine Nachbelastung mit einem festen Satz von 25 % zzgl. Solidaritätszuschlag erfolgen soll. Unter Berücksichtigung eines Gewerbesteuerhebesatzes von 400 % und eines Einkommensteuerspitzensatzes von 45 % ergibt sich rechnerisch eine Gesamtbelastung von 48,4 %. Diese Gesamtbelastung entspricht der Gesamtbelastung eines Gesellschafters für ausgeschüttete Gewinne bei einer Kapitalgesellschaft. Wird stattdessen die Regelbesteuerung gewählt, ergibt sich dagegen bei gleichen Annahmen eine maximale Steuerbelastung von 47,4 %.

Zu beachten ist, dass in Jahren, in denen die Entnahmen eines Unternehmers bzw. Mitunternehmers höher sind als der steuerliche Gewinn, die Mehrentnahmen zunächst mit dem Kapitalkonto verrechnet werden, welches mit dem besonderen Einkommensteuersatz (28,25 %) für nicht entnommene Gewinne entstanden ist.

Ansparabschreibung

Veränderungen sind auch bei der Ansparabschreibung und bei der Einschränkung des Sofortabzugs bei Anschaffung von geringwertigen Wirtschaftsgütern zu erwarten. Die bisherige Ansparabschreibung wird zukünftig als Investitionsabzugsbetrag ausgestaltet. Der unveränderte Abzugsbetrag von 40 % soll für geplante Investitionen von neuen und gebrauchten beweglichen Wirtschaftsgütern bis zu einem Höchstbetrag von 200.000 € gewährt werden, sofern die Größenkriterien (Betriebsvermögen 210.000 €; bei Gewinnermittlern nach § 4 Abs. 3 EStG 100.000 € Gewinn) nicht überschritten werden.

Geringwertige Wirtschaftsgüter

Zukünftig sollen geringwertige Wirtschaftsgüter nur noch dann sofort abschreibbar sein, wenn ihre Anschaffung im Einzelfall nicht mehr als 100 € beträgt. In anderen Fällen sind bewegliche Wirtschaftsgüter des Anlagevermögens (bei Anschaffungskosten von mehr als 100 € und weniger als 1.000 €) in einem jahrgangsbezogen Sammelposten zu erfassen, welcher über fünf Jahre gleichmäßig verteilt gewinnmindernd aufzulösen ist. Für Steuerpflichtige, die ihren Gewinn nach § 4 Abs. 3 EStG ermitteln, bleibt es bei der bisherigen Regelung.

## 3 Änderung der Gewerbesteuer

Finanzierungsaufwendungen

Finanzierungsaufwendungen unterliegen zukünftig einer gewerbesteuerlichen Zurechnung von einheitlich 25 %, soweit deren Summen den Freibetrag von 100.000 € übersteigen. Im Freibetrag zu berücksichtigen sind sämtliche Entgelte für Schulden einschließlich gewährter Skonti, Zinsanteile aus Renten und dauernden Lasten, Gewinne stiller Gesellschafter sowie Lizenz- und Konzessionsgebühren. Die bisherige Beschränkung auf Dauerschuldzinsen wird aufgehoben. Bei Mieten und Pachten für bewegliche Anlagegüter werden zukünftig 20 % der Aufwendungen als Finanzierungsanteil berücksichtigt. Für nichtbewegliche Anlagegüter erfolgt eine Zurechnung von 75 % auf die Mieten, Pachten und Leasingraten. Eine entsprechende Kürzung beim Empfänger der Vergütung ist künftig nicht mehr vorgesehen.

Gewerbesteuer ist keine Betriebsausgabe

Die Gewerbesteuer wird zukünftig nicht mehr als Betriebsausgabe bei der Körperschaftsteuer bzw. bei der Einkommensteuer abzugsfähig sein. Zum Ausgleich dazu wird bei der Einkommensteuer der Anrechnungsfaktor vom 1,8-fachen auf das 3,8-fache erhöht. Dadurch soll eine steuerliche Mehrbelastung, die durch den Wegfall der Abzugsfähigkeit entstehen würde, ausgeglichen werden.

## 4 Beschränkungen des Abzugs von Finanzierungskosten

Zinsschranke

Sowohl für Kapitalgesellschaften als auch für Personengesellschaften wird eine sogenannte Zinsschranke eingeführt. Danach werden Zinsen grundsätzlich nur noch abziehbar sein, soweit in gleicher Höhe Zinserträge vorhanden sind und darüber hinaus die

Zinsaufwendungen nicht mehr als 30 % des steuerlichen Gewinns vor dem Zinsergebnis (Zinserträge abzgl. Zinsaufwendungen) ausmachen. Bei Personengesellschaften soll dies nur gelten, sofern die Gesellschaft zu einem Konzern gehört. Darüber hinaus ist eine Freigrenze von 1 Mio. € geplant. Sind die Zinsaufwendungen insgesamt, vermindert um die Zinserträge, nicht höher als 1 Mio. € im Jahr, greift die Zinsschranke nicht. Darüber hinaus greift die Zinsschranke bei Konzernunternehmen nur dann, wenn die Eigenkapitalquote des Betriebs die Eigenkapitalquote des Konzerns bis zu 1 % unterschreitet.

Gesellschafter-Fremdfinanzierung

Bei Körperschaften, die nicht zu einem Konzern gehören, findet die Zinsschranke keine Anwendung, wenn die Zinsaufwendungen im Rahmen der Gesellschafterfremdfinanzierung nicht mehr als 10 % der jährlichen Zinsaufwendungen ausmachen. Bei konzerngebundenen Gesellschaften mit schädlicher Gesellschafterfremdfinanzierung greift die Zinsschranke stets bei allen Konzerngesellschaften.

Mantelkauf

Weiterhin werden die bisherigen Regelungen zum Verlustabzug bei Kapitalgesellschaften bei einem Mantelkauf neu gefasst und damit erheblich verschärft. Bei unmittelbaren oder mittelbaren Anteils- und Stimmrechtsübertragungen zwischen 25 % und 50 % geht der Verlustabzug quotal unter. Bei Anteils- oder Stimmrechtsübertragungen von mehr als 50 % geht der Verlustvortrag vollständig unter.

## 5 Beurteilung der geplanten Unternehmenssteuerreform

Die geplante Unternehmenssteuerreform führt sowohl bei der Besteuerung der Kapitalgesellschaften als auch bei der Einkommensbesteuerung der Unternehmer zu wesentlichen Änderungen, die nicht automatisch zu einer Steuerminderung führen werden. Eine steuerliche Mehrbelastung ist wegen des weitgehenden Wegfalls der Sofortabsetzung von geringwertigen Wirtschaftsgütern und der Hinzurechnung von Zins-, Pacht- und Leasingraten zum Gewerbeertrag zu erwarten. Insbesondere bei Unternehmen mit hohen Aufwendungen für geringwertige Wirtschaftsgüter oder bei Unternehmen, die im Rahmen einer Betriebsaufspaltung mit umfangreichem Anlagevermögen in der Besitzgesellschaft arbeiten (und damit mit hohen Miet- und Pachtzahlungen), kann die Unternehmensteuerreform zu einer höheren Steuerbelastung führen. Von dem sogenannten Thesaurierungsmodell bei der Einkommensteuer werden im Wesentlichen große und profitable Unternehmen einen Nutzen haben, da der Anteil der Entnahmen am steuerlichen Gewinn geringer ist als bei kleineren und mittleren Unternehmen, bei denen die Entnahmen in Relation zum steuerlichen Gewinn höher sein müssen, um den Lebensunterhalt der Gesellschafter zu gewährleisten. Die großen Unternehmen werden in der Lage sein, die nicht entnommenen Gewinne in nennenswertem Umfang mit dem besonderen Einkommensteuersatz von 28,5 % zu versteuern. Kleinere Unternehmen, bei denen die Gesellschafter einen Spitzensteuersatz nicht erreichen, werden auch aus diesem Grunde keinen Nutzen aus dem Thesaurierungsmodell ziehen können.

Insgesamt wird das Besteuerungsverfahren noch komplizierter als es ohnehin schon ist.

# Glossar

## Abgeltungssteuer
Ab dem Veranlagungszeitraum 2009 unterliegen Dividenden, Zinserträge und Erträge aus Investmentfonds einer pauschalen Einkommensteuer von 25 %. Die Steuer ist von dem ausschüttenden Unternehmen einzuhalten und an das Finanzamt abzuführen (Kapitalertragsteuer). Auf Antrag wird die Abgeltungssteuer bei der persönlichen Einkommensteuererklärung des Steuerpflichtigen als Steuervorauszahlung berücksichtigt, wenn er die Kapitalerträge in der Einkommensteuererklärung deklariert (was dann sinnvoll ist, wenn der persönliche Steuersatz niedriger ist).

## Abspaltung
Ein sich spaltender Rechtsträger bleibt bestehen und überträgt nur einen Teil seines Vermögens auf einen oder mehrere bestehende oder neu gegründete Gesellschaften.

## Abweichende Steuerfestsetzung
Bei Vorliegen eines Steuerbescheides kann der Steuerpflichtige einen teilweisen oder vollständigen Steuererlass beantragen, wenn der Einzug der Steuern eine persönliche oder sachliche Härte darstellen würde. Der Steuerpflichtige muss erlassbedürftig und erlasswürdig sein. Voraussetzung für einen Antrag auf Erlass ist das Vorliegen eines entsprechenden Steuerbescheides, auf den sich der Erlassantrag bezieht. Soll der Steuererlass schon vor Vorliegen eines Steuerbescheides erfolgen, muss dies durch einen Antrag auf abweichende Steuerfestsetzung erfolgen. Im Übrigen gelten dieselben Kriterien wie für den Steuererlass.

## Altersabschlag
Im Rahmen des Ertragswertverfahrens bei der Bewertung von bebauten Grundstücken zur Ermittlung der Bemessungsgrundlage wird ein Altersabschlag von 0,5 % pro Jahr berücksichtigt.

## Auflassung
Einigung zwischen Käufer und Verkäufer, dass das Eigentum an einem Grundstück übergehen soll.

## Begünstigung nicht entnommener Gewinne
Ab dem Veranlagungszeitraum 2008 werden nicht entnommene Gewinne aus Land- und Forstwirtschaft, Gewerbebetrieb oder selbstständiger Arbeit auf Antrag mit einem Steuersatz von 28,25 % statt mit dem individuellen Einkommensteuersatz belastet. Wird der Betrag zu einem späteren Zeitpunkt entnommen oder der Betrieb liquidiert, erfolgt eine Nachbesteuerung mit pauschal 25 % ESt.

## Bestandskraft
Formelle und materielle Bestandskraft: Formelle Bestandskraft tritt einen Monat nach Bekanntgabe eines → Verwaltungsakts ein, wenn dieser nicht formell angefochten wird (→ Einspruch); materielle Bestandskraft tritt ein, wenn ein Verwaltungsakt unanfechtbar wird.

## Betriebsaufspaltung
Betriebsaufspaltung entsteht durch Verpachtung des Betriebs eines Unternehmens an ein anderes Unternehmen. Das Besitzunternehmen verpachtet wesentliche Wirtschaftsgüter (i.d.R. das Anlagevermögen) an das Betriebsunternehmen, das die Produktions- und Vertriebsaufgaben übernimmt. Das Besitzunternehmen ist eine Personengesellschaft, das Betriebsunternehmen eine Kapitalgesellschaft. Über beide Unternehmen hinweg muss der einheitliche Betätigungswille stehen. Ist auch das Betriebsunternehmen eine Personengesellschaft, spricht man von einer mitunternehmerischen Betriebsaufspaltung, für die aber andere Besteuerungsgrundsätze gelten.

### Betriebliche Versorgungsrente
Eine Rente, die im Zusammenhang mit der Übertragung eines Betriebs, Teilbetriebs oder Mitunternehmeranteils vom Verpflichteten aus betrieblichem Anlass zur Versorgung des Berechtigten geleistet wird.

### Betriebsprüfungsbericht
Nach Durchführung einer steuerlichen Außenprüfung verfasst der Prüfer einen Betriebsprüfungsbericht, in welchem die Prüfungsfeststellungen dokumentiert werden. Anhand dieses Betriebsprüfungsberichtes wird die steuerliche Veranlagung ggf. korrigiert (→ Grünbericht, → Rotbericht).

### Bodenrichtwerte
Bodenrichtwerte sind von den Gutachterausschüssen aus den von ihnen zu führenden Kaufpreissammlungen abzuleiten (§ 193 Abs. 3 i.V.m. § 196 Abs. 1 BauGB). Sie werden regelmäßig im Abstand von zwei Jahren ermittelt.

### Dauerfristverlängerung
Umsatzsteuerpflichtige Unternehmen können auf Antrag die Abgabe der Umsatzsteuervoranmeldungen und die Umsatzsteuervorauszahlungen einen Monat später vornehmen. Bei monatlicher Abgabefrist ist im Februar eine Sondervorauszahlung in Höhe von 1/11 der Summe der Vorauszahlungen des Vorjahres zu leisten. Diese Sondervorauszahlung wird bei der Umsatzsteuervoranmeldung Dezember in Abzug gebracht.

### Einspruch
Anfechtung eines formell bestandskräftigen Bescheids/Verwaltungsakts.

### Erbbaurecht
Erbbaurecht ist das veräußerliche und vererbliche Recht, auf fremdem Grund und Boden ein Bauwerk zu haben. Das Erbbaurecht wird im Grundbuch eingetragen und wie ein Grundstück behandelt. Das mit dem Erbbaurecht belastete Grundstück verbleibt aber weiterhin im Eigentum des Erbbauverpflichteten.

### Erbfolge
Gesamtrechtsnachfolge der Erben in das Vermögen und die Verbindlichkeiten des Erblassers. Zu Lebzeiten kann der Erblasser durch letztwillige Verfügung festlegen, wer sein Rechtsnachfolger werden soll (gewillkürte Erbfolge). Hat er eine solche Regelung nicht getroffen, so werden Verwandte und der Ehegatte des Erblassers in einer gesetzlich geregelten Rangfolge Erben (gesetzliche Erbfolge). Neben dem Ehegatten erbt dann derjenige, der mit dem Erblasser am nächsten verwandt ist (§§ 1924 ff. BGB).

### Erbschein
Der Erbschein ist ein auf Antrag des Erben erteiltes Zeugnis des Nachlassgerichts, welches sein Erbrecht bescheinigt. Ein mit dem Erbschein bestätigtes Erbrecht wird im Rechtsverkehr als richtig vermutet, auch wenn es tatsächlich nicht besteht (öffentlicher Glaube des Erbscheins).

### Ergänzungsbilanz
Eine Ergänzungsbilanz wird für den Mitunternehmer einer Personengesellschaft aufgestellt, um seine persönlichen Anschaffungskosten abweichend von der Gesamdhandsbilanz (Steuerbilanz der Mitunternehmerschaft) darzustellen. Sie stellt einen Korrekturposten zu den Bewertungsansätzen in der Steuerbilanz der Mitunternehmerschaft dar. Es gibt positive und negative Ergänzungsbilanzen.

### Ertragswertverfahren bei Grundstücken
Die Ermittlung des Grundstückswerts auf der Grundlage des Ertragswertverfahrens ist in den §§ 78 bis 82 BewG geregelt. Der Grundstückswert ergibt sich nach diesem Verfahren durch Anwendung eines Vervielfältigers auf die Jahresrohmiete und umfasst den Bodenwert, den Gebäudewert und den Wert der Außenanlagen.

### Gesonderte und einheitliche Feststellung der Einkünfte
Eigenständige Feststellung von Besteuerungsgrundlagen, wenn Einkünfte mehreren Beteiligten zuzuordnen sind oder ein Steuerpflichtiger Haupteinkunftsarten an einem anderen Ort als seinem Wohnsitz erzielt.

### Gewerbeertrag
Ermittelter Gewinn laut Bilanz zuzüglich Hinzurechnungen abzüglich Kürzungen nach den Vorschriften des GewStG.

### Gewerbesteuerrückstellung
Ergibt sich aus der Gewerbesteuerschuld abzüglich der Gewerbesteuervorauszahlungen. Sie

mindert den Gewinn aus Gewerbebetrieb und folglich auch den Gewerbeertrag.

### Grenzsteuersatz
Gibt ausgehend von dem zu versteuernden Einkommen an, wie viel Prozent Einkommensteuer aus einem zusätzlich verdienten Euro zu zahlen ist (Grenzsteuerbelastung).

### Grünbericht
Nach Abschluss einer steuerlichen Außenprüfung verfasst der Betriebsprüfer neben dem Betriebsprüfungsbericht einen sogenannten Grünbericht, in welchem der Prüfer Eindrücke und Beobachtungen schildert. Der Grünbericht dient dem Betriebsprüfer, der die Folgeprüfung durchzuführen hat.

### Grundbesitzwert
Tritt als Bemessungsgrundlage für die GrESt in Sonderfällen an die Stelle der Gegenleistung.

### Halbeinkünfteverfahren
Durch die Unternehmensteuerreform 2001 wurde das körperschaftsteuerliche Anrechnungsverfahren durch das Halbeinkünfteverfahren abgelöst. Bei Ausschüttungen wurde die vom Unternehmen gezahlte Körperschaftsteuer beim Gesellschafter wie eine Vorauszahlung angerechnet. Der Gesellschafter musste die Ausschüttung ungemildert der Einkommensteuer unterwerfen. Durch die Unternehmensteuerreform 2001 wurde der Körperschaftsteuersatz auf 25 % abgesenkt. Der Gesellschafter muss bei Ausschüttungen die Hälfte der Dividende der Einkommensteuer unterwerfen (Halbeinkünfte). Ab 2009 wird das Halbeinkünfteverfahren durch die → Abgeltungssteuer abgelöst.

### Hebesatz
Die Höhe des gewerbesteuerlichen Hebesatzes wird von den Gemeinden erlassen und auf den → Messbetrag angewandt. Messbetrag x Hebesatz = Gewerbesteuerschuld.

### Horizontaler Verlustausgleich
Verrechnung von positiven und negativen Einkünften derselben Einkunftsart.

### Inland
Im Sinne des UStG umfasst das Inland das Gebiet der Bundesrepublik Deutschland ohne die Insel Helgoland, das Gebiet Büsingen und die Freihäfen.

### Innergemeinschaftlicher Erwerb
Lieferung aus dem Gebiet eines EU-Mitgliedsstaates in das Gebiet eines anderen EU-Mitgliedsstaates oder aus dem übrigen Gemeinschaftsgebiet in die in § 1 Abs. 3 UStG bezeichneten Gebiete (Freihäfen und Wattenmeer).

### Innergemeinschaftliche Lieferung
Lieferung in das übrige Gemeinschaftsgebiet (→ Innergemeinschaftlicher Erwerb).

### Körperschaftsteuer
Körperschaftsteuer ist die »Einkommensteuer für juristische Personen« (z. B. AG und GmbH). Die Ermittlung des körperschaftsteuerlichen Einkommens erfolgt im Wesentlichen nach den Gewinnermittlungsvorschriften des Einkommensteuergesetzes und nach den Vorschriften des Körperschaftsteuergesetzes.

### Mehr-Kontenmodell
Tätigt ein Steuerpflichtiger von einem betrieblichen Konto, welches einen negativen Saldo hat, Entnahmen, die zu einer Erhöhung des Schuldsaldos führen, sind die Zinsen, die auf diesen Schuldbetrag entfallen, steuerlich nicht abzugsfähig. Führt er stattdessen zwei betriebliche Konten, von welchem das eine auf Guthabenbasis, das andere auf Schuldbasis geführt wird, sind die Zinsen grundsätzlich im vollen Umfang als Betriebsausgaben abzugsfähig, wenn die Privatentnahmen nur von dem auf Guthabenbasis geführten Konto getätigt werden. Durch Einführung des § 4 Abs. 4a EStG ist der positive Steuereffekt des Zwei-Kontenmodells/Mehr-Kontenmodells nur noch in bestimmten Grenzen gewährleistet.

### Messbetrag
Der Messbetrag ergibt sich aus dem Gewerbeertrag multipliziert mit der → Steuermesszahl. Dieser wird durch das Finanzamt durch Bescheid festgesetzt und ist die Grundlage für die Gewerbesteuerfestsetzung durch die Gemeinde.

### Mindestwert
Der für ein bebautes Grundstück nach § 146 Abs. 2 bis 5 BewG anzusetzende Wert darf nicht geringer sein als der Wert, mit dem der Grund und Boden ohne Bauten nach § 145 Abs. 3 BewG (= 80 % des Bodenrichtwertes × Grundstücksfläche) zu bewerten wäre.

### Nettomiete
Miete ohne Betriebskosten.

### Objektsteuer
Knüpft nicht an subjektiver Leistungsfähigkeit, sondern personenunabhängig an ein Objekt (z. B. Gewerbebetrieb) an.

### Organschaft im Körperschaftsteuerrecht
Im Rahmen eines Konzerns ist jede Gesellschaft eigenständiges Steuersubjekt. Durch Herstellung eines Organschaftsverhältnisses werden die Ober- und Untergesellschaften als ein körperschaftsteuerliches Subjekt behandelt. Voraussetzung für eine Organschaft ist, dass dem Organträger (Obergesellschaft) von Beginn des Wirtschaftsjahres an ununterbrochen die Mehrheit der Stimmrechte an der Organgesellschaft (Tochtergesellschaft) zusteht und aufgrund eines Ergebnisabführungsvertrages der Gewinnanteil/Verlustanteil an den Organträger abgeführt bzw. von diesem übernommen wird. Der Gewinnanteil an der Organgesellschaft, der anderen (Minderheits-) Gesellschaftern zusteht, ist nach allgemeinen Grundsätzen bei der Organgesellschaft zu versteuern.

### Pflichtteil
Der Pflichtteil bezeichnet den gesetzlichen Mindestanteil einer nach dem BGB erbberechtigten Person am Nachlass eines Verstorbenen. Der Pflichtteilsanspruch ist ein sofort fälliger Geldanspruch und beträgt die Hälfte des Wertes des gesetzlichen Erbteils. Die Testierfreiheit des Erblassers wird durch das Pflichtteilsrecht grundsätzlich eingeschränkt.

### Rechtsbehelf
Außergerichtliches Rechtsmittel, das es dem Steuerpflichtigen ermöglicht, einen vom Finanzamt erlassenen Verwaltungsakt auf seine Rechtmäßigkeit hin überprüfen zu lassen.

### Rotbericht
Nach Abschluss einer steuerlichen Außenprüfung erstellt der Betriebsprüfer neben dem →Betriebsprüfungsbericht einen sogenannten Rotbericht. Im Rotbericht werden strafrechtlich relevante Feststellungen dokumentiert. Der Rotbericht geht mit einem Exemplar des Prüfungsberichts zur routinemäßigen Auswertung an die zuständige Strafsachenstelle des Finanzamtes.

### Selbstanzeige
Die Steuerhinterziehung und die leichtfertige Steuerverkürzung stellen strafbare Delikte dar. Der Steuerpflichtige kann einer Bestrafung dadurch entgehen, dass er rechtzeitig (vor Entdeckung der Verkürzung der Steuern durch die Finanzbehörden) Selbstanzeige erstattet. Eine Selbstanzeige führt zur Strafbefreiung, nicht jedoch zu einer Befreiung von der Nachzahlungspflicht der verkürzten Steuerbeträge. Zu beachten ist, dass die Strafbefreiung bei einer Selbstanzeige nur für denjenigen befreiend wirkt, der die Selbstanzeige erstattet. Mittäter sind nur dann geschützt, wenn sie gleichzeitig (gemeinsam) Selbstanzeige erstatten.

### Sonderbetriebsvermögen
Wirtschaftsgüter, die zivilrechtlich im Eigentum eines Gesellschafters einer Personengesellschaft stehen und geeignet und bestimmt sind, dem Betrieb der Personengesellschaft zu dienen (z. B. ein dem Betrieb überlassenes Grundstück des Gesellschafters) oder die unmittelbar zur Begründung/Stärkung der Beteiligung des Gesellschafters an der Personengesellschaft eingesetzt werden (z. B. ein Darlehen zur Finanzierung des Gesellschaftsanteils).

### Steuermesszahl
Die Steuermesszahl beläuft sich einkommens- und rechtsformabhängig auf 1 bis 5 %. Sie wird zur Ermittlung des Gewerbesteuermessbetrages (→Messbetrag) auf den Gewerbeertrag angewandt. Die Multiplikation des Gewerbesteuermessbetrages mit dem Hebesatz der jeweiligen Gemeinde führt zur Gewerbesteuerschuld.

### Stille Reserven
Werden durch den Unterschiedsbetrag zwischen Buchwert eines Wirtschaftsgutes (historische Anschaffungs- oder Herstellungskosten ./. aufgelaufener Abschreibungen) und seinem Verkehrswert gebildet.

### Stundung
Aufschub des Fälligkeitszeitpunkts einer Steuerzahlung, wenn sachliche oder persönliche Gründe vorliegen, bei der die Einziehung der Steuer zum Fälligkeitszeitpunkt eine besondere Härte darstellen würde.

### Testament
Vom Erblasser getroffene einseitige letztwillige

Verfügung, in der dieser die Erben bestimmt und damit die gesetzliche durch die gewillkürte Erbfolge ersetzt. Der Erblasser kann das Testament durch eine eigenhändig geschriebene und unterschriebene Erklärung errichten, wobei Ort und Datum der Erklärung angegeben werden müssen. Daneben kann das Testament auch zur Niederschrift bei einem Notar errichtet werden.

### Überentnahme
Der Begriff wurde erstmalig in § 4 Abs. 4a EStG geregelt. Sind die Entnahmen in einem Wirtschaftsjahr höher als die Summe aus Gewinn und Unterentnahmen früherer Jahre, entstehen Überentnahmen, mit der Folge, dass die Zinsaufwendungen des Unternehmens möglicherweise nicht mehr in vollem Umfang als Betriebsausgabe abzugsfähig sind. Der Begriff der Überentnahmen wurde im Rahmen der Unternehmenssteuerreform auch in § 34a EStG aufgenommen. Überentnahmen in einem Wirtschaftsjahr sind mit Gewinnen aus früheren Jahren zu verrechnen, und zwar zunächst mit den begünstigten, nicht entnommenen Gewinnen, was eine Nachbesteuerung (25 % ESt) nach sich zieht.

### Übliche Miete
Die übliche Miete ist die Miete, die für nach Art, Lage, Größe, Ausstattung und Alter vergleichbare, nicht preisgebundene Grundstücke von fremden Mietern bezahlt wird. Betriebskosten sind hierbei nicht einzubeziehen. Ungewöhnliche oder persönliche Verhältnisse bleiben dabei außer Betracht.

### Verdeckte Einlage
Eine verdeckte Einlage liegt nach dem Körperschaftsteuerrecht vor, wenn ein Gesellschafter oder eine ihm nahestehende Person der Körperschaft außerhalb der gesellschaftsrechtlichen Einlagen einen einlagefähigen Vermögensvorteil zuwendet und diese Zuwendung durch das Gesellschaftsverhältnis veranlasst ist.

### Verdeckte Gewinnausschüttung (vGA)
Die vGA ist eine Vermögensminderung bzw. verhinderte Vermögensmehrung bei einer Körperschaft durch Zuwendung von Vorteilen der Körperschaft an ihren Gesellschafter oder eine ihm nahestehende Person, die außerhalb der gesellschaftsrechtlichen Gewinnverteilung erfolgt.

### Verkehrssteuer
Verkehrssteuern liegen vor, wenn an die Tatsachen der Übertragung von Gütern steuerliche Rechtsfolgen geknüpft werden.

### Vermächtnis
Mit einem Vermächtnis wendet der Erblasser einem Dritten einen Vermögensvorteil zu, ohne ihn als Erben einzusetzen (§ 1939 BGB). Der Erbe ist zur Erfüllung des Vermächtnisses verpflichtet.

### Vorweggenommene Erbfolge
Vermögensübertragung unter Lebenden mit Rücksicht auf die künftige Erbfolge.

### Vertikaler Verlustausgleich
Die Verrechnung von positiven und negativen Einkünften verschiedener Einkunftsarten.

### Verwaltungsakt
Jede Verfügung, Entscheidung oder andere hoheitliche Maßnahme, die eine Behörde zur Regelung des Einzelfalls auf dem Gebiet des öffentlichen Rechts trifft und die auf unmittelbare Rechtswirkung nach außen gerichtet ist (Steuerbescheid).

### Wirtschaftliches Eigentum
Wirtschaftliches Eigentum wird jemandem zugerechnet, der über eine Sache verfügen kann, an der er kein rechtliches Eigentum hat (z.B. Eigentumsvorbehalt bei einer Warenlieferung).

### Zinsschranke (§ 4h EStG)
Beschränkung des Betriebsausgabenabzugs für Zinsaufwendungen bei natürlichen Personen, Mitunternehmerschaften und Körperschaften, bei denen ein Gewinn zu ermitteln ist. Die Zinsaufwendungen sind beschränkt auf 30 % des steuerpflichtigen Gewinns vor Zinsen und Abschreibungen (EBITDA). Kleine und mittelständische Unternehmen sollen von der Zinsschranke ausgenommen werden, soweit die Zinsaufwendungen 1 Mio. € nicht überschreiten (Freigrenze). Darüber hinaus ist die Beschränkung des Betriebsausgabenabzugs für Zinsaufwendungen nach § 4 Abs. 4a EStG (→ Überentnahmen) zu beachten.

### Zwei-Kontenmodell
→ Mehr-Kontenmodell.

# Stichwortverzeichnis

## F



## G

## H



## I

**Q**



**R**



**S**

## T



## U